瓜脯雪燕海参

原料：水发海参、水发血燕、水发雪蛤、油菜、南瓜、食盐、酱油、味精、白糖、料酒、葱姜水、色拉油、湿淀粉、高汤、明油。

特点：瓜燕形如寿桃，海参葱香浓郁。

粽香黄鱼

原料：黄鱼、粽叶、青椒、红椒、葱、姜、味极鲜、食盐、味精、料酒。

特点：黄鱼鲜嫩，咸鲜适口。

什锦拼盘

原料：黄蛋糕、白蛋糕、盐水虾、猪耳卷、午餐肉、冬瓜皮、卤胡萝卜、卤青萝卜皮、白萝卜卷。

特点：色彩鲜艳，造型美观。

肉桂大蹄

原料：猪蹄、老抽酱油、生抽酱油、白酱油、蚝油、鱼露、花雕酒、食盐、玫瑰露酒、鸡汁、味精、糖色、葱姜油、白糖、高汤、香料包、葱、姜、湿淀粉。

特点：软烂醇香，色泽红亮。

中国北方菜
ZHONGGUO BEIFANGCAI

秋韵

原料：盐水虾、熟猪耳、卤牛舌、黄蛋糕、白蛋糕。如意蛋卷、蜜制莲藕、苦瓜卷。西兰花、萝卜皮等。

特点：色彩艳丽，形象逼真。

金鼎全家福

原料：水发海参、鲍鱼肉、水发干贝、大虾仁、水发鱼肚、水发蹄筋、水发鱼皮、生鱼片、水发裙边、熟口条、黄蛋糕、海参花、食盐、高汤、湿淀粉。

特点：色彩鲜艳，清鲜味醇，营养丰富。

爆炒虾片

原料：对虾肉、油菜梗、食盐、味精、料酒、葱姜油、湿淀粉、高汤、明油。

特点：晶莹剔透，清鲜细嫩。

葱烧海参

原料：水发刺参、葱段、料酒、酱油、
　　　白糖、葱姜油、味精、花生油、
　　　高汤、湿淀粉。

特点：色泽红亮，葱香浓郁。

硕果累累

原料：鲜贝茸、猪油、蛋清、葱姜
　　　胡椒水、食盐、味精、绿色
　　　菜汁、高汤、明油、湿淀粉。

特点：口感滑嫩，清鲜味美，造型
　　　别致。

太极鱼米

原料：牙片鱼肉、牙片鱼泥、胡萝卜、
　　　莴苣、蛋清、菠菜汁、红辣椒、
　　　食盐、味精、料酒、湿淀粉、
　　　高汤、明油。

特点：刀工细腻，清鲜细嫩。

梦幻金丝凤尾虾

原料：大虾、食盐、味精、沙拉
　　　酱、鸡蛋、土豆丝、白糖。
特点：色泽金黄，造型美观。

松鹤同寿

原料：烤鸭皮、发菜、白蛋糕、
　　　松花蛋糕、卤胡萝卜、酥
　　　海带、盐卤黄瓜、酱口条、
　　　盐水虾、油酥核桃仁、红
　　　辣椒、盐卤凉瓜。
特点：造型美观，寓意深刻。

三丝鱼翅

原料：水发鱼翅、猪肉丝、鸡丝、
　　　火腿丝、冬笋丝、葱姜丝、
　　　食盐、味精、料酒、酱油、
　　　葱姜油、高汤、湿淀粉、
　　　明油。
特点：色泽红亮，鲜香醇厚。

绣球鱼脯

原料：牙片鱼泥、油菜、枸杞子、蛋清、薯丝、虾脑、食盐、味精、料酒、葱姜水、色拉油、湿淀粉、明油。

特点：形似绣球，细嫩清鲜。

金贝白汁鱼线

原料：墨鱼、干贝丝、菜心、红尖椒、蛋清、食盐、味精、白糖、料酒、葱姜汁、猪油、高汤、花生油、湿淀粉。

特点：口感爽滑，味鲜适口。

杞红虾球

原料：对虾、枸杞子、油菜芯、食盐、味精、料酒、湿淀粉、高汤、明油。

特点：形似牡丹，洁白清鲜。

中國北方菜
ZHONGGUO BEIFANGCAI

扒原壳鲍鱼

原料：带壳活鲍鱼、食盐、味精、
　　　高汤、湿淀粉、明油。

特点：口味鲜醇，造型美观。

金箔裙边

原料：水发裙边、油菜、食用金
　　　箔、食盐、味精、酱油、糖
　　　色、白糖、料酒、葱姜油、
　　　湿淀粉、高汤、明油。

特点：色泽红亮，软糯鲜香。

渤海风情

原料：海螺肉、夏夷贝、青红椒、
　　　金沙料、苏子叶、葱、蒜
　　　片、蒜茸、酥皮、蛋黄、食
　　　盐、味精、胡椒粉、香油、
　　　料酒、黄油、高汤、湿淀粉。

特点：造型别致，口味独特。

金钱宝扇鱼面

原料：牙片鱼泥、基围虾、黄蛋糕、青萝卜、红辣椒、食盐、味精、料酒、葱姜水、色拉油、湿淀粉、高汤、明油。

特点：原料多样，形色美观，清鲜适口。

渔家海参

原料：海参、八带鱼、葱、姜、味极鲜酱油、食盐、味精、高汤、蚝油、韩国辣酱、海参汁。

特点：双料双味，营养合理。

菌菇奶汤鱼片

原料：鲮鲆鱼、金针菇、奶汤、姜、葱、菜心、枸杞、料酒、蛋清、生粉、食盐、味精。

特点：色泽洁白，滑嫩鲜香。

兰花芙蓉鱼片

原料：牙片鱼肉、牙片鱼泥、水发海参、蛋清、海参花、南瓜、黄瓜、青红辣椒、食盐、味精、料酒、葱姜水、色拉油、湿淀粉、高汤、明油。

特点：色彩鲜艳，营养丰富。

肉末海参

原料：水发海参、五花肉末、葱油、高汤、花生油、酱油、料酒、食盐、味精、明油、湿淀粉。

特点：香气浓郁，滑嫩鲜香。

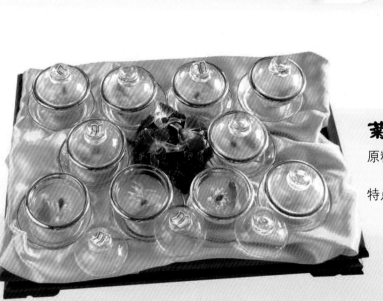

菊花鲍鱼盅

原料：鲍鱼、枸杞子、油菜芯、食盐、味精、料酒、高汤。

特点：造型美观，汤清味美。

橄榄鱼丸

原料：牙片鱼泥、油菜芯、枸杞子、
　　　蛋清、食盐、味精、料酒、
　　　葱姜水、色拉油、湿淀粉、
　　　明油。

特点：色泽洁白，细嫩清香，形如
　　　橄榄。

松鼠戏果

原料：冬瓜、西瓜、哈密瓜、青萝卜
　　　皮、茄子皮、白糖、食盐、白
　　　醋、泰国鸡酱、辣椒油、番茄
　　　酱、橙汁、湿淀粉。

特点：造型逼真，色、味双绝。

冰蛤雪梨

原料：莱阳梨、雪蛤、银耳、枸杞、
　　　冰糖、清水。

特点：晶莹剔透，清肺化痰，滋阴
　　　养颜。

中國北方菜
ZHONGGUO BEIFANGCAI

扒鲜贝福

原料：鲜贝丁、油菜心、香菇、
红辣椒、食盐、味精、猪
大油、葱姜丝、花椒、料
酒、蛋清、高汤、淀粉。
特点：色泽洁白，口感滑嫩。

秋菊鞭花

原料：水发牛鞭、红樱桃、食
盐、味精、料酒、白糖、
湿淀粉、高汤、明油。
特点：形似菊花，软糯鲜香。

蹄筋烧海参

原料：水发海参、水发蹄筋、
料酒、酱油、花生油、
葱姜油、白糖、食盐、
味精、高汤、明油、湿
淀粉。
特点：色泽红亮，香醇软糯。

整鱼两吃

原料：整尾鲈鱼、油菜芯、调好肉馅、食盐、味精、料酒、葱姜米、白糖、醋、番茄酱、湿淀粉、高汤、明油。

特点：双色双味，造型美观。

蜜汁葫芦香芋

原料：莱阳芋头、糖色、白糖、蜂蜜。

特点：色泽红亮，香甜软糯。

盛世明珠燕翅

原料：发好的血燕、水发鱼翅、冬瓜、香菜叶、食盐、味精、高汤、湿淀粉。

特点：形色美观，口味独特。

金丝虾球

原料：大虾仁、土豆丝、沙拉酱、
　　　番茄酱、炼乳。

特点：香酥，酸甜。

玉脯海参

原料：水发海参、牙片鱼泥、油
　　　菜、食盐、味精、酱油、
　　　料酒、葱姜水、色拉油、
　　　湿淀粉、高汤、明油。

特点：黑白相间，鲜香醇厚，回
　　　味悠长。

灌汤鱼翅龙虾球

原料：龙虾肉泥、土豆丝、猪
　　　蹄冻、干淀粉、蛋黄、面
　　　包糠、食盐、味精、料酒、
　　　葱姜水。

特点：色泽金黄，外焦里嫩。

咏鹅金箔鲍鱼

原料：鲍鱼、食用金箔、蛋清、西红
　　　柿、象牙白萝卜、胡萝卜、油
　　　菜、南瓜汁、食盐、味精、料
　　　酒、湿淀粉、高汤、明油。

特点：高贵典雅，鲜香味浓。

爆炒双花

原料：腰子、乌鱼板、指段葱、蒜片、酱
　　　油、醋、食盐、味精、料酒、湿
　　　淀粉。

特点：形态美观，质地脆嫩，略带醋香。

炸蛎黄

原料：蛎肉、蛋黄、面粉、食盐、
　　　味精、花椒盐、料酒。

特点：外焦里嫩，原汁原味。

富贵海肠卷

原料：海肠、五花肉末、葱姜米、韭菜末、食盐、味精、料酒、微化纸、干面粉、蛋液、面包糠。

特点：色泽金黄，外酥里嫩。

牡丹墨鱼丸

原料：墨鱼泥、对虾肉、青萝卜皮、油菜芯、红辣椒丝、食盐、味精、料酒、葱姜水、色拉油、湿淀粉、高汤、明油。

特点：造型美观，清鲜味醇。

芜爆天鹅蛋

原料：天鹅蛋肉、葱丝、姜丝、香菜、花椒皮、食盐、味精、高汤。

特点：清鲜脆嫩，辛香浓郁。

百花龙撵海参

原料：海参、葱段、鱼糕、绿菜
　　　汁、琼脂冻、西兰花、食
　　　盐、酱油、味精、料酒、白
　　　糖、湿淀粉、高汤、明油。
特点：造型奇特，软糯醇香。

丰收雪梨燕

原料：雪梨、水发血燕、油菜、冰
　　　糖、水。
特点：甘甜清爽，润肺止咳。

凤尾蟹黄鱼翅

原料：水发大包翅、对虾、油
　　　菜芯、蟹黄、胡萝卜、食
　　　盐、味精、料酒、高汤、
　　　湿淀粉、明油。
特点：柔韧软糯，清香适口。

芙蓉蟹宝

原料：墨鱼泥、蟹肉、蛋清、葱姜水、油菜心、高汤、食盐、味精、葱油。

特点：咸鲜、滑嫩。

红梅燕语

原料：水发血燕、椰汁、山花蛋奶、白糖。

特点：造型美观，椰香浓郁。

竹香海参

原料：水发海参、肉末、泰国香米、香菜末、食盐、味精、酱油、料酒、葱姜油、湿淀粉、高汤、明油。

特点：海参软糯，米香浓郁。

农家四宝

蒸咸鱼—原料：小黄花鱼、白菜叶、酱油、葱、姜、花椒、大料、味精、花生油。

蒸茄子—原料：茄子、青红椒、面酱、味精、花生油、葱花。

蒸虾酱—原料：虾酱、鸡蛋、葱花、味精、花生油。

蒸猪头肉—原料：猪头肉、酱油、味精、葱、姜、花椒、大料。

特点：家常味浓，风味独特。

ZHONGGUO
BEIFANGCAI
CHUSHIBIDU NEIRONGFENGFU
ZHISHIXINGQIANG

中國北方菜

主编 李长茂

中国商业出版社

图书在版编目(CIP)数据

中国北方菜/李长茂编著—北京:中国商业出版社,
(2019.10 重印)

ISBN 978 – 7 – 5044 – 6092 – 9

Ⅰ.中… Ⅱ.李… Ⅲ.菜谱—中国 Ⅳ.TS972.182

中国版本图书馆 CIP 数据核字(2008)第 022128 号

责任编辑:常 勇

中国商业出版社出版发行

(北京广安门内报国寺 1 号 邮编:100053)

新华书店经销

涿州市荣升新创印刷有限公司印刷

开本:787×1092 毫米 1/16 印张:18.5 字数:320 千字 彩插:16 页
2008 年 11 月第 1 版 2019 年 10 月第 2 次印刷

定价:49.80 元

＊ ＊

(如有印装质量问题可更换)

编委会名单

主　编：李长茂

副主编：张仁庆　李志刚

编　委：（按姓氏笔划为序）

王　浩　　王文亮　　王书顺

王吉林　　王海峰　　刘寿华

刘雪峰　　李长茂　　李志刚

李晓丽　　张仁庆　　张云甫

杨永臻　　范增福　　胡晓明

郝祖涛　　高均江　　高速建

内 容 简 介

《中国北方菜》是我国北方地区一部集知识性、技术性和趣味性于一体的大型综合菜谱。本书是编者根据多年教学和实践经验,认真整理而成的,内容构思严谨,外观装帧精美,中国商业出版社出版。

此书具有三个显著的特点:

一、具有较高的权威性和广泛的代表性。编委由北方十几个省长期从事烹饪教学工作的高级烹饪技师组成,他们都有丰富的理论知识和实践经验。

二、内容丰富,知识性强,覆盖面广。书中概述部分从研究中国饮食文化的角度,对北方菜形成的文化背景,第一次进行了认真、详细的归纳和总结,为充分了解和认识我国北方菜的全貌提供了充分的理论依据;菜谱部分,既包括各地具有代表性的传统名菜、地方名菜及清真菜,并且还有在国内外享有较高声誉的宫廷菜、孔府菜及仿唐菜等。

三、格式新颖,趣味性强,雅俗共赏。从总体上突破了一般菜谱的编写模式,每个菜均先从定名方法、历史典故、演变过程、原料知识、质量要求、成品特点等方面作出概述,然后是详细的制作过程和操作要领。既可作为烹饪专业在校师生的教学参考资料,又适用于社会上不同层次的烹饪爱好者。

编　者

2019 年 10 月

目 录

中国北方菜概述

中华民族的饮食文化,就像孕育这文化的黄河、长江一样,浩浩荡荡,源远流长。在这深远广博的饮食文化中,有一影响最大、流传最广、独具特色的风味流派,这就是中国北方菜。它以黄河流域调和适中的鲁菜为代表,兼济粗犷味厚的西北菜和东北菜。因而中国北方菜是纷繁复杂、百花齐放的。它既有礼仪之邦庄重大方的气质,又有北方游牧民族粗犷味厚的独特内涵。

一、中国北方菜形成的文化背景

中国古代文化赖以产生和发展的土壤有三大块,即黄河流域、长江流域和珠江流域。而中华民族群构时期的策源地则是黄河流域。在先秦时期,无论是仰韶文化、大汶口文化、龙山文化及齐家文化,还是夏、商、周的都城设立,都在黄河流域。其中黄帝部落的阪泉、涿鹿之战的胜利,使氏族部落最终融合成早期的中华民族群构,从而奠定了汉民族的大一统的文化内涵。以后,春秋五霸、战国七雄的纷争割据及诸子百家的探索争鸣,直到秦灭六国统一天下的这段历史时期,从文化发展来看,正是大一统的汉族文化圈急剧膨胀的时代。北方领土的经营,黄河流域各诸侯国的兴盛,文化纵横积淀,逐渐构成了中华民族文化的主要背景骨架,体现出大一统的中原文化的丰富内涵:博大宏深、坦荡粗犷、古朴壮观、敦伦温厚、老成持重,从阴阳、顺四时、和五味而至"中和"。

作为中国古代文化的一部分——烹饪饮食文化,也由这三大流域孕育出最有影响的四大菜系。特别是黄河流域的饮食文化,经过夏商周的漫长历史发展,到春秋战国时期,无论在物质上,还是在精神方面都取得了很大的成就:食物原料的广泛开发,烹调工具和技术的进步,肴馔品种的丰富,调味理论的深化及调味品的有效利用,周王朝宫廷饮食制度的空前完备(参见《周礼》、《礼记》等),医药学的成就(参见《黄帝内经》)和食医理论与实践、科技文化的历史发展和自由活跃的思想学术文化氛围,构建出汉民族饮食文化发展和文明进步的历史环境。在同北方各少数民族的相互渗透和融合的过程中,北方饮食文化中的齐鲁文化圈获得了显著的发展,并因此成为众多区域文化圈中影响最大的文化圈。这里不仅有陆地所有的五谷蔬果、水陆杂陈,也有内陆极其匮乏的鱼盐及山珍海味。丰富的原料物产、发达的铁器冶炼技术和城市商业及历史文化优势,更兼及通达辐辏的交通往来,使得以齐鲁文化为重心的黄河下游广大地区成为重要的民族文化和饮食文化的发达地区(参见赵荣光《孔子与中华民族的饮食文化》)。至此,表现着全部北方烹饪文化的中国北方菜已初露雏形。

从本质属性上来看,北方菜不似长江上游盆地文化孕育的川菜,具有麻辣、香浓、味多、广、厚的特征及质朴丰盛的平民宴饮式的浓重色彩;也不似长江下游商埠文化孕育的淮扬菜,清鲜、微甜口味,重刀法及所具有的诗情画意、文人点染的刀斧印痕,更没有鱼米之乡和江南园林的纤细风韵;与岭南珠江流域孕育的粤菜更是大相径庭,粤菜的生脆、鲜活及所表露出的"五方杂处"、用料奇特广博和热带风物浓郁的特色,在中国北方菜中很少能找到其折射的影子。

中国北方菜所表露出的文化色彩,正像雄浑而下的黄河,敦厚纯朴,堂堂正正而不走偏锋,有着礼仪之邦庄重大方的气质,它承袭了宫廷、官府饮膳传统的主要格调。所体现的正是中原儒家文化所追求的"中庸"、"正统"意识。

二、中国北方菜发展的历史轨迹

(一)北方菜之滥觞——先秦宫廷饮食风格的形成

中国北方菜的源头,在距今约六七十万年的北京人遗址里。北京人遗址里的炭屑和灰烬,证明那时北京人已发现和利用自然火,由此也拉开了中国北方菜烹调的序幕。大约到八千年前,华北平原的磁山人和裴李岗人,终于从"狗尾草"的籽实中,选出产量多、生长周期短的作物,这就是小米。从此,在秦岭以北的整个地区,小米就逐渐繁殖开来。在六七千年前开始的仰韶文化(黄河中游)、大汶口文化(黄河下游)、红山文化(东北地区)、富河文化(内蒙古地区),直到五千年前后的龙山文化(黄河中下游)、柳湾文化(河湟地区)、仰韶后期、大汶口后期等许多文化类型的无数遗址里,除了出土石镞、石铲、蚌镰等农业生产工具以外,普遍都有炭化的小米遗存,还有加工粮食的石磨盘、石磨等工具。大约在八千年前,磁山、裴李岗人已摸索出养猪、狗、鸡和黄牛的方法。到大汶口文化时期,除了上述畜禽,还驯养了水牛。龙山文化时期增加了马、山羊、绵羊和猫的驯养。大约五千年前后,即新石器时代后期,黄河流域又出现了大麦、小麦和高粱等粮食作物的栽培。从辽河流域的吴家村、郭家村等遗址中,出土了大量龙山、大汶口、仰韶文化后期轮制的陶器。古人对自然火的利用、作物的栽培、制陶等具有历史飞跃意义的创举,决定了汉民族繁荣强盛的命运。

《尚书·皋漠》篇、《论语·泰伯》篇和《史记·复本纪》都记载了尧舜大禹治世的业绩,特别是黄土高原和黄河中、下流地区,从磁山、裴李岗时代开展起来的种植业,历经了30多个世纪,从刀耕火种的游耕农业,已发展到以石犁耦耕和原始沟渠工程相结合的原始犁耕灌溉农业,使农业生产力已提高到有了剩余产品,于是起源于原始社会末期农村公社的井田制,转变为由国家管理和王室垄断收益的奴隶制。而西北、东北地区的一些少数民族,却仍处于游牧部落。在中国北方这个同一区域内进行生产,就产生了农牧、农猎矛盾,这是古代民族纠纷的重要原因之一,却也因此使得中国北方菜更加丰富和繁荣了。

奴隶制的农业方式,使先秦时期的饮食有了明晰的社会层次。《周礼·天官冢宰》给我们留下了古代帝王宫廷饮食的规模:周承商礼"修(虞、夏、商三代之礼)而兼用之"(参见《礼记·王制》)。设有"膳夫"(管膳羞)、"庖人"(管屠宰)、"内饔"(管割烹)、"外饔"(管外祭礼割烹)、"亨人"(管煮肉)、"甸师"(管籍田收成和粮仓)、"兽人"(管猎狩)、"渔人"(管鱼捞)、"鳖人"(烹煮鱼鳖)、"腊人"(制腊肉)、"食医"(营养师)、"疾医"(内科,主食疗)、"疡医"(外科,主食疗)、"酒正"(管酿酒)、"酒人"(管奉酒)、"浆人"(奉酱醋)、"凌人"(管冷藏库)、"笾人"(供应竹制食器)、"醢人"(制肉酱)、"醯人"(制醋和果酱)、"盐人"(管用盐)、"幂人"(管食品及食具罩幂)等22个单位,包括2332个工作人员(其中职官208人,有各单位的头目和上士、中士、下士、府、史、贾等。杂役奴隶2124人,有胥、徒、奄人、女仆、奚人等)。不仅如此,周王的饮食也达食之极至。《天官冢宰·膳夫》记载:"凡王之馈,食用六谷,膳用六牲,饮用六清,羞用百有二十品,珍用八物,酱用百有二十雍(即瓮)。王日一举,鼎有十二。物皆有俎,以乐侑食。"而《礼记·内则》则对周王室的上述饮食都明确了十分严格的原则。它包括调和原则:"凡和,春多酸,夏多苦,秋多辛,冬多咸,调以滑甘";食用原则:"凡食齐视春时,羹齐视夏时,酱齐视秋时,饮齐视冬时。";食物配伍原则:"凡会膳食之宜,牛宜徐,羊宜黍,豕宜稷,犬宜粱,雁宜麦,鱼宜菰";以及器用原则:"王日一举,鼎有十二,物皆有俎"。这一切皆以阴阳五行为义,四时十二月令为节。使中国北方菜的滥觞——先秦宫廷饮食风格,具有了高层次的深刻的文化哲学内涵。

《左传》也记载了齐国大夫晏婴曾以调味理论,论述人和之义的言论,其中蕴含了古代的朴素辩证法。而《吕氏春秋·本味篇》则从记叙商汤的宰相伊尹,为官前负鼎以滋味说汤的历史故事中,论述王道,从哲学的高度,揭示了菜肴"适中调和"的烹饪原理,并进而确定了中国北方菜的品评标准:"凡味之本,水最为始。五味三材,九沸九变,火为之纪。时疾时徐,灭腥去臊除膻,必以其胜,无失其理。调和之事,必以其甘、酸、苦、辛、咸,先后多少,其齐甚微,皆有自起。鼎中之变,精妙微纤,口弗能言,志弗能喻。若射御之微,阴阳之化,四时之教。故久而不弊,熟而不烂,甘而不浓,酸而不酷,咸而不减,辛而不烈,淡而不薄,肥而不腻。"在今天,这些菜肴品评原则,在中国北方菜中仍有极高的地位和价值。

另据史记记载,周时的鲁国都城曲阜和齐国都城临淄为黄河流域相当繁华的城市,饮食风尚盛极一时。特别是齐都临淄,有"商遍天下,富冠海内"的美誉。当时名厨备出,齐桓公的宠臣易牙,就是一个很高明的厨师,史志称他"善知五味,淄渑水合,尝而知之"。春秋时鲁国的孔子提出了"食不厌精,脍不厌细"及饮食卫生中的"十三个不食",记载在《论语·乡党》篇里:"食饐而餲,鱼馁而肉败不食;色恶不食;臭恶不食;失饪不食;不时不食;割不正不食;不得其酱不食;肉虽多,不使胜食气;唯酒无量,不及乱;沽酒市脯不食;不撤姜食;不多食;……祭肉不出三日,出三日不食之矣。"这些思想,表现了孔子对人生饮食的态度和主张,对北方菜中的"阳春白雪"、宫廷菜的同脉——孔府菜的形成和发展,产生了深远的影响。

由于文明时代的基础是一个阶级对另一个阶级剥削,所以它的全部发展都是在经常矛盾中进行的,生产的每一进步,同时就是被压迫阶级即大多数人的生活状况的退步(《家庭·私有制和国家的起源》)。从普遍意义上来讲,先秦时期,即使夏、商、周三代的生产,也还不具备剩余的条件,但本时期一小部分掌握统治集权的奴隶主拥有了大量的由奴隶们的血汗创造的剩余产品,在"食前方丈,罗致珍馐,陈馈八簋,味列九鼎"的享乐中,并以味、声、色之礼乐合一为最高标准,由奴隶们的智慧和创造,形成具有深刻内涵的宫廷饮食。这样就使得一般士的阶层也基本上以"一箪食、一瓢饮"的基本餐饭条件为满足,士大夫阶层也只能"无故不杀牛羊。"城市的贫民和当时的农民,平时是吃不上肉的。《左传》中有"肉食者谋之"的言语就是佐证。至于奴隶,则大多连米饭都吃不上,只能"食犬猪之食"。殷墟出土的首级,很多是牙齿上下磨平,像反刍动物的牙齿一般,由此可推知,奴隶们是吃谷糠、菜根混泥沙长大的。《诗经》中的《魏风·伐檀》、《魏风·硕鼠》、《小雅·黄鸟》等则是对奴隶主剥削奴隶的血的控诉。

由此而知,在先秦时期,代表中国北方菜风格的是先秦宫廷饮食。而且夏、商、周三代时期,其内在的本质属性,已经有了较明晰的轮廓。

(二)北方菜之雏形——秦汉魏晋南北朝庄园饮食的兴起

秦汉的统一和三国两晋南北朝的分裂割据,使北方菜进入一个历史大融合时期,也是先秦烹饪技术成就的总结和升华时期。其中北方菜中的代表菜——鲁菜,在这个时期发展成为一个独具特色的地方风味。代表着本时期菜肴特征的饮食文化，也从宫廷饮食走向以整个社会饮食生活为背景的庄园饮食。

秦汉的统一，是以汉民族为主体的中华民族在思想文化心理素质方面真正统一的开始，其中最大的特点之一，就是多样化的统一，即以"和"的特征出现。在饮食方面突出的特征就是五味调和为美的饮食观与五声、五色等乐的范畴发生了横向联系，为带有深刻养生观的庄园饮食的形成和发展打下了坚实的理论基础。使北方菜在民族大融合中逐渐形成了自己平和、适中、醇厚的独特内涵。从实践方面看，秦始皇在秦初就实行了土地私有制，促进了北方封建地主经济的进一步发展，自耕农和工商业者随之出现。当人们的人身依附关系一经解除而获得个体解放时，便表现出对财富、文化、欲望追求的巨大激情，呈现出"待农而食之，虞而出之，工而成之，商而通之"的活跃的社会经济局面。在这个局面中，由封建地主阶层培植起来的民间饮食市场正普遍兴起，先秦宫廷烹饪的位置逐渐由地主庄园饮食烹饪所代替，北方菜进入以整个社会饮食生活为背景的主体文化风格的发展时期。首先表现在商人阶层的崛起，他们虽"非有爵邑奉禄"，但其高下相倾，交通王侯，衣必文采而食必粱肉，侈靡相竞，不受礼法约束。连一般中等商人，发财之后也大肆享受，"翁伯以贩脂而倾县邑；张氏以卖浆而逾侈；质氏以酒削而鼎食；浊氏以胃脯而连骑；张里以马医而击钟"（参见《汉书·食货志》）。商人阶层的崛起，使社会经济呈现繁荣景象，有些饮食文化逐渐渗透到民俗之中了。《盐铁论·散不足》载："民间酒食，肴族重叠，燔炙满案，膹鳖脍鲤、麑、卵、鹌鹑、橙枸、鲐鳢、醯醢、众物杂味，宾昏酒食，接连相因，析酲大半，弃事相随"。当时市井饮食业也已是"熟食遍列，肴旅成市。作业堕怠，食必趣时。枸豚韭卵，狗臊马朘，煎鱼切肝，羊淹鸡寒，桐马酪酒，蹇脯庸脯，胹羔豆汤，毂膹雁羹，白胞甘瓠，热粱和炙"的热闹景象了。及至两汉，在"黄老无为"的治国方针指导下，出现了"文景之治"和"光武中兴"，官僚地主庄园也随之兴起，整个中原地区的菜肴有长足的发展。如河南密县打虎亭出土的《庖厨图》，就是当时饮食业状况的很形象生动的反映：上面有肉架两副，架上悬挂着肉食，架下置牛头、牛腿各一；另外有一煮肉大鼎，鼎下烈火熊熊，旁有一人以棍伸入鼎内作搅肉状，又有一人负薪向灶，灶内柴火燃烧，灶上置釜、甑等饮食炊具；下面有带架方井，汲水、取水、煮肉、执盘、淘洗等，进行烹饪加工的图景；整个图画，反映了较完备的菜肴制作工艺流程。无独有偶，山东诸城前凉台西村也发掘出一块汉墓《庖厨图》，它是一个多层次的连续画面，大致包括有：蒸煮、过滤、酿造、宰牲、切肉（鱼）、烤肉串、制脯、备席等场面，前后相接，一片忙碌的烹饪景象。在最上一列中，画的是厨房屋檐下安有一排铁钩，从左至右钩着：鳖、雀、大鱼、小串鱼、兔、牛百叶、猪头、猪腿、牛肩等。从这两幅汉石刻像《庖厨图》中，不难窥见两汉时期，北方黄河流域的烹饪技术已提高到一个相当成熟的水平了。同时，也是封建地主庄园饮食生活的真实写照。

另外山东章丘普集镇和高唐县城东固河分别出土的两个绿釉陶质厨夫俑，则从另一个侧面说明了北方菜的烹饪中，红、白案已有了分野；章丘出土的为"治鱼厨俑"，高34厘米，席地而跪作，前有短足案俎，以便操作，鱼置案上，左手按住鱼身，右手持尖刀正准备切割，头戴工作帽，身着开领工作服，袖子高卷，形态自若，案下有一陶钵，用于盛装治鱼的污秽之物；后者高唐出土的是切面的厨夫俑，左手按着一块揉得极光滑的面团，右手持刀切面，面部笑容可掬，动作自如，惟妙惟肖，栩栩如生，是生动的白案厨夫形象。这是两个不同工种的庖厨，前者是红案，后者是白案。由此可知，北方菜中的鲁菜，至少在东汉时，就已经从面食中脱离出来了（参见张廉明《中国烹饪史概论》）。

魏晋南北朝时期,是中华民族的大迁移、大融合的时期。民族的大融合,也推动着民族饮食文化的融合和发展。首先是曹魏的北方经营,使黄河流域中下游的地方菜,得到了进一步的充实和发展,为南北朝时期的大融合打下了一个坚实的基础。三国时期,相比较而言曹魏的经济情况在三国中是较好的。其中有三方面的原因:一是黄巾大起义主要发生在中原地区,给予豪强地主以沉重的打击,改变了原来土地高度集中的状况,出现了大量的无主土地,为广大地少或无地的农民重新获得土地准备了条件,使其经济得以尽快恢复和发展;二是中原地区开发早,生产发展,比较富庶;三是曹操在群雄斗争之时,为建立他的统治采取了一些有积极意义的政策和措施,比较充分地利用了中原地区的人力和物力,使曹魏的统治比较迅速地稳定下来,并日益强大起来,封建地主庄园经济也随之繁荣起来。地主庄园饮食也得到进一步的发展。以后,魏晋南北朝时期的两次民族大融合,北方的汉民族氏族的南迁,北方、西北方边陲少数民族的南侵和南迁,更加速了南北饮食的交流和融合。五胡十六国时期的后赵的皇帝石勒(羯族)则是尊汉制的典范,他虽未读书,但他"雅好文学,虽在军旅,常令儒生读史书而听之"。他忌称"胡"字,下令凡带"胡"字名称的一律改名,于是"胡荽"改为"香荽"、"香菜","胡饭"改为"飧饭","胡饼"改为麻饼等。一次在御赐午膳上,石勒为了考验汉族官员是否忠诚于他,就指着一盘用胡瓜制成的菜肴问郡守樊坦:"知此物何名乎。"樊坦是个老儒生,对胡瓜当然不陌生,但又不敢直言"胡"字,他灵机一动,以诗代答:"柴案佳肴,银杯绿茶,金樽甘露,玉盘黄瓜"。北魏孝文帝的改革,颁诏要鲜卑族穿汉服、说汉话、改汉姓、从而促使了民族融合程度的加深、范围的扩大。这一政治现象,反映在饮食文化上,就使得原来较单一的汉民族饮食文化,吸收了其他民族饮食文化的营养,从而得以丰富和发展,使北方菜中出现了不少新技法和新风味的饮食菜品,地主庄园饮食中也注入了新的血液。这些情况在本时期的一本杰出的农书及食品学专著《齐民要术》中可略见一斑。此书由北魏时期的山东高阳太守贾思勰所著,"采据经传,爱及歌谣,询之老成,验之行事,起自耕农,终于醯醢,资生之业,靡不毕书"。记载了黄河流域的农业生产、食品加工、烹饪肴馔的实用技术。从读书体例之完备,内容之丰富,记载之细致等方面来看,确为我国现存最早、最完备的,包括农林牧副渔的综合性的农业全书,也是世界上最早、最有系统的饮食文化名著。它对北朝以前的古代北方饮食文化进行了总结,从而在文字记载上对北方菜——特别是鲁菜,作了全面的总结和实证,是北方菜发展史上的一个里程碑。

南北朝和五胡十六国时期,是中原各民族大融合、大迁徙的非常时期。民族争端及战争,使百姓大众痛苦不堪,生活没有保证。就在这个时期,东汉时传入中国的佛教,成为百姓大众的心理寄托,纷纷吃斋念佛,以求佛主保佑。特别到了南朝,作为一朝天子的梁武帝萧衍,笃信佛教,作《断酒肉文》,曾三次舍身同泰寺,在历史上产生较大影响。史书载,寺院占地"几占一半",寺院庄园经济同地主庄园经济成为南北朝时期的两大支柱。寺院庄园饮食受梁武帝的影响,竭力提高素食,使得大部分佛教徒把戒杀生与绝对素食联系起来,演化出僧寺禅院的"香积厨"、"伊蒲馔",寺院庄园饮食表现出素食的基本特征,成为北方菜历史发展中的一大特色。

马克思说:"野蛮的征服者总是被那些所征服的民族的较高文明所征服,这是一条永恒的历史规律"(《马、恩全集》第二卷)。经过秦汉魏晋南北朝时期,以汉民族饮食文化为中心的大规模吸收与融合,至隋的再次统一前夕,北方黄河流域的各族人民摆脱了与游牧生活以及残存的部落联系,他们的饮食服饰、风习礼俗皆仿汉人,被汉化成统一的封建国家编户之民(参见

《魏书》),从而最终确定了汉民族饮食文化在中国烹饪中的主体位置,基本上实现了在多样性基础上的饮食文化心理素质方面的广泛统一。特别是本时期的封建地主庄园饮食和寺院庄园饮食风格的形成,使北方饮食文化圈,成为最繁盛、最广泛的汉族经济文化繁荣圈,为北方菜特别是其代表菜鲁菜的成熟及其他三大风味区域(淮扬菜、川菜、粤菜)平面格局的展开做好了准备。

秦汉魏晋南北朝时期,北方菜中的少数民族菜及边陲地区菜也有了长足的发展,这和中原政权对其统治、经营有着不可分割的联系。从秦代到西汉时期,匈奴马背奴隶主政权对华夏民族和西北、东北的一些少数民族如氐、丁零、月氏、东胡等的威胁都很大。于是秦始皇曾于公元前218年派大将蒙恬及始皇长子扶苏率领三十万大军戍守河套地区,并在黄土高原大兴徭役,把燕赵、秦的长城联成一气,以保护长城以南农业区的安全;汉武帝也曾三次反击匈奴,收复被匈奴占领的游牧故地,设立敦煌、酒泉、张掖、玉门四郡,从此打通了丝绸之路。到汉宣帝神爵三年(公元前59年),汉朝设立西域都护府,对这些地区进行管治,从此奠定了天山南北各族与中原地区联系的基础,使边陲菜也深深地烙上了汉族中原风味的印痕。东北地区在西汉时期,少数民族有肃慎、乌桓、鲜卑、涉貊等。肃慎自周代以来与中原地区就有频繁的经济文化交往。乌桓和鲜卑是东胡族的分支,汉武帝击败匈奴后,他们请求内属,汉朝设乌桓校尉进行管治,他们分布于燕山南北至辽河一带,后来鲜卑族于南北朝时期在中原地区建设北魏,使北方菜的汉民族饮食风格中,又注入了新鲜的血液。涉貊族分布在鸭绿江地带,其中的高句丽内属,汉朝于高句丽地区设县,属玄菟郡管辖。这样,本时期西起河西走廊,北至蒙古草原,东至鸭绿江畔的内属和管辖,使他们和中原地区有了牢固的连接纽带,也稳定了各民族与中原地区的关系,加速了中国北境的民族饮食文化的交流、融合,使中国北方菜有了更为丰厚的内涵。

(三)北方菜之成熟——隋唐宋时市肆饮食的繁荣

隋唐时期是我国历史上的第二个大一统的形成期,也是中国封建经济从全盛走向成熟的时期。而这时期的繁盛和大一统的局面,首先是由隋朝建立的。隋朝的统一,是建立在南北朝以来民族大融合的基础之上,因而这种统一比以前更加巩固,更加提高了。这种统一的出现及隋朝大运河的开凿,加速了南北经济文化的交流,促进了黄河流域饮食文化的进一步发展,为唐宋经济文化的昌盛和市肆饮食的繁荣打下了坚实的基础。

由于隋唐的统一是建立在多民族融合基础上的大统一,所以胡饮、胡姬酒肆与胡舞、胡乐一道成为中原一时之风。北方黄河流域的饮食文化进入了对异族饮食文化消化、吸收、融汇发展的时期。随着农业和手工业的发展,水陆交通的发达,邮传的频繁,内地和边疆贸易的进展,中外贸易的发达和信使往来,兴起了一些规模较为庞大的城市。一是京都,如隋唐的长安、洛阳,北宋的汴京(开封),辽的临潢府,西夏的兴庆府(宁夏银川市)、金的上京会宁府(黑龙江阿城南),都是当时北方的政治、经济、文化中心,王城的外廓,都有繁盛的市场,如唐代的长安,有东、西二市,共有120个行业,各行各业在市内分布集中,四面都有货栈、邸店和酒肆,供来往客商存货、住宿和就餐;二是边疆城市,如张家口、包头、库仑、玉门、张掖、酒泉、敦煌、兰州、伊犁、乌鲁木齐等,这些城市,都由各自的腹地供应大量的饮食物资或与饮食有关的各类物质的集散地,是汉族地区的粮、盐、茶、海味、铜、铁炊具和银、瓷食器等与少数民族地区交换马、牛、羊、奶酪和皮毛、药材、蘑菇、木耳、驼峰、熊掌等的基地。特别是五代、辽、宋、西夏、金时期,各民族的交流与融合,使唐宋以来的市肆饮食风格有了更为多样化的丰富内涵。唐朝诗人李白曾诗云:"五陵少年金市东,银鞍白马度春风。落花踏尽游何处?笑入胡姬酒肆中。"这是市肆饮食风格的一个侧面,说明了当时服务项目的丰富化。又据杜佑《通典》载:唐代兴起大批居营驿道食店,在以长安为中心的通向四方发达的驿道网上,沿路"皆有店肆,以供商旅",且"东至宋汴,西到歧州,夹路列店肆,待客酒馔丰溢"。由此可见,市肆饮食在社会饮食中占了很重要的地位。现存宋代画家张择端所绘的《清明上河图》就是北宋开封商业繁荣情况的写照。

从这些特征看,市肆饮食风格与先秦宫廷饮食及汉魏六朝之庄园饮食风格不同,且更具有流通性、开放性。这在谢枫的《食径》、韦巨源的《烧尾宴食单》和段成式的《西阳杂俎》中多有表述。虽然隋唐的高速发展极大地丰富了中国饮食文化的内容,但还没有形成程式化的特征。中国北方菜在黄河流域各民族饮食文化的相互交叉渗透中,仍在极自由地发展着。时至两宋,中国饮食文化在融合发展中达到更高层次的统一。在市肆生活中,中国食品地方风味化日趋明朗,"胡食"之名日减,代之而起的是南北之食称谓大倡。《东京梦华录》记述:"大凡食店,大者谓之'分茶',则有头羹、石髓羹、白肉、胡饼、软羊、大小骨角、炙獐腰子、石肚羹、入炉羊罨、生软羊面、桐皮面姜拨刀、回刀、冷淘、棋子、奇炉面饭之类",这是开封一带正宗的北食代表。"更有川饭店,则有插肉面、大燠面、大小抹肉淘、剪燠肉、杂煎事件、生熟烧饭",这些带有家常味的菜品,颇具川味特征。"更有南食店,鱼兜子、桐皮熟脍面、煎鱼饭"等,有江浙一带饮食遗风。陆游也曾有诗云:"南烹北馔妄相高,常笑纷纷儿女曹。未必鲈鱼笔孤菜,便胜羊酪荐樱桃"。这里陆游将鲈鱼、茭白与羊酪、樱桃分别视为南北风味的代表。《梦粱录》则进一步记载了南食、北食及川食在社会流通中平面展开,兼收并蓄交融发展的情景:"向者,汴京开南食面店、川菜分饭以备江南往来大夫,谓其不便北食故耳。"

在东北地区,中原人在本时期来此居住乐业的日渐增多,到15世纪,居住在吉林等地的女真人和中原人之间的经济文化交流更加频繁。《吉林通志》记载:"农国之民,安土重迁。故移垦本省之中国人皆在燕鲁晋豫等穷困无告、肩担推车而来者。"逢年过节吃饺子(女真族称哎吉格馎),晚饭吃手扒肉。16世纪中叶以后,东北菜随着东北地区的农业经济的较大发展,其市肆饮食也初具规模。《吉林新志》:"山东、山西之民,何为中国北方之精于味者。故吉林省一般民众,对于烹调自有相当习性。从此,馆店林立,山珍海味,味美东北矣。"《梨树县地》也说:"若有婚丧及会客时则鱼翅,中则海参,下则随时肉菜为席,视财力为等差矣"。此间,专业性饮食店铺日益增多,买卖兴隆。如当时的大饭馆、白肉馆、包子铺、饺子馆、河漏馆、切糕铺、窝窝头铺、馄饨馆等,加上当地特产,如飞龙、熊掌、犴鼻、猴头、大马哈鱼等,使东北菜成为北方菜中独具特色的地方风味。

在西北地区,隋唐的政治中心在关中平原,丝绸之路畅通无阻,西北地区当时是生机盎然。盛唐时代,从河西走廊到塔里木盆地的高昌一带,是"闾阎相望,桑麻翳野"。当时的高昌,"地产五谷","土沃,麦禾皆再熟"(见《宋史·高昌传》、王延德《使高昌记》及《新唐书·高昌国》关中平原。陕南(即汉中盆地)成为当时九大产粮区,西北菜也发展到相当高的水平。

如果说中国西高东低、南暖北寒的自然环境及其食物资源是构成中国菜肴地方风味的先决条件的话,那么各地人们的生理适应性与经济、文化特征则是其主体条件。南食、北食、亦或是川食,正是人们在各自相对独立的自然与文化区域中对食品的系统性创造,形成能反映该区域人们饮食文化特征的食品体系。它以丰富的食物资源为基础,集中表现在繁荣的城市经济生活中,是自然环境与人文环境统一的结晶。当中国饮食文化——心理结构实现相对统一的时候,当以汉民族为主体之经济文化繁荣圈广泛形成的时候,经过广大人民在隋唐五代时期的创造和迅速发展,分别代表黄河流域和长江流域风味的北方菜和南方菜(包括淮扬菜和川菜),在两宋的市肆流通中进一步发展而成定势(参见陈苏华《中国饮食文化分期论(下)》)。此时东南部杂食之风盛行,蛇、鼠、狗、猫入馔成肴,也逐渐走向成熟,至此,三大河流孕育的四大风味流派已昭然若示。而北方菜这时也逐渐走向成熟,其代表风味菜——鲁菜,也表现出北方广大地区所共有的独特风格:"大方高贵而不小家子气,堂堂正正而不走偏锋,它是普遍的水准高,而不是一两样或偏颇之味来号召,这可以说是中国菜的典型了。"(参见张启均《烹调原理》)。

(四)北方菜之完善与发展——元明清时市井饮食的广泛展开

元、明、清三朝六百余年的大统一局面,为中国烹饪的集大成提供了前提。北方饮食文化表现出的突出特征就是,唐宋以来的市肆饮食开始转向更为广泛的市井饮食。此时北方的广大地区,包括东北三省、西部边陲、黄土高原、蒙古草原等,世俗家庭烹饪经验与技术传统的积累,相对饱和而集大成,特别是市民阶层的家庭烹饪风格日趋成熟,显现出百花齐放的繁荣局面。使北方烹饪的触角伸入到了更为广泛的领域,从而揭示了北方菜之变革发展的必然性。

首先,元朝的统一,结束了辽、宋、夏、金割据混战的局面,使北方各民族又进行了一次大的融合。元朝版图的扩展,蒙古族贵族的统治,使本时期的家庭生活有了极大的变化。异域的食俗,蒙古大草原粗犷的食风,使本时期的北方菜进入了兼收并蓄的融合发展时期。其中表现较为突出的是回族清真菜的兴起。回族是在公元7世纪伊斯兰教传入中国以后,逐渐形成和发展起来的一个新的民族。1219年成吉思汗两次西征,先后征服了秦岭以西、黑海以东信仰伊斯兰教的各民族,在胜利返回时,带回了一大批"色目人"来中原从事商业和充军"屯戍"。这些人开始聚集定居于中国的西北地区,被元朝官方称之为"回回",以后又有一部分人迁往华北、江南、云南等。这些信奉伊斯兰教的民族,在他们意识形态、风俗习惯(包括饮食习俗)等方面,都受着《古兰经》等教义的影响,从而形成了特殊的饮食特色,人们后来便称之为"清真菜"。

另外,本时期的少数民族的特色饮馔,随着市井阶层的发展,也开始传向中原内陆。岭北蒙古地区的风味饮食醍醐、沆、野驼蹄、鹿唇、驼乳糜、天鹅炙、紫玉浆、玄玉浆等传入中原后,被誉为"迤北八珍"。居于河西走廊原河西回鹘人的名菜"河西肺"、"河西米粥",居于今吐鲁番地区畏兀儿(维吾尔)人的茶饭"搠罗脱因"、"葡萄酒";回回人的食品"秃秃麻食"和"舍儿别";居住在阿尔泰山一带的瓦剌人的食品"脑瓦剌";辽代遗传下来的契丹族食品"炒汤",以及乳酪、干酪等均传入汉族地区。而汉族的"烧鸭子"、"芙蓉鸡"等,也为蒙古等少数民族所喜食。这一切,在元末编写的《居家必用事类全集·饮食类》一书中,记载得尤为详细。此书对蔬食、肉食、腌藏肉品、鱼品、造鲊品、烧肉品、煮肉品、肉下酒、肉灌肠红丝品、肉下饭品、肉羹食品、回回食品、女真食品、湿面食品、干面品、从食品、素食、素下酒并素下饭、煎酥乳酪品、造诸粉品和疱厨杂用等元朝市井饮食的各个方面,都进行了详尽的记述,可说是元朝市井饮食的百科全书。而本时期的另一本书《饮膳正要》,则通过太医忽思慧的总结,对元朝饮馔中的食疗部分作了如实的记载,可说是市井饮食中的精华。

朱元璋推翻元朝建立明朝后,为维护自己汉民族的尊严,竭力将蒙古等少数民族驱逐边境,重新将中原大地夺到汉民族手中,从而使蒙古人短暂统治时期的饮食风俗方面的影响,很快地被汉化、消融了。朱元璋的军师、明朝著名的军事家刘伯温在《多能鄙事》一书中,记载许多富有民族特色的肴馔,如汉族的锅烧肉、糟蠏等;北方游牧民族的干酪、乳饼等;女真的蒸羊眉突、柿糕;回回人的哈尔尾、设克儿匹刺、卷煎饼、糕糜等。已经被汉族人接受并进行了消化和吸收。特别是记载当时北京城里的节令食品,如正月的冷片羊肉、乳饼、奶皮、乳窝卷、炙羊肉、羊双肠、浑酒;四月的白煮猪肉、包儿饭、冰水酪;十月的酥糕、牛乳、奶窝;十二月的烩羊头、清蒸牛乳白等,就已经没有了标明民族性的文字,表明其汉化程度逐渐加深了。

家庭是社会的最基本单元。由于种种原因,中国的市民阶层始终未能成为强大的阶层。明朝中后期受资本主义萌芽、商品经济初潮的冲击,使几千年来封建社会形成的价值观,从根本上发生了动摇。加上种种因素的促使,市民阶层至此才逐渐强大起来。这在《水浒传》、《金瓶梅》、《儒林外史》、"三言"、"二拍"等笔记体小说中,表现得极为突出。但是,就饮馔语言来看,已没有其他少数民族特色肴馔的影子了。特别是《金瓶梅》一书,作者运用自然主义的写实手法,描绘出一幅极富代表性的明朝市井饮食图。西门庆之流之所以恣腹纵欲,从根本上看,是因为长期以来被简约守成的封建礼制和"存天理、灭人欲"的程朱理学压抑的生活欲望,随着市民阶层的强大、社会风气的变化,不可遏制地迸发出来。距《金瓶梅》故事的发生地阳谷县不远的博平县的县志就有这样的记述:"由嘉靖中叶以抵于今,流风愈趋愈下,惯刃骄奢,互尚荒侠,以欢宴放饮为豁达,以珍味艳色为盛礼。其流至于市井贩鬻厮隶走卒,亦多缨帽绌鞋,纱裙细袴,酒庐茶肆,异调新生,泊泊浸淫,靡焉勿振,……逐末游食,相率成风。"《金瓶梅》一书中民间的、世俗的、大众化的、名目繁多的菜点、果品和茶酒的描写,正是晚明市井饮食文化高度发展的真实再现。

清朝又是一个少数民族入主中原的历史时期,满族统治下的中国北方饮食,在宋、元、明的程式下不断扩大、丰富,以至走向极端。一方面极其腐朽的封建王室以清宫大宴来掩盖其凋敝的本质,走向如"千叟宴"的极端形式。另一方面,市井阶层的饮食文化,层层相因,扼守旧的传统,而趋于僵化,传统成为模板,熔铸在市民家庭中,市井饮食广泛地展开了。

市井饮食的广泛展开,其明显的特征是中国北方菜中的各地方风味菜日趋成熟,并表现出极其突出的特点。山东风味菜尤为突出。它广及山东半岛、影响京津一带,而且深入到豫、晋、冀、秦,波及白山黑水,几乎在北部半个中国都可见其踪迹。而齐鲁大地表现得尤为突出的是"官府"味特浓的曲阜县城内的孔府肴馔。作为中国儒家学派创始人孔子的故地,经历代封建王朝的封爵加官,逐渐成了地方豪门显贵。孔府内宅的家庭饮食,是当时市井饮食的升华和提高,它既要满足日益培养起来的孔门后裔及家眷的口腹之欲,又要迎合帝王官吏及近支族人,应付节日客饮及红白喜事,在日积月累的总结和积淀中,逐渐形成了一套完整的孔府饮馔体系。根据《孔府档案》资料可知,明清两代孔府烹饪已经成熟。其肴馔讲究精细、营养、礼仪和排场,名雅质朴,具有浓厚的乡土风味,在明清乃至今天,都独树一帜,为世人所称道。在明清饮食史上,留下了精彩的一笔。

另外,清宫御膳,官府精饮,各种饮食餐馆等又给元明清市井饮食注入了新的内容。"满汉全席"、"孔府全羊席"的出现,使中国北方菜更加光辉灿烂,进入鼎盛时期。著名的饮食文献《随园食单》、《食宪鸿秘》、《调鼎集》、《养小录》、《中馈录》等,虽不全是出自北方人之手,但其内容总结,仍不失为当时整个社会饮馔状况的一面镜子。

（五）北方菜之现状——民国及解放后在国内外的影响

辛亥革命,推翻了清王朝,中华民国建立。大总统孙中山发表了建国之初的《建国方略》。其中用大量的篇幅,论述了中国烹饪之道,将中国烹饪提到一个新的高度,那就是:烹饪是技术、是文化、是艺术、是科学。此时中国北方内陆和沿海各大城市的饮食风味及餐馆市场发生了很大变化,清末民初,军阀混战,民不聊生,北方菜无甚发展。上世纪30年代初,中国北方经济发达的沿海省市镇有一段相对稳定和发展时期。其主要特征是:风味特色更加丰富,外番洋餐侵入,中外餐馆经营皆更加灵活,以适应各种不同饮食消费层次的需求。有气势豪华的高级餐厅酒楼,也有走街串巷的食摊食担小吃。烹制作制作也更加精细。各地各式餐馆及饮食市场相互辉映,使城市饮食增添了前所未有的活力。中国北方菜在自身不断完善和丰富过程中,表现出多样化统一的局面。

清末民初,北京城出现了"仿膳"和"谭家菜"。能够将"清宫御膳"流传下来服务于民的是"仿膳"饭庄,现设在北京北海公园内。清王朝灭亡后,末代皇帝被逐出皇宫,御膳房的厨师也离宫解散了。有的流落北京街头,利用自己的特长,做起了餐馆生意。1925年北海公园开放时,一位原任"御膳房"的"菜库当家"的赵润斋,找来孙绍然、王玉山、赵永寿等六七位原在"御膳房"当差的厨师,在北海公园北岸开设了饭馆,取名"仿膳",意思是经营的菜点是仿照清宫御膳的做法烹制的。当年被慈禧封为"抓炒王"的王玉山,他的四大抓——抓炒鱼片、抓炒里脊、抓炒腰花、抓炒虾仁,以及清宫名菜:扒燕脯、罗汉大虾、怀胎鳜鱼、凤凰趴窝等都恢复了经营,还有名小吃:肉末烧饼、小窝头、豌豆黄等都是原御膳名品。清宫风味得以流传,得益于"仿膳"饭庄的经营。

谭家菜出自清末官僚谭宗浚的家中,其子谭青讲究饮食,父子刻意于品味,故谭家女主人都善中馈,形成了兼擅南北风味的特色,闻名于北京的官府界。到民初,其家境开始败落。直至不得不将自家的"谭家菜",拿出来变相营业,以此收入补贴家用。其筵席就在谭府内举办。操厨者是谭青的三姨太赵荔凤。上世纪30年代初谭家菜已名噪京都,有"食界无口不夸谭"之称。开始时,谭家只在晚上举宴,每次二三桌,后来中午亦需备宴,尚应接不暇。吃谭家菜还有一个规矩,那就是请客者要把谭家请在内,不管与其相识否,都要给谭青设一个座位,多摆一副碗筷,谭青就来尝上一口,品评介绍一番菜点,以此形式来表示"谭家并非饭馆"。另在山珍海味、名馔佳肴之外,都用上好古装器皿;一间客厅,三间餐室,古玩盆景,四壁名人字画,是一个高雅幽静之地。自此餐馆更有一番文士官府之气。食者云:"观止矣,虽有他乐,不敢请矣。"解放后谭家菜传人彭长海将此美味佳肴带到了北京饭店。从此谭家菜享誉中外。

以齐鲁风味为代表的山东菜,此时有了长足发展。一方面明清时进入宫廷,经过宫廷的锤炼,随着清王朝的灭亡,又回到了民间。其技法与代表菜式,在我国东北、华北、北京、天津等地区广泛流传。所到之处,适应当地口味,选用当地原料,为形成和发展当地风味发挥了极其重要的作用。

东北地区,民国以后,关内农民大批逃亡到"关外"——东北三省落户,带去中原先进的农耕技术和饮食习俗。据《吉林通志》载:"农国之民,安土重迁。故移垦本省之中国人皆在燕鲁、晋、豫等穷困无告、肩担手推车而来者。"从而使东北三省的农耕业有了较大的发展,其饮食习尚也受到中原移民的影响。据《梨树县志》载:"乡农以劳力为主。午餐必食粮以壮气力,干粮多以黍米(制面做成干粮),城乡多食秫米(即陆稻)。以萝卜、白菜为大宗,土豆次之,白菜滚半熟渍入缸中令酸,为人所同嗜也,如豆腐亦为佐食常品。肉以猪肉为大宗,牛羊肉次之,鸡鱼虽属。"几乎和中原饮食习俗无异了。

西北地区,黄河上游和青藏、内蒙古、黄土高原三大高原,在民国之后也起了很大的变化,以其代表甘肃兰州为例,是时菜肴烹调已讲究色、香、味、形、器,面点也趋于精灵小巧,清真菜在此地区得以繁荣和发展。"黄焖羊肉"、"清炒驼峰丝"等少数民族的地方名菜,为世人所推崇。后由于交通商业的发达,各地名菜相继传入西北地区。如山东的"糖醋鲤鱼"、"九转大肠";四川的"麻婆豆腐"、"宫爆鸡丁"、"鱼香肉丝";江苏的"狮子头";浙江的"西湖醋鱼";北京的"爆双脆"、"酱爆鸡丁";湖南的"冰糖莲子"、"红扒鱼翅";孔府菜中的"烧海参"、"炒胗肝"等等,大大充实和丰富了西北菜的风味特色。

秦、晋、豫三地区物产丰富,烹技大多受山东菜的影响。民国以后,抗战军兴,西安、太原等皆为重镇,黄河中游的郑州也成为南北要塞,官僚、军政要员从另一方面,使本地区的菜肴得以长足发展。解放后,西安又研制推出了"仿唐菜"、"饺子宴",使本地区的地方风味更加丰富迷人。

随着广泛的中外经济文化的交流与发展,中国北方菜又陆续传播到亚、非、欧、美诸多国家。据《中国烹饪》载文介绍,山东的胶东"仅福山、蓬莱、黄县、招远三县一区,在海外的侨民多达四千余户,近万人,其中有一半以上在国外从事饮食行业。"另外在子羽编著的《香港掌故·二集》中曾提到山东"福山大拉面"制作时的场景:"这里兼做游客生意的夜总会,除表演歌舞、杂技、魔术等节目以外,偶尔还会有食物制作表演。如由来自华北大师傅穿戴着白袍、白帽,当众表演拉面功夫……"由此可见,中国北方菜的魅力。

三、中国北方菜的传统风味流派及其本质特征

中国北方菜从地域上看,是江淮以北大半个中国的广大地区的风味肴馔的总称。虽然在其历史的发展轨迹中,有许多共性的规律可寻,但由于地理环境、气候物产、风俗习尚的差异,不同民族和不同人们的饮食习惯、口味爱好的不同,使得中国北方菜形成许多独具特色、多彩多姿的地方风味流派。其中影响面广、地方风味浓郁的流派有:京津风味菜、鲁豫风味菜、东北风味菜、西北风味菜等。这其中又有宫廷菜、孔府菜、仿唐菜、清真菜等。

(一)京津风味菜

京津风味菜,即北京市和天津市两地区所盛行的风味浓郁的地方菜。北京为历代古都,是全国的政治、经济、文化中心。宫廷御厨、皇家膳房较为集中,烹饪技术较为发达。而且,作为"首善之区"的北京因其历史地位又使汉、满、蒙、回、藏等各族人民得以"五方杂处"。为了满足皇室、官吏和各阶层社会人士的饮食需要,在饮食文化上就出现荟萃百家,兼收并蓄的局面,从而形成了由本地风味和原山东风味、宫廷菜及少数民族构成的北京地方风味菜。天津是首都北京的门户,华北的经济中心,全国重要港口之一。它位于华北平原东端,南北运河相接的海河两岸,东临渤海,西扼九河。这里气候温和,四季分明,盛产海河两鲜、飞禽野味和名蔬特菜等。张涛在《津门杂记》中称道:"津沽出产,海物俱全,味美而价廉,春月最著者,有蚬蛏河豚海蟹等类。秋令螃蟹肥美甲天下,冬令则铁雀银鱼驰名远近,黄芽白菜嫩于春笋,雄鸡鹿脯野味可餐,而青鲫白虾四季不绝,鲜脆无比。"另外天津人爱小吃、重食俗,在不断总结自己传

统的基础上,逐渐吸取各地及京菜的技艺精华,成为一个完整的、独具特色的地方风味流派,名扬中外。北京菜的烹调方法以炸、熘、爆、烤、烧为主,口味以脆、香、酥、鲜为特色,其主要名菜有"北京烤鸭"、"糟熘鱼片"、"抓炒虾仁"、"涮羊肉"、"扒熊掌"、"炸佛手卷"、"白煮肉"等,在全国享有盛誉。天津菜包括汉民菜和回民菜,还有素席菜,尤以制作海河两鲜、飞禽野味见长,其烹调技法完备,以勺扒、清炒、软熘、油爆等最为人称道。其口味以咸鲜清淡为主,兼有大酸小甜、小辣微麻的特点,符合北方食俗。其代表菜有"罾蹦鲤鱼"、"炒青虾仁"、"元宝烧肉"、"高丽银鱼"、"软硬飞禽"、"酸炒紫蟹"、"煎烹大虾"等,各具特色,别有风味,为世人称道。于扬献《津门食品诗序》里说:"北方食品之多,以津门为最。吴、越、闽、楚来游者,皆以为烹饪之法甲天下,京师弗若也。"

总起来看,京津地方风味菜有以下几个特点:

第一,注重时令,讲究食鲜。京津地区百姓十分重视节令食俗,什么节日吃什么,什么季节吃什么,皆有俗成。俗称吃"鲜"。《四宝鉴》中记载:"立春日,都人做春饼,生菜,号春盘。"有诗云:"咬春萝卜同梨脆,处处辛盘食韭菜。"老百姓将肥瘦猪肉丝、绿豆芽、细粉丝、嫩菠菜和当今韭菜一起烹制,用春饼卷了来食,妙不可言。夏季里,冻柿子、酸梅汤、杏仁豆腐、荷叶粥应时上市,水晶肘子、水晶虾仁为上品。津门"夏初鲅鱼,伏吃比目",应时到节,吃法独特。冬季来临,活鲤、铁雀、银鱼、黄韭、白菜及涮羊肉一起涌来,鲜美奇异,别有情趣。《旧都百话》云:"羊肉馏子,为岁寒时最普通之美味,须于羊肉馆食之,此菜吃法,乃北方游牧遗风。"

第二,烹调细腻,讲究营养。京津风味菜在其发展过程中,形成了一套完整、细腻的烹调技法。炸、熘、爆、烤、勺扒、清炒独具特色,闻名于世。另外重视火候,巧用调料,又使京津风味菜既色、香、味、形俱佳,又营养丰富。如京菜中的"油爆双脆",主配料鲜明合理,经急火速烹,成菜色、味俱佳,极富营养;津菜中擅用姜汁、食醋,其目的有二:一是去腥膻而增鲜美,二是保持脆嫩及营养素。这样烹制出的菜可以刺激食欲、帮助消化、散寒、驱虫、发育骨骼。因此津菜中的海河两鲜、飞禽野味,诱人食欲,美不胜言。

第三,突出本味,佐膳精妙。京津菜调味讲究,鲜咸适口,南北皆宜。其特征有两方面:一是京津菜中口味没有或很少有猛辛、猛酸、猛甜、猛咸、猛苦的刺激,中和之味多见,有"吃姜不见姜、吃葱不见葱"的古训;其二是讲究原汁原味突出本味。京津菜讲究吃鸡要品出鸡味,吃鱼要尝出鱼鲜,绝不能有串味、异味、怪味出现。另外京津菜巧用调料、佐膳精妙。津菜中巧用姜、醋,使海河两鲜增姿增色;京菜中的菜肴佐料极其讲究,不得有错。如"油爆肚仁"要蘸卤虾酱油才出味;"干炸丸子"没椒盐不香;食"清蒸全蟹"没有姜醋碟,吃不出鲜味;而涮羊肉必须备齐香菜末、葱花、白菜、糖蒜、芝麻酱、辣椒油、红腐乳、卤虾油、腌韭花、老绍酒等,才能品出"五味调和百味香"来。

第四,宴饮有序,餐具考究。京津风味菜表现在筵席中,有两方面的特征:其一是菜肴排列有序,菜与饮相映衬。无论是京菜中宫廷御宴、谭家名席、庶民的婚丧嫁娶席,还是津菜中的"八八燕翅全席"、"六四海参席"、"五碗四盘"等,都把宴饮设计当做一门艺术,无论从菜式、花色还是口味上,均基于很深厚的社会生活哲理与艺术修养。就调味而言,一席之中,菜肴口味间隔、浓淡排列层次分明。如先冷后热;先菜后点;先咸后甜;先炒后烧;先清淡后肥厚;先优质后一般。佐酒也有说法:先上冷菜劝酒,次上热菜佐酒,辅以甜食解酒,配备饭点压酒,最后茶果醒酒;其二是餐具考究,菜肴器皿合一。京津地区宴饮讲究菜肴的盛具,一席之中,冷热汤点各有盛器,鸡用鸡盅,鸭用鸭船,鱼用鱼池,肉用蒸碗等。另外不同档次的宴饮,配不同质地的器皿,低档用瓷,中档用铜,高档用银,菜用盘碗,酒用杯盅,参错杂处,富于美感。

(二)鲁豫风味菜

鲁豫风味菜是山东、河南及其周边地区地方菜的总称。它以齐鲁风味菜为主干,又兼有黄河中下游流域地方菜的特色。具体说来,它又分为山东风味菜和河南风味菜两大部分。

1.山东风味菜

山东海岸线长,腹地广阔,各地的地理、人文差异较大,饮食习俗及口味特色也表现出不同的特点。影响面较大的地方风味菜有:济南风味菜,胶东风味菜,鲁西风味菜,孔府菜。

(1)济南风味菜

济南菜形成较早,尤其自明清以来定为省府所在地以后,便成为经济、政治和文化中心,被誉为"商贾荟萃"之地。据《济南府志·民俗》载:"惟济南水陆辐辏、商贾相通,倡优游食颇多。济南大明湖之蒲菜,其形似菱,其味似笋,为北方数省植物菜类之珍品。黄河之鲤,南阳之蟹且入食谱。"丰富的物产,为烹调菜肴提供了优裕的物质基础,长期以来,形成了独具特色的济南风味菜。济南菜包括济南历下风味菜、城外商埠菜及市民和近郊的庶民菜。其特点概括如下:

第一,取料广泛,品类繁多。泉城济南向以湖光山色、涌泉之丽闻名中外。它地处水陆要冲,南依泰山,北临黄河,资源十分丰富。济南地区的历代烹饪大师,利用丰富的资源,广泛取料,制作了品类繁多的美味佳肴。高至满汉全席中的上、中、下,八八二十四珍,低到瓜、果、菜、菽,就是极为平常的蒲菜、芸豆、豆腐和畜、禽、内脏下货等,经过精心调制,皆成为脍炙人口的佳肴美味。

第二,清香,脆嫩,和五味而尚"纯正"。济南风味菜类以清香、脆嫩、味醇而纯正著称。清代美食家袁枚形容济南的爆炒菜肴时曾说:"滚油炮(爆)炒、加料起锅,以极脆为佳。"(参见袁枚《随园食单》)。鲁菜的调味,极重纯正味醇。其咸,用盐讲究,清水熬化后再用。其味有鲜咸、香咸、甜咸、咸麻及咸辣,另外还有小酱香之咸、大酱香之咸、酱汁之咸、五香之咸的区别;其鲜,多以清汤、奶汤提味;其酸,烹醋而不吃其醋,只用其醋香味;其甜,重拔丝、挂霜,甜味纯正;其辣,则重用葱蒜,以葱椒绍酒、葱椒泥、胡椒面、青椒和之,香辣而不烈。

第三,馔名朴实,少花色而重实用。济南人憨厚朴实,直爽好客。宴饮办席,以丰满实惠著称,饮食风格上至今仍有大鱼大肉、大盘子大碗的特点。如"把子大肉"、"糖醋大鲤鱼"、"清炖整鸡"等。其肴馔之名也如其人,闻其名而得其实。如"扒肘子"、"八宝布袋鸡"、"红烧大肠"、"锅熜豆腐"等。济南菜中很少有华而不实的"花色菜"。

第四,清汤、奶汤制作堪称一绝。济南菜精于制汤,清浊分明。制作清汤,讲究微火吊制,次数越多,汤味越醇,汤色越清。且先下红哨、后下白哨,使之吸附汤中的杂质,并入其鲜味于汤中,以达汤清味鲜的佳境。奶汤则非旺火猛煮不可,使原料中的胶质蛋白质及脂肪颗粒溶于汤中,以便使汤汁色白味醇。"清汤干贝鸡鸭腰"、"蝴蝶海参"、"奶汤全家福"、"奶汤蒲菜"、"奶汤鲫鱼"是济南汤菜中的名品。

第五,技法全面,擅以葱调味。在中国菜的四大风味流派中,山东风味菜向来以烹调方法正统、全面而著称。而山东菜中以济南菜表现突出。煎炒烹炸、烧烩蒸扒、煮汆熏料、熘熜酱腌等烹调方法都普遍应用。其中尤其是"爆"与"熜"更有独到之处。爆又分油爆、酱爆、汤瀑、葱爆、盐爆、火爆等数种。"火爆燎肉"、"油爆双脆"、"汤爆肚头"等堪称一绝。"熜"起源于民间,先煎后烹汁熜制,香醇软嫩、清香不腻。济南菜中的佐料用得最多的要算葱了。不论是爆炒、烧熘,还是调制汤汁,都用葱料煸锅爆香,就是蒸、炸、烤也必用葱料腌制后再烹制,且上桌时也常以葱段等佐食,如"烤鸭"、"双烤肉"、"炸脂盖"、"锅烧肘子"、"干炸里脊"等。均佐以葱白段、萝卜条(或黄瓜条)而食,风味独特,别具一格。

(2)胶东风味菜

胶东菜包括烟台、青岛等胶东沿海地方风味菜,最早起源于福山。胶东半岛位于山东的东端,突出于黄河和渤海之间,三面临海,一面联陆,具有四季分明、温度适宜、冬无严寒、夏无酷暑的特点。自然条件优越,物产资源丰富。著名的物产有产量居全国首位的大对虾、久负盛名的烟台苹果、莱阳梨、烟台大樱桃、龙口粉丝,以及海产珍馐刺参、鲍鱼、扇贝、天鹅蛋、西施舌、青鱼、牡蛎、加吉鱼、鹰爪虾、缢蛏、红螺等。众多的物产,为胶东菜的形成与发展打下了良好的基础。经过烹调大师们的多年研制,胶东菜以自成一格的风味特色,成为众口交赞的山东风味菜的一支重要流派。其特点概括起来,有如下几点:

第一,精于海味,善做海鲜。胶东风味菜精于海味、善做海鲜,大凡海产品均能依其内理、烹制相应的美馔。甚至"烹制鲜鱼,民家妇女多能擅长"(见《黄县县志》)。其著名的品种有"葱烧海参"、"清蒸加吉鱼"、"扒原壳鲍鱼"、"油爆海螺"、"盐爆乌鱼花"、"燀大虾"、"烩乌鱼蛋"等。再如小海鲜:蛏子、大蛤、小海螺、蛎黄、蟹子、海肠子等,经烹制而成的"芫爆蛏子"、"油爆大蛤"、"金裹蛎子"、"芙蓉蟹斗"、"韭菜炒海肠子"等,均是独具特色的海味珍品。

第二,鲜嫩清淡,崇尚原味。胶东风味菜的原料以鲜味浓厚的海味居多,故烹调时很少用佐料提味,多以保持其鲜味的蒸、煮方法烹制。沿海居民以活鲜海味为贵,烹调时讲究原汁原味,鲜嫩清淡。如"盐水大虾"、"手扒虾"、"原壳扇贝"、"三鲜汤"等。

第三,注重小料,以此辨菜。胶东风味菜讲究小料的改刀与配合,一般饭店里,厨师以配料的形状、种类、多少来辨别不同的烹制方法,如指段葱,一般为爆菜;大葱段者为烧菜;马蹄葱者为炒菜;葱姜末全放者一般为糖醋;若同是煎肉片,配以葱姜丝、干辣椒丝谓之"广东肉",若不放干辣椒丝,则为"锅塌肉"。

第四,烹调细腻,讲究花色。胶东风味菜在烹调上表现为烹制方法复杂而细腻。比如爆菜技法,它又分出许多只有细微差别的"子技法":油爆、汤爆、酱爆、芫爆、葱爆、宫爆、水爆等,它们有严格的工艺规程,丝毫也错乱不得。另外,胶东菜在花色冷拼的拼制和热食造型菜的烹制中,独具特色。其造型讲究生动、活泼、整齐、逼真,特别注意花色的搭配与造型。

(3)鲁西风味菜

鲁西地区地处华北黄河冲积平原,地势平坦,气候温和,物产丰富,历来是山东重要的粮棉产区之一。这里的历史悠久,民风民俗敦厚,其饮食文化具有浓重的鲁西色彩,其菜肴以量大、色深、口重、味浓的特点而传誉四方。

第一,漕运贯通,商埠活跃;"会馆"林立,酒肆繁荣。

鲁西地处东西南北漕运的交汇处。滔滔黄河自西而东,京杭运河从南贯北,四方贡物皆在此集散。旧时,东昌府(即聊城市)和临清皆为运河沿岸九大商埠之数。陕西、山西、江苏、浙江、江西等省,先后在聊城建立"会馆",至今遗迹犹存,贸易的兴旺发达,促使饮食业也活跃发展起来。乡间会社聚餐,集日庙会欢宴,酒肆空前繁荣。如聊城的"凤翥楼"、"三德园"、"三庆馆",临清的"王山楼"、"常乐园"、"中和园",阳谷"宴宾楼",莘县的"提云楼"和朝城的"杏花村",都具有相当的规模,它们对鲁西风味菜的形成和发展起了不可低估的推动作用。

第二,选料讲究,烹技精良;美味佳肴,数不胜数。

鲁西风味菜,在其选料方面有着独特的个性。因远离沿海,故原料就地取材,普通中见优良。比如"炸金枪不倒"。人们以蘑菇为食,习以为常,但单独用蘑菇腿进行烹调的,当仅有鲁西。"红烧金刚脐"则以奇、巧取胜。另外,鲁西地区在烹调技法上,善用烧、炒、爆、扒、熘、余、炝、煎、熏等方法,加工精细、制作精良。阳谷、莘县、东阿一带,擅长酥炸、蒸、烧、清炒,其"清蒸白鱼"、"弯凤下蛋"、"炸鹅脖"造型美观,技艺高超,独具特色;临清、冠县、高唐一带以滑炒、软炸、汤菜著称。其"清余羊腰"脆嫩清鲜,"奶汤天花"软嫩甘醇;聊城历代为鲁西政治、经济、文化中心,烹饪集各县之大成,制作技术全面,筵席丰盛华美。其"糖醋黄河鲤鱼"、"缠丝豆腐"、"灯碗肉"、"白扒鱼串"、"爆双脆"、"炒腰花"、"熘肝尖"、"老虎鸡子"等,做法、口味均有独到之处。鲁西甜味菜也别具特色,"蜜汁荸荠丸子"制作精细,造型古朴典雅,口味甜脆清香;"琉璃粉脆"、"空心琉璃丸子"制作技艺独特,做功精细,成品似水晶、如珍珠,金光闪烁,绚丽玲珑,确是厨师的精巧之作。

第三,浓香味厚,丰满实惠;重色重醋,骨酥肉烂。

鲁西风味菜在调味上的一个突出特点就是浓香味厚,骨酥肉烂。像糟鱼、烧鸡、蒸碗(扣鸡、扣鱼、扣肉)、炖鸡、炖鱼等,都是浓香味厚,骨酥肉烂的菜品,也是鲁西婚丧大宴中必有的大菜。鲁西菜的另一个突出特点就是重色重醋,一般菜肴都好用酱油或醋烹锅,酸咸浓香是鲁西菜的基本味型。像扒羊肉条、扣蒸碗、酥鸡、酥鱼、酥白菜卷、红烧羊尾、醋烹鲫鱼、醋熘白菜等,都是用酱油取色,用醋提味,其最有代表性的糖醋鱼更是将醋运用得出神入化,浓香扑鼻,临清汤更是缺醋不成汤。在鲁西当地餐馆里的饭桌上,必有一个醋壶来佐餐。

第四,金瓶梅菜,市井美食,奇巧绝伦,滋补性强。

《金瓶梅》这部奇书的故事就发生在鲁西的山东运河两岸。书中记载的款款美食、宴饮食风,反映了明中晚期山东运河码头上的市井饮食风貌。李志刚根据书中记载和阳谷、临清当地的饮食佳品,整理出200多道以鲁西风味为基础,兼有南北食风的美味佳肴,组成了六个系列的"金瓶梅宴",在首届国际华人美食节上荣获金杯奖。其中捶熘凤尾虾获金牌;宋蕙莲烧猪头、花酿两吃大蟹、桂花汤元等获银牌。李先生被邀参加,99台北中华美食展时,也获得巨大成功,当地20多家报纸、电视台进行了专访和报道。金瓶梅菜虽然源于古书,但又不拘泥于书本,在参考金瓶梅一书出版前后的饮食笔记里的菜肴记载的基础上,逐渐整理出一批地方风味浓郁,制作奇巧绝伦,又具有很强的滋补性的菜肴。像花酿大蟹,书中第21回这样写道:"西门庆令左右打开盒儿观看,四十个大螃蟹,都是剔剥净了的,里边酿着肉,外用椒料、姜蒜末儿团粉裹就,香油炸、酱油酿造过,香喷喷酥脆好食。"李志刚先生在此基础上,从美观宜食用的角度对此菜进行了再创造。中间是净炒蟹肉,盘子边上围着蟹肉烧麦,吃起来方便,看起来美观,并且其味更美,营养及滋补作用更强了。此菜一定要佐毛姜醋而食。蟹肉寒,食姜性热,佐醋去腥,真美味也。

金瓶梅菜中的另一道大菜就是"宋蕙莲烧猪头"。宋蕙莲是《金瓶梅》中西门庆的一个厨娘,"说她会烧的好猪头,只用一根柴禾儿,烧的稀烂"(金莲语)。《金瓶梅》第23回写道:"来兴儿买了酒和猪首,送到厨下,……于是(宋蕙莲)走到大厨灶里,舀了一锅水,把那猪首、蹄子剁刷干净,只用的一根长柴禾,安在灶内,用一大碗油酱,并茴香大料,拌得停当,上下锡古子扣定,那消一个时辰,把个猪头烧的皮脱肉化,香喷喷五味俱全。"实际上烧烂猪头本身就是一个养胃养颜的滋补菜。潘金莲、李瓶儿对此菜情有独钟,说不定还真是一款古代美容菜呢!现代医学也证明,经常吃一碗烧得酥烂的带皮肉,是许多长寿者的共同嗜好。它易消化易吸收,确实是老年人的滋补佳品。

另外,金瓶梅菜中还有一些是根据金瓶梅菜的总体特点,现在还在《金瓶梅》故事发生地流传的地方特色菜。如扣碗、卷藕、攒盒、捶熘凤尾虾等。特别是捶熘凤尾虾,现在已经在济南各大宾馆饭店流行。此菜是李志刚先生在《金瓶梅》故事发生地阳谷、临清调查时,挖掘的一款民间菜。每年麦熟杏黄时节,河里的大青虾正是肥美上市的时候,这时常常将大青虾去头、去皮、留尾,用刀片去黑线,再用小木槌,一下一下捶成薄片,状如杏叶,故又名杏叶虾。后经名厨钟士涛老师指点,使此菜更趋完美。此菜特点是,色泽洁白,清香脆爽,鲜味极浓,佐以番茄酱而食,有玉质感,味美馋人。此时吃虾,最为壮腰,男人应多吃点。此菜在首届国际华人节上获金牌。

新加坡联合早报也曾对金瓶梅宴作了整版报道,而且还登载了当地餐饮业的反响。同乐饮食业集团总裁和龙珠轩酒家董事经理认为,"承办及引进金瓶梅宴有其特别意义,一来金瓶梅宴是别具特色的文化宴,新加坡若也能在中国(大陆)、台湾之后,分享这个具有复古风及文化色彩的美食盛宴,也是件别具意义的事。二来,若金瓶梅宴也能在新加坡举办,对餐饮业而言,也具有很好的观摩效果。"金瓶梅宴和红楼宴最大的不同是,金瓶梅宴主要是属于市井饮食文化,并结合明朝的家常便宴、富贾巨商宴饮与官场应酬等,从茶、酒、小菜、大菜到小吃,都具有世俗化、市井化的特点。

(4)孔府菜

孔府菜,是我国历史上著名的思想家、政治家、教育家孔子的嫡系后裔,历代"衍圣公"在接待皇帝,向皇帝、皇太后进贡,欢宴钦差大臣、达官贵戚和举行家宴、喜宴、寿宴及日常生活中,遵循孔子"食不厌精,脍不厌细"的遗训,由孔府历代名厨精心创制,逐渐形成的具有独特风味的典型官府菜,是我国烹饪文化宝库中的瑰宝,是北方菜中鲁豫风味菜的一个主要流派。

第一,礼仪庄重,等级分明。

"中国礼仪尽出齐鲁"。孔子不仅是儒家学派的创始人,而且他溶入饮食中的一些指导思想,使孔氏后裔成了齐鲁礼仪和文化的真正传人。孔府菜在菜式上,席面款式上要求十分严格,既有书香门第、圣人之家的风度,又有王公官府的气派。各种筵席的席面,菜点丰盛,搭配讲究,主菜、大件菜、配伍菜都有一定的程式。孔府宴饮,自始至终,无不贯穿着极为缛琐繁多的礼节习俗。甚至连一举一动、一言一行都会受到礼节上的约束。而且孔府宴饮分三六九等,等级差别甚大。在规格上,则以用料高低和上菜的多少而定。孔府在历史上最高规格的"满汉全席"要上菜一百九十六道,仅餐具就有四百零四件。其次是燕菜席、鱼翅席、海参席和"双四席(四白烤、四红烤)"一品锅等,依不同季节变换时令佳肴。而宴饮的享用者,根据其身份和地位及亲疏来入室归座,等级分明,不得有丝毫的差错。

第二,选料广泛,用料讲究。

孔府的生活消费品供应,包括饮食消费品的供应,都具体规定到户。千余年来,各种役户、佃农、菜户等,以征纳实物的形式,提供给孔府,使孔府的饮食烹饪,有了优裕的物质基础。如肉类的消费由派户交纳(有时也购买),孔府专设有牛、羊、猪户,向孔府领银办买牛、羊、猪,并有短期喂养的义务;水产品的供给主要靠孔府在微山湖的湖田和官屯中的船户、鸭蛋户等"贡纳膏鱼、菱芡、莲藕";果品由田家园、宫家园、刘家园等种植户来提供;蔬菜由菜户每天向孔府送交从菜园采摘的新鲜蔬菜供选择。另外,孔府中养蜂酿蜜、做酱制醋、腌做咸菜、醉蟹便蛋,应有尽有。这丰富的食品原料,使得孔府内外厨师可以优中选优,精中取精,并且一料多用,变换无穷。

第三,做工精细,讲究盛器。善于调味,技法全面。

孔府菜做工精细,烹饪技法全面,尤以烧、炒、煨、燀、炸、扒见长。而且制作过程复杂,调味多样,烹调技法交叉运用,菜品制作,很见功夫。用煨、烧、扒等技法烹制的菜肴,往往要经过三四道程序方能完成。如"三套汤",仅煮汤就需换三次主料。煮好后,再加红、白哨(即鸡腿肉泥、鸡脯肉泥)进行吊制,使汤鲜咸醇郁,原汁原味。再加"酿豆莛",先用孔府内宅特制的豆芽(粗、直、根少),去掉头和根,用细铜丝将中间挖空,然后酿上鸡肉馅,再用热油淋过,最后烹清汁炒制出来,鲜嫩脆爽,别具风味。由此足见孔府菜的功力。"美食不如美器",孔府历来十分讲究盛器餐具,银、铜、锡、漆、瓷、玻璃、玛瑙等各质餐具,风格迥异,丰富多彩。因事因馔而用,珠联璧合,名馔生辉。进餐席面注重食、器相宜。鹿用鹿形盘,鸭用鸭船,鱼用鱼池。煎炒宜盘,凉菜宜碟,汤羹宜碗,大件宜钵。因菜设器,按席配套,食器相映,多态多姿,点缀席面,富丽堂皇。

第四,命名讲究,寓意深刻。

孔府菜的命名极为讲究,寓意深刻。有些系沿用传统名称,此类多属家常菜,如"烧安南子"、"烤牌子"、"炸菊花虾"、"糖醋凤脔"等,有的取名古朴典雅,富有诗意,如:"一卵孵双凤"、"诗礼银杏"、"阳关三叠"、"黄鹂迎春"等都属此类,有的菜点则是管家、厨师投其所好,因人因事而名。如"白松鸡"、"御笔猴头"、"金钩银条"、"带子上朝"、"玉带虾仁"等;还有一类菜的名称是用以赞颂其家世荣耀或表达吉祥如意的。如"一品锅"、"一品寿桃"、"一品豆腐",以及"福、禄、寿、喜"、"万寿无疆"、"吉祥如意"、"合家平安"、"连年有余"等多是炫耀、吉祥之词,表现的正是孔府诗礼人家的气度和风范。

2. 河南风味菜

河南古称"豫州",因地处九州之中,又称"中州"。境内从东南到西北,群山环抱,中部、东部为幅员辽阔的黄淮平原。河道纵横,铁路、公路如网,四通八达,物产丰富,气候温和,四季分明。河南菜就在这样的环境中孕育产生了。河南菜主要由开封、郑州和洛阳及南阳等地方菜所组成。

第一,原料丰富,取用严谨。

河南风味菜的发展,除其历史原因外,还和本省盛产烹饪原料这一自然概况有着密切的联系。河南的西部山区,盛产猴头、鹿茸、荃菜、羊素肚和蘑菇;豫北出产全国著名的怀庆山药、宽背淇鲫、百泉白鳝和青化笋;豫南的鱼、虾,平原的禽蛋,给河南菜的烹制准备了丰富的物质资源。在选料上,河南的厨师们也总结出了许多宝贵的经验。如"鲤鱼一尺,鲫吃八寸";"鞭杆鳝鱼,马蹄鳖,每年吃在三四月"等,都是劳动人民智慧的结晶。

第二,刀工精细,配头讲究。

在刀工上,河南有"切必整齐,片必均匀,解必过半,斩而不乱"的传统技艺;河南的厨刀也与众不同,它具有"前切后剁中间片,刀背砸泥把捣蒜"一刀多能的功用。另外河南还特别讲究菜肴的配头,有长年配头与四季配头、大配头与小配头之分,素有看配头烹调的传统习惯。

第三,讲究制汤,火候得当。

"唱戏的腔,做菜的汤",说明做菜过程中汤的重要性。河南在制汤上,分头汤、白汤、毛汤、清汤等四种。制汤时原料必须"两洗,两下锅,两次撇沫。"遇到需要高级清汤时,还要另加原料,进行"套"和"追",使其清则见底,浓则乳白,味道清醇,浓厚挂唇。

第四,技法古朴,调和适中。

河南风味菜的烹调方法,共有 50 余种,其中以扒、烧、炸、熘、爆、炒、炝别具特色。其技法传统味浓,古朴有致。如"铁锅蛋"的制作,就古朴中见新意。另外"扒"菜也有独到之处,素有"扒菜不勾芡,汤汁自来黏"的美称。另外,河南菜调味中没有大甜、大辣、大咸,一般讲究调和适中,以咸为主,甜咸适度,酸而不酷,酥而不烂,鲜嫩适口,香味浓郁。其色形典雅,纯朴大方。

(三)东北风味菜

东北风味菜,包括辽宁、黑龙江和吉林三省的菜肴。它也是我国历史悠久,富有特色的地方风味菜。东北地区,地域广阔,自然环境优越,使这块沃土出产了许多珍贵的烹饪原料。民族迁徙,带去了京、鲁、川、苏等地方的烹饪技法精华,配以当地十分丰富的动植物资源及浓厚的地方特色烹技,使东北风味菜形成了自己独特的本质特征;烹调方法上擅长于扒、烤、烹、爆,讲究勺工,特别是大翻勺有功力,使菜肴保持形态完美,口味重咸辣,以咸为主,熏油腻,熏色调,取料着重选用本地的著名特产。其主要名菜有"扒熊掌"、"飞龙汤"、"美味犴鼻"、"清蒸大马哈鱼"、"白扒猴头"等,有数百种之多。

1. 辽宁风味菜

辽宁地处我国东北南部,气温适宜,四季分明。南端为辽东半岛,西南海岸线漫长,东部和东北部峰岭横绵,中部平原土质肥沃。优越的地理条件,为野生动、植物提供了良好的繁殖场所。熊鹿獐狍,猎之不尽,菌蘑菇耳,采之不竭,参虾鲍贝,捕之不穷,还有江河湖塘盛产的青、草、鲢、鳙四大淡水鱼类和元鱼、鲤鱼、毛蟹等众多水鲜产品。此外,辽宁偏于塞北,畜牧和种植事业自古就很发达。经过驯化的五禽六畜,品种堪称上乘;稻谷果蔬,种类繁多。这一切为辽宁风味菜的发展提供了丰富的物质基础。

辽宁风味菜是以沈阳(包括本溪、鞍山、抚顺等地区)、大连等地方菜为主逐渐发展形成的。从内容上来看,它的构成,既有"飨以八珍"的宫廷佳馔,又有遍及饮食市场的市肆风味;既有适于上层社会的官府宴,又有深受各民族欢迎的地方风味名吃;以技法上来看,辽宁菜的烹调特色,是在满族烹技和东北地方烹技的基础上,吸收全国各地特别是鲁菜和京菜的烹技特长而形成的独具一格的烹调技艺。

辽宁风味菜主要有 4 个显著特点:

第一,脂厚偏咸。第二,汁浓芡亮。第三,鲜嫩酥烂。第四,形佳色艳。其代表菜有"白肉血肠"、"扒熊掌"、"金鱼卧莲"、"蜜汁樱花"、"什锦火锅"、"鸳鸯大虾"、"红梅鱼肚"、"炸蛎黄"等。

2. 吉林风味菜

吉林风味菜主要由长春和吉林两地方风味菜组成。吉林省地处辽、黑两省之间,朝鲜半岛之北,绝大部分地区处于北温带。境内长白山脉纵横东西,天池系诸水之源,山峦起伏,涧溪奔流,沃野千里,物产极其丰富。吉林风味菜就是以丰富的物产和杂居于省内的各民族间饮食为基础,博采众长,集各地烹饪技艺之精华,从而形成的独具风格的地方风味菜。特别是山东烹调技法的传入,为吉林菜的形成与发展奠定了基础,鲁、京名菜也为吉林风味菜补充了新鲜的血液。通过广泛的技术交流和实践,吉林风味菜向着微咸、清淡、药膳的方向发展,注意营养卫生,讲究色、香、味、形、器、质俱佳的境界,在保持传统地方风味的同时,加速向中高档精制的方向发展。吉林风味菜的代表名菜有"人参八宝脱骨鸡"、"白山长寿猴头蘑"、"珍珠鹿尾汤"、"白烧鹿筋"、"肉焖子"、"熏小肚"、"白肉血肠"等。其本质特征有如下几点：

第一，用料广泛，珍品丰富。

吉林风味菜大多采用本省的人参、沙参、熊掌、猴头蘑、田鸡、飞龙、山雉、兔子、梅花鹿、松茸、薇菜、木耳、黄花菜等名贵的动植物特产。长白山珍宴、松花水味宴、江城蚕宝宴、参芪药膳席、田鸡滋补席、梅花全鹿席等，都是选用本省的土特珍品，上乘原料，精心烹制而成，深受国内外宾客的称赞。

第二，制作精细，成品讲究。

吉林风味菜油重、色浓、注重宴席中大件的配置，盘大量多，丰满实惠。其制品制作精细、讲究，以咸鲜为主，酥烂、软嫩、清淡爽口，浓淡荤素分明。烹调技法以烧、炸、炒、焖、扒、炖、酱、汆等著称。特别是吉林的什锦火锅、菊花酒锅、渍菜火锅以及一些砂锅菜品均在国内外久负盛名。

第三，刀工、勺工颇为考究。

吉林风味菜尤擅刀工，其精湛的刀工技术能切出33.6厘米长、薄如纸的白肉片，切出的肉丝、鸡丝，粗细长短均匀，是四角四楞，酷似火柴梗。吉林的名师高手还善于根据不同原料、质地、特性，采用不同的烹调技法和调味方法，烹制美味佳肴。尤其对獐、狍、野鹿、山雉、熊掌、家兔等异味较重原料，往往采用中药为辅佐调料，并用多种烹调方法加工，使成品除增加色、香、味、形外，更增加强身健体之功效，使之成为筵席中脍炙人口的佳肴。

3. 黑龙江风味菜

黑龙江省地处我国东北北部。属中温带大陆性季风气候，北部和东部的黑龙江、乌苏里江是我国东北的边陲防线，南部与吉林省接壤，西部与内蒙古毗邻。全省地域辽阔，水绕山环，沃野千里，素有"五山、一水、一草、三分田"之说，物产极为丰富。其中，以飞龙、熊掌、鼻、猴头蘑、鲍鱼、大马哈鱼、白鱼、松花江"三花"、松仁、松茸、榆黄蘑、黑木耳、蕨菜、黄瓜香、薇菜、渍菜最为国内外宾客所瞩目。利用本省特有的山珍野味、水产、飞禽为主要原料，精心烹制的名菜佳肴，形成了两大帮派，一是本地厨师"此地帮"，二是制作鲁菜的"山东帮"。两个帮派互相融通，形成了今天的黑龙江风味菜。

黑龙江风味菜烹调以清煮、清炖、汆、炒、生拌、凉拌为主；吸收京鲁、西餐烹调技术精华，逐步形成了自己的烹调特点。有人用"奇、鲜、清、补"四个字来概括，的确道出了黑龙江风味菜的精髓所在。而制作精细，又使这四大特点尤为突出、完美。如观赏菜"天鹅展翅"、"鹤立花间"；凉菜"兴安锦鸡"、"林海孔雀"、"虎啸声威"；热菜"红油狞鼻"、"飞龙酒锅"、"掌上明珠"、"银珠猴蘑"、"渍菜"、"美味飞龙脯"、"清蒸大马哈鱼"等等，无论是刀工、火候、调味还是造型，富有浓厚的乡土气息和诗情画意。使人观之赏心悦目，食之爽口健身，每菜一格，百菜百格，形色协调、构成一幅富有黑龙江风情的优美画面。

黑龙江风味菜的主要特点：一是用料考究。既有珍禽异兽，又有清鲜的山菜野果。二是制作精细，花色菜较多。三是讲究调味，口味清淡，脆嫩爽口，清香提神。

（四）西北风味菜

西北地区，泛指我国大西北的陕、甘、宁及青海、新疆等地。这里地广人稀，民族繁多，地理环境复杂。黄土高原、河西走廊、祁连山脉、蒙古大草原在这里组成一幅辉煌的图画，给西北抹上了迷人的色彩。西北地区的各族人民,依据自己的不同生活习俗,创造了丰富灿烂的西北饮食。同西北风和西北人一样,西北饮食多少也带有豪放、粗犷、剽悍和返璞归真的风格。

1. 陕西风味菜

陕西省位于我国中部,大部分属黄河流域。陕南汉中盆地素称"鱼米之乡",盛产水稻、鱼虾;关中号称"八百里秦川",盛产小麦、棉花;陕西北部广泛种植谷子、糜子、高粱、土豆,养羊业也很发达。陕西有着朴实、淳厚的民俗民风。《汉书·地理志》:"其民有先王遗风,好稼穑,务本业。"在饮食方面,很早就形成了带有地方色彩的风味菜点。

陕西风味菜是由纵横两个方面所组成的。从纵的方面来讲,有历史上的宫廷菜、官府菜、寺院菜、市肆菜、民间菜和少数民族菜等;从横的方面看,有以西安为中心的关中菜,它是陕西菜的代表,在取料上以猪、羊肉为主,具有料重味浓,香肥酥烂的特点;以榆林为中心的陕北菜,则以滚、烂著称,取料多以羊肉为主,而以羊、猪肉合烹煮者为多,烹调方法上以蒸烂兼制,肉菜合烹为特色;以汉中为中心的陕南菜,味多辛辣,具有辣、鲜的特点。在此基础上,陕西近几年挖掘研制的"仿唐菜",被美食家誉为"华夏一绝"。具有烹调方法古老而考究,食物原味突出,辛、醇、爽、和兼备;古色古香等特点。陕西风味菜,较之鲁菜的高贵大方、淮扬菜的细致精美、川菜的大众气息、粤菜的开拓创新,截然不同,它给人感受最深的艺术风格是古朴豪放并举,浓郁爽利兼备。这就是陕西风味菜的本质特征。

第一,烹饪技法古老,乡土气息浓郁。

陕西风味菜的烧、蒸、煨、炒、氽、炝有独到之处,多采用古老的传统烹调方法。经烧或蒸而烹制的菜肴,能保持原料的鲜美和营养,成菜后,形状完整,酥烂软嫩,汁浓味香,特点比较突出。用清氽和温拌的方法烹制出的菜肴,汤清见底,主料脆嫩,鲜香光滑,清爽利口,像传统名菜"桃仁口蘑氽双脆",经清氽成菜后,汤清见底,雪白的肚仁,枣红的鸡肫,梅花形的口蘑、桃仁,犹如朵朵鲜花竞相争艳,脆嫩味鲜。大众化菜肴炝白肉是温拌菜的代表之一,这款菜经水氽,用盐、醋、酱油等调味汁炝拌后,肉酥菜嫩,不热不凉,不肥不腻,蒜香扑鼻,乡土气息浓郁。在炒法的运用上,秦厨"飞火"炒菜很具特色,它可使菜肴在空中翻滚的过程中成熟,堪称一绝。"飞火"炒菜,主料和配料不换锅、不过油,芡汁现炒现对,一锅成菜,质地脆嫩,久放不回软,味醇鲜香。

第二,主味突出,滋味纯正。

陕西风味菜在调味上,朴实无华,重视内在的味和香,其次才是色和形。一个菜肴所用的调味品虽然很多,但每个菜肴的主味却只是一个。陕西风味菜的味型很多,诸如咸鲜、糖醋、胡椒辣、酸辣、蒜泥、芥末、五香等大都选用,但由于陕西地区属内陆腹地气候,四季较干燥,冬季较寒冷,故多用盐、醋、蜜、葱、姜、蒜和胡椒、花辣、辣椒等调味。选用这些调料的目的,并非单纯为了辣、酸、麻,主要是取其香,取其味纯。象辣椒,其他地方风味菜多选用辣酱油、泡辣椒、辣子豆瓣酱等,而陕西厨师则多选用干辣椒,经油炸后拣出,是一种香辣,辣而不烈;醋经热油烹锅,酸味减弱,醋香大增;花椒油炸后,麻味消失,椒香浓郁;大蒜经油爆锅后,辣生味减弱,蒜香味突出。以"炒腰花"为例,油热后,蒜片一入锅,香味立即散发出来,再用醋一烹,腰子既嫩又香,是一种别具风味的香嫩。同样是酱爆鸡丁,外地做法是先下小料,再下面酱,后下鸡丁;陕西风味菜则是先下面酱,使酱出香味后,再下小料和鸡丁,因而香味特别突出,滋味特别纯正。

第三,仿唐菜品,堪称一绝。

仿唐菜品是上世纪80年代初,由西安市烹饪研究所报经市科委备案,作为饮食文化重点科研项目进行挖掘研制的。它以史籍中的隋唐五代菜品的记述和出土的唐代食品与文物资料为依据,结合当今人们的习尚,选用唐代已经出现又为现代尚有的原料和烹调方法研制而成的一整套菜品。1986年经全国著名唐史学者和烹饪专家审查鉴定通过,被美食家誉为"华夏一绝"。仿唐菜品有如下几个特点:

(1)每个菜品必须有可靠的史料依据,即史籍中有具体记载。

像唐代著名的烧尾宴中用蟹粉和蟹黄做的"金银夹花平截",用牛肉做的"同心生结脯",用糯米和红枣做的"水晶龙凤糕";用鱼子做的"金粟平䤲",用未生下的鸡卵和鱼白做的"凤凰胎",用鹅做的"八仙盘",用甲鱼和羊脂做的"遍地锦装鳖",用鹌鹑做的"箸头春",用兔肉做的"卯羹"等均收入仿唐菜点之内。还有隋炀帝品尝后大加赞颂并在唐代继续流行的"缕金龙凤蟹"、"金齑玉脍",李白诗歌"亭上十分绿醑酒,盘中一味黄金鸡"中的"黄金鸡",唐代宰相魏征喜食的"醋芹",五代时的花式菜肴"玲珑牡丹鲊"等这些有史籍记载的菜品,也是仿唐菜选制的款目。

(2)取其精华,去其糟粕。

继承就是继承那些能为今日所食用的菜品,而对那些为今日难以食用或现实不能办到的,则除去,如"鱼脍"。隋唐五代多是生食,别说今日河流多有污染,就是当时,很多人吃了生鱼也多患上寄生虫一类的疾病,因此,仿唐菜品中的"脍"品都经过烹熟后才食用。

(3)所用的原料必须是隋唐五代有的和比较稀有珍贵的,坚持仿唐菜品原料的真料性。

像鸡、鸭、鹅、鱼、狗、牛、羊及有关蔬菜果品等原辅材料的选用,但后世和现在才有,而在隋唐五代尚没有出现的火腿、花生、辣椒、西红柿等,不予选用;同样,还注意选用像驼掌、驼峰、鹿舌、鱼白、鱼子等稀有原料,尽量保持唐代宫廷部分菜点选料奇异珍贵的特色,如"凤凰胎"。

(4)原辅材料搭配尽量按史料的记载去做,尽可能保持唐代菜品的固有风韵

唐代许多菜品原料搭配是颇具匠心的,象"遍地锦装鳖"这款菜,从《韦巨源食单》记载来看,用甲鱼做主料,配以鸭蛋脂和羊网油。羊油膻气大,鱼肉腥气重,用这两种食物相配,此菜既没有鱼的腥味,又没有羊的膻气,反而鲜香四溢。

(5)烹制方法以隋唐五代常用的为主,不排斥现代先进的科学方法

为此,仿唐菜品坚持以唐代常用的蒸、煮、烙、烤、煎、炸、烧等烹调方法为主。如"卯羹"、"遍地锦装鳖"等,采取唐代常用的蒸、煮、炖、烧的方法,使菜肴保持原汁原味。同时对某些菜点也做了适当的改进,选用了唐代很少采用或没有的氽、扒酿、贴等烹调方法,与唐代常用的方法交替使用。这样既不影响菜肴的原貌,又减少了营养素的损失,增强了其风味特色。

2. 山西风味菜

山西省地处黄河流域腹地,介于内蒙古高原、陕北高原、豫西北山地和华北平原之间。境内山脉、河谷、丘陵、平川多种多样,高差悬殊,致使气候、土壤、生物的分布既有纬度的地带性,又有明显的垂直变化,动植物资源比较丰富。其中粮食种类齐全,出产稻、谷、小麦、玉米、高粱、莜麦、荞麦、糜、黍、豆类、薯类等,盛产葡萄、苹果、梨、枣、核桃。其中上党的党参、雁北的黄芪、五台山的台蘑都闻名全国,野生动物资源繁多,山西陆栖脊椎动物就有82种405属,而且数量较大。如山鸡、石鸡、黄羊、山猪、野兔、山雀、麻雀、鹌鹑、斑鸠、大雁、岩鸽、青蛙、大鲵、田鼠、蛇等。山西的畜牧业和养殖业也比较发达。目前猪、牛、羊、鸡、鸭、鹅及淡水鱼类等都比较充裕。

山西风味菜属黄土菜系,三晋饮食文化是黄河文化的组成部分,概括起来,山西风味菜可归纳为6大类:一是历史传统名菜,如襄汾蒸盆、神仙鸡、红焖熊掌等;二是地方风味菜,可分为太原菜(亦称阳曲菜或晋中菜)、晋南菜、晋北菜和上党菜4个部分,其中以太原菜为主。太原菜以太原市为中心,汇集寿阳、榆次、祁县、太谷等地的烹调技艺,吸取京、豫、鲁、沪、川等南北各地菜肴烹调之长,兼收并蓄,逐步形成一套有独特风味的地方菜品。从烹制技法和菜肴特点来讲,又可分为"庄菜"和"行菜"两路。庄菜即解放前大商贾、票号、金店等食用的堂菜。这类店号专聘优秀厨师伺候东家和接待来往客商。其食品很讲究,有的大庄按年编排食谱,一年内不吃重样饭菜。这路菜近似"官府菜",又带有浓厚的家乡风味的家常味道。用料考究、制作精细、注意火候,讲究补养保健。另一路是行菜,就是社会饮食行业经营的饭菜。这路菜烹调技法较全面,用料比较广泛、讲究色泽造型。晋南菜以临汾、运城为代表,该地区生活食俗与陕西中部相近,口味偏重于辣、甜,菜肴烹制技法多用熘、炒、汆、烩、汤品,如"蜜汁葫芦"、"油纳肝"、"梨儿大炒"、"糖醋茄盒"等。上党菜以上党盆地和晋城菜为主,此地生活食俗与豫北地区相仿,菜肴烹制擅长熏、卤、焖、烧,如"烧大葱"、"腊驴肉"、"肚肺汤"、"白猪头肉"、"芙蓉鸡"等均是当地传统名肴。晋北菜以大同、忻州菜肴为主,此地区在历史上大部分是半农半牧区,菜肴烹制擅长烧、烤、炖、焖、涮等法,口味偏重油厚香咸,如"全家福"、"什锦火锅"、"涮羊肉"、"油淋鱼卷"等;三是养生菜,如黄芪煨羊肉;四是民间家常菜,如家常豆腐、酸菜熬鱼、米粉肉;五是五台山僧侣斋菜;六是改革创新菜,如八珍酒锅头脑。概括起来,山西风味菜有四大特色:

第一,擅长火功,烧、焖、烤、煨、炖,比粤菜烹饪工序多,技术也较为复杂。

第二,注意养生,北方名贵滋补药材如党参、黄芪、枸杞等均调配入菜。

第三,普料精做,如豆腐、酸菜,虽是极普通的原料,但精加工后均能做成上等菜。

第四,香郁味浓,讲究原汁原味,软嫩酥烂,味道醇厚,口味无穷。

3. 宁夏风味菜

宁夏回族自治区位于黄河河套的西南部,靠近黄土高原和河西走廊。宁夏西北方有贺兰山脉,阻挡了腾格里沙漠东进和西北寒流的侵袭。黄河自西南向东北贯穿而过,绵延400公里,灌溉着银川平原400万亩良田。当地一首歌谣道:"宁夏川,两头尖,东踩黄河西枕贺兰山,南边站着六盘山,年种年收水浇田,金山银川米浪滩。"总之,宁夏地势南高北低,气候南温北干,南凉北暖;山川间隔,有林有牧,农业发达。盛产小麦、水稻、珍珠米、蔬菜、瓜果、鱼虾及甜菜等。被誉为黑、红、枘三宝的发菜、枸杞、甘草更是闻名遐迩。加之宁夏是个多民族共处的地区,其风味菜具有浓厚的地方色彩。

在口味上,宁夏地区的汉族喜食咸辣,冬季喜食酸辣,特别是在豪饮之后,多以酸菜解酒解腻;传统的婚丧大筵,一般每桌6人,迎门为上首,坐2人,左右各坐2人,下首空着,专为上菜送饭、斟酒的人留着。入席后,要先给客人一小碗小吃垫底,免得空腹饮酒伤脾胃。吃完小吃后上酒和凉热菜,最后上饭及下饭菜。其名菜有"糖醋黄河鲤鱼"、"清蒸鸽子鱼"、"清炒驼峰丝"、"黄焖羊肉"等。

宁夏地区的回族偏喜浓甜厚味,以"清真"为本,饮食上多有禁忌。饮食习惯与汉族差别较大,喜欢吃牛、羊、骆驼肉等。其名菜有"黄焖牛肉"、"羊肉烧蕨菜"、"烹炸蹄花"等。宁夏回族风味菜,保留了较多的阿拉伯人的饮食特色,以炸、煮、烤口味浓厚的菜为多。

4. 甘肃风味菜

甘肃省位于大西北,黄河的上游,地跨青藏、内蒙古、黄土三大高原之间,境内气候差别较大,因此,所产物品也各具特色。加之其处于农牧交错的地区,蔬菜、水果、牛羊肉类较为充足。其不同的民族在饮食上就表现出不同的特色。

第一,嗜好酸辣。

甘肃风味菜一般采用辣椒、花椒、芥末、八角、草果、葱、姜、蒜等为调味品。咸菜、油泼辣子和醋,也是筵席上常备的佐料。甘肃地区这种嗜酸的习俗,除了与干燥的气候有关系外,与其水土多呈碱性也大有联系。食辣的习惯在一定程度上弥补了副食的不足。

第二,技法多样,名菜繁多。

甘肃风味菜受内地烹饪技法的影响,也表现出复杂多样的特征。除烧、烤、煮、蒸、炸、焖、炖、煨、熬以外,卤、酱、炝、涮、糟、瓢也独具特色。其名菜有:"冰糖百合"、"梅花羊脑"、"珊瑚羊肉"、"酱渍青海湟鱼"、"花花羊肚菌"等。

第三,夏季喜凉食,冬季好进补。

夏季里,甘肃地区的风味菜以凉食冷吃为主,表现出浓郁的特色。如夏季小食摊上的凉粉、荞粉、醪糟、甜醅子、凉灰豆、煮枣汤等。其菜品除甜食外,多用盐、醋、辣油、芥末、麻酱、蒜汁等调味,吃起来爽口、香辣。

冬季里,甘肃人喜欢进补。大多数人家冬季喜好食牛羊肉和乳制品,常见品种有"手抓羊肉"、"羊肉涮锅"、"烤羊肉串"及牛羊杂碎菜等。此外,热冬果也是富有特色的冬令补品,并具有驱寒、暖胃、止咳、清肺之功效。

5. 内蒙古风味菜

内蒙古自治区,幅员辽阔,资源丰富。从大兴安岭至达居延海,绵亘3000多公里。古诗歌"天苍苍,野茫茫,风吹草低见牛羊",可以说是西北蒙古草原的真实写照。这里主要是牧区,盛产牛、绵羊、山羊、马、骆驼肉等,这里的人们喜欢吃烤制品及奶酪。其名菜有整羊席(烤全羊)、"盐水牛肉"、"松塔腰子"等。

第一,喜肥厚浓味,擅烹牛羊肉。

西北蒙古草原上的牧民,一般以肉食为主,喜欢吃肥厚味浓的菜肴。长期的游牧生活,使他们在牛、羊肉的烹制上,形成了一套独具民族特色的烹调技艺。如草原上的传统食品"手把肉"就很有特色。烹制中此菜一般选用体壮膘肥的小咬羯羊,在胸腹处割开约6.6厘米左右的直口,把食指、中指伸入口内,摸着大动脉,用大拇指甲掐断。羊血流聚在胸腔肚内一部分,还有一部分留在肉里。然后剥去皮,切除头蹄,除净内脏及腔血,把羊劈成几大块;另把水烧开后放入肉(水盖住肉)。肉煮得不要过老,用刀割开,肉里微有血丝即捞出装盘上席。牧民们都随身带有蒙古餐刀,大家围坐,用刀割吃,不用调料,煮出来的肉鲜嫩肥美。做手把肉用的羊必须是现宰的。另外,整羊席也有同样的特色。这种特殊烹制方法和食用方式,是黄河中下游地区所没有的。

第二,调味简单朴实,骆驼类菜肴烹制有方。

蒙古草原的牧民,因没有固定的居住地点,因此其生产具有浓重的"马背"特色。调味品以食盐为主,很少有其他配料。菜肴中地方特色浓厚的,也是仅用盐来调味,朴实中能吃出牛、羊、骆驼的真味来。另外,内蒙古阿拉善盟的骆驼最多,因此蒙古风味菜中,有一大批名菜是骆驼类菜肴。如"扒驼峰"、"糖醋驼峰"、"烤驼肉"等。其本身营养丰富,有大补强身的作用,在内蒙古民间流传甚广。

(五)宫廷菜

宫廷菜指皇帝宫中所食的菜肴,也包括臣下进献纳贡的御食。宫廷菜供食对象主要是帝王及其家属(当然,也包括帝王赐臣下之食)。中国北方菜中的宫廷菜始于先秦奴隶社会,其发展变化,历经周代、西汉、三国两晋南北朝、隋唐、元明清等朝代的充实精选,形成了东方风味(与西方而言)明显的特色。至今有深刻影响的是北京宫廷菜和沈阳宫廷菜。虽然,存在着时间和空间的差异,但就其本质特征来讲又具有相同的风味特点。

第一,宫廷菜选料严,加工细,烹饪精。

选料严,一是宫廷御膳有条件聚集天下美食原料,将大批的地方特产选进宫中,作为贡品,献给皇帝,使宫中御厨在选料方面非常严格,为宫廷菜打下了坚实的基础。二是宫中饮食"食必稽于本草,饮必合乎国度",四时季节变化,与烹饪选料结合起来,使宫廷菜更注意原料的时令性,从加工上讲,宫廷御厨一般都身怀绝技,对烹饪加工要求特精细,菜品也非常精制。如"燕窝秋梨鸭子热锅"、"鸭子秋梨炖白菜"、"肥鸡葱椒鱼"、"鹿筋鹿肉脯"、"樱桃肉"、"抓炒虾仁"等。

第二,宫廷菜命名雅致,内涵丰富。

宫廷太监、御厨等为讨好皇帝,经常给菜肴起个吉祥名子,有的是后人附会出的典故,使宫廷菜的命名,风雅别致,内涵丰富。如"雪夜樱花"、"宫门献鲤"、"红娘自配"、"贵妃鸡"、"樱桃肉"、"万字扣肉"等,从菜品的命名,就显露出宫廷菜的典雅和高贵,以及具有浓厚文化色彩的本质特征。

第三,宫廷菜讲究盛器和造型。

皇帝饮食讲究食前方丈,其菜品不但好吃,而且还要有好的造型。美食和美器在宫廷菜中得到完美的统一。

(六)清真菜

清真菜的起源,可以追溯到唐初。当时社会稳定,经济繁荣,与海外特别是西域诸国通商活动频繁,不少阿拉伯商人通过著名的丝绸之路(陆路)和香料之路(水陆)来到中国。他们带来了本国的物产,带来了刚刚产生不久的伊斯兰教(旧称回回教),同时也带来了穆斯林独特的饮食习俗和饮食禁忌。到了元朝,回回民族逐渐形成。元世祖忽必烈还曾组织"回回亲军",战后,即留居西北地区(今宁夏、甘肃一带)屯用。以后,又有一部分人迁往华北、江南、云南等地。随着中国穆斯林人数的增多,专供穆斯林食用的菜肴、食品便迅速发展起来。同时,因为其菜肴风味独特,也受到许多非穆斯林的广泛欢迎。清真菜便由此产生了。

清真菜是中国信仰伊斯兰教民族的饮食菜肴的统称。中国的伊斯兰教学者在介绍该教教义时,曾用"清净无染"、"真乃独一"和"真主原有独尊,谓之清真"等语,称颂该教所崇奉的真主安拉。故伊斯兰教又称"清真教",其寺院为清真寺,其饮食菜肴被称为清真菜。

清真菜沿袭了伊斯兰教教规,具有自己的饮食禁忌和特色。清真菜是中国北方菜的重要组成内容。就中国北方而言,清真菜有两种风味特色(全国有三种):其一是陕、甘、宁边区及新疆等地的西北清真菜,保留了较多的阿拉伯人的饮食特色;其二是长江以北、黄河中下游流域的清真菜,受北京、山东风味菜的影响,烹调方法较精细,烹调牛羊肉最具特色。

概括起来,清真菜有两大特色。

第一,严格遵守教规,民族特色浓郁。

现在,我国北方信仰伊斯兰教的民族有十余个,其中以回族最多。回回民族形成初期,伊斯兰教就成为该民族的信仰,这就必然表现在意识形态、风俗习惯(包括饮食习俗)等方面。阿拉伯和波斯人的先世,饲养牛、骆驼,不养猪,不吃猪肉。伊斯兰教的经典《古兰经》中,规定禁食猪肉,第五章明确指出:"禁止你们吃自死物、血液、猪肉,以及诵非真主之名而宰杀的、勒死的、跌死的、觝死的、野兽吃剩的动物,但宰后才死的,仍然可吃。"另外,对马、骡、驴三种家畜的肉也不吃。有的还不吃狗肉。有的地区不吃带蹼的家禽肉、兔肉,有些人不吃无鳞鱼等。吃牛、羊、骆驼肉。从阿拉伯到我国的大西北,到处可见的"烤羊肉串",几乎誉满全球。西北地区的烤全羊、手抓羊肉、羊肉烤辣椒、甜酱烤羊腿、羊肉抓饭等,都是民族风味浓郁的佳品。特别是信奉伊斯兰教的民族的斋禁期间的饮食菜品,更具民族特色。

第二,烹调技艺深受中国北方其他民族风味菜的影响。

中国北方信仰伊斯兰教的民族,与汉族及非信仰伊斯兰教的民族杂居,深受影响,出现了饮食烹饪的新发展。其烹调方法大量吸收汉族风味菜品的烹调技法,如涮羊肉就是应用汉族涮锅子的方法,加以提高发展而成,此菜盛行于清朝,成为北方清真菜的代表菜。北京的清真馆东来顺,就以涮羊肉而著称于世界。北京清真馆中的烤鸭,也是从汉族食品中引进的名菜。还有用多种烹调方法制成的清真名菜,如扒羊肉条、扒海参羊肉、葱爆羊肉、蒜爆羊肉、氽千里风、氽三代、锅烧羊肉、单爆腰、炸脂盖、五香牛肉干等,都是借鉴汉族烹技而创造出的特色佳肴。利用山东菜中的明火爆炒、快熟的烹调技法而制成的清真名菜也有许多。为了去掉羊肉膻味,用葱、蒜、糖、醋、酱等调味品调味,也取得了较好的效果。因此,这些牛羊肉菜品,也被其他民族所接受,改变了清真菜膻味过重的状况,在发展和丰富中国北方菜中起到了不可低估的作用。

清真名菜约有500多种,如"葱爆羊肉"、"焦熘肉片"、"黄焖牛肉"、"扒羊肉条"、"清水爆肚"、"油爆肚领"等,都是各地清真餐馆中常见的。另外地方风味浓郁的有兰州的"甘肃炒鸡块"、银川的"麻辣羊羔肉"、西安的"羊肉泡馍"、青海的"青海手抓肉"、吉林的"清烧鹿肉"、北京的"它似蜜"、"独鱼腐"等;还有受汉族影响而产生的新式清真菜,如"东坡羊肉"、"宫保羊肉"等,这些都已成为清真名菜。

(七)素菜

素菜是相对"荤"菜而言的,它是中国北方菜的重要组成部分。在古代,"素"字的本意是指白色的生绢,后引义为无酒肉之食。"荤"字原指葱、韭、姜、蒜等气味辛臭的菜,到唐宋,才指鱼肉类菜肴。素菜以植物原料为主,少油腻、较清淡为其基本特点,通常主要指用植物油烹制的蔬菜、豆制品、面筋、竹笋、菇类、菌类、藻类和干鲜果等。但各种宗教信仰认识不一,其作用原料也不尽相同,如部分信奉佛教、道教的寺观素菜,除不用动物性原料外,还有佛家所称的五辛(大蒜、小蒜、兴渠、慈葱、茖葱)与道家所称的五荤(韭、薤、蒜、芸苔、胡荽)等,都在禁用之列。

素菜以其食用对象来分,有3个种类。

1. 寺院素菜

又称"释菜",其厨房则称"香积厨",取"香积佛及香饭"之义。起初僧尼素菜只限于寺院内部食用,后来香客多了,需就地进餐,有些较大的寺院香积厨就经营起素菜。寺院素菜一般烹制简单,品种不繁,且有就地取材的特点。

2. 宫廷素菜

宫廷中烹制的素馔菜肴,就是宫廷素菜,主要供帝王在斋戒时食用。特点是制作精致,配菜典式有一定的规格。一些专做素菜的御厨技艺精湛,他们以面筋、豆腐、山珍素菜等为原料,能做出数百种风味独特的素菜。

3. 民间素菜

民间素菜以素菜馆经营的菜品为代表,光绪年间,开设在北京前门大街路西的"素真馆",及以后的香积园、道德林、功德林、菜根香、全素斋、宏极轩等均一度誉满京城。直到现在,仍享有盛名的有天津的真素园、北京的全素斋、西安的素味香、济南的心佛斋等,都有自己独特的风味菜肴。

素菜有以下几点特征:

第一,时鲜为主,清幽素净。

这是素菜区别于荤菜的显著特点,清人李渔在《闲情偶记》中说:"论蔬食之类者,曰清,曰洁,曰芳馥,曰松脆而已。不知其至美所在,能居肉食之上者,只在一字之鲜。"素菜款式常随时令而变化,就黄河流域来讲,春日的荠菜、芦笋、榆钱,初夏的蚕豆、梅豆,秋季的鲜藕、莲籽,寒冬的豆芽、韭黄等应时佳蔬,无不馨香软嫩,素净爽口。

第二,花色繁多,制作考究。

素菜的品种和荤菜一样,也是品种、花色繁多,丰富多彩。既有凉拌,又有热炒;既有便餐小酌,也备高级宴席;既有花篮、凤凰、蝴蝶等花式拼盘,也有像"鼎湖上素"、"酿扒竹荪"等名贵大菜。特别是一些象形菜,以真素之原料,仿荤之做法,达到名相同,形相似,味相近,表现了高超的技艺。如以土豆泥、豆腐衣为主料,辅以冬菇、春笋、卷心菜等,经煸、酿、炸等方法烹制的"醋熘黄鱼"有头有尾,不仅外形逼真,而且鱼体完整,可与荤"醋熘黄鱼"相媲美,且酸甜适口、"鱼皮"酥脆,"鱼肉"香嫩,"鱼骨"又不会刺喉咙,堪称素菜中的工艺品。

第三,富含营养,健身疗疾。

素菜所含的营养素比较丰富。现代科学证明,蔬菜中富含水分、维生素、无机盐及纤维素,是膳食中维生素 A、维生素 C、核黄素和钙的主要来源。蔬菜中通常还含有不少粗纤维,有助于促进食物的消化和排泄。豆类食品含蛋白质丰富,特别是大豆,其氨基酸组成与牛奶、鸡蛋不相上下,铁、磷的含量也不少。各种菌类均含丰富的蛋白质、维生素和矿物质,是非常理想的健康食品。按照中国食疗理论,不少素菜有疗疾之功能。如豆腐"补虚清肺",木耳"治痣",银耳"补肾润肺、生津、提神、益气、健胃、嫩肤",白果"敛肺定喘,止渴止滞,熟食止小便频数"等。总之,素菜有其本身的优越性,其独特的风味正越来越被更多的人所接受和喜爱。

中国北方菜实例精选

一、山珍海味类

1. 清汤燕菜

"清汤燕菜"是中国著名高级筵席——"燕菜席"、"燕翅席"中的第一道大菜。燕菜，又名燕窝，是东南亚沿海一带的金丝燕食用海里的小鱼、小虾等食物后，经过胃液消化，吐出一些像丝一样的胶状物，在海边的悬崖峭壁上所筑成的窝。燕窝的品种有白燕、血燕和毛燕之分。白燕又称官燕，质量为最好，血燕较为名贵，毛燕次之。

此菜选用珍贵的白燕为主料，配以特制的高级清汤。成品燕菜洁白软滑，汤汁清澈见底，口味异常鲜美，营养价值丰富，是难得的一款高级名菜。

原料：干燕菜 25 克，高级清汤 750 克，精盐 5 克，味精 3 克，鸡油 5 克，碱面适量。

切配：(1)将燕菜放入碗内，加入温水泡 15 分钟(至软)，轻轻捞出，用镊子摘去燕菜上的绒毛和杂质，再用温水漂洗三遍。

(2)将碱面放入碗内，加入沸水 500 克搅匀，再放入洗过的燕菜，用筷子慢慢地挑动一下，泡 5 分钟后捞出，用温水洗净碱味，放入温开水中浸泡。

烹调：汤勺放在旺火上，加入清汤、精盐、味精烧沸，撇去浮沫，将燕窝挤净水放入锅内烧开，盛入汤盆内淋上鸡油即成。

操作要领：(1)燕窝要发制好，而且一定要漂去碱味，

(2)所吊的汤要求澄清且味道鲜醇。

2. 鸡茸燕菜

燕窝素有"东方珍品"之称，具有滋阴补肾、生精益血、强胃健脾、润肺化痰的功效。所以，在我国历代宫廷宴会中都被视为御用珍品。

燕菜发制时，先用温水洗净，然后放热水中浸泡，使其松软膨胀。并用镊子将燕毛等杂物摘净，再用碱水提质，用清水漂清后，即可作为原料进行烹调。燕菜的汤以三合汤作底汤，先加牛腱子肉大火滚开，再放鸡茸饼炖制而成。这种特制高汤色泽淡黄，汤清透底，口味鲜醇，凉后能成冻，可插住筷子。

鸡茸燕菜的主料可选用其他燕窝菜品所用主料余下的边角碎料。成品外形美观，口感甚佳，较正规燕菜汤相比毫不逊色。所以，深受顾客的欢迎。

原料：水发燕菜 25 克，鸡脯肉 100 克，猪油 20 克，新鲜鸡蛋清 80 克(2 个)，干淀粉 30 克，料酒 50 克，特制高汤 750 克，精盐 6 克，味精 3 克，嫩黄瓜 30 克。

切配：(1)将鸡脯肉剁成细泥，加入精盐 2 克、姜汁 20 克、料酒 20 克、少量清水一起搅上劲；将新鲜的鸡蛋清抽成蛋泡糊，加入少量淀粉，一起搅拌均匀。然后和鸡泥调和在一起成鸡茸状。

(2)将燕菜漂洗干净，放入鸡茸中搅拌均匀。嫩黄瓜切成佛手花。

烹调：勺内加入高汤、料酒、姜汁、精盐、味精等，汤开后撇去浮沫，端离灶火。用羹匙将鸡

茸燕菜挖入小勺内,成椭圆状,待所有鸡茸燕菜下勺后,将勺放至灶火上,用小火将鸡茸燕菜氽熟,后撇净浮沫,连汤一起盛在大汤盆中,摆上烫好的黄瓜花即可上桌。

操作要领:(1)鸡茸燕菜较其他鸡茸菜蛋清略多,并抽打成蛋泡状,这样可以使鸡茸膨胀,比重减小,并能漂浮在汤面上。

(2)用羹匙下鸡茸时,要在羹匙上沾匀水或大油,以防不光滑形状变化。

3. 蟹黄鱼翅

鱼翅是由鲨鱼的背鳍、胸鳍和尾鳍干制而成的一种名贵的海味珍品。主要产于山东的烟台、青岛以及辽宁的大连等地。质量以背鳍最佳,胸鳍次之,尾鳍翅少质差。鱼翅入馔历史悠久,早在明代人们就已开始食用。清郝懿行所著《记海错》中曾对此作过描绘:"鲨鱼……其腴乃在于鳍背上,腹下皆有之,名为鱼翅,货者珍之……酒席间以为上肴。"

蟹黄鱼翅是选用已发制好的鱼翅和蟹黄为主料,以扒的方法制成。菜肴中鱼翅晶莹透亮,蟹黄橘红悦目,二味合烹,色泽美观,口味鲜美,是鲁菜中高级筵席上的一道传统名菜。

原料:水发鱼翅400克,蟹黄150克,油菜心250克,冬笋150克,葱段50克,姜片25克,鸡汤600克,湿淀粉30克,白糖10克,酱油15克,精盐6克,味精3克,绍酒30克,清油500克,鸡油20克。

切配:冬笋切成长5厘米、宽2厘米、厚0.17厘米的片,蟹黄泡软待用。

烹调:(1)鱼翅用温水洗净,放大碗内,加鸡汤、葱段、姜片、绍酒,上屉蒸约2~3小时取出。

(2)炒勺内放入清油,烧至五成热,放入油菜心稍炸捞出。

(3)炒勺内留底油50克烧热,加入葱段、姜片炸出香味捞出不用,再加清汤、油菜心、笋片、精盐、白糖、绍酒烧开,去掉浮沫后,捞出油菜心和冬笋,摆放入盘内。再将鱼翅、蟹黄放入汤内烧开,加入各种调味品,用湿淀粉勾芡,加鸡油,倒在笋片和油菜心上即成。

操作要领:(1)鱼翅在烹调前要用清汤鸡架、猪骨及其他调味品蒸煨,以便除去腥膻味。

(2)勾芡时要注意鱼翅和蟹黄的形状完整、美观,加明油时应沿勺边淋入。

4. 通天鱼翅

鱼翅与燕窝并称海珍之王。其鱼翅干品蛋白质含量达80%以上,脂肪含量仅为0.3%,且富含无机盐、维生素,又有补中益气的作用,历来为高级宴席上的头菜,是营养滋补佳品。

鱼翅虽为海味珍品,但本身无滋无味,口感与粉丝相似,必须经反复蒸制入味才可进行烹制。发制鱼翅首先要用温水将鱼翅泡软,然后放大锅内用小火沸水焖透,取出放凉后,用专用工具褪沙,剔除骨骼、腐肉。然后再放入大锅内继续用小火焖透,再行剔制,直至将杂物全部剔净,只剩翅丝时方可。此时的鱼翅称为明翅,将明翅用清水煮至无任何不良气味时,放小盆内加入高汤,汤要浸过翅丝,然后放料酒、姜片,上屉大蒸后,取出翅丝,理顺后放入大汤盘,浇少许原汤,即可作为原料存放起来。

通天鱼翅的"通天"二字,犹如一品官燕的"一品",言其菜品格调之高。按烹调技法来讲"通天鱼翅"应称为红扒鱼翅。此菜选料要求严格,制作精细技术难度大,采用大翻勺技法,在直径40厘米的碟面上,金黄色的翅丝犹如梳过一般整齐地排列,鱼翅丝糯软有劲,口味咸鲜,芡汁银红,色、香、味、形、质、营养俱佳,无愧"通天"二字,堪称"百菜之王"。

原料:优质明翅750克,葱白200克,浓姜汁100克,纯料酒100克,猪小肘2个,鸡翅、鸡大腿各100克,高汤1200克,酱油25克,精盐4克,糖20克,味精5克,糖色15克,湿淀粉100克,熟猪油300克,芫荽50克。

切配:葱白切段。芫荽洗净去根梢,切成1厘米长的小梗,放小碟内。猪小肘、鸡翅、鸡大腿洗净,用刀将大骨斩碎。

烹调:(1)勺内加熟猪油30克,用葱白30克炝勺,加入姜汁、料酒,加高汤500克,汤开后将浮沫撇净,下入明翅。开勺后用小火烧。至汤汁浓稠时,将明翅用漏勺捞出。然后,再用同样方法烧一次。

(2)将明翅放小盆内,上面放上猪肘、鸡翅、鸡腿,再放入高汤500克、料酒、姜汁、葱段、熟猪油100克,上屉大火蒸半小时。然后取出明翅,将整齐长翅丝放大盘上,上面依次放入软短的翅丝,最后将碎翅丝放上面。蒸汤澄清备用。

(3)勺内加熟猪油40克,放入葱白,用小火炸出香味,然后用漏勺将葱捞出。烹入料酒、姜汁、酱油、精盐、味精、糖,添高汤(蒸汤),将翅丝轻推入勺,汤开后,撇去浮沫,烧至汤浓时,下入嫩糖色,调整好颜色、口味,勾芡,淋大油,晃动勺,再翻勺,并盛入大盘中,将芫荽叶放在翅根处的碟边即可上桌。

操作要领:此菜的关键在于要将鱼翅中的腐腥气除尽,使翅丝变成无任何味道的原料,再经反复烧、蒸、扒入味,使鱼翅变成滋味鲜醇、糯软可口的菜品。

5. 云腿柴把翅

话说北宋年间,东京蔡太师寿诞已近,西门庆上寿,礼物俱已完备,先把二十挑夫打发出门,自己再乘轿向东京进发,自山东到东京,也有半个月的路程,一路潇洒,平安无事。到了东京,夜宿翟家,晚宴管家以名贵的云腿鱼翅相待,替西门庆接风洗尘,使其眼界大开。其实柴把翅为宫中秘制御膳,西门庆细细品尝,顿觉汤汁浓醇,回味无穷,且久久不能忘怀。回府后即令家厨模仿烹制,经过反复试验,终获成功。

此菜选用鸡腿肉、竹荪、云腿等精美的高档原料,与鱼翅一起做成柴把形状,加上各种调料,添入高汤,密封在瓦罐中,隔水用小火长时间蒸制,食用时用鸡盅上桌,当众打开盖,香气顿时弥漫整个房间。成品色泽金黄,汤汁鲜香浓醇,鱼翅软糯适口,竹荪的清香和云腿的荤香融为一体,并达到了和谐完美的境地。能品尝此菜,是一种难得的享受。

原料:水发金勾鱼翅300克,云腿150克,熟鸡腿肉150克,竹荪100克,贡菜50克,料酒25克,酱油25克,精盐5克,白糖15克,鸡汁15克,鸡油80克,高汤750克。

切配:熟鸡腿肉顺肌肉的纹理,切成约3厘米长、2厘米宽的厚片。处理好的云南火腿也切成同鸡块一样大的厚片。竹荪切成2.5厘米长的段。贡菜切成长段,用沸水煮软,用以捆扎柴把翅。

烹调:(1)把鸡肉、竹荪、火腿、鱼翅(50克)层层叠放,用贡菜捆扎成12捆"柴把",然后放大汤碗里加高汤蒸约1小时,至鱼翅软糯时分别盛装在鸡盅内,上面再放上一缕鱼翅。

(2)勺内加高汤、料酒、酱油、白糖、精盐、鸡汁、鸡油调好口味,盛在每只鸡盅中,盖上盖。

(3)将鸡盅放到蒸笼里,用慢火蒸2个小时即可。上桌后再打开盅盖。

操作要领:(1)鸡肉和火腿要处理干净,刀口利落,没有毛茬。

(2)调味要一次确定,中途不能加料和汤。

(3)为增强菜品上桌时的效果,不要提前打开鸡盅的盖子。

6.莲花鱼翅

莲花鱼翅以形似白莲而得名。它是采用大鲨鱼的胸鳍为主要原料,根据胸鳍形似莲瓣皮薄肉少翅筋短而细的特点,配以鲜味浓醇的上等好汤和鸡茸泥烹制而成。此菜成品汤鲜味美,莲花亭亭玉立,栩栩如生地浮于汤面之上,形象逼真,自然大方。

原料:水发鱼翅400克,鸡芽子肉200克,精盐8克,味精3克,清汤750克,葱段、姜块各5克,鸡腿肉100克,蛋清4个,干淀粉10克,豌豆苗5克,鸡油4克。

切配:(1)水发鱼翅装碗,加鸡腿肉,葱姜、清汤上笼蒸40分钟。

(2)鸡牙子肉剔去筋膜,用刀砸成泥状,加清汤、精盐、味精制成鸡茸泥。

(3)将蒸发好的鱼翅分10份,分别用洁布吸去水分,在根部蘸一层干淀粉,两面粘匀鸡泥,至鱼翅长度的三分之一处。逐片制好后摆放于平盘内上笼蒸3分钟取出。

烹调:(1)勺内放入清汤烧开,加入精盐、味精调好口味,再放入莲花鱼翅稍煮,捞出。

(2)原汤淋鸡油盛在大汤碗内,将鱼翅放入汤内,每5瓣一层共摆两层呈莲花形,在中央放入豆苗即成。

操作要领:(1)鱼翅必须选用自然成莲花瓣型的小嫩胸翅,根部稍连接。

(2)鸡泥要分多次加入蛋清、水和精盐,直搅至能在凉水碗内浮起为好。

(3)成品要求汤清味鲜,及时上桌,趁热食用。

(4)上桌时要轻端轻放,以免影响菜肴的造型。

7.扒海羊

扒海羊是天津风味的清真传统菜品。扒海羊的主料为鱼翅和羊身上除肉之外最有食用价值的部分(不包括羊的心、肝、肺、肾)。以鱼翅代表海,以羊八件代表羊,采用红扒的方法制作,是回民高档筵席上的主菜,有"清真第一大菜"之称。烹调时,先将羊八件扒好垫底,再将鱼翅扒好盖帽。整个菜品美观厚实,鱼翅色泽金黄,整齐如梳,羊八件醇烂味厚,营养丰富,有很强的滋补作用。

原料:水发鱼翅500克,水发羊蹄筋、羊脊、羊脑、羊眼、羊葫芦、羊肚蘑菇头、羊肚、羊散丹等羊八件各50克(共400克)。葱段50克,姜片50克,料酒50克,酱油40克,精盐5克,味精3克,糖25克,嫩糖色25克,高汤300克,湿淀粉75克,鸡鸭油150克,芫荽50克。

切配:(1)将收拾好的鱼翅放勺内烧两次后,再放小盆内,加牛腱子、鸡翅、鸡腿、调料、高汤,大火蒸一小时,取出后将鱼翅整齐码放在大汤盘中备用。

(2)将羊八件中脊髓切段,脑、眼切片,蹄筋、葫芦、肚板、蘑菇头、散丹切小长方块,然后,将羊脊髓、脑用小火,其他6样用大火分别焯三遍,去掉脏腥味和膻气味,控净水分放在小盆内备用。芫荽去根切成段。

烹调:(1)勺内加鸡鸭油50克;先下姜片,后下葱段炝锅,烹入调料,添入高汤,煮沸一会儿,捞出葱、姜,将汤汁分到另一把勺中,将鱼翅轻推入勺,放置小火上煨透,再在勺中放入羊八件,用大火烧沸,撇净浮沫,待主料入味,汤汁浓稠时,放入嫩糖色,调色,勾浓芡,淋入鸡鸭油50克,晃勺、大翻勺,将主料盛在大盘中间。(2)将鱼翅勺回旺火收汁,放入嫩糖色。调色,调匀后勾流芡,淋入鸡鸭油50克,晃勺、大翻勺,将鱼翅盖在羊八件上,以完全盖住为佳,将芫荽段捏到鱼翅根的碟边处即可上桌。

操作要领:此菜关键在于鱼翅和羊八件两勺出,但口味、色泽必须完全一样。

8. 红扒熊掌

熊掌,又称熊蹯。自古以来就是我国传统菜中的名品,殷商时期就有"玉杯饮美酒,象箸食熊掌"之说,周朝时被列为八珍之首。春秋战国时期的《孟子·梁惠王》书中说:"鱼,我所欲也;熊掌,亦我所欲也,二者不可兼得,舍鱼而取熊掌者也。"其后自秦汉到明清历代都为天子和诸侯们所嗜食。现在更是人们在宴会上难得一见的珍贵原料(因为熊是国家重点野生保护动物应严禁捕杀)。熊掌不仅营养丰富,历来被视为大补之物,而且还具有除风湿、健脾胃、御风寒、益气力之功效。

红扒熊掌是中国的传统名菜,成品色泽红润明亮,肉质酥烂软糯,口味鲜美香醇,质、色、味、形俱佳。

原料: 发好的熊掌一只(约1250克),生鸡一只(约重750克),猪肘肉300克,猪排骨500克,熟火腿100克,水发海米15克,葱段100克,姜片50克,清汤2000克,精盐3克,酱油50克,味精5克,绍酒50克,胡椒粉1克,甘草2克,糖色15克,湿淀粉10克,鸡油15克。

切配:(1)将生鸡、猪肘肉、猪排骨洗净,分别切剁成大块,加入冷水中烧煮至开锅捞出洗净。

(2)铝锅内倒入清汤2000克,加鸡块、肘肉、排骨、火腿、海米、葱段、姜片、甘草置火上烧开,撇去浮沫,熬成约750克浓汤。

(3)发好的熊掌从背面横切成条(掌面不切透),用纱布包好。掌面朝下放入锅内加水烧开后捞出洗净,再用清汤分两次各烧煨15分钟左右,以去净其土腥味。

烹调:(1)取沙锅一个,底部放入一个小竹算子,注入浓汤、糖色、酱油、精盐、绍酒、胡椒粉,熊掌掌面朝下放入汤内上火烧开,去净浮沫,改用慢火烧炖至酥烂时,提起算子,将熊掌翻扣在盘内。

(2)原汤倒入炒勺内烧开收浓,加味精调制,用湿淀粉勾芡,加鸡油浇在熊掌上即成。

操作要领:(1)熊掌在用清汤烧煨过程中,一定要保持掌面的形态完整。

(2)放入沙锅内烧炖时,应恰当掌握火候,不能过硬或太烂。

(3)芡汁的浓度要适宜。

9. 酒锅八卦熊掌

八卦是八个象数的符号,即:乾、坤、震、艮、离、坎、兑、巽。它与太极图(阴阳鱼),共同构成一个完整的八卦图。相传由伏羲氏(亦称庖牺氏)所创。《易经》中说:"古者庖氏之王天下也,仰则观象于天,俯则观法与地,观鸟兽之文与地之宜,近取诸身,远取诸物,于是始作八卦,以通神明之德,以类万物之情。"史书载:"伏羲画八卦于河南淮阳时,坐于方坛之上,听八风之气,乃画八卦。"数千年来,八卦已形成一种文化,融于我国人民生活的许多方面。

酒锅八卦熊掌是内蒙古的创新菜,它选用优质鲜熊掌一只,烹制入味后与鸡汤同放于酒锅内,再用蛋皮、鸡茸泥、蘑菇等制成一个八卦图形,置于锅中使其漂浮汤面上,成品构思新颖,造形别致,食之汤鲜味美,熊掌酥烂可口,是一款难得的名菜。

原料: 鲜熊掌1只,鸡脯肉200克,蛋清2个,鸡蛋2个,鸡汤600克,母鸡1只,葱段、姜片各10克,精盐6克,味精3克,料酒5克,花椒5粒,大料3瓣,紫菜20克,冬菇20克。

切配:(1)将鲜熊掌在沸水锅内稍煮,并拔去毛洗净,然后放冷水锅中加热,至刚熟时捞出,弃去原汤不用。

（2）鸡蛋 2 个打散，吊成鸡蛋皮，切成扇面形的片，共切 8 片，然后用 8 片蛋皮围摆成与酒锅直径大约相等的图形，再切一直径约 6 厘米的圆片。

（3）鸡胸肉斩成茸，加精盐、味精、料酒、蛋清搅匀待用。

（4）紫菜切成末，冬菇切成 12 根长 5 厘米的条和 24 根长 2 厘米的条。

（5）在扇形蛋皮上抹一层鸡茸，在每片的外围围摆上冬菇条，将圆形的蛋皮放在中间，在其上面抹一层鸡茸，用紫菜末沾成阴阳鱼的图案，使之成为八卦图案。

烹调：（1）将熊掌焯水后与母鸡同时下冷水锅加热一段时间后取出，投入精盐、料酒、葱段、姜片、花椒、大料等调味品，上笼蒸至主料熟烂捞出，从掌背顺开一刀口去掉骨头，掌面朝上，放入酒锅中，加入鸡汤、精盐、味精、料酒、葱、姜，使汤面与主料相平。

（2）将八卦图案上笼蒸约 4 分钟取出，摆放在酒锅中的汤面上，点燃酒锅上席即可。

操作要领：（1）熊掌去毛时要掌握火候，火候不足毛去不掉，过火则熊掌皮面易破。

（2）熊掌初步熟处理的汤要弃去，因异味较重。

（3）八卦图要按照先天八卦的次序拼摆（见下图）。

10.红掌佛珠

此菜是以东北特产熊掌为主料，配以鱼肉、胡萝卜、黄蛋糕加工成的珠形作衬托而得名，成品熊掌油红发亮，三珠色彩相间，主料酥烂香醇，造型美观大方。

熊掌有前后之分，前掌侧面短而掌面较大，掌纹明显；后掌侧面较长，且掌面较小，掌纹不明显。因熊每当冬季大雪封山之后，便隐居洞内，"蹲仓"不出。冬眠期间经常用舌舔前掌，所以人们认为熊的前掌比后掌营养丰富，质量好。《本草纲目》中记载："冬月蛰时不食，饥时则舐其掌，故其美在前掌"。熊掌具有较高的营养价值，干品含蛋白质 55% 以上，是名贵的山珍之一。

原料: 发好的去骨熊掌 1 只(约 500 克),白鲢鱼肉 50 克,鸡蛋清 1 个,黄蛋糕 50 克,胡萝卜 75 克,生鸡块 250 克,猪五花肉 250 克,酱油 40 克,味精 3 克,精盐 3 克,清汤 500 克,料酒 10 克,花椒水 15 克,湿淀粉 20 克,葱片、姜片各 15 克,白糖 5 克,熟猪油 50 克,香油适量。

切配: (1)将发好去骨的熊掌用纱布包好放入锅中,加清汤、酱油、精盐、鸡块、五花肉、葱片、姜片一起煮至酥烂时捞出,去掉纱布待用。

(2)白鲢鱼肉斩成细茸,加精盐、清汤、蛋清搅成鱼料子,入锅中汆成直径 1.5 厘米大小的鱼丸。

(3)胡萝卜蒸熟后与黄蛋糕一起削成同鱼丸大小相同的圆珠。

烹调: (1)勺内放底油烧热,加入葱、姜爆锅,放入酱油、白糖、味精、精盐、料酒、花椒水、清汤,将熊掌掌面朝下,放入锅中烧开,转用小火,慢慢烧至酥烂,待红亮入味时,用湿淀粉勾流芡,淋上香油,大翻勺后装入盘中。

(2)将鱼丸、蛋糕球、萝卜球一同下入勺内,加清汤、味精、精盐、料酒、花椒水烧开,用湿淀粉勾流芡,淋明油出勺盛入碗内。

(3)将三种丸子间隔地摆放在熊掌四周。

操作要领: 烹煮熊掌时要恰当地掌握火候,达到酥烂入味,色泽红亮并保持其形状完整。

11. 葱烧海参

葱烧海参是一款广为流传的山东风味名菜。它以优质的刺参为主料,配以俗称"葱王"的山东章丘大葱,成品海参色泽褐红明亮,质地柔韧滑润,大葱色泽金黄,芳香四溢。此菜在 1987 年的首届鲁菜大奖赛上被评为十大名菜之一。

海参属名贵海味,在我国有着悠久的食用历史。三国沈莹的《水地异物志》中已有记载:"土肉正黑如小儿臂大,长 5 寸,中有腹,无口目,有三十足,炙食"。"土肉"即指海参,当时并不为珍,到了明清年间,由于采取了新的烹调技术,而成为肴中珍品。清人郝懿行所著《记海错》中说"……货致远方,味者珍之,谓之海参"。海参可分为刺参、乌参、光参、梅花参等很多品种,以山东半岛和辽宁沿海的刺参质量为最好,它含有较高的蛋白质和丰富的矿物质,是理想的滋补佳品,具有补肾益精、壮阳除劳、通肠润肺、消炎降压之功效。

原料: 水发刺参 500 克,大葱白 120 克,姜片 10 克,酱油 30 克,精盐 3 克,味精 3 克,白糖 10 克,花椒水 50 克,绍酒 20 克,湿淀粉 25 克,清汤 700 克,熟猪油 100 克。

切配: 将水发海参片成 2 厘米宽的长条片,大葱白切成 4 厘米长的段,姜切成片。

烹调: (1)海参先用开水汆一遍,捞出控净水,然后放入勺内加清汤、花椒水、葱段、姜片、绍酒各 10 克,烧煮 2~3 分钟捞出控净水,捡去葱姜。

(2)勺内加熟猪油烧热,加葱段炸至金黄色时捞出,将一部分葱油倒入碗内,勺内留油 50 克加入海参、炸好的葱段、酱油、精盐、白糖、绍酒略炒,再加清汤、味精烧煨入味后用湿淀粉勾芡,上中火收汁,淋上碗内的葱油,盛入盘内即成。

操作要领: (1)水发海参改刀后必须先用水汆去杂质。

(2)大葱一定要煸炸成金黄色,并出葱香味。

(3)煨烧海参时,汤汁不可过多,并要恰当掌握芡汁的浓度。

注: 还有一种常用的做法是,主料选择个头大小均匀的整个海参,不改刀直接烹制,为了使色泽更加红亮美观,先将白糖炒成枣红色,再加海参煨烧。

12.蝴蝶海参

这是一个以形态取名的工艺菜品,在山东广为流行,多用于中高档筵席,因菜品生动形象,口感良好,且将海参制成蝴蝶状,寓有吉祥美好之意,故名"蝴蝶海参"。

蝴蝶海参是一道汤菜,在制作上甚有特色。海参片修成蝴蝶形片,用鱼茸做成蝴蝶身体,然后再进行修饰,入笼蒸熟,摆入汤碗内,冲上清澈见底、味醇鲜美的特制清汤,颇有些诗情画意。整个菜肴恰似一群欢快的彩蝶在天空飞舞,给人以美好的艺术享受。此菜多用于酒后食之,清心爽体,味道清鲜。现在沿海的各大饭店、宾馆均有烹制,很受食者宠爱。

原料:水发海参5 个,牙片鱼肉50 克,熟火腿10 克,黑芝麻24 粒,水发鱼翅针24 根,水发冬菇20 克,黄瓜皮20 克,鸡蛋皮20 克,清汤750 克,酱油10 克,精盐8 克,料酒6 克,味精4克,鸡蛋清25 克,香油2 克,鸡油3 克。

切配:(1)将每个海参顺长片两刀(共10 片),在沸水内烫一下,捞出用沙布吸干水分,用刀修成蝴蝶形状;鱼肉在凉水中浸泡10 分钟,捞出用刀背砸成细泥,放碗内加清汤、精盐、味精、鸡蛋清、香油搅匀。

(2)将修好形状的海参皮面朝上放在盘内,中间撒少许干淀粉。然后用鱼料子做成蝴蝶身子形状放在海参中间,用黑芝麻、火腿、鱼翅针分别点缀成蝶眼、嘴、须。冬菇、鸡蛋皮、黄瓜皮均切成丝,间隔摆在蝴蝶身上。

烹调:(1)将蝴蝶海参放笼屉内蒸,约需3 分钟,至嫩熟取出。

(2)勺内放清汤烧开,撇净浮沫,加料酒、精盐、味精、酱油调好口味,倒入汤碗内。将蒸好的蝴蝶海参轻轻推入汤内,滴上鸡油即成。

操作要领:(1)鱼肉剁的要极细。吃浆时,要顺一个方向搅打,逐渐加水,直至达到最佳饱和程度,然后再依次加入精盐、味精和鸡蛋清。

(2)蝴蝶海参应制作得生动活泼、形象逼真。

(3)汤调制的要清,酱油放得不可太多,避免色泽浑浊、不清。

13.一品海参

海参是久负盛名的海味珍品之一。一品海参的主料采用我国北方海域所产的刺参,它个体适中,色泽黑亮,口感好。在发制好清洗干净的海参腹内填上鸡茸馅,上屉蒸好,再下勺烧制。一品海参菜品主料刺参排列整齐,参体黑亮,镶有白色的鸡茸,点缀着橘红色的蟹黄、青虾仁和翠绿的豌豆,色泽造型都很美观。菜品汁芡丰满,呈嫩红色,咸鲜略有甜味。

原料:水发海参10 个(重约500 克),鸡脯肉150 克,猪肥膘肉40 克,蟹黄30 克,青虾仁30克,豌豆20 克,鸡蛋清50 克,淀粉50 克,面粉10 克,葱白5 克,料酒15 克,姜汁20 克,酱油15克,精盐4 克,味精2 克,嫩糖色2 克,水淀粉30 克,熟猪油100 克。

切配:(1)将鸡脯肉和猪肥膘肉一起用刀斩成茸,放小盆内,加清汤、精盐、料酒、姜汁搅上劲,再加入蛋清搅匀,搅成较稠的鸡料子,然后将蟹黄和滑过的青虾仁切成黄豆大小的小丁,和豌豆一起搅在鸡料子中拌匀。葱白切成短丝。

(2)将水发海参用开水焯透过凉,然后用净布揩净水分,在海参膛内沾匀面粉,将鸡料子镶在海参膛内,用手抹平,并排放在平盘内,上屉蒸15 分钟。

烹调:勺内加熟猪油作底油,用葱丝炝勺,烹入调料,加入高汤,将主料轻推入勺。汤开后撇去浮沫,烧入味,下嫩糖色,调整好色口,勾流芡,打明油,大翻勺,将主料盛溜入大鱼盘内即可。

操作要领:海参最好选用大小和色泽一致的。主料多,翻勺难度大,可在勾芡、淋明油后,用筷子将海参夹进鱼盘,排列整齐,浇上余汁即可。

14. 麻腐海参

"麻腐海参"是一道颇具特色的传统菜,相传为宋朝开封府一厨师创制。此人姓乔,人称乔师傅,在开封府白州桥一家饭馆里主厨。有一次客人吃凉粉时,要了两次佐料,还嫌没味,吃完后很不满意。乔师傅深受启发,凉粉本身难以入味,能不能做凉粉时就加入调料? 想到这里,乔师傅便在厨房试制起来,等起锅熬好凉粉,还捉摸不定加什么调料好,正好此时有一堂官前来要麻汁面浇头,乔师傅灵机一动,随即将熬好的粉冻里加入了麻汁,并使劲地将其搅匀,等凉后切条一拌,吃口筋软,且麻汁香味浓郁,很是爽利。一上市就深得食客好评。乔师傅在此基础上,又用此凉粉和其他菜品相搭配,制作了十几款麻汁凉粉菜,其中以"麻腐海参"最为著名。开封地区的厨师在制作麻腐菜方面,世代相传,仍保持着原有的特色,并在品种上不断改进、增加。现在除"麻腐海参"以外,又推出了"麻腐鸡皮"、"麻腐鸭片"等十几种麻腐新菜。

原料:水发海参 500 克,麻汁 75 克,淀粉 150 克,绍酒 10 克,味精 3 克,精盐 7 克,酱油 15 克,小磨香油 10 克,清汤 500 克。

切配:(1)制麻腐:锅放火上,添入清汤,用少许精盐、味精、绍酒调好味,然后将调匀的淀粉倒入锅内,用文火烧煮,不断搅拌,至半熟时,对入麻汁,搅匀,呈粉糊状时盛入盘内,晾凉后沾水用刀片成抹刀片。

(2)水发海参也用刀片成长条片。

烹调:(1)锅放火上,添入清汤,下入精盐、绍酒、清汤烧沸后,把海参片下入焯一焯,捞出晾凉。

(2)一层海参,一层麻腐地装在盘内,浇上用精盐、酱油、小磨香油对好的调料汁,即可食用。

操作要领:(1)烹制麻腐时注意用小火,且不断搅拌,待粉糊呈浓稠状时即成。

(2)海参必须反复用清水和开水洗净,并用清汤焯去腥味后再拌制。

15. 喜鸽迎龙

喜鸽迎龙是一款创新菜,选用优质刺参烹制后为"龙",用蒸制的蛋糕做成鸽子,红色蛋糕扣成"双喜"字,在盘中拼摆组合在一起,象征着喜庆、和平、如意,所以又是一道吉祥菜。

此菜构思新颖,造型别致。主料软糯,味浓,营养丰富。

原料:水发刺参 500 克,鸡蛋 8 个,红色、白色蛋皮各一张,大葱油 100 克,酱油 25 克,白糖 25 克,精盐 3 克,味精 3 克,料酒 20 克,番茄酱 25 克,鸡汤 300 克,香油 25 克,湿淀粉适量。

切配:(1)将鸡蛋磕开,蛋清、蛋黄分别放入两个小饭盒内,分别加少许精盐,蛋黄中再放入番茄酱,用筷子搅匀,上屉蒸至嫩熟取出。

(2)蒸好的红色蛋糕用喜字模型工具刀扣成 4 个双喜,每个喜字用白蛋皮托衬上;白色蛋糕用鸽子模型工具刀压成 4 个鸽子,每个鸽子用红蛋皮衬托,放入盘内。

(3)水发海参洗净,每个内部均剞上斜密深刀,放入烧开的鸡汤锅内煨透捞出,控去余汤。

烹调:(1)勺内加葱油(50 克)烧热,加酱油、白糖、料酒、味精、鸡汤和煨好的海参,用中火烧制,汤快尽时,用湿淀粉勾芡,并淋入香油和葱油翻勺,出勺盛入盘中。

（2）制好的鸽子和喜字上屉蒸透取下，浇上白色的汁芡后，交叉相对地摆放在海参周围即可。

操作要领：（1）蒸蛋糕时，必须用小火慢慢蒸熟，否则，易出现蜂窝眼，而且质地老硬。

（2）海参应选择个头均匀的刺参，并在内侧剞上斜密深刀，可使海参导热快，入味均匀，剞时要注意不要剞透。

（3）放调料时，一定要先烹入酱油，并待其起泡后，再放入其他调味料，以利于保色保味。

（4）明油要分两次淋入，第一次芡熟后沿菜肴四周淋入，第二次直接从菜肴上面淋入。否则菜肴表面光亮度差，并易出现脱芡、沁油的现象。

16. 锅煸鲍鱼盒

鲍鱼，古称"鳆"，又名石耳、大鲍，俗称"鲍鱼"或"鲍螺"。因其壳边有九个小孔，故又名"九孔螺"；生长在"石岩"之中，所以还有"石鳆"之称。它不是鱼类，而是一种单壳类软体动物，属腹足纲、鲍科。其肉质细嫩、味道鲜美，在"海味八珍"中独占鳌头，有"海味之冠"的称号。

锅煸鲍鱼盒为山东蓬莱沿海的古老菜肴，是民国年间烟台芝罘街上地方风味餐馆的著名肴味。它将两片鲍鱼中间夹上猪肉泥，经挂糊、煎、加汤煸熟。菜肴制成后，色泽金黄，味美醇厚，为高级筵席中的上品。

原料：水发鲍鱼8个（个大而匀），猪瘦肉150克，鸡蛋清少量，葱姜末各3克，葱姜丝各5克，鸡蛋黄100克，精面粉50克，鸡汤300克，清汤100克，精盐5克，味精3克，料酒4克，熟猪油100克，香油4克。

切配：（1）水发鲍鱼洗净，每个片5片，共40片，放勺内加鸡汤、精盐、料酒浸煨入味，捞出控净水分。

（2）猪瘦肉剁成细泥，加葱姜末、鸡蛋清、料酒、精盐、味精、清汤、香油搅匀，制成馅。

（3）鲍鱼片的一面蘸上精面粉，抹上肉泥，再盖上一片蘸上精面粉的鲍鱼片，制成鲍鱼盒，厚约1.2厘米。鸡蛋黄放碗内搅匀。

烹调：（1）将勺用热油炼煸好，放入熟猪油75克，烧至四五成热时，将鲍鱼盒逐个两面沾匀精面粉，再沾匀鸡蛋黄，放勺内煎成两面金黄色时倒入漏勺内。

（2）勺内放油25克烧熟，用葱姜丝爆锅，烹入料酒，加鸡汤、味精、精盐、鲍鱼盒，用慢火煨透，淋入香油拖入盘内即可。

操作要领：（1）用猪肉泥调馅时，不宜太稀，以免影响造型。

（2）制作"鲍鱼盒"时，厚度应一致，使其受热均匀，造型整齐美观。

（3）煎鲍盒的勺要提前炼好，油温不宜过高，否则鲍盒表面易焦糊；过低，容易粘勺。

17. 扒鲍鱼龙须

鲍鱼是海中珍品，不仅口味鲜美异常，营养价值高，而且还具有温补肝肾，滋阴清热和益精明目之功效。龙须菜又名芦笋、石刁柏，原产地中海沿岸，19世纪传入我国。现代科学研究证明，它具有很强的抗癌作用。扒鲍鱼龙须就是将这两种原料进行优化组合，采用白扒技法而成菜的。成品色泽淡雅，汁芡适中，咸鲜味醇，常见于高级宴会。

原料：罐头鲍鱼225克（1罐），龙须菜250克（1罐），葱花5克，料酒20克，姜汁20克，精盐3克，味精2克，清汤100克，湿淀粉40克，熟猪油100克，明油20克。

切配:将鲍鱼去边,打上多十字花刀以利入味,用水略焯后整齐地码放在大盘一边,龙须菜撕去老皮,芽朝碟边,长的放中间,短的放两旁,整齐地码放在大盘另一边。

烹调:勺内加熟猪油 25 克,烧热放葱花爆锅,添清汤,烹入调料,将主料轻推入勺。汤开后撇去浮沫,烧至入味勾芡,淋入明油,将勺晃开,大翻勺,将菜盛入盘中即可。

操作要领:此菜造型整齐美观,大翻勺时注意不能散乱。

18.鸡松鲍鱼

鸡松鲍鱼是鲁菜中一款著名的菜肴,它将陆地和海产佳品合而烹之,以"炒"法制作而成。肴馔制熟后,质地细腻,口味清鲜,为饮酒设筵之美味。

山东烟台沿海生产的鲍鱼,为皱纹盘鲍,是鲍之上品,历史上就享有盛誉。《南史》载,山东特产鲍鱼,时在南方每枚值千钱。《记海错》载:"(鲍鱼)其肉如马蹄,用炭灰腌之,经久贩,可以响远。登莱尤多。"

由于鲍鱼肉中含有一种琥珀胺酸,故肉味极为鲜美,其肉有降血压之功能,入药又有怡神明目之效,其壳(石决明)研成粉末入药,还可治青盲、内障(目翳)以及闭便寒淋等疾。

原料:鲜鲍鱼150克,鸡泥100克,鸡蛋清100克,湿淀粉35克,清汤200克,清油25克,葱姜米8克,火腿末6克,精盐4克,味精3克,绍酒3克,香油2克。

切配:(1)将鲍鱼肉片成薄片,切成细丝,放沸水锅内氽一下,捞出控净水分。

(2)将鸡泥、清汤、蛋清、湿淀粉、味精、精盐放在碗内搅匀,成稀糊状。

烹调:油 25 克下勺烧热,加葱姜米爆锅,用绍酒一烹,将搅好的鸡泥倒入勺内略炒,再放入鲍鱼炒至嫩熟,加少许香油翻勺盛在盘内,撒上火腿末即成。

操作要领:(1)鸡肉剁泥时,排斩的要细。搅打时,水最好一次性加足,然后再逐步加入调味品和鸡蛋清、湿淀粉。

(2)搅好的鸡泥推炒时,应先将勺滑好,用温火慢炒,加入鲍鱼后炒至嫩熟取出。

19.扒原壳鲍鱼

山东烟台沿海一带盛产鲍鱼,烹制的方法也很多。如凉拌、红烧、爆炒、氽汤、锅煏,或与其他原料合并烹制菜肴,但要吃其原味,观其原形还是"扒原壳鲍鱼"这道菜最受欢迎,它不仅食之鲜嫩味美,而且造型美观大方。

此菜必须选用新鲜带壳鲍鱼为主料,将其壳肉分离后,分别将壳洗净加热消毒,肉经改刀,再加工烹制,重新组合成鲍鱼形,摆放入盘内并加以点缀、美化而成。

原料:带壳鲜鲍鱼10个,牙片鱼鱼肉100克,火腿15克,冬笋15克,鸡蛋清20克,葱姜汁5克,红樱桃10个,黄瓜50克,香菜叶10克,萝卜花一朵,精盐3克,味精3克,清汤350克,绍酒8克,湿淀粉15克,鸡油5克。

切配:(1)将原壳鲍鱼洗净,放入沸水内稍烫,挖出肉,洗净杂质,片成0.2厘米厚的片,火腿、冬笋均改成小象眼片,黄瓜切成梳子形花刀,折成佛手状。

(2)牙片鱼肉剁成细泥,放入碗内,加湿淀粉、绍酒、精盐、蛋清、葱姜汁搅匀,在大圆盘四周均匀地分成10堆。

(3)鲍鱼壳放在含碱量百分之五的水中,用毛刷洗干净,再经开水煮过,捞出滗净水。鲍鱼壳口朝上,整齐地摆在鱼泥上(要按牢),上笼蒸约5分钟取出。

(4)大盘中心放上香菜叶和一朵萝卜花,鲍鱼壳之间分别用黄瓜和红樱桃加以点缀。

烹调：炒勺内放入清汤、精盐、绍酒、鲍鱼、冬笋、火腿烧开，撇净浮沫，用漏勺捞出，平均分放在鲍鱼壳内。勺内的汤加味精用湿淀粉勾芡，淋上鸡油，浇在鲍鱼上即成。

操作要领：(1)鲜鲍鱼取肉时，要先将其放沸水内稍烫，但不可煮的过大，以刚能挖出肉为度。

(2)鲍鱼片放勺内汆制时，以嫩熟取出，避免汆老，影响质量。

20. 绣球干贝

干贝是一种珍贵的海味，有"海鲜极品"之称，它是用扇贝的闭壳肌干制而成的。主产于我国的山东、辽宁沿海地区，以烟台长岛的褚岛、俚岛和庙岛群岛为多，且品质最好。其营养丰富，蛋白质含量达63.7%，碳水化合物为15%，是一种高蛋白质低脂肪的美味食品。古籍云：干贝峻鲜，无物可与伦比，食后三日，犹觉鸡虾乏味。

绣球干贝为山东传统的名贵海味菜，它是将对虾仁、猪肉制泥后掐成丸子，将搓成细丝的干贝滚在丸子外边，蒸熟后勾芡浇汁，其制作方法考究，成菜造型酷似绣球，洁白光亮，口感嫩爽，鲜而不腻，甘美多汁。上世纪50年代，以烟台名店"蓬莱春"制作的最为精细有名。

原料：水发干贝150克，大虾仁200克，猪肥肉50克，火腿10克，冬笋10克，水发香菇10克，油菜心150克，葱姜丝4克，葱姜汁6克，鸡蛋清50克，熟花生油25克，精盐4克，味精2克，料酒5克，清汤300克，湿淀粉15克，香油5克，鸡油2克。

切配：(1)干贝挤净水分搓成细丝；火腿、冬笋、香菇均切成1.5厘米长的细丝，用沸水下勺略汆，捞出晾凉，控净水分，与干贝丝拌和在一起。

(2)将大虾仁、猪肥肉分别剁成细泥，放碗内加清汤、精盐、味精、料酒、葱姜汁、鸡蛋清、香油搅匀，挤成直径约2厘米的丸子，放在拌和好的干贝群丝上滚匀，成绣球干贝。

烹调：(1)将绣球干贝摆盘内上屉蒸熟，取出滗净汤汁。

(2)勺内放入清汤，加料酒、精盐、味精烧开后撇净浮沫，用湿淀粉勾成流芡，加鸡油少许均匀地浇淋在绣球干贝上。

(3)勺内放油25克烧热，用葱姜丝爆锅，加料酒一烹，倒入洗净的油菜心、精盐、味精、料酒煸炒至熟，加香油盛出，围摆在绣球干贝周围即成。

操作要领：(1)水发干贝搓成丝后，如干贝丝水分较大，可放勺内用炊帚刺炒烘干，再取出与其他配料丝拌和起来。

(2)大虾仁和猪肥肉一定要分开剁成泥后再合放在一起，以免剁不匀。搅料子时，应顺一个方向，待吃浆达到饱和状态时，再加盐定型。

21. 炒芙蓉干贝

炒芙蓉干贝是山东胶东地区的一款传统风味菜。选用水发干贝为主料，配适当比例的鸡蛋清和清汤，合并炒制而成。成品蛋清色白如雪，恰似芙蓉的花冠，干贝微黄，青豆翠绿，粒粒被裹包在其中，色泽美观和谐，食之咸鲜味美，早在清末民初，烟台各大名店就已开始盛行此菜。

原料：水发干贝150克，鸡蛋清250克，葱姜末4克，青豆10克，熟猪油25克，精盐3克，味精2克，清汤250克，湿淀粉15克，料酒1克，香油2克。

切配：将鸡蛋清加清汤、精盐、味精、湿淀粉、料酒搅匀。

烹调：(1)将干贝、青豆分别用清汤、开水汆透，捞出控净水分。

(2)勺内加熟猪油25克,烧至四成热时,加葱姜米爆锅,倒入搅好的蛋清,推炒至半熟时,倒入干贝、青豆炒至嫩熟呈芙蓉状,加香油盛入盘内即可。

操作要领:(1)此菜制作时,要准确掌握好各种原料的配备比例。一般情况下,鸡蛋清和所加水的比例为1∶1。如鸡蛋新鲜,水的比例还可加大。

(2)烹制时,蛋清液应以温火下勺轻轻推炒。火力过旺,蛋清易焦糊,影响色泽。

22.香炸鲜贝串

香炸,属于炸的一种,基本同松炸。只是香炸需在原料挂糊后沾上芝麻、核桃仁、花生仁、松子等香料,再放入温油锅中炸熟。香炸鲜贝串就是采用此法制成,具有外香酥、内鲜嫩、汤汁多的特点,是烟台传统的海鲜佳肴。其所选原料鲜贝营养成分丰富,能治疗多种炎症,且有平肝化痰、补肾清热等作用。因此,以香炸之法制作贝肴,不仅可以保持鲜贝的原有鲜味,还能避免烹调时对各种营养成分的破坏。

原料:鲜贝丁50个,鸡蛋清75克,干淀粉25克,精面粉15克,小竹签10根,熟花生油500克,精盐3克,味精2克,葱姜汁6克,芝麻35克。

切配:鸡蛋清加干淀粉和精面粉搅匀成蛋清糊待用。

烹调:(1)将鲜贝丁放大碗内加精盐、味精、葱姜汁喂口,每5个一组穿在竹签一端。

(2)勺内放油烧至七成热,将蛋清糊分浇在鲜贝串上,再均匀地撒上芝麻,入勺内用慢火炸熟,呈微黄色时,捞出装盘即成。上桌外带椒盐。

操作要领:鲜贝丁必须选择大小均匀的,炸制时油温要适度,嫩熟时及时取出。

23.扒龙眼鲜贝

扒龙眼鲜贝以三种海鲜原料为主,配以适量的辅料,采用蒸、扒等烹调技法制成。三种名特海鲜为对虾、牙片鱼、鲜贝丁,三者皆以高蛋白、低脂肪、营养全面而著称,且蛋白质多为完全蛋白质,肌肉纤维细松,易消化吸收,并富含无机盐和维生素。据《饮食禁忌》中云:"对虾有补肾壮阳,理气开胃之功"、"牙片鱼有补虚益气,和中理气之妙"、"鲜贝有滋阴养血,清热解毒之效。"三者结合重在蛋白互补。此菜是烟台近几年的一款象形创新菜,以造型新颖,形象逼真,质地软嫩,口味鲜美,而赢得食客的高度赞美。

原料:对虾10个,牙片鱼肉150克,大鲜贝丁10粒,肥肉20克,葱姜汁10克,水发木耳10克,精盐4克,味精2克,料酒10克,蛋清10克,湿淀粉15克,清汤200克,鸡油15克,用于点缀的黄瓜、西红柿等适量。

切配:(1)将除虾去头、尾、虾皮及虾腺,切去两端,取虾肉中段4厘米弧形处,从脊背片入成合页形,放菜墩上用刀一拍成圆形,再剞上多十字花刀放入盘内,用料酒、精盐、味精喂口;木耳切成末备用。

(2)鱼肉、肥肉分别剁成细泥,放碗内加清汤、蛋清、葱姜汁、精盐、味精、料酒搅匀制成茸泥,再将茸泥挤成均匀的10个丸子放在虾肉中间,顶端放上鲜贝丁,边上点缀木耳末成为龙眼形。

烹调:(1)将做好的龙眼鲜贝上屉蒸至嫩熟取出。

(2)原汤滗入勺内,加葱姜汁、精盐、味精烧开,撇去浮沫,用湿淀粉勾成流芡,加鸡油搅匀,浇淋在蒸好的鲜贝上。

(3)用西红柿、黄瓜点缀后上桌。

操作要领:(1)虾个头要选择大小均匀的,改刀时取中间弧形部分,片开后修成圆形,虾肉应剞上均匀的刀纹,以免蒸时变形。

(2)鱼肉和肥肉均应剁细,搅拌时顺一个方向,以茸泥放冷水中能浮起为宜。

24. 鲜奶贝脯

鲜奶贝脯是"山东省烹调技术能手"高速建创新的一款颇具特色的海味佳肴。它以海中珍品扇贝丁和鲜牛奶为主料,经过精细加工再配以翠绿的油菜心烹制而成。成品以主料色泽洁白、质地细腻、鲜嫩爽滑等特点在山东省第二届青工大奖赛上深受评委和专家们的赞赏。

原料:鲜贝丁250克,油菜心75克,鸡蛋清4个,鲜牛奶150克,食盐4克,味精2克,料酒10克,清汤100克,湿淀粉25克,葱姜油30克,鸡油5克,熟猪油25克。

切配:(1)将鲜贝丁摘去硬脐(靠一侧的硬筋),洗净,先用刀刃后用刀背剁成细泥,盛入碗内,加食盐、料酒、味精,呈一个方向搅动,边搅边加入鲜牛奶、蛋清搅起劲,放入熟猪油、湿淀粉搅成稠糊状。

(2)油菜心洗净,用开水焯至嫩熟,加精盐、味精、香油入味,摆在盘子边上.

烹调:(1)勺内加清水烧开,将鲜贝茸挤成丸子形,入开水中汆熟捞出,控净水。

(2)勺内加葱姜油烧热,烹入料酒,加清汤、食盐、味精、鲜贝丸,烧开,撇去浮沫稍煨,用湿淀粉勾成扒芡,淋上鸡油,盛入盘内即可。

操作要领:(1)搅动鲜贝泥要朝一个方向,且要边搅边加牛奶,搅至贝泥能在水中浮起为好。

(2)汆制时要适当掌握火候,达到嫩熟为宜,以保持其滑嫩的特点(也可以放在温油中滑汆至嫩熟)。

(3)加奶要适量,不能过多或过少。

25. 红烧鱼唇

鱼唇是鲨鱼、鳐鱼类鳃唇的干制品,富含胶质,滋味腴美。早在我国唐朝就被人们视为珍品,唐代史料中有"鲟鱼之唇,活而裔之,谓鱼魁,此其至珍者也"之记录。山东沿海自古就是盛产鱼唇的地方,用之入馔,亦非近代之举,古已有之。鱼唇因含胶质极丰,其质地糯软醇郁,鲜香并举,最宜红烧,可使其糯软之外再加滑润,鲜香之外又增清爽,多用于较高级的筵席。清末民初,山东烟台各大店均有所制,但以"东坡楼"最为有名。该店的"红烧海参"、"红烧鱼皮"、"红烧鱼唇"被誉为港城的三大烧菜,素负盛名。而今,因为鱼唇原料稀少,使该肴愈显珍贵,一般筵席多不常见。

原料:水发鱼唇500克,葱段50克,姜片50克,清汤600克,熟猪油75克,湿淀粉30克,味精3克,酱油25克,精盐3克,料酒10克,白糖20克,糖色10克,鸡油4克,香油2克。

切配:将鱼唇改成4厘米长、2.5厘米宽的抹刀片。

烹调:(1)将鱼唇下勺用开水汆透,捞出用清水漂净。连续汆漂两遍,控净水分。

(2)勺内加清汤、葱段、姜片、料酒、鱼唇烧开,撇净浮沫,再用微火煨4～5分钟,捞出去掉葱、姜,控净汤汁。

(3)勺内加入熟猪油75克,烧至六七成热时,放葱段、姜片煸炒至金黄色时捞出不用,用料酒烹锅,加酱油、清汤、白糖、味精、糖色、精盐、鱼唇烧开,撇净浮沫,用微火煨4～5分钟,再用湿淀粉勾成浓芡,淋上鸡油、香油翻勺,盛入盘内即成。

操作要领：(1)鱼唇发制要软硬适中，发制得过轻影响入味，发制得过大影响造型和美观。

(2)烹制时，鱼唇要加其他调味品反复浸煨，以除去异味。

26. 红烧鱼皮

鱼皮，是鲨鱼、鳐鱼等鱼的皮，经去沙、洗涤、干制而成的食品。因含有丰富的胶性物质，其质地柔软光润，香醇腴美，糯中又有些韧性，再加上富含营养，产量较少，所以近代尤其珍之，多用于较考究的筵席中。

鱼皮入馔，我国唐宋年间史籍已有所载，为清朝著名的时髦食品之一。《三才图会》中已有"其皮用汤泡净，可缕作脍"的记载。乾隆、嘉庆年间，鱼皮菜肴即作为孔府中的佳味用来招待高贵客人。胶东沿海是盛产鱼皮的地方，因而用之入馔由来已久。民国年间山东烟台芝罘街上的大饭店"东坡楼"曾以"红烧鱼皮"为看家菜，闻名全城。

原料：水发鱼皮 500 克，葱段 50 克，姜片 50 克，清汤 500 克，熟猪油 50 克，湿淀粉 25 克，味精 3 克，酱油 25 克，精盐 2 克，料酒 10 克，白糖 25 克，糖色 10 克，鸡油 3 克，香油 2 克。

切配：将鱼皮改成 4 厘米长、1.5 厘米宽的抹刀片。

烹调：(1)将鱼皮下勺用开水氽透，捞出用清水漂净，连续氽漂两遍，控净水分。

(2)勺内加入清汤、葱段、姜片、料酒、鱼皮烧开，撇净浮沫，再用微火煨 4～5 分钟，捞出去掉葱姜，控净汤汁。

(3)勺内加熟猪油 50 克，烧至六七成热时，加葱段、姜片煸炒至金黄色时捞出不用，加料酒一烹，再加酱油、清汤、白糖、糖色、精盐、味精、鱼皮烧开，撇净浮沫，用微火煨 5～6 分钟，加湿淀粉勾成浓芡翻勺，淋上鸡油、香油，盛盘内即成。

操作要领：鱼皮应选择无异味、无杂质、无腐烂变质的。烹制前，要入沸水内反复氽漂除去异味；烹调时，应采用微火煨烧的方法，令汤汁充分渗透到原料内部。

27. 鸡茸鱼肚

鱼肚，是用鮰鱼、鳖鱼、鳗鱼、大黄鱼等新鲜鱼鳔加工晒制的淡干品。其滋味佳美，营养丰富，经营价值很高，是海产"八珍"之一。因其含有较为丰富的胶质，故又名"鱼胶"。早在 1400 年前就出现在我国古代的食谱中。北魏山东籍人贾思勰的《齐民要术·作酱法》中就较为详细地记载了鱼肚的加工方法："取石首鱼、鲦鱼、鳠鱼三种，肠、肚、胞(此处指鱼鳔)，齐净洗，空著白盐，令小倚咸。内器中，密封，置日中。……食时，下姜醋等。"

鸡茸，是用鸡里脊肉剁成细细的泥加调味品搅成料子，因细如茸状而故称。用其包住鱼肚经滑氽，再添加鲜汤、配料煨透制熟，成品色泽洁白，鲜嫩细腻，汁清滑软，是看馔中的佳味，为高级筵席上的珍品。

原料：水发鱼肚 300 克，鸡里脊肉 120 克，鸡蛋清 75 克，猪肥肉 30 克，葱姜米 6 克，葱姜汁 7 克，熟猪油 750 克，清汤 300 克，精盐 5 克，味精 3 克，湿淀粉 20 克，香油 4 克，料酒 5 克，鸡油 10 克。

切配：(1)将鱼肚改成长约 4.5 厘米、宽约 2 厘米的抹刀片，入沸水锅里反复换水氽几遍，捞出用精盐、味精、料酒喂口。

(2)鸡里脊肉和猪肥肉分别剁成极细的泥，放碗内加清汤、葱姜汁、料酒、精盐、味精、香油搅匀。

(3)鸡蛋清打成蛋泡，倒鸡泥内搅成鸡茸。

烹调:(1)勺内放猪油 750 克烧至四成热时,将鱼肚挖净水分,逐片挂匀鸡茸下勺滑余熟,捞出控净油,再放沸水内略余即捞出。

(2)勺内放油 25 克烧热,用葱姜米爆锅,加料酒一烹,放入清汤、精盐、味精烧开,再放入鱼肚慢火煨透,撇净浮沫,用湿淀粉勾流芡,加鸡油盛盘内即可。

操作要领:(1)鱼肚应选择透明度好、无杂质、无异味、无腐败变质的为好,初加工时,要熟练掌握鱼肚发制的各道环节,使发制后的鱼肚符合菜肴质量要求。

(2)发制好的鱼肚在烹制时,应入沸水内反复余漂,以除去异杂味。

(3)猪肉泥和鸡肉泥要待分别剁好后再合放在一起。搅打时,要逐步分几次加进清汤慢慢搅拌,待吃浆达到饱和状态时再加盐定型。

(4)滑油时,油温不宜过高,以保持原料的色泽洁白。

28. 凤脯鱼肚

凤脯鱼肚是辽宁创新菜肴之一,是一个双拼菜。盘的中央是奶油鱼肚,四周拼摆鸡脯。奶油鱼肚是中西风味结合的菜品,它汁白味浓,营养丰富,中西两味俱备。鸡脯是采用传统的烹调方法"爆"制而成的。鸡脯酥烂,色泽棕红,口味咸鲜略甜。成品二菜相拼,相得益彰,双色相映,美观大方,一菜双味,妙趣横生。

原料:净鸡脯 300 克,水发鱼肚 300 克,大葱 3 段,鲜姜 3 片,桂皮 1 小块,月桂叶 5 片,熟猪油 1000 克(约耗 80 克),香油 3 克,精盐 6 克,白糖 40 克,味精 3 克,料酒、花椒水各 25 克,鲜牛奶 50 克,奶油 60 克,鸡汤 200 克,水淀粉适量。

切配:(1)每个鸡脯里面剞十字花刀,放在开水锅稍烫捞出,控净水分,再放入八成热的油中冲炸成金黄色捞出,放入碗内,加鸡汤、精盐、葱段、姜片、桂皮、月桂叶、料酒和花椒水各 20 克,上屉蒸烂,取出备用。

(2)鱼肚改成长 6 厘米、宽 2 厘米的一字条,摆入盘内。

烹调:(1)勺内加奶油,熔化后(取 30 克作明油待用)添入鸡汤,加精盐、料酒、花椒水、味精,再推入鱼肚,用小火煨至入味,待汤汁将尽时,倒入牛奶烧沸后,用水淀粉勾芡,大翻勺,再淋入奶油。

(2)将蒸烂的鸡脯取下,拣净葱、姜、桂皮、月桂叶,连同原汤倒入勺内,随着放入白糖,用小火煨约 10 分钟入味后,再用中火收汁,加入味精,淋入明油,颠翻数下,再淋入香油。

(3)取一大圆盘,将奶油鱼肚拖入盘的中央,再将鸡脯逐个码放在鱼肚的周围即成。

操作要领:(1)鸡脯要选个头均匀,嫩度一致的,否则,大小老嫩不一,影响菜肴的质感及口味。

(2)烹制此菜,需两勺同时进行,一勺爆鸡脯,另一勺扒鱼肚。同时出勺装盘,以保证菜肴的温度不受影响。

(3)明油使用要适量,不能过多,以免出现沁油现象。

29. 海味全家福

海味全家福是鲁菜中胶东风味的传统佳肴,它是由民间的"炒杂拌"衍生而来的,民国年间在烟台一带极为流行。"全家福"寓合家幸福之意,是"炒杂拌"、"炒杂烩"、"炒什锦"的美称。它采用"烩"法制作,原料选择可根据季节变化,灵活运用。以素料为主的则称"素烩全家福";以荤料为主的则称"荤烩全家福";以山珍为主的则称"山珍全家福";山珍海味、荤素搭配的则称"全家福"。"海味全家福"则是以海产原料为主制作的菜肴,它集八种海中珍品为一体,味道珍绝,清腴醇厚,鲜美不腻,深受美食家的推崇。烟台民间的婚娶、庆寿、百岁、生日等酒席上必以此为头菜,尤重其珍,现已相沿为习。

原料:水发鱼肚75克,水发海参75克,鲜贝75克,水发鲍鱼75克,水发鱼皮75克,水发鱼唇75克,鲜蛏肉75克,水发鱼骨75克,指段葱15克,蒜片8克,湿淀粉50克,鸡汤300克,鸡蛋清15克,清油750克,精盐5克,味精4克,酱油20克,醋15克,香菜梗10克,鸡油10克,香油5克。

切配:将鱼肚、海参、鲍鱼、鱼皮、鱼唇、鱼骨均改成骨牌片,连同蛏肉入沸水锅内汆透,捞出控净水分。鲜贝用湿淀粉、鸡蛋清、精盐挂软糊待用。

烹调:(1)勺内放清油700克,烧至五成热时,将鲜贝放入用铁筷拨散,九成熟时捞出。油内沉渣用油网捞净,待油烧至六成热时,将上述原料一并下勺滑透,倒入漏勺内控净油。

(2)清油50克下勺烧热,用指段葱、蒜片爆锅,烹入醋,加入鸡汤、精盐、味精、酱油,再投入所有原料烧开,撇净浮沫,用湿淀粉勾成浓芡,撒入香菜梗,淋入香油、鸡油,盛入盘内即成。

操作要领:由于制作此菜肴的大部分原料均为干制品,因此,制作前应提前发料,准确掌握好干货发制的质量。

30. 凤尾赤鳞鱼

赤鳞鱼,又名"螭鳞鱼"或"石鳞鱼"。鱼鳍上有红边,鳞片金光闪亮,故称"赤鳞鱼"。此鱼产于泰山石崖深泉塘中,成鱼长5~10厘米,小指粗,脂肪多,无腥味。据泰安地区群众讲,夏日置鱼于石上,经烈日曝晒,鱼身化油而流,后只剩鳞片骨架,可见其肉之细嫩。赤鳞鱼是泰山稀有珍品,又是清代进贡皇帝的贡品。

此菜以形象取名,采用板炸工艺,尾部自然翘起,形似凤尾而得此名。菜肴造型优美,色泽金黄,口感外酥里嫩,香麻可口,风味独特。

原料:活赤鳞鱼16尾,鸡蛋2个,面粉100克,面包渣150克,椒盐30克,炸菜松50克,花生油500克,葱姜丝、精盐、味精、料酒等适量。

切配:(1)将活赤鳞鱼从脊部剖开,去内脏洗净,腹部相连,在肉面上轻轻打上十字花刀,加盐、味精、料酒、葱姜丝略腌。

(2)鸡蛋磕入碗内打匀备用。

烹调:(1)勺内加油烧至六成热,将鱼逐个拍上干面粉,拖上鸡蛋液,沾匀面包渣后两面按一下。先用手捏住鱼尾,将头部下入油内,定型后再全部下勺,待尾部翘起,炸至浅黄色时捞出。

(2)取大盘1个,用菜松垫底,赤鳞鱼尾朝外摆入盘内,外带椒盐上桌即成。

操作要领:(1)必须用活赤鳞鱼,宰杀时用净布捏牢,以防鱼滑。

(2)赤鳞鱼炸前挂糊,要掌握好"拍"、"拖"、"按"三个关键。

(3)要使鱼尾部上翘,类似凤尾,那么炸鱼时,尾部不要沾糊,否则影响造型。

31. 金饺驼掌

此菜是内蒙古中国烹饪大师王文亮的创新品种,在第二届全国烹饪大奖赛中获铜牌奖,并作为风味佳品被载入内蒙古辞典。

驼掌是骆驼的脚掌,又称驼蹄,历史上曾作为珍品向皇帝进贡,也是内蒙古王公贵族摆宴时经常食用的佳肴,早在明代以前就被列为迤北八珍之一。如陶宗仪的《辍耕录》中记载:"所谓八珍则醍醐、麆沆、野驼蹄、鹿唇、驼乳麋、天鹅炙、紫玉浆、玄玉浆。"

金饺驼掌是将烹制的驼掌放入盘内,四周围摆上用蛋皮做成的虾仁蛋饺子以衬托。成品一菜双味,色彩明快,造型美观。

原料:水发驼掌1000克,鸡汤150克,虾仁75克,鸡蛋2个,面包渣15克,葱姜片各5克,葱姜末各2克,面粉25克,精盐10克,番茄酱15克,白糖25克,湿淀粉15克,料酒15克,香油10克,熟猪油750克。

切配:(1)将发好的驼掌在水中煮透捞出,顶刀切成厚约0.3厘米的片。

(2)虾仁剁碎加上葱姜末、精盐、味精、料酒拌匀成馅。

(3)鸡蛋打在碗内加精盐、湿淀粉搅匀用小手勺分别吊成直径约3厘米的圆形蛋皮,再逐个包上虾肉馅成饺子状。

烹调:(1)切好的驼掌片整齐地码摆在碗内,加入鸡汤、料酒、精盐、葱姜片上屉蒸至熟烂,滗出汤后翻扣在盘内。原汤加味精调好味,用湿淀粉勾溜芡浇在驼掌上。

(2)包好的虾饺用水沾湿后再拍上面粉,拖上蛋液滚上面包渣,然后放在七成热的油锅中炸成深黄色,捞出控净油。

(3)炒勺内加底油20克,烧热放番茄酱炒散,再依次加入清汤、精盐、白糖、味精烧开,用湿淀粉勾溜芡,放入炸好的虾饺翻勺,逐个摆在驼掌的周围。

操作要领:(1)驼掌发制时要多次换水以利于除去异味。

(2)烹调蒸制时,要用慢火蒸透入味。

<h3 style="text-align:center">32. 蝴蝶驼掌</h3>

驼掌是烹饪原料中的古八珍之一,口蘑被称为塞外草原上的"明珠",不仅营养丰富,而且香味浓郁,二者同为蒙古草原上的特产。

此菜是一个象形菜,选用驼掌和口蘑为主料。操作方法是:将新鲜的驼掌经改刀、入味,蒸制后,用小碗翻扣在盘中心,四周围摆上用口蘑和玉米笋加工成的蝴蝶。成品一菜双味,造型美观大方,是理想的筵席大件菜。

原料:水发驼掌400克,直径3厘米的口蘑20个,鸡汤250克,精盐5克,味精3克,葱段、姜片各5克,料酒5克,湿淀粉10克,玉米笋3个,香油10克。

切配:(1)驼掌顶刀切成厚约0.3厘米的圆片,整齐地码摆在饭碗中,添鸡汤、精盐、味精、料酒、葱段、姜片。

(2)将口蘑改成梳子花,轻轻拍成蝴蝶翅膀形;玉米笋切成长条作蝴蝶身子。拼摆好,添鸡汤放味精、料酒、精盐、葱姜片。

烹调:(1)将装碗的驼掌上笼蒸约1小时,取出去掉葱段、姜片,翻扣在盘子中间。

(2)将蝴蝶口蘑上笼蒸约10分钟取出围摆在驼掌周围。

(3)蒸驼掌的原汤滗入勺内烧开,加湿淀粉勾成溜芡,滴上香油,分别浇在驼掌和口蘑上即好。

操作要领:要恰当地掌握驼掌的蒸制火候,蒸大了,形状易散塌;蒸轻了,片易翻翘,影响美观。

<h3 style="text-align:center">33. 滑烹驼峰丝</h3>

驼峰质地细腻,丰腴肥美,含有大量的脂肪和蛋白质,是骆驼的营养贮存库,历来被列为山

八珍之一。唐代著名诗人杜甫曾写下这样的诗句"紫驼之峰出翠釜,水精之盘行素鳞"。驼峰不仅营养丰富而且还有润燥、祛风、活血、消肿等药用功效。

此菜选用肉质肥嫩的驼峰,将其切成细丝,经水汆滑油后,另起小油锅旺火快速炒熟。成品色泽白绿相间,食之滑嫩爽口,口味咸鲜不腻。是蒙古特有的地方风味菜。

原料:驼峰300克,红胡萝卜100克,香菜梗25克,花生油50克,香油5克,精盐4克,味精3克,料酒5克,蛋清1个,湿淀粉7克,葱姜丝、蒜片各5克,葱姜汁5克,熟猪油500克。

切配:(1)驼峰切约8厘米长、0.2厘米粗的丝;胡萝卜切丝;香菜梗切约4厘米长的段。

(2)将驼峰丝在90℃的热水中汆烫片刻,立即捞出,用干毛巾擦吸去水分,加入精盐、味精、料酒、葱姜汁进行基本调味,挂上蛋清糊。胡萝卜丝用水稍烫,捞出控净水分。

烹调:(1)勺中加熟猪油烧至四五成热时,放入驼峰丝滑熟捞出,控净余油。

(2)勺中加入底油20克,烧热加葱、姜、蒜片爆锅,再放胡萝卜丝略炒,然后加驼峰丝、精盐、味精、料酒、香菜梗翻炒均匀,滴上香油出勺装盘即成。

操作要领:(1)驼峰的汆烫要恰到好处地掌握水的温度和烫制时间。

(2)驼峰丝滑油时,油温不可过高,否则不滑嫩,并且色泽不洁白。

(3)炒时要快,投入驼峰丝几秒即出勺,否则菜品易吐油。

34. 五环映驼峰

驼峰是内蒙古特产烹饪原料中的珍品,可用以烹制多种菜品。

此菜选用驼峰为主料,先用烹制入味的青红辣椒、胡萝卜、黄蛋糕、木耳等五种不同色彩的丝在盘内组成梅花形的5个花环,再将烹调好的驼峰分别盛装在5个环内。成品形状美观、色彩艳丽,味咸鲜、质地滑嫩,是内蒙古创新菜。

原料:鲜驼峰500克,蛋清1个,湿淀粉25克,红辣椒、绿辣椒、蛋黄糕、胡萝卜、水发木耳各50克,食油150克,香油15克,花椒水50克,料酒25克,味精5克,精盐5克,葱姜汁15克,白胡椒1克,熟猪油750克(约耗50克)。

切配:(1)将驼峰切成7厘米长、0.2厘米粗的细丝。红绿辣椒、黄蛋糕、胡萝卜、水发木耳均切丝。

(2)将驼峰丝在90℃的热水中汆至半熟立即捞出,用精盐、味精、料酒、白胡椒粉、葱姜水调味后挂上蛋清糊。

烹调:(1)勺中放底油,加红辣椒丝略炒,放精盐、味精、料酒、葱姜汁、香油各适量炒透出勺。用此法分别将绿辣椒、黄蛋糕、胡萝卜、木耳炒透出勺,将五种颜色的丝装入圆盘呈五环状。

(2)勺中加入熟猪油,四成热时投入上浆的驼峰丝划熟捞出控净余油。

(3)勺中放底油,烧热投入划好的驼峰丝,烹入料酒,加葱姜汁、味精、花椒水、精盐略炒,然后淋上香油翻匀出勺,分五等分装入每个环的中间。

操作要领:(1)驼峰丝要切的均匀,汆烫时要掌握水温和加热时间。

(2)驼峰滑油时油温不要超过四成热,以免色泽发黄。

(3)此菜要求速度要快,以保持菜品的滑嫩。

35. 猴头过江

猴头是食用菌中的珍品。主要产于东北地区,多生长在柞树或栎树等树杆的断枝或腐烂的部位。幼时呈乳白色,逐渐转微黄,干燥后呈褐红色,形似猴子的脑袋,历来被列为北国四大山珍之一。在产地还传说着这样的一个故事,从花果山来的猴群糟蹋了地里的庄稼和山坡上的果木,被人们发现了,其中有两个青年人借来了一对雌雄宝剑,杀了两只猴子并将脑袋割下挂在树枝上以示惩戒,从此庄稼人放心了,但两只猴子却永远长在树上了。所以野生的猴头一般是两个长在一起,故又称为对脸蘑。

人们常以"山珍猴头,海味燕窝"来比喻猴头丰富的营养价值和特殊口味,实践证明它还具有明显的抗癌防病作用。

猴头过江是一个象形菜,选用鲜嫩的小猴头蘑,内装三鲜馅,经烹调后置放于汤盘内,随着汤汁晃动像一群小猴过江一样。成品猴头鲜嫩味美,汤汁清彻透底,造型美观大方。

原料:直径约3.5厘米的小猴头蘑12个,鸡脯肉100克,大虾肉100克,水发海参100克,精盐6克,味精3克,料酒3克,鸡蛋清5个,葱姜汁10克,白胡椒粉1克,清汤500克。

切配:(1)将鸡脯肉、海参、虾肉剁成泥,加精盐、味精、料酒、葱姜汁、白胡椒粉、蛋清1个,拌匀成馅。

(2)猴头蘑放清汤内加少许精盐、味精蒸至入味,然后将根部用尖刀挖空,填入馅心。

烹调:(1)将鸡蛋清4个加清汤150克,放精盐2克搅匀,倒入盘中,用慢火蒸约10分钟成芙蓉底。

(2)将填入馅心的猴头蘑上笼蒸约10分钟取出,摆放在芙蓉底上。

(3)锅中加上清汤烧开,加入精盐、味精烧开后,浇在猴头蘑上即可。

操作要领:(1)芙蓉底要用慢火蒸制,火大了易蒸出蜂窝眼。

(2)汤盘内汤汁的数量以淹没猴头的一半为准。

36. 香酥飞龙

飞龙鸟学名松鸡,是我国东北的特产。它栖息在大兴安岭的森林之中,素有"禽中珍品"之称。据有关资料记载约在500多年以前猎人就发现了这种珍贵的禽鸟。当时皇宫为了独享这种佳品,赐名"飞龙",作为皇宫的专用品。飞龙鸟肉细嫩、营养丰富,可用来炸、炒、熘、爆等。

此菜肴是辽宁传统名菜,也是辽宁省烹饪大师徐子明的代表菜之一。成品皮脆肉嫩、鲜香可口,是一款非常讲究的珍贵佳肴。

原料:飞龙鸟2只(约500克),砂仁、豆蔻、桂皮、白芷、丁香、花椒、大料各3.5克,去皮鲜姜片5克,湿淀粉3.5克,鸡蛋清2个,花生油750克(实耗75克),香油30克,酱油10克,精盐4克,味精2克,清汤35克,大葱5段,料酒15克。

切配:(1)将飞龙鸟放入80℃的热水中烫后,煺净毛,剁去小腿,再紧挨鸟的眼睛上边下刀,剁去眼睛、嘴,然后由脊背开刀,除去内脏,用清水洗净,将各部位大骨斩断(每隔4厘米左右斩一刀)。

(2)飞龙鸟腹面朝下放在小盆内,加入酱油、香料、精盐、味精、香油(15克)、料酒腌制约半小时,再加入鸡汤上屉蒸烂取下,控净汤,拣净香料,取出放在盘内,滗净余汤。

(3)把蛋清、湿淀粉放在碗内,调成蛋清糊,均匀地涂抹在飞龙鸟的周身。

烹调:将油倒入勺内,烧至七成热时,放入挂好糊的飞龙鸟,炸1分钟左右捞出,待油温升至八成热时,再将飞龙鸟放入炸酥捞出,腹面朝上放在盘内,盖上净餐巾,用双手挤几下,使肉酥松,然后拿下餐巾,将飞龙鸟整理成原形。将香油放勺内烧热浇在上面即成。食用时外带椒盐碟上桌。

操作要领:(1)飞龙鸟眼睛必须剁去,否则油炸时有爆炸声,容易烫伤人。

(2)飞龙鸟的大骨必须斩断,但不要碰破皮,这样导热入味均匀且便于造型。

(3)炸制时,要进行复炸,这样才能香酥。

37. 酱焖林蛙

林蛙俗称哈士蟆,形如青蛙,主要产于我国东北吉林省的长白山地区及黑龙江和内蒙等省的部分地区,每年4月下旬至9月底离开水面,栖息在比较阴湿的山坡树丛中,秋季比较肥美。民间还传说此蛙以人参苗为食,因而曾把它排在山珍之列。雌蛙的缠卵腺干制后为哈士蟆油,不仅营养价值较高,而且还具有药用功效,常食可补虚强身,养肺滋肾,也是难得的珍品之一。

此菜是东北地区的风味菜肴,成品色泽酱红、咸鲜味美,主料质地酥烂,食之别具一格。

原料:雌性活林蛙10个,葱段15克,姜片10克,香菜15克,熟猪油70克,面酱40克,白糖少许,醋10克,料酒15克,花椒10粒,大料5瓣,味精2克,花椒油10克,香油10克,湿淀粉适量。

切配:(1)先将每个林蛙摔晕,然后用线绳扎好,洗净。

(2)勺内加鸡汤,放入花椒、大料、葱段、姜片烧开煮5分钟后,再放入捆好的林蛙,用小火煮15分钟捞出,头朝外,腹部朝上摆在盘内呈圆形。

烹调:勺内加熟猪油烧热,放入面酱炒开,添汤,加醋、白糖、味精,再将摆好的林蛙推入勺内,用小火焖制,约15分钟左右,汤快尽时,勾芡,淋入花椒油,大翻勺,再滴入香油托入圆形盘内,中间放一撮香菜即成。

操作要领:(1)必须选用活的雌性林蛙,不能选用雄性的林蛙,因为雄性林蛙较雌性林蛙个小体瘦,且没有林蛙油,营养价值较差。

(2)正式烹调前要先烫制入味。

(3)此菜不能用油炸,因油炸营养损失较大,同时不好上芡,并有油腻感,失去了林蛙鲜嫩的特点。

(4)面酱要炒至散开,否则有生面酱味,芡的稠度要适宜。否则成品色泽发暗不亮。

38. 白烧鹿筋

鹿筋通常被称作山八珍之一。它为鹿科动物梅花鹿四肢的筋,具有壮筋骨之效。常用来治疗劳损风湿性关节炎及转筋之症。《本草逢源》谓之“大壮筋骨,食之令人不畏寒冷”的功用。白烧鹿筋是将鹿筋改刀后,加入无色调味品进行烧制入味而成的。此菜肴色泽艳丽,绿黄白相间,荤素兼而有之,食之不腻。

原料:水发鹿筋300克,冬笋25克,黄瓜20克,黄蛋糕20克,油菜250克,油400克(实用100克),葱、姜各3克,味精3克,精盐5克,湿淀粉、香油、清汤各适量。

切配:(1)将鹿筋顺长切4条,再改成7厘米长的条。冬笋、黄瓜、黄蛋糕切成排骨片。

(2)葱洗净切末,姜去皮洗净切末。

烹调:(1)先将鹿筋用开水焯一下捞出,再放入勺内加清汤煨制2分钟,然后捞出控净水分。

(2)冬笋、黄蛋糕用开水略烫取出。

(3)勺内放底油,放入油菜心,加精盐、味精、料酒、清汤烧开勾薄芡,淋明油出勺,均匀地码放在盘的周围待用。

（4）勺内放中量的油，烧至五成热时放入鹿筋，片刻倒出控净余油。

（5）勺内放底油，用葱、姜炝锅，放入冬笋、黄蛋糕、黄瓜煸炒，再将鹿筋放入，加入清汤、味精、料酒，烧开后用淀粉勾芡，淋香油出勺，盛入油菜中间即成。

操作要领：（1）鹿筋要焯水，并用清汤煨制以除异味。

（2）过油时油温不能过高，以防鹿筋起泡。

（3）芡汁要适量，达到明油亮芡的效果。

39. 清蒸鹿肉

鹿属于野生动物鹿科，偶蹄、反刍、杂食性。能吃百草，就连山野中有剧毒的草类也能吃下，而不中毒。鹿是经济价值很高的珍贵动物，通身都是宝物。鹿血可制药酒；鹿骨可熬鹿骨胶；内脏可制"金鹿大补丸"；鹿鞭、鹿尾更是名贵的药材；鹿肉则是烹饪原料中的珍品。它营养丰富、肉质细嫩、无异味，是高档筵席中常见的原料。

"清蒸鹿肉"是以清蒸方法烹制鹿肉，可保持其营养成分、原汁原味、清鲜味美。

原料：鹿肉600克，高汤750克，葱、姜、蒜各5克，精盐6克，味精3克，料酒5克，胡椒粉2克，花椒水、香油、香菜各适量。

切配：（1）鹿肉洗净，入汤锅煮至八成熟捞出，切成0.3厘米的厚片码放于汤碗里。

（2）香菜洗净切成段。

烹调：（1）将切好的鹿肉加入高汤，放入精盐、味精、料酒、花椒水上屉蒸40分钟取出。

（2）蒸好后，将汤滗入勺内。加入胡椒粉，烧开后撇去浮沫，淋入香油盛入鹿肉碗中，撒上香菜即成。

操作要领：（1）煮肉时不能过火，以防切片时易碎，蒸得时间不易过短，以利于鹿肉的鲜、香味充分溶于汤内。

（2）烧汤时不能滚沸，以保证汤质清澈。

40. 蒲棒鹿肉

在承德用鹿肉烹制菜肴已有三百多年的历史。清朝康熙、乾隆、嘉庆等皇帝每年都多次来承德狩猎。狩猎的鹿有的用来驯养，但大部分就地食用。从他们在承德的膳食档案中可见到每天都有烹制鹿肉的菜肴。

蒲棒鹿肉是承德地区上世纪50年代的创新菜。蒲棒成形之日正是承德的小鹿肥美之时，把鹿肉制成蒲棒形状真是相得益彰。此菜把鲜嫩的鹿肉剁成泥，经调味品拌渍后再制成蒲棒形，然后滚上面包粉渣炸制。成品形象逼真，色泽深黄，口感外酥里嫩，鲜香浓郁。

原料：鹿肉300克，干淀粉25克，鸡蛋1个，面包渣200克，姜末1克，料酒3克，精盐3克，味精2克，香油2克，15厘米长的竹签10个，红餐巾纸10张，花生油1000克（实耗75克）。

切配：（1）将鹿肉剁成泥，加精盐、味精、料酒、姜末、淀粉调成馅，分成10等分，每份用竹签穿起。

（2）将穿好的鹿肉用手搓成蒲棒形，沾上蛋液再滚上面包粉渣用手按实。

（3）心里美萝卜雕成菊花形摆在盘的一侧。

烹调：（1）锅内加油烧至六成热时，将蒲棒入锅内炸成深黄色熟透捞出。

（2）趁热将红餐巾纸包在竹签的下端，码放在盘的另一侧。

（3）食用时可带椒盐或番茄汁上桌。

操作要领：（1）面包渣必须用咸面包制作，否则炸时易上色变黑。

（2）滚面包渣时要裹严且要均匀，用手按压时不能变形。

（3）炸时油的温度不可太高。

<hr>

41. 珍珠鹿尾汤

"鹿尾"是用马鹿或梅花鹿的尾巴干制而成。内部微血管丰富,富含血质。具有滋阴壮阳之功。治疗肾虚、遗精、头昏耳鸣、腰背疼痛等症。每年立冬（十一月）至翌年立春（二月）间猎取的质量最好,此时的鹿尾称为冬尾。鹿尾适合于制作清蒸、红烧、氽汤等菜品,是高级筵席中的名贵原料。"珍珠鹿尾汤"便是鹿尾菜肴中风味独特的一个品种,也是筵席中很受欢迎的一个名贵菜肴。此菜汤色澄清,口味清鲜纯正。

原料：发好的鹿尾 1 个,白鲢鱼肉 100 克,高汤 750 克,鲜笋 20 克,油菜 20 克,火腿 20 克,冬菇 10 克,料酒 10 克,花椒水 15 克,精盐 6 克,味精 3 克,香油适量。

切配：（1）将鹿尾在骨节缝处割成段。鲜笋、火腿切长片。

（2）鱼肉斩成鱼茸,加清汤、味精、精盐搅匀待用。

烹调：（1）将鱼茸挤成直径 1 厘米的鱼丸,放入水中氽熟捞出,鲜笋、冬菇、油菜焯好,冲凉备用。

（2）勺内放高汤,加料酒、花椒水、精盐、味精烧开后,放入鹿尾、鱼丸烧开,撇去浮沫,淋入香油盛入汤碗内,最后将鲜笋、冬菇、火腿、油菜点缀于汤面之上即可。

操作要领：（1）发制鹿尾时要精工细做,保证外皮完整。并要严格掌握蒸制时间,防止尾血凝固过度而出现蜂窝状,致使血老不嫩。

（2）斩鱼茸时要求细腻,成菜后鱼丸要漂浮在汤面上。

（3）烧汤时切忌大火大沸,以保持汤色澄清,口味清鲜纯正。

<hr>

42. 芙蓉鹿鞭

鹿鞭又称"鹿冲"。中医学上用作补品,有"强身补气,温中安脏,滋阴壮阳"之功。是治疗阳阳痿早泄、肾虚、耳鸣、腰膝乏力的特效良药。鹿鞭有干鲜之分,以鲜者为佳。"芙蓉鹿鞭"是吉林省的传统名菜,选用当地的特产梅花鹿鞭为主料,配以晶莹洁白、软嫩鲜美的"芙蓉底"制成。

原料：鲜鹿鞭 150 克,鸡蛋清 4 个,冬笋 10 克,鲜冬菇 10 克,火腿 10 克,油菜心 20 克,姜汁 5 克,清汤 350 克,料酒 15 克,花椒水 10 克,精盐 3 克,味精 2 克,香油 3 克,湿淀粉 10 克,丁香、肉桂各少许。

切配：（1）将鲜鹿鞭整理干净,放开水锅中焯水 2～3 次,以去掉异味,锅中放入清汤、丁香、肉桂烧开,再放入鹿鞭煮开后,再移慢火上煎煮至软烂时取出,用冷水冲凉,剖开尿道洗净杂质,顶刀切成圆形薄片。

（2）冬菇切成抹刀片,冬笋、火腿切成象眼片,油菜洗净去根分开。

烹调：（1）鸡蛋清入汤碗内,加入清汤、精盐、味精、料酒搅匀,上屉慢火蒸至嫩熟取出。

（2）鹿鞭片用开水焯透捞出,控净水分。

（3）勺内放入清汤,加入冬笋、冬菇、火腿、油菜、精盐、料酒、花椒水、姜汁、鹿鞭片烧开,撇净浮沫,用湿淀粉勾成米汤芡,淋入香油,盛入带有芙蓉底的汤碗内即成。

操作要领:(1)鹿鞭在煮发时要勤换水,并适量投放香料以除去异味。

(2)蒸制"芙蓉底"时要严格掌握好火候和水与蛋的比例。蒸制时要用慢火,防止蛋白起泡变态,要保证其质嫩色白。水与蛋的比例一般为1:1.5,水多糕质过嫩不易成形,水少糕质会变老变硬。

(3)掌握好芡汁的浓度,以米汤芡为好。否则芡少汤清味乏;芡多则黏稠,口感较差。

43.枸杞炖银耳

此菜是陕西传统名菜,也是西安饭庄的看家菜。相传,辅佐刘邦兴汉灭楚的张良,在汉政权建立后,目睹了韩信等人的遭遇,好生心寒,为免遭诛戮,他辞官归隐。他在留县隐居时,常以银耳清炖而食,寓意"清白"。到了唐初,这款菜又有了发展。房玄龄与杜如晦协助李世民统一全国,共辅朝政,他们认为大丈夫不应该图自己有个清白名声,只要死得有价值,甚至可以抛头洒血。人们拥戴他们的作为,以菜为寓,在雪白的银耳上加入了色红艳丽的枸杞,寓意"清白"与"赤诚",这就是此菜的来历,其特点是红白相间、香甜可口,并有润肺补肾,生津益气的功能,为一款健身滋补佳肴。

原料:枸杞15克,水发银耳500克,冰糖150克,白糖50克,蛋清少许。

切配:枸杞用冷水洗净。银耳放入温水中涨发,洗净后,放入清水中。

烹调:砂锅置火上,加清水烧开,投入冰糖、白糖进行搅拌,烧沸后撇去浮沫至汤汁澄清,将备好的枸杞、银耳放入,稍煮片刻淋入蛋清,倒入汤碗内即可。

操作要领:(1)银耳涨发要适度。

(2)炖制时火力不能太大,用中火即可。

二、肉类

1.红烧肘子

此菜是鲁菜宴席中传统的大件菜,选用带皮去骨的猪肘子为主料,经过水煮、过油、慢火炖制而成。成品色泽红润明亮,造型优美大方,质地酥烂软糯,口味香醇不腻,在山东举办的"首届鲁菜大奖赛"上被评为十大名菜之一。

猪肘又可分为前肘和后肘。前肘也称为"前蹄髈",在猪的前腿膝盖上部与夹心肉的下方。"后肘"也称"后蹄髈"、"豚蹄",位于猪后膝盖部上面和坐臀肉、磨裆肉、黄瓜肉的下方,肘端接扇面骨。肘肉皮厚、肉瘦而胶质多。红烧肘子,选用前后肘均可,以后肘较好。

原料:带皮猪肘1250克(去骨),葱段20克,姜片15克,香料袋1个(花椒、大料、桂皮、砂仁、豆蔻、丁香、苹果、小茴香各适量),酱油50克,精盐5克,味精2克,白糖25克,绍酒25克,糖色5克,湿淀粉20克,花椒油15克,清汤750克,花生油1000克。

切配:将猪肘放开水锅内煮至五成熟后取出,擦干皮面的水分,趁热抹上糖色,略凉后放入八九成热的油中炸至微红,捞出控净油,用刀在肉面锲成核桃形的小块(深至肉皮)。

烹调:(1)锅内加底油烧热,加白糖炒至深红色时,加清汤、绍酒、酱油、精盐、葱姜、香料袋、猪肘,用慢火炖至八成熟时,取出猪肘,皮面朝下,放大碗内加原汤、葱姜,上屉蒸至酥烂,滗出汤,把猪肘扣在盘内。

(2)将原汤放入勺内加味精烧开,用湿淀粉勾芡,淋上花椒油,浇在猪肘上即成。

操作要领:(1)改刀时要求刀距均匀,深度适宜,既要深至肉皮,又要保持皮面完整。

(2)适当掌握火候,使成品达到酥烂香醇。

说明:猪肘经过改刀后也可直接放大碗内加调料清汤蒸透,但不如先炖一会儿再蒸制的口味好。

2. 虎皮肘子

津菜中的肘子菜很多,如扒肘子、锅烧肘子、冰糖肘子、水晶肘子、美宫肘子、哈巴肘子等,都有自己鲜明的特点。天津肘子以个大(生肘每个约重 2000 克)、酥烂而著名,旧时有的体力劳动者(如扛河坝者,即从船上往岸边背卸货物的工人),都以每顿饭能吃一张大饼(750 克)、一个肘子为荣。可见,天津人把吃肘子看成是最实惠、最解馋的。虎皮肘子与扒肘子比较不同的是先将肘子皮面放炉火上烤煳,然后刮洗干净,再行烹制,使做出的肘子金黄斑斓如虎皮,整个肘子软烂如豆腐,入口即化,可用匙羹挖食,肥而不腻,瘦而不柴,猪皮糯软,味道鲜醇,是高档宴会的配套饭菜之一。

原料:从猪后臂部"挖"下带瘦"和尚头"肉的肘子一个(约 2000 克)。大料 3 瓣,葱段 20 克,姜片 10 克,料酒 20 克,酱油 80 克,精盐 10 克,白糖 20 克,湿淀粉 20 克。

切配:(1)生肘子皮朝下放炉火中,将肉皮烤煳,用温水浸泡透,用刀将煳皮刮去,洗净,使肘子皮面粗糙不平、金黄斑斓如虎皮。

(2)将生虎皮肘子放在大勺内,加入高汤,用微火将肘子煮至七成熟捞出。皮朝下放墩上,用刀间隔 2 厘米剞上较深的十字花刀。将肘子放入小盆内加入料酒、酱油、精盐、白糖、葱段、姜片和大料瓣,浇两手勺高汤。

烹调:将肘子上屉蒸 1 小时左右,至酥烂时取出,捡出葱、姜、大料,将原汁滗入大碗中,肘子倒入勺内,再将大碗上部一半原汁倒入,另添一勺高汤,汤开后淋入湿淀粉,不用另加明油,待芡汁均匀后,大翻勺。将虎皮肘子倒入大盘中即可。

操作要领:虎皮肘子熟后约重 1000 克,如翻勺有困难,可将其扣在大盘中,然后采取浇汁的方法。

3. 杞忧烘皮肘

杞忧烘皮肘,是河南杞县地区的一道传统滋补名菜。说起来这款菜还有一段历史典故呢。河南杞县,即古之杞国。它地处河南中部偏东黄淮大平原之惠济河上游,物产丰富,是古代交通要道,也是烹饪始祖伊尹长眠之地。相传,古时杞国有一位老人,因"忧天地崩坠"而日不思食,夜不成寐,以致伤及脾胃。这时,一位好友把老人请回家中,除了说理开导外,还特地取用猪后蹄髈,加枸杞、黑豆、大枣、冰糖煨煮而成一道菜肴,肥而不腻,肉质酥软,香甜而鲜,颇有当年伊尹烹饪之遗风。老人吃后食欲大开,脑子里也逐渐解除了"忧天倾"的胡思乱想,从而心情开朗,天下太平了,于是留下"杞人忧天倾,皮肘喜太平"的典故。当地百姓便将此菜称为"杞忧烘皮肘",此菜从此名扬四方,流传至今。

原料:带皮猪肘肉 750 克,枸杞子 15 克,大枣 100 克,黑豆 15 克,莲子 50 克,冰糖 150 克,白糖 100 克,蜂蜜 25 克,水发银耳 25 克,熟猪油、碱面各适量。

切配:(1)将肘子皮朝下放在铁笊篱中,放在旺火上,燎烤 10 分钟左右,倒入凉水盆内,再把肘子皮朝下放在笊篱中,上火燎烧。如此反复三次,肉皮刮掉约 1/3 发黄时,放进汤锅内煮至五成熟,捞出修成圆形,皮向下放案板上,用刀切成菱形块(皮连着),皮朝下放碗里,碎肉放在上面,并将煮泡好的黑豆、枸杞子一起放入碗内,上笼旺火蒸2小时。

(2)红枣两头裁齐,将枣核捅出。莲子放在盆内,加入开水和碱面,用齐头炊帚打去外皮,冲洗干净,截去两头,捅去莲心,放在碗内,加入水和少量熟猪油,上笼蒸20分钟,取出滗去水分,装入枣心内,再上笼蒸20分钟。

烹调:(1)锅内放入锅垫,把蒸过的肘子皮朝下放锅垫上,添入清水两勺,放入冰糖、白糖、蜂蜜,把装好的大枣放上,用大盘扣好,大火烧开,再移至小火上,煨半小时,呈琥珀色,去掉盘子,拣出大枣,用漏勺托着锅垫,扣入盘内。

(2)将黑豆、枸杞子倒入汁内,待汁沸起,盛于肘子盘内。把银耳在开水中氽一下,沥去水分,围在肘子周围,外圈摆上红枣即成。

操作要领:(1)烘烤皮面时,以微煳为度,不可大煳。

(2)煨时一定要用小火,长时间慢慢加热。

(3)要不断晃动锅把,避免冰糖速溶后而煳底发焦。

4. 宋蕙莲烧猪头

此菜是金瓶梅宴中有名的特色菜,为西门庆厨娘宋蕙莲所创。一般作为开席头菜,也叫抬头见喜,曾在华人首届烹饪大赛中获得金奖。

《金瓶梅》一书对此菜有详细记载:"来兴儿买了酒和猪首,送到厨下,⋯⋯于是(宋蕙莲)走到大厨灶里,舀了一锅水,把那猪首、蹄子剃刷干净,只用的一根长柴禾,安在灶内,用一大碗油酱,并加茴香、大料等拌得停当,上下锡古子扣定,那消一个时辰,把个猪头烧的皮脱肉化,香喷喷,五味俱全。"此菜有养颜美容之功效,也是潘金莲和李瓶儿的美容菜。

后来,人们经反复改进,配制了由十几味中药组成的香料袋,使猪头经过烤、煮、炸、焖、蒸等七八道工序,使成品真正达到了"皮脱肉化,五味俱全"的至美境界。成品色泽红润,肥而不腻。它的食用方法与吃烤鸭相似。

原料:猪头4000克,花生油2000克,白糖50克,酱油300克,饴糖汁50克,蚝油100克,料酒100克,精盐20克,鸡汁15克,鸡油80克,香料包1个,葱200克,姜50克,淀粉75克,老汤5000克,清汤1000克,黄瓜段100克,甜酱50克,春饼12张。

切配:(1)将猪头煺净毛,用刀刮洗去除杂质,放清水中漂洗干净,用洁净的布擦干表面的水分,然后从脑门中间,用砍刀一批两半,去掉鼻腔软骨,取出口条和猪脑。

(2)大葱100克切成段,100克切成丝。黄瓜切成细条。姜切片。

烹调:(1)把整理好的猪头放开水锅中煮5分钟,立即捞出放冷水里浸2分钟,反复几次,以便于检查并去净余毛。

(2)将加工好的猪头抹上饴糖汁,稍晾一晾,放热油锅中炸至橘红色。

(3)勺内放少量的油,加葱姜煸出香味,加老汤、清汤、料酒、酱油、白糖、精盐、鸡汁、蚝油、鸡油调好口味,放入香料包、猪头酱卤至烂。

(4)将酱好的猪头放盘子内摆好,再上开沸的蒸笼里蒸1个小时取出,浇上适量用酱汤调好的汁,上桌时带葱条、黄瓜丝、春饼、甜酱佐食。

操作要领:(1)猪头加工前一定要用清水泡透,以便去除其内部的血液。

(2)煺毛要干净彻底。

(3)要恰当地掌握火候,保证成品酥烂味醇。

5. 板栗肉方

板栗含有大量的碳水化合物,亦有"木本粮食"之称,古代与桃、李、杏、枣并称为五果。河北所产的板栗居全国之首,每年大量销往世界各地。它甜味浓、肉质细、有糯性,深受各国人民喜爱。

板栗肉方是以河北特产板栗配以五花带皮猪肉精心烹制而成的,也是河北省第二界烹饪大赛获奖作品。它色泽油红,芡汁明亮,质地软糯柔润,味道鲜美醇香,肥而不腻,回味绵长。

原料:熟带皮五花肉400克,熟板栗100克,葱段10克,姜片5克,花椒粒1克,大料2瓣,葡萄酒50克,料酒15克,白糖75克,精盐3克,酱油20克,清汤500克,香油3克,糖色少许。

切配:(1)将熟猪肉趁热在皮面上抹匀糖色,放入八成热油锅内皮朝下炸至上色捞出。

(2)在肉皮上剞直刀深至肉的2/3,刀距1厘米,肉皮朝下摆入盘内。

烹调:(1)勺内放底油25克烧热,放入葱、姜炸出香味后,烹入料酒,加清汤500克,再加大料、花椒、葡萄酒、精盐、酱油和肉方,用旺火烧开,加锅盖改慢火烧透入味,大翻勺后再继续煨烧,待汁浓发亮时淋入香油,整齐地装入盘中。

(2)勺内加水(50克)和白糖,炒至金黄色时,再加入适量的水,熬至汁浓发亮时放入板栗烧片刻,出勺摆在肉方周围即可。

操作要领:(1)炸肉方时因肉皮朝下,为防止粘勺底应用漏勺托住。

(2)猪肉要趁热抹糖色,否则不易抹匀,炸时会出现花斑现象。

(3)大翻勺时应保证肉方整齐不乱,肉皮表面汁的光泽不能被破坏。

6. 把子肉

把子肉并不像其他炒菜一样,不以单点来吃,它必须和大米干饭配起来吃,才显出其特殊的风味。旧时,大米干饭把子肉是济南市民常用的美食,叫响省内外。因此菜在制作时需用济南的干蒲菜捆扎成把,故名。把子肉选用带皮的猪硬肋肉,捆扎成把后,经红烧而成。

此菜肉红润明亮,肉虽烂而形不破,用筷子夹起不碎,入口则软糯酥烂。其美味香飘四邻,醇厚肥香而不腻。旧时制作此菜声誉最高的店家是1934年在大观园外市场开业的赵家干饭铺。此家不但制作的把子肉独具特色,而且其大米干饭以北园米蒸制,软硬适度,白亮清香而舌沙,二者合食,妙不可言。现在把子肉又出现在济南的大街小巷,虽不能和旧时相比,但其本味犹存,很值得一品。

原料:猪硬肋带皮肉5000克,酱油600克,冰糖200克,五香面25克,葱段、姜块各50克,干蒲菜皮100克。

切配:用刀剔净肋条骨不用。将肉的外皮刮净,切成长8厘米、宽4厘米、厚1.5厘米的长条块(每1000克肉约切16块)。每块均带皮,用干蒲菜皮捆扎在肉的中部。

烹调:(1)将捆好的肉块洗净,放入汤锅内加水煮沸,捞出。

(2)将原汤继续烧沸,撇净浮沫,加入酱油、葱段、姜块、冰糖、五香面,最后将肉块重新放入锅内,加盖,旺火烧沸后,改用小火炖约2小时,至肉烂时,将肉捞出盛入盆内,继续把原汤烧沸,撇净浮油、浮沫,倒入盆内即成。

操作要领:(1)干蒲菜在配菜时要用嫩蒲菜心的外皮,晾干后即成,使用时用温水浸泡回软即可。

(2)剔排骨时,要顺着排骨正中下刀,取出的排骨尽量不带肉。

（3）切肉时要使每块都带皮,都有一定的肥肉膘。

（4）炖好后的把子肉,要用原汤浸泡,宜热食。

7. 过油肉

过油肉是山西地区的一款传统名菜。据传,起源于明朝,不仅在我国的西北地区广为流传,而且在北京、上海、江苏、浙江等地也有它的踪影。此菜选料严谨,以猪里脊肉为主料,先经改刀、挂糊、过油,再进行烹调入味。该菜成品口味咸鲜、色泽金黄、质地滑嫩、老少皆宜,既能佐酒,又能做饭菜。

原料:猪里脊肉350克,鸡蛋黄1个,冬笋10克,黄瓜10克,水发木耳10克,黄酱3克,葱末、姜末、蒜片各5克,酱油15克,醋3克,精盐3克,绍酒5克,味精2克,熟猪油500克,香油5克,湿淀粉80克。

切配:（1）里脊肉去掉筋膜,平刀片成厚0.3厘米的长片,再切成长6厘米、宽4厘米的象眼片。切好后放在碗里,加入鸡蛋、香油、黄酱、酱油、精盐、湿淀粉抓匀,约浸6至7小时后备用。

（2）将玉兰片切成长3.3厘米、宽2厘米、厚0.2厘米的片,黄瓜洗净切成象眼片,一起放在碗里加入鸡汤、绍酒、味精、酱油、湿淀粉调成芡汁。

烹调:（1）将熟猪油倒入炒勺内,置于旺火上烧至四成热,放入浸渍入味的肉片用筷子迅速划散,至嫩熟时倒入漏勺内控净油。

（2）把炒锅再放回火上,加上熟猪油烧热,下入葱末、姜末、蒜片,煸出香味后,倒入肉片,先用醋烹一下,再倒入调好的芡汁,颠翻几下淋上熟猪油即成。

操作要领:（1）必须选用里脊肉且要去掉筋膜,以确保菜肴的质量。

（2）要旺火热油,操作速度快、时间短、火候适宜。

（3）在碗内对芡,要恰当掌握芡汁的比例。

8. 坛子肉

坛子肉,是将猪肉装在特制的坛内,以坛子为烹具制作而成的菜肴。为清末民初烟台芝罘街上,市肆小馆中有名的风味小吃。据老年人回忆,经营者多是流动摊点,他们先在家里做好后,前边放一坛"坛子肉",后边放一坛"大米饭",挑着到浴池、旅馆和交通要道口叫卖,很受市民的喜爱。因多是配着米饭卖,故顺口为"坛子肉干饭"。上世纪二三十年代,这种流动饮食摊点很多。据《烟台概览》记载:埠内"一般投机经营者,多改变方针,小吃饭馆,应运而生。饭菜从丰,定价低廉,不嫌利小,但求多卖。人们邀合三五知友小酌,费资极小,……如德春居、福源居、定兴园、宴乐齐之坛肉,……均各树一帜。"

坛子肉以猪五花肋条为主料,制成后肉烂汤浓,肥而不腻,冬季食用,最有特色。

原料:猪五花肉2000克,葱段50克,姜片40克,肉桂40克,酱油300克,冰糖75克,料酒20克,清汤2500克。

切配:猪五花肉洗净,切成3厘米见方的丁。

烹调:将猪肉丁放沸水锅内煮5分钟捞出,用清水漂净,放入净瓷坛内,加葱段、姜片、肉桂、冰糖、酱油、料酒、清汤（以淹没肉为度）,用盘子将坛口封好,放火上烧开,再移微火上炖3小时左右,待汤浓、肉烂后,捡出葱、姜、肉桂,即可食用。

操作要领:猪肉的选择以五花肋条肉为最佳,制熟后可使菜肴肥而不腻,炖制时,火力不宜太旺,以微火慢慢令其制熟。

9. 改刀肉

改刀肉是清道光年间宫廷御厨刘德才创制的一款御用佳肴。经八代相传至今已有 160 余年的历史。这款名菜用料并不讲究,重在刀工,所以起名改刀肉。它制作精细,风味独特,在河北省内广为流传。

相传,清道光皇帝在位时,吃腻了山珍海味,一心想换换花样,御膳房里七位高厨绞尽脑汁,精心烹制仍不能引起皇帝的食欲,众御厨焦急不安。一日主厨刘德才忽然想起竹笋鲜嫩可口,如用它配炒猪肉一定味美。经厨师们的反复试做,逐步掌握了其规律。

这道菜肉丝、笋丝浑然一色,入口绵软,味道鲜美,幽香四溢,可冬存百日,夏贮一旬,回锅后味美如初。装盘时可竖起呈塔形,也可呈扇形、三角形等。

原料:猪臀尖肉 150 克,猪鬃领肉 50 克,水发玉兰片 200 克,酱油 20 克,味精 2 克,口蘑汤 25 克,鸡鸭汤 25 克,料酒 10 克,醋 10 克,香油 5 克,熟猪油 50 克,葱、姜、蒜各 4 克,湿淀粉 10 克。

切配:(1)分别把两种肉片成大薄片,再切成火柴梗粗细的丝。

(2)将发好的竹笋用刀切成如发细丝,用开水氽烫。葱、姜、蒜切细丝备用。

烹调:勺内放底油,烧至四成热,加猪肉丝煸炒,边炒边滴入少许油,视肉丝水分将干时,放入葱丝、姜丝、蒜丝及笋丝略炒一会,加入酱油继续快速翻炒,待两种丝均炒成深红色后,再倒入口蘑汤和鸡鸭汤略煨,然后加味精和少许湿淀粉煸炒几下,滗出余油,烹入料酒和醋,淋香油出锅即成。

操作要领:(1)肉丝改刀要粗细均匀,炒制时要掌握好火候,以水分炒至快干时为好。

(2)竹笋发制时应用温水浸泡回软,开水煮焖发透以后切去根部,再用骨头汤煮半小时后改刀。

(3)炒肉丝的过程中根据勺内的干湿度来确定加油的数量。

10. 烧臆子

"烧臆子"是宋朝时期开封的传统名菜,早在《东京梦华录·饮食果子》一书中,就有"鹅鸭排蒸、荔枝腰子、还元腰子、烧臆子……"等记载。据传,当时很有名气,后来随着时代的变迁,曾经一度失传。清光绪年间,陈氏兄弟的祖父陈永祥在淇县当衙门里的厨师时,曾烹制过"烧臆子",受到一些达官贵人的称赞。相传,慈禧太后从西安返京就路经淇县时,吃了陈永祥做的"烧臆子",备加赞赏。从而,陈家把"烧臆子"作为家传名菜之一,沿袭至今。

原料:带皮猪胸叉肉一块(约 2500 克),花椒 25 克,精盐 20 克,香油 50 克,绍酒 25 克,葱段 50 克,甜面酱 100 克。

切配:将肉切成上宽 25 厘米、下宽 33 厘米、长 40 厘米的方块,顺排骨间隙空数孔,把烤叉从排骨面上插入。

烹调:(1)叉好的肉放在木炭火上,把皮烤煳,刮出鬃根,用竹签在排骨缝中刺上气眼。

(2)将制好的肉块重新叉好,继续放炭火上烤,皮上刷香油,排骨面边烤边用刷子蘸着花椒盐水刷(花椒与盐先经过开水煮成花椒盐水),使其渗透入味。约烤 4 小时左右,至色彩金黄、皮酥脆香时即成。

(3)趁热去叉,用刀把排骨去掉,切成大片,排在盘子里。吃时配以"荷叶夹"(一种小花卷）、葱段、甜面酱佐食。

操作要领：（1）必须选用嫩猪的胸叉肋条为原料。

（2）烘烤时注意用文火，火力要均匀。

（3）烤制时，要不停地向排骨一面刷调味汁，使之烤透入味，皮脆酥黄时，即出叉，勿烤焦。

11. 烤肉

烤肉始于明末清初，据说它是北方游牧民族的传统佳肴。最早的烤肉是把牛肉或羊肉切成方块，用调味品稍浸入味再行烤制。蒙古人则是把大块牛羊肉略煮，然后用牛粪烧烤熟。到了清代中期，经过不断改进和发展，烤肉技术便日趋完美，达到了引人入胜的境地。清朝诗人杨静亭曾在《都门杂咏》中赞道："严冬烤肉味堪饕，大酒缸前围一遭，火炙最宜生嗜嫩，雪天争得醉烧刀。"

此菜选料严谨，成品肉质嫩美，口味鲜香，食之独具一格，是备受人们推崇的一款名菜。

原料：羊肉（或牛肉）500 克，大葱 150 克，香菜 50 克，绍酒 10 克，酱油 60 克，姜汁 40 克，味精 3 克，白糖 25 克，香油 30 克。

切配：（1）将选的羊肉（或牛肉），剔去骨渣、筋膜等，再放在冷库或冰柜内冷冻，然后切成长 5 厘米、宽 3 厘米、厚 0.3 厘米的片。

（2）大葱切成丝，香菜切成 1.5 厘米长的段。

烹调：（1）将烤肉炙子烧热后，用生羊尾油擦一擦。

（2）将酱油、绍酒、姜汁、白糖、味精、香油等一起放在碗中调匀，把切好的肉片放入调料稍浸一下。随即将切好的葱丝放在烤肉炙子上，把浸好的肉片放在葱丝上，边烤边用特制的大竹筷子翻动，葱丝烤软后，将肉和葱摊开，放上香菜继续翻动，待肉呈粉白色（牛肉则呈紫色）时，盛入盘中，就着烧饼和糖蒜吃，还可就着嫩黄瓜吃。

操作要领：（1）此菜肴选料严谨，烤羊肉要选用内蒙古集宁产的小尾巴绵羊，而且要羯羊（即阉割过的公羊），这种羊没有膻味。其中肉质最好的则是羊的"上脑"、"小三岔"、"大山岔"、"磨裆"、"黄瓜条"等五个部位。如烤牛肉则选体重 150 公斤以上，畜龄为四五岁的西口羯牛或乳牛。其质量最好的是牛的"上脑"、"排骨"、"里脊"等三个部位。

（2）肉烤制前，先把肉放在调味汁中稍腌一下，这样肉易入味。

12. 炖烂胯蹄

炖烂胯蹄又名炖肘子，是鲁西运河两岸的传统名菜。《金瓶梅》书中第 41 回中写道："上了汤饭，厨役献上了一道水晶鹅，月娘赏了二钱银子，第二道是顿烂胯蹄儿，月娘又赏了一钱银子……"。"顿"在这里是指"炖"的意思。

根据当地食俗，每逢喜庆佳节，婚丧嫁娶之时，人们常用家宴来宴请亲朋好友。酒足饭饱之后，人们并不是一味品评宴席档次的高低，而是以是否有"肘子"来衡量主人的厚道程度。一桌好的大宴必有三碗（大件）、四扣（饭菜）、八铃铛（行件热炒）。其"三碗"的主料一般是鸡、肘肉和鱼，而"肘肉"又是必备之品，素有"鸡头鱼尾肘子腰"之说，意即宴席中的大件菜，先上鸡馔，后上鱼肴，中间是肘子菜。

另外，《金瓶梅》中描述月娘在厨役上大菜时均赏银子的风俗在阳谷、临清一带仍然存在。厨师将肘子烧好后，须亲自端盘上桌，至席前，面对主宾说几句谦虚的话，手托盘子，但不放下，此时主宾便将事先准备的红纸包（也叫赏钱），郑重地放在厨师的盘子上，说几句道谢的话，并敬厨师两杯酒,厨师一手接杯痛快地喝干后,仍托盘回来,将整个肘子用刀切好,重新装盘,由别人再端上桌去,故"红纸包"也叫"开刀礼"。

此菜烹调时一般采用先炖后蒸的办法。并要提前炒好糖色,炸好葱椒油。成品特点是:色泽红润油亮,造型美观大方,肉质香烂味醇,口感肥而不腻。

原料:猪肘子1250克,葱25克,姜15克,花生油1000克,酱油25克,精盐10克,糖色15克,味精5克,料酒100克,清汤1000克,淀粉20克,大料瓣8克,桂皮8克,葱椒油30克。

切配:(1)将猪肘子燎净毛,刮去杂质,用清水浸泡洗净,用刀从侧面批开至骨,并修整好。

(2)葱切段,姜切片。

烹调:(1)将整理好的肘子放沸水中一焯,去其血污,取出用洁净纱布揾干,趁热抹上嫩糖汁(均匀),入热油锅中一冲,使其上色。

(2)锅内放少量油,油热后放葱姜、大料、桂皮炒出香味,烹入绍酒、酱油,加清汤,放入肘子炖至八成熟,取出去掉骨头。并在背面打上十字花刀,深至肉皮(但皮不能破)。然后定碗,加葱姜、大料、桂皮、糖色、酱油、精盐、料酒、清汤上笼蒸至酥烂取出,滗出汤汁,拣去葱、姜、大料、桂皮不用,反扣盘中。

(3)滗出的汤汁重新调和滋味,加味精,勾芡,淋葱椒油后,浇在肘子上即可。

操作要领:(1)肘子一定要将毛和杂质刮洗干净。

(2)掌握好炖和蒸的时间,必须达到质地酥烂,口味浓醇。

13.酥炸春花肉

此菜以荠菜为主料作馅。成品色泽金黄,涨发饱满,外香酥、里鲜嫩,是传统的应时菜肴。

荠菜是一种珍贵的野菜,是维生素 B_2 和胡萝卜素含量非常丰富的食品之一,并含有多种氨基酸,所以味道特别鲜美。宋代诗人苏轼在写给友人的信中曰:"今日食荠极美,有味外之美"。陆游也曾写过:"春来食荠忽忘归"的诗句。荠菜每年春初开始上市,为了满足人们的需要,现在开始人工栽植。

原料:猪里脊肉100克,荠菜100克,鸡蛋4个,水发冬菇20克,冬笋5克,葱丝、姜丝各5克,面粉100克,酱油5克,精盐2克,味精1克,绍酒8克,清汤80克,湿淀粉15克,香油、酵母、食碱各适量,花生油250克。

切配:(1)猪里脊切成火柴梗粗的肉丝,荠菜去根洗净撕成小片,冬菇、冬笋分别切成细丝。

(2)勺内加油25克烧热,将肉丝、葱丝、姜丝、冬笋丝倒入勺内略炒,加酱油、绍酒、精盐、味精、冬菇丝、清汤烧开,用湿淀粉勾成浓溜芡,加入荠菜,滴上香油,盛出作馅用。

(3)鸡蛋打在碗内,加少量湿淀粉、精盐搅匀,小手勺烧热擦上油,鸡蛋液分别吊成小蛋皮。

(4)面粉80克加酵母和水调成浓糊状,经发酵后掺入适量的食碱和油待用。余下20克面粉用水调成稀糊。

(5)将炒好的馅分别用小蛋皮卷成1.5厘米、粗4厘米长的小卷,用面糊粘住口。

烹调:勺内加油烧至七八成热,将蛋卷逐个粘匀发酵糊,放入油中炸熟,呈金黄色,捞出摆放盘内即成。

操作要领:面糊应充分发酵以发断面筋为好,否则挂不匀,成品不饱满。

14. 僧来破禅

此菜是陕西创新菜,以曲江春酒家烹制的最为出名。僧来破禅,是以姚合的《和李补阙曲江看春莲花》诗中"客至应消病,僧来欲破禅"的佳句受到启示而研制的。它是选用猪五花肉配以地方特产商芝烹制而成的。随着人们生活水平的提高和食源的扩大,越来越多的人很少问津肥腻的大肉,僧来破禅这款菜之所以受欢迎,主要是它的配料商芝起了重要作用。"商芝"学名蕨菜,是一种富有营养的野菜,其性甘寒,涩而无毒,能清热解毒,安神利尿,对痢疾、脱肛有明显疗效,是食疗的上好食品。其与大肉合烹可减去肉之肥腻,吃起来特别浓醇,还因为它选陕西特产"商芝"作配料,所以它就更加富有秦地的风味特点。此菜肉红菜绿,色泽对比鲜明,肉肥不腻,菜香爽口。我国一部分佛门子弟是戒荤的,然而这款菜异香扑鼻,即使是佛祖也会垂涎难耐,打破戒律,下箸大嚼起来。

原料:带皮五花肉 500 克,商芝菜 50 克,葱段 10 克,姜片 8 克,八角 4 克,蜂蜜 20 克,酱油 20 克,盐 4 克,鸡汤 400 克,香油 3 克,桂皮 3 克,熟猪油 1000 克,湿淀粉 5 克。

切配:(1)将肉刮洗干净,入汤锅,煮至五成熟时捞出,将肉皮擦干水分,趁热将蜂蜜抹在肉皮上。

(2)锅置火上加油,烧至八成热,将方肉皮朝下入油锅,炸至肉皮金黄捞出,放入清水中浸软。先切成 10 块方形肉,再将每块旋切成螺丝状。

(3)商芝菜洗净泡软,将 1/3 切成米,分别夹在肉中间;2/3 切成段。

烹调:(1)肉皮面朝下定在碗中,商芝菜段压在上面,再放上葱段、姜片,放入调好的汤汁,封口后上笼蒸 1 小时左右,滗出汤汁,扣入盘中。

(2)将原汁在锅里调好口味,勾芡后滴上香油浇在菜上即成。

操作要领:(1)选用皮细而薄的新鲜五花肉和棵子无霉变的商芝菜。

(2)商芝菜一定要提前泡软浸透。

(3)蒸制时扣碗一定要封严。

15. 荷包里脊

荷包是一种用丝、绵或棉织品缝绣而成的小囊,上面绣有各种花卉、虫鸟、人物等形象,工艺精巧,色彩鲜艳,形象美观,佩带在身,既可用其盛装钱物,又能起装饰作用。中国民间有个习惯,一些大家闺秀或普通少女出嫁前,自己精心绣制一个荷包,待机相赠情郎,作为暗许终身的礼物,真是"浓情蜜意酬知己,千针万线寄深情。"

此菜是厨师们模仿荷包的样子创制而成。此菜色泽金黄,咸鲜适口,食后齿颊留香,令人回味。

原料:净猪里脊肉 75 克,冬笋 25 克,水发香菇 50 克,鸡蛋 6 个,南荠 25 克,猪肥肉膘 25 克,料酒 5 克,精盐 2 克,湿淀粉 5 克,香油 1 克,胡椒粉 1 克,熟猪油 500 克(约耗 75 克),味精 1 克,葱、姜各 5 克。

切配:(1)猪里脊肉去掉筋膜,用刀剁碎。冬笋、南荠、水发香菇均切成 0.33 厘米见方的小丁。

(2)将葱姜切成米。

烹调:(1)将猪里脊、香菇、冬笋、南荠丁同放在一碗内,加入葱姜米、料酒、味精、精盐、胡椒粉、香油、蛋清(1 个)搅拌成馅。

(2)将鸡蛋磕在碗里,加入精盐和湿淀粉搅匀。再将制好的里脊馅分成24份备用。

(3)把手勺放在微火上烧热,先用肥肉膘在勺内擦一下,然后倒入一羹匙鸡蛋液,随即将手勺旋转,使鸡蛋液呈圆形的小蛋皮,将1份里脊馅夹放在蛋皮中间,再将蛋皮趁热合起来成为半圆形,然后用筷子沿凸起部位向中间夹紧,使其成为荷包形状,取出摆放在盘内,共做24个。

(4)将炒勺置旺火上,倒入熟猪油,烧至五六成热时,将制好的荷包里脊逐个放入油中炸约2~3分钟,待蛋皮炸硬,颜色稍一变深时捞出,放在盘中与椒盐一起上桌。

操作要领:(1)吊小蛋皮时手勺受热要均匀,每次放入蛋液不要过多或过少。

(2)炸时要掌握好油温,最好保持在四成热,过高则会出现煳边或上色快的现象。

16. 白肉火锅

近几年来,特别是中老年人,一提"白肉"就有一种厌食的感觉,人们往往把"白肉"与心血管疾病联系在一起。其实不然,美国威斯星大学食品研究所的研究人员发现肥肉中的共轭亚油酸可以防癌。日本营养学专家指出,经过化验测定,长时间煮的猪肉与一般时间煮的猪肉相比其不饱和脂肪酸的含量明显增加,胆固醇也减少40%左右。因此把肉长时间的煮,然后再烹制,才是理想的科学烹调。白肉火锅就是采用长时间煮的方法烹制成的。

此菜肴肉肥而不腻,汤鲜而香醇,食之风味独特,既是冬季佐酒佳肴,又可作为饭菜之用。

原料:五花肉1000克,渍菜500克,水汤粉250克,水发海米30克,料酒15克,花椒水25克,精盐10克,味精5克,鸡汤适量,活螃蟹2只,京冬菜50克,咸香菜末、咸韭菜花各15克。

切配:(1)选用肥膘厚、皮薄而嫩的上好五花肉,将其骨取出,使皮面朝下用黄白色的火焰烤至焦黄色时,放入温水盆内浸泡约30分钟捞出,用刀刮净皮面,再用水洗净待用。

(2)锅内加入凉水,放入加工好的五花肉,先用旺火烧开,再用小火慢煮,待八成熟时捞出,放在珐琅盘内盖上一层净布,用重物将肉压平,晾凉待用。

(3)将煮好压平的白肉切成大薄片,越薄越好。渍菜择洗干净,顶刀切成细丝。水汤粉改成13.5厘米长的段,螃蟹洗净。

烹调:鸡汤倒入勺内,放入渍菜丝、水汤粉、水发海米、螃蟹、京冬菜、咸香菜末、咸韭菜末、料酒、花椒水、精盐、味精,用旺火烧开,撇去浮沫,盛入火锅内,上面摆白肉片,盖上盖,烧好的炭装在炉膛内,端上桌(火锅下部要垫有金属托盘并放入凉水,以免烤坏底盘和桌面),开锅后即可食用。同时配上腐乳、麻酱、蒜酱、红椒油、卤虾油、咸韭菜花、香菜末、酱油、米醋各一小碗,由食者任选蘸食。

操作要领:(1)出骨时,一定要做到骨不带肉,肉中无骨,皮连肉,肉不碎。

(2)肉煮八成熟为宜,过火改出的肉片烹调后不打卷,欠火就不好下刀,成品不美。

17. 玉兔烧肉

玉兔烧肉的前身为烧肉、元宝肉。烧肉是津菜传统低档配套饭菜粗八大碗之一,是用猪五花肉作主料采用煮、炸、蒸等多道烹调工序,使肉质软烂、肥而不腻,最受老"天津卫"的欢迎。清代诗人周楚良《津门竹枝词》有诗:"书院朝餐太不文,避如常素忽菇荤。争盘夺盏重堆下,手口无停是冠军。"陆辛农在《食事杂辑》中作注:"此指旧书院于考试之日入院供食朝餐。六人一席,粗八大碗,不带凉菜,不供酒,佐以米饭,谓之'直跑'。席以烧肉、松肉、(余)肉丝、(余)丸子、(猪)面筋、(烩)滑鱼、羊肉、素什锦等。"确是如此抱食,慢则无菜品下箸,早为空碗,尤以烧肉空得最快。元宝肉则是将鸡蛋两个煮熟、剥皮、过油炸成金黄色带有黄泡,用手掰成两半,但还连在一起,扣在烧肉上,一起上屉蒸制。上桌食用时,烧肉食毕,露出下面掰开的鸡蛋如同两个元宝,故有其名。玉兔烧肉则是在1987年的"天津市群星杯津菜烹调大赛"中,红桥饭庄特级厨师靳玉成、田景祥根据烧肉、元宝肉的传统做法,改革创新的菜品,因正值农历丁卯年,所以定名为玉兔烧肉。

玉兔烧肉主体部分为五花烧肉,色泽酱红,烂而不塌、肥而不腻、咸香味醇、入口即化。下衬油菜心,油绿鲜翠,清淡爽口。外围鸽蛋做成的小兔,形象逼真,咸鲜适口。

原料:带皮猪肋条五花肉1000克,鸽蛋12个,油菜心100克,大料3瓣,姜5克,葱10克,腐乳10克,料酒50克,姜汁20克,酱油30克,盐5克,味精2克,湿淀粉40克,嫩糖色10克,油500克(实耗80克),花椒油40克。

切配:(1)将猪五花肉洗净放汤锅内煮至七成熟捞出,趁热揩去猪皮上的油迹,在皮面抹上糖色,放笊篱内用八九成热的油炸至皮焦起小泡捞出,顶刀切成薄梳子片。

(2)大料碾成碎米,姜切成米,合成为姜料,铺在碗底,将切好的肉皮面向下整齐地码放在碗内。浇上料酒、酱油、盐和捏碎的腐乳等调料,葱切段摆入碗内,上屉蒸烂。

(3)将鸽蛋煮熟,过凉水,剥去皮,用剪刀和小刀雕成小兔形状。

烹调:(1)勺内加油40克烧热,将油菜心放入,煸炒至八九成熟,烹入调料,入味后平码在盘中垫底。

(2)将蒸好的肉拣出葱,汤汁滗入勺中,烧肉扣在炒好的油菜心上。将勺放在灶火上,调好色、口味,勾溜芡,加花椒油,浇在烧肉上。

(3)将12个用鸽蛋雕成的小兔均匀地码在盘子四周,另起勺,加少许高汤、调料,勾芡制成白汁,淋花椒油,用手勺浇在每只小兔上即可。

操作要领:此菜主料有煮、炸、蒸三个工序,要掌握火候:煮以断生,用筷子扎无血水浸出为标准;炸只是给肉皮上色并使其黏度增加;蒸的火候最重要,蒸可使五花肉中肥肉易化的那部分脂肪溶入汤汁,从而使烧肉肥而不腻。蒸又可使主料充分入味,使烧肉醇香味厚。但如蒸过火,则使烧肉软烂失形。

18. 汆白肉

汆白肉是选用东北特有的烹饪原料"渍菜"(也称吉菜、酸菜)加五花白肉和粉丝汆制而成的一道吉林地方风味菜。汆制后,白肉肥而不腻,渍菜鲜香脆嫩,是秋冬季节最受欢迎的应季品种。渍菜是大白菜(或甘蓝)加淡盐水腌渍发酵而成的,不腐不烂,秋末腌制可贮到春末。食用时口感脆爽、清鲜、善解油腻,与肉同煮,香飘四溢。

原料:熟猪五花肉200克,渍菜200克,水发粉丝100克,肉汤500克,精盐6克,味精3克,花椒水15克,咸香菜5克,咸韭菜5克,腐乳25克,韭菜花25克,辣椒油25克。

切配:(1)将五花肉切成10厘米长的薄片。

(2)渍菜先顺长片成薄片,再顶刀切成细丝。

烹调:(1)勺内放入肉汤烧开后撇去浮沫。

(2)将白肉片、渍菜丝一同下入勺中,加咸香菜、咸韭菜、精盐、味精、花椒水烧开,然后移小火上炖制3~5分钟,再加入水发粉丝炖制3~5分钟,倒入汤碗内即成。食用时蘸腐乳、韭菜花、辣椒油。

操作要领:(1)煮五花肉时不宜过烂,改刀时肉片要薄。

（2）渍菜要冲洗干净,去掉菜叶。

（3）调料品种要齐全。以便缓解油腻,增加风味特色。

19. 煎雏肉

煎雏肉是胶东地区的传统风味菜品之一。此菜制作实非采用"煎"法,而似"炸熘"之法。何故称之为煎,无据可考。大概是由于先辈们约定俗成,而后人便代代相沿袭,无人追究罢了。此菜是将原料先挂糊划炸,再调以浓芡制成。因用花椒油调味,故具有鲜嫩醇香、滑软略麻辣的特点。是一款风味特殊的肉类菜肴。上世纪50年代时,烟台名店"蓬莱春"饭店的名厨苏挺欣制作此菜颇负盛誉,为该店名菜之一,深受食客的好评。我国著名京剧艺人尚小云、颜小朋、荀慧生、杨宝森都曾在该店品尝过此肴,尤得荀先生之欢心。

原料: 猪里脊肉400克,玉兰片丝10克,葱姜丝5克,豌豆10克,熟花生油500克,湿淀粉25克,鸡蛋清25克,清汤150克,精盐3克,酱油8克,味精3克,绍酒5克,花椒油5克,白糖15克。

切配: 将肉片成0.3厘米厚的大片,打上多十字花刀(深度为肉的1/3)改成3.5厘米长、2厘米宽的象眼片,用鸡蛋清、精盐、湿淀粉抓匀喂好。

烹调:(1)勺内放油450克烧至四成热时,将肉片下勺滑至九成熟,捞出控净油。

（2）油25克下勺,用葱姜丝、玉兰片丝、豌豆爆锅,再加清汤、白糖、精盐、味精、酱油、绍酒烧开,用湿淀粉勾成浓芡,把肉片倒入勺内,加花椒油翻匀盛出即可。

操作要领:(1)猪肉改片时,厚薄要均匀,令其在相同的加热时间里,均能熟透。

（2）肉片滑油时,油温要保持适中。以四成热为宜。

20. 桂花肉

桂花肉,就是鸡蛋炒肉。北方的一些地区,讳用"蛋"字,据徐珂《清稗类钞》讲:所以讳"蛋"字,是因为一些骂人的话常常带"蛋"字,把蛋字污染了。尤其是高雅的餐厅,丰盛的筵席上,会败坏胃口,减损雅兴,因此在烹制菜肴中便用桂花(或木樨)二字代替"蛋"字了。

桂花即"木樨",为我国的特产,是一种珍贵的观赏性芳香植物,花开在叶腋,绿叶夹着黄花,姿态别具,有"丹葩间绿叶,锦绣相重叠"之美,又有"天香入骨"之胜,还有"绿叶青枝花嫩黄,金秋季节试浓妆。西凤盛意传佳味,醉倒神仙十里香"之说。炒熟的鸡蛋很像盛开的桂花,黄澄澄地浓香袭人,故把蛋炒肉称作为桂花肉,或称为木樨肉。

此菜肉丝殷红,蛋如桂花,咸鲜味醇,清淡爽口,为下饭佳肴。

原料: 鸡蛋3个,净瘦猪肉150克,花生油50克,水发木耳15克,大葱25克,酱油5克,精盐2克。

切配:(1)取一个碗,磕入鸡蛋,加精盐搅匀。

（2）猪肉切丝;木耳切小片;大葱切丝。

烹调:(1)勺内加花生油20克烧热,倒入调好的鸡蛋液炒熟,成均匀的小块,倒在漏勺内。

（2）勺内加底油,下入肉丝、葱丝不断煸炒,肉呈银白色时,加酱油翻炒入味,再放入木耳及炒熟的鸡蛋块,炒拌均匀出勺装盘即可。

操作要领:(1)做桂花肉,不必勾芡,否则会失去清淡的特点。

（2）炒鸡蛋时油量不宜太多,以免影响菜肴质量。

21. 山东蒸丸

此菜又名招远丸子,是流传在招远民间一种较为久远的地方传统名菜。相传,起源于现灵山、界河乡一带,距今已有上百年的历史。当地古今的民间厨师尤擅长此技,寿庆喜筵也必设此肴。据现在的老厨师介绍,烹制此菜可以解决肥肉吃不了的问题,故民间,特别是中等富户人家特别偏爱。但偶遇不景气之年,因无条件全部使用猪肉制作,故时有掺和熟大米饭制作的"招远丸子",味道较纯猪肉烹制的稍为逊色。该菜鲜美不腻,口味酸咸辣兼备,为冬令佳肴。

原料:猪瘦肉250克,猪肥肉250克,水发海米25克,鹿角菜25克,大白菜心20克,鸡蛋50克,葱姜汁10克,葱丝、姜丝各5克,鸡汤750克,香菜段10克,香菜末3克,胡椒面8克,精盐6克,味精3克,醋15克,香油3克。

切配:将猪瘦肉剁成细泥放入碗内,加鸡蛋搅匀;猪肥肉先片成片,打上多十字花刀,再切成小方丁放猪瘦肉碗内;海米用温水泡软,洗净,剁成末;鹿角菜用温水泡发开洗净,摘去硬根剁成末;大白菜心切成末,连同海米末、香菜末、葱姜汁、精盐、味精、少许鸡汤放瘦肉碗中搅拌,调成馅。

烹调:(1)将猪肉馅用手揎成直径约3厘米的丸子,放笼屉内蒸至嫩熟时取出放在汤碗内。

(2)勺内放入鸡汤、葱姜丝、香菜段、精盐、味精烧开,撇净浮沫,加上醋、胡椒面、香油倒入大碗内即成。

操作要领:猪肉泥打浆时,浆吃得可适当多一点,增加其质嫩。

22. 炒肉拉皮

炒肉拉皮,为胶东烟台地方风味特色菜品之一,是夏季的佐酒佳肴。它由"炒肉丝"和"拌粉皮"合组而成,既可单独分别食用,也可和拌一起品味。"炒肉丝"须选用嫩而无筋的猪里脊肉,经切配后生炒而成;拉皮则是将绿豆粉团调湿后,用特制的粉扇子在沸水中旋转吊成厚薄适度的粉皮,再入冷水中过凉,然后改刀,配以青菜、蛋皮等摆成图案。制成后,色白透明,凉爽柔软,调以酸辣等味,盛夏之时,食之令人爽心,大开胃口。另配以鲜嫩醇美的"炒肉丝"别有风味。无论宴席、便餐、家宴均可奉献,具有雅俗共赏老少皆宜的特点。

用绿豆制作"粉丝"在烟台已有三百多年的历史,《招远县志》《黄县县志》《胶济铁路经济调查报告总编》等书籍中均有记载。依此推断,粉皮的出现亦不晚于这个时间,足见烟台民间制作粉皮菜肴年代之久。

原料:猪里脊肉100克,葱头100克,湿淀粉150克,黄瓜100克,胡萝卜100克,香菜梗25克,水发木耳25克,鸡蛋皮25克,酱油15克,精盐4克,味精3克,蒜泥30克,香菜末5克,麻汁25克,醋25克,花生油25克,香油6克。

切配:(1)将猪里脊肉、葱头、木耳、胡萝卜、黄瓜、蛋皮分别切成细丝;香菜梗切成3厘米长的段。胡萝卜切成月牙形,一部分黄瓜皮切成小菱形。

(2)湿淀粉放碗内调稀,加精盐溶化,用粉扇在开水锅里拉成2张粉皮,用凉开水泡上,将粉皮切成宽1厘米的条,放圆盘内摆好。然后依次围摆上木耳丝、胡萝卜丝、蛋皮丝、黄瓜丝,将海米点缀在黄瓜丝上,盘边用月牙形的胡萝卜片和菱形黄瓜皮进行点缀。

(3)麻汁加凉开水、精盐调成稀糊状,再加酱油、味精、醋、香油、蒜泥、香菜末搅匀放一小碗内。

烹调:花生油25克下勺烧至五成热,放入肉丝炒至半熟,加酱油、葱头丝煸炒,放精盐、味精、香菜梗炒熟,淋上香油盛入小盘内,并把小盘放入盛粉皮的大圆盘中间。上桌后将配好的调料浇在粉皮上即可,单食或与肉丝拌在一起均可。

操作要领:(1)切肉丝时,应顺丝片顺丝切,以使其形状整齐均匀。

(2)制作粉皮时,锅内的水必须十成开。湿淀粉调制得应稀稠合适。太稠,拉出的粉皮厚;太稀,粉皮易碎,影响造型。

(3)制作此菜时要掌握好先后次序,应在"清拌粉皮"做好后再炒肉丝。

23. 炒里脊丝

炒里脊丝是一款普通菜,但济南与其他地区的做法完全迥异。它选用的盛器不是平盘而是汤盘,烹炒出来的菜肴要有三分汤口。里脊丝先滑后炒,配以玉兰片丝、青蒜苗段,烹汤炒制后,色白滑嫩,清鲜淡雅,食之爽口不腻,佐酒下饭皆宜。

相传,此菜为一挑担的小商人所制。小商人每日挑担走乡串巷,本小利薄,中午饭一般自带干粮。但终究敌不住饭店的荤香,于是有时便到小饭馆里要上一盘炒肉丝下饭。但是光吃菜不喝汤,难以下咽,要份汤还得花钱。精明的商人一打算便把跑堂的叫过来,让他告诉大师傅,大大的青头(配料)放上,完事再烹两勺汤,换个汤盘来盛。于是,小商人连吃加喝全解决了。时间长了,这种做法便成为一款固定模式传了下来。

原料:猪里脊肉(外脊肉亦可)200 克,蒲菜(或其他时令鲜菜)100 克,水发玉兰片 50 克,青蒜 50 克,精盐 4 克,料酒 10 克,味精 2 克,清汤 150 克,鸡蛋清 1 个,湿淀粉、葱姜丝各适量,熟猪油 500 克。

切配:(1)将猪里脊肉片成大薄片,再顺着肉的纹理切成细丝。放入碗内,加精盐、蛋清、湿淀粉抓匀。

(2)青蒜洗净,切成 3.3 厘米长的段。蒲菜、玉兰片均切成同样长的细丝,用沸水氽过。

烹调:(1)炒勺放在中火上,倒入熟猪油,烧至三四成热时,将上好浆的里脊丝下入油内,用铁筷子迅速滑散,滑至变白、九成熟时倒入漏勺。

(2)勺内留油少许,放葱丝、姜丝,煸出香味,放入蒲菜、玉兰片、里脊丝、青蒜苗、清汤、精盐、料酒烧沸后,放入味精,盛汤盘内即可。

操作要领:(1)里脊肉不要切冷冻的。切时要顺着肉的纹理切,否则宜断。

(2)烹汤要迅速,肉丝不可在勺中长时间停置,要旺火快烧,一沸即起锅。

24. 肉丝炒如意菜

如意菜又称蕨菜,属草本植物,叶茎呈深绿色,柔软鲜嫩。把出土五六天的蕨菜嫩茎采摘后,就地腌渍成咸蕨菜可长年保存,脱水后的蕨菜仍碧绿翡翠、滑嫩利口。"日日思归泡蕨菜,春来荠美勿忘归"。这是唐代诗人白居易形容蕨菜、薇菜、荠菜美味的诗句。传说清代乾隆皇帝每年都到承德木兰围场狩猎,指名要吃山珍特产小菜,于是御厨把蕨菜与肉丝同炒,乾隆吃后很是赞赏,问左右太监"此为何物?"答曰"俗名蕨菜"。乾隆听后连连摇头"蕨菜不雅",遂命人找来蕨菜,端详后说:"此乃如意菜也"。从此蕨菜就有了一个雅号"如意菜"。此菜成品黑白分明,质地软嫩,清鲜味香。

原料:腌蕨菜 250 克,里脊肉 200 克,胡萝卜 50 克,熟猪油 400 克,蛋清 2 个,精盐 3 克,味精 2 克,湿淀粉 10 克,葱丝、姜丝各 5 克,料酒 10 克,香油 3 克。

切配:(1)将蕨菜去掉老根,切成 3 厘米长的段,用温水泡 3 小时左右,以泡出咸水为宜。

(2)里脊肉切成 6 厘米长的丝,用蛋清、淀粉上浆。胡萝卜切丝用开水烫熟过凉。

烹调:(1)勺内放入熟猪油,烧四成热倒入上好浆的肉丝,迅速划散至嫩熟时捞出控净油。

（2）勺内放入底油烧热，加入葱姜丝，炒出香味后烹入料酒，加胡萝卜丝煸炒几下，再放入里脊丝、精盐、味精，煸炒均匀后，滴入香油出勺即可。

操作要领：（1）蕨菜中的盐分需经水泡手挤，并要换水二次，以免咸味过重。

（2）因蕨菜本身有咸味，所以烹调时加盐量要少一些。

25. 炸春段

此菜选择头刀韭菜和里脊肉为主要原料。成品色泽金黄，外焦里嫩，具有浓郁的韭鲜味。

韭菜旧时又称为"起阳草"，是我国特有的蔬菜之一，已有三千多年的历史了。它不仅含有多种维生素，而且富含钙、磷、铁等多种矿物质。

韭菜食之味道鲜美，并可供药用。祖国医学认为，它具有健胃提神、温补肝肾、助阳固精、温中下气、活血行瘀等功效。《本草拾遗》中记有："在菜中，此物最温而益人，宜常食之。"在历史上，曾有许多诗人为之命笔吟咏，如杜甫的"夜雨剪春韭，新炊间黄粱"，苏东坡的"渐觉东风料峭寒，青蒿黄韭试春盘。"韭菜春、夏、秋三季常青。现在温室栽培已普遍推广，因而可终年供人享用，但人们最喜欢吃的还是春季的敞韭，即通常所指的自然生长的头刀韭菜。

原料：猪里脊肉 150 克，韭菜 50 克，葱丝 5 克，水发海米 15 克，水发木耳 25 克，冬笋 25 克，鸡蛋 4 个，面粉 20 克，精盐 3 克，酱油 8 克，味精 2 克，绍酒 5 克，清汤 70 克，湿淀粉 15 克，香油适量，花生油 750 克。

切配：（1）将猪里脊切成火柴梗粗的肉丝。木耳、冬笋分别切成细丝。

（2）勺内加油 25 克烧热，将肉丝、葱丝、冬笋丝倒入勺内略炒，加酱油、绍酒、精盐、味精、海米、木耳丝、清汤烧开，用湿淀粉勾成浓溜芡，滴上香油盛出作馅用。

（3）鸡蛋打在碗内，加少量湿淀粉、食盐搅拌均匀，将油勺擦净烤热，把搅好的蛋液分 4 次舀入勺内，吊成 4 张蛋皮，每张从中间切开，成两个半圆形。

（4）面粉用水调成稀糊。

（5）蛋皮逐块放在墩上摆平，周围抹上面糊，把炒好的馅摊在蛋皮的刀口面，馅口摆上韭菜卷成约 2.5 厘米粗的管形。

烹调：（1）勺内放花生油烧至七八成热，将卷好的蛋卷逐根放入，炸至嫩熟、外皮呈金黄色捞出。

（2）将炸好的蛋卷切成 4 厘米长的段，整齐地摆在盘内即成。

操作要领：（1）主料应选择春初自然生长的头刀紫根韭菜。

（2）蛋卷下勺时油温应七八成热。凉了容易开口，热了蛋皮会变成黑红色，并且外焦里不透。

（3）卷的粗细要大致相同，这样切出的段整齐均匀。

补充说明：（1）此菜也可以将韭菜切成寸段，直接掺在炒好的馅内，然后卷成蛋卷。

（2）如无猪里脊肉，可以用通脊肉或嫩瘦肉代替。

26. 九转大肠

"九转"一词是道家用语，《西游记》上有太上老君炼"九转金丹"的故事，《辞海》释意，表示经过反复烧炼而成。而山东名菜"九转大肠"除有此含义外，还有一段传说。

相传，九转大肠出于清光绪年间，由济南"九华楼"酒店首创。店主杜某，是个巨商，在济南府开设了九座店铺，酒店是其一。这位掌柜对"九"字有着特殊的爱好，什么都冠以"九"字。

"九华楼"酒店设在县东巷北首,规模并不大,但司厨都是名师高手,对烹制猪下货更是讲究,"红烧大肠"(九转大肠的雏形)就很出名,做法也别具一格:下料狠,用料全,五味调和,制作时先煮、再煸、后烧、出勺入锅反复数次,直到烧煨至熟。用的调料有名贵的中药砂仁、肉桂、豆蔻,还有山东的辛辣品:大葱、大姜、大蒜,以及料酒、清汤、香菜等。口味甜、酸、苦、辣、咸五味俱全,烧成后再撒上香菜末,平添了一股清香之味,盛入盘中红润透亮,肥而不腻。有一次杜某召集一帮文人闲客小酌,酒席上便上了此菜。众人品尝后皆赞不绝口。其中一文人说,如此佳肴当取美名,杜表示欢迎,客人便迎合店主喜"九"之癖,当即取名"九转大肠"。同座不解,都问典出何处?这人便有意附会炫耀起来,道家善炼仙丹,有"九转仙丹"之名,吃此美肴,如服"九转仙丹",妙不胜言,举座听后皆为之叫绝。从此"九转大肠"之名,声誉日盛,流传至今。

原料:熟猪大肠头 3 条(约 750 克),白糖 100 克,酱油 25 克,醋 50 克,清汤 150 克,精盐 4 克,料酒 15 克,胡椒面、肉桂面、砂仁面、葱末、姜末、蒜末、香菜末各少许,熟猪油 500 克,花椒油 15 克。

切配:把熟大肠(细尾切去不用)切成高 2.5 厘米的圆形段,放沸水中汆透,捞出控净水分。

烹调:(1)勺内放少许油,下入白糖 25 克炒至鸡血红时,迅速倒入大肠,颠翻煸炒,使大肠上色(呈深红色)。

(2)大肠上色后,随之放入葱末、姜末、蒜末,烹醋,倒入清汤,加精盐、料酒、白糖调好底味,旺火烧开,小火煨制。

(3)待汤汁将尽时,放入砂仁面、肉桂面、胡椒面,放旺火上,颠翻均匀,淋上香油炸制的花椒油,撒上香菜末,盛入盘中即可。

操作要领:(1)熟大肠一定要用沸水汆透,并且摘洗净里面的白油。

(2)炒糖色时,火候以嫩糖色为佳,放入大肠后,不停的煸炒,直至均匀地上好色。

(3)煨大肠时一定用小火,使之味入肌里(即去除异味,增加香味)。

(4)九转大肠从技法上看属于软烧,但不过油不勾芡,汤汁要自然收至将尽时再出勺。

27. 椒泥排骨

葱椒味是济南菜中的一款独具特色的味型。它选用上等料酒、花椒,二者混合泡透后,加章丘大葱白剁成细泥,其味麻、香、鲜、味浓厚实。此菜以葱椒泥为主要调味品进行烹制,排骨经制后,色泽深红,表面光亮,葱椒味浓,甜咸适口,软韧耐嚼,热食冷吃均佳,为佐酒的佳肴。

原料:猪肋骨 600 克,白糖 100 克,葱椒泥 25 克,清汤 200 克,酱油 35 克,精盐 2 克,味精 2 克,醋 30 克,葱丝、姜丝各适量,料酒 25 克,花生油 1000 克(约耗 100 克),香油适量。

切配:将猪肋骨剁成 3 厘米长的段,用酱油、料酒腌渍入味。

烹调:(1)将炒勺放旺火,加花生油烧至八成热时,把排骨放入,炸至淡黄色时捞出。

(2)炒勺内留底油,放入葱姜丝煸炒出香味后捞出。炒勺内再放白糖,炒至鸡血红色时,烹入醋及料酒;并随之加入清汤、酱油、精盐、味精、葱椒泥(一半)、白糖及炸好的排骨,旺火烧沸,用小火烧至汤将尽时,放入另一半葱椒泥,颠翻均匀,淋香油出勺即可。

操作要领:(1)排骨过油前一定要用酱油腌渍一会儿,使其炸制时上色。

(2)葱椒泥要分两次投放,第一次使之味入肌里,香透入骨;第二次使之椒香扑鼻,诱人食欲。

28. 白肉血肠

白肉血肠是吉林省传统风味菜肴之一。传说 100 多年前,一位名叫白树方的人在吉林市郊外的小白山下开了一家店铺取名为"老白肉馆"(1940 年以后更名为太盛园),后来地址迁到市内炭市胡同,专门经营白肉血肠。随着时代的变迁,尽管店铺几易其主,但风味未变。白肉血肠风味独特,其白肉皮色棕黄,质地松糯,肥而不腻,瘦而不柴,加上蘸食腐乳、韭菜花、蒜泥、辣椒油各种调料,其味更为鲜香适口;血肠制熟后片成蘑菇状,光亮细腻,色灰白,不脱皮,不碎不渣,清香软嫩。白肉血肠堪称脍炙人口的风味佳肴。

一、白肉的制作方法:

用料:新宰杀的带皮猪五花肉、辣椒油、蒜瓣、腐乳、韭菜花各适量。

制法:(1)烤肉。把猪五花肉切成方块,用铁叉把肉叉住放在明火上烤,皮朝下烧至肉吱吱冒油,将近焦煳时为止。

(2)排酸。把烤好的肉放入水内(春夏秋用温水,冬季用热水)浸泡 60 分钟,再用刷子将表面皮刷 3~4 次,把污灰刷净后将肉吊起来,控净水分。

(3)煮肉。把烤好、控净水的肉再用清水洗一遍,肉面朝下放在水锅里,用慢火煮 2 小时之后把肉翻过来煮至肉烂时捞出。

(4)片肉。把煮好的肉抽出肋骨,趁势切成大薄片,码在盘内呈阶梯形。

二、血肠的制作方法

用料:猪清血 5000 克,肠衣适量(每根约 1 米长)、砂仁粉、桂皮粉、肉蔻粉、丁香粉、花椒面共 50 克,清水 1250 克,精盐 35 克,味精 10 克,葱丝、姜丝各 25 克,酱油 50 克,香油 25 克,胡椒粉 15 克,香菜段 25 克。

制法:(1)生血选择。必须用经过检验无病毒的猪鲜血,澄清后把清血倒入盆内,用做灌清血肠,剩下的灌混血肠。

(2)肠衣处理:把选好的肠衣放在盘内加精盐和米醋进行搓洗,见起白沫时要用水洗净,放入冰箱内贮藏。

(3)配料。把 5000 克清血放入 1250 克水加入调料面、精盐、味精搅拌均匀。

(4)灌肠。把肠衣从冰箱取出,用清水洗一次,把一端用绳扎好,从另一端把搅好的清血用漏斗灌在肠内(上下要抖一抖),灌好后将口扎好,再将血肠由中间折过来,中间用绳扎好。

(5)煮肠。把灌好的血肠放入 90℃水锅里,然后小火煮 10 分钟左右,连血肠漂浮起来,已熟透时,立即用牙签扎破肠的两端放气,以防爆裂,然后捞在凉水盆里冷却。

(6)片肠。把冷却后的血肠用刀切成约 1 厘米厚的圆片装在碗里。

(7)焯肠:把碗里的血肠扣入漏勺内,放在烧开的汤锅里烫透,待血肠收缩成蘑菇状时即拿出,控净汤装进汤碗里,放上葱姜丝、香菜段、味精、香油、酱油、胡椒粉对成味汁,浇在血肠上面即可。

白肉与血肠吃时,蘸韭菜花、腐乳汁、蒜泥、辣椒油等调料。

操作要领:(1)猪五花肉必须用火烤匀,特别是带皮的一面要烧成焦煳状。

(2)煮肠时要特别注意水温和时间,既要防止不熟又要避免煮老。

29. 奶汤银肺

猪肺是比较低档的烹饪原料,在酒店宾馆里面很少有人食用,但山东济南的烹饪大师们经过认真研究,精心烹制而成的奶汤银肺,不仅成为了当地的一款特色菜,而且还可以入宴。

猪肺属于食饵性药物,李时珍《本草纲目》中有关于猪肺的记载。猪肺味甘,微寒,能补肺,疗肺虚咳嗽,治肺虚咳血。

此菜选用新鲜完整的猪肺,加工过程中经过反复的灌洗,彻底清除了内含的血污和杂质,再配以洁白的奶汤烹制而成,成品主料色泽银白,爽脆滑润,汤汁浓醇,味美适口。

原料:猪肺(完整的)1 个(约重 750 克),奶汤 750 克,水发冬笋 50 克,鲜口蘑(或罐头口蘑)25 克,熟火腿 5 克,白菜心 100 克,精盐 10 克,味精 4 克,葱椒料酒 50 克,姜片、葱段、姜汁、葱油各适量。

切配:(1)选新鲜完整的猪肺一个(气管绝不能破损),从气管处灌入清水,使其全部膨胀(不易膨胀的地方,可用手轻轻拍几下),然后平放在案板上,让血水自行流尽,再灌入清水,如此反复七八次,待肺叶洁白时,用刀将肺叶划破,让其水分流尽即可。

(2)将口蘑去根,洗净,一片为二;冬笋切成 4 厘米长,2.5 厘米宽,0.3 厘米厚的片;白菜心劈成 4 片,用手撕开。以上各料均在沸水中焯过。火腿切成 4 厘米长、2.5 厘米宽、0.3 厘米厚的小象眼片。

烹调:(1)汤勺内放清水 2500 克,加入猪肺,加盖用旺火煮七成熟,捞出放在清水内浸泡后,撕去浮皮。将肺上的大小气管全部摘去,用清水洗净,撕成小块,并将其放入干净的炒勺内,加清水旺火煮五分钟,捞出放在大碗内。

(2)将炒勺放在旺火上,下葱油烧热,放入奶汤、精盐、葱椒料酒、葱段、姜片等。烧沸后,打去浮沫,将汤倒入大汤碗内,与肺一起蒸约 1 小时。

(3)炒勺内放葱油,旺火烧至三成热时,将余下的奶汤全部倒入,沸起后加入精盐、姜汁和焯好的口蘑、冬笋、白菜心,待汤再沸后,从笼屉内取出肺(去掉葱姜、滗去汤),倒入炒勺内,随之加入葱椒、料酒、味精等,调匀后盛入汤碗内,将火腿片撒放在汤表面即成。

操作要领:(1)肺叶在加工时,一定用水反复冲洗,直至洁白如玉。

(2)肺叶撕成小块后,要进行入味,最好再放点鸡翅、猪肉膘等新鲜味厚的原料,蒸透入味,上桌时捡出来不用。

30. 汆黄管脊髓

汆黄管脊髓是济南市的传统名菜。黄管,又称"管莛",即贴附在猪脊骨上面的软管,其粗头接肺管,细头通板油。其质地柔韧,富有弹性,呈乳黄色,熟的色白,质嫩脆。脊髓是猪脊椎骨的一条骨髓,黄白色,有时带有血丝。这两种原料一脆爽、一软嫩,经汆制后,成品汤清透底,色泽淡红、味道香醇,软嫩爽脆,是筵席汤品中的佳肴。此菜是济南市特级厨师颜景祥的拿手菜,曾多次在大赛中获奖。

原料:猪黄管 150 克,猪脊髓 150 克,清汤 500 克,酱油 10 克,精盐 4 克,葱椒绍酒 15 克,味精 2 克。

切配:(1)用清水把黄管洗净,放入锅内加清水并在旺火上煮沸后,移至微火上,盖上锅盖煮 2 小时,至八成烂时捞出,用清水洗净,撕去脂肪,再入沸水烫过,取出后用净布揾干水分,然后用筷子顶住黄管的细端,把里面翻出来,用清水洗净,再用刀尖划成蜈蚣状,泡入清水中。

(2)把猪脊髓洗净,在齐头的一端用剪刀将外皮剪破,撕净外皮、血丝,用清水轻轻洗净,切成 6 厘米长的段。

(3)锅内放入沸水,用中火烧至五成热时,放入切好的脊髓,加精盐适量,待烧沸后,将脊髓捞入开水碗里即可。

烹调:(1)将黄管放入沸水中焯过,炒勺内放入清汤、酱油、葱椒绍酒,在旺火上烧沸后,放入黄管煮2分钟,捞出放在汤碗的一边,随即把脊髓也放入勺内烧沸,捞出后整齐地摆在汤碗的另一边。

(2)汤勺内放入清汤、精盐、酱油烧沸,撇去浮沫,加入葱椒绍酒、味精后,倒入汤碗内(不要冲散脊髓)即成。

操作要领:(1)黄管要煮透,脊髓则不宜烫老。

(2)盛沸汤时,将手勺翻扣汤碗内,让汤从手勺底部流入汤碗内,以避免冲散碗内摆放整齐的原料。

31.醉蜈蚣腰丝

"醉"是一种以酒为主要调料的腌制方法。腰子经改刀醉制后,脆嫩清香,酒香味浓,咸鲜略麻,为爽口凉菜。

相传,有位师傅站墩(即在墩上切配)二十多年,刀工精湛。有一学徒,聪明伶俐,十分羡慕师傅的刀技,每每跟在师傅身旁暗察心记,只是没有机会上墩切配。这天店里摆了十桌大席,师傅忙不过来,便让小徒弟在自己旁边走下头(即切些配料和下脚料等活计)。正巧师傅改切腰花,剩下些边角料头,就让徒弟走刀成丝做它用。小徒弟难得有这样的机会,哪能轻易的走刀成丝呢。他便学着师傅改腰花的切法,细细的切起腰子的边角下料。因为都是些条丝,斜刀打上后,直刀划一下就完了。这样,师傅切了两盘腰花,小徒弟的边角下料也切了一大盘。这时跑堂的拉长声喊了一声:"一盘醉腰丝,来啦……"师傅便吩咐道:"快,走盘腰丝。"小徒弟也不怠慢,切了点玉兰片、香菇丝,抓了点嫩菜心作配头,合了他刚才切的边角下料,就顺走了一盘腰丝。灶上的将"腰丝"往沸水里一汆,奇迹出现了,腰丝变成一条条蜈蚣,正巧跑堂又来催菜,灶上的师傅只好将此"腰丝"加调料一拌,放上配料,就装盘走了出去。跑堂的端过去,刚想喊一声:"来啦,清香脆嫩的醉腰……"可"丝"还未喊出来,他就看到"腰丝"变成了"蜈蚣"。跑堂机灵,于是马上改口喊道:"来啦,醉蜈蚣腰丝"。食客一尝,觉得没走味,只这形更觉新奇,便脱口称妙,其他食客觉得新鲜,纷纷点食此菜,于是"醉蜈蚣腰丝"就成了此店里新添的名菜,流传了下来。

原料:猪腰子500克,水发玉兰片100克,水发香菇100克,嫩菜心25克,葱椒料酒50克,精盐3克,酱油30克,味精2克,姜末适量。

切配:(1)将猪腰子洗净,撕去外皮,用刀片成两半,片去腰膜,在片开的一面顺宽斜切,每隔0.5厘米划一刀(深为猪腰厚度的2/3),再横着刀纹切成夹刀丝(隔一刀,切断一刀),放清水碗中泡去血水和臊味。

(2)玉兰片、香菇均切成丝,嫩菜心一劈为二。

烹调:(1)汤勺内放清水,在旺火上烧至沸开,随之倒入泡着的腰丝(带水),用手勺搅动一下,迅速捞至凉开水中浸一下,捞出挤干水分。玉兰片、嫩菜心、香菇均用沸水汆过。

(2)将葱椒料酒、酱油、精盐、味精放入碗内对成醉汁,加入玉兰片、嫩菜心、香菇、腰子调拌均匀,腌20分钟后,装入盘内,撒上姜末即成。

操作要领:(1)在腰子改刀时先要用洁净抹布擦干表面的水分。片腰膜时,一定要片净白色的膜根,否则臊味难闻。

(2)划夹刀丝时,中间一刀的深度为2/3或3/5,用刀准确,不要划破腰子外皮。切好的腰丝一定要用清水泡一泡。

（3）汆烫腰丝，一定要带水下锅，否则成熟不均。

（4）调拌均匀后，需腌制20分钟，不可急着上桌，以便使味穿透肌里。

附：葱椒料酒的制法。

将鲜花椒（干花椒用料酒泡制也可）拍扁，加入葱末，用洁净纱布包起来，放在料酒中浸泡1小时，除去布包，所得到的料酒，即为葱椒料酒。

32. 熘腰花

以福山为代表的胶东菜，素以烹制海鲜和猪内脏而享有盛誉。熘腰花就是禽畜原料制作肴馔的一例。它是将猪腰子切开，片去腰臊，打上麦穗花刀，经水汆、油冲，采用爆炒法制作而成，但芡汁较熘菜略浓。烹制为肴后，特别的鲜嫩。它是一款历史悠久的传统风味菜肴，古籍中记载："将猪腰切开，剔去白膜、筋丝，背面刀界花儿，落滚水微焯，漉起，入油锅一炒，加小料、葱花、芫荽、蒜片、酱油、酒、醋，等一烹即成。"后人在此基础上经过不断的完善，改革成为现在的"熘腰花"。此菜是民国年间烟台芝罘街上"同和楼饭店"的著名菜肴。

原料: 猪腰子500克，湿淀粉15克，豆瓣葱10克，蒜片5克，玉兰片15克，水发木耳10克，青菜15克，花生油500克，清汤150克，酱油25克，精盐2克，味精2克，醋5克，香油2克，香菜梗5克。

切配:（1）将腰子一片两开，片去腰臊，先用斜刀在腰子肉面上锲成一条条平行刀纹，再转一个角度，用直刀锲成一条条与斜刀成直角相交的平行刀纹，然后每片改四刀成为窄长条。

（2）用清汤、湿淀粉、酱油、味精、香菜梗、香油对成汁水，玉兰片、木耳、青菜均切成象眼片。

烹调:（1）先将腰花入沸水内一汆，捞出控净水。

（2）勺内放入油500克，烧至九成热时倒入腰花一冲，迅速捞出，控净油分。

（3）勺内加底油25克烧热，用葱、蒜爆锅，随即烹入醋，加玉兰片、木耳、青菜煸炒，再放入腰花及对好的汁水快速翻炒成浓芡，盛出即成。

操作要领:（1）猪腰子在进行刀工处理时，应撕去外皮，片净腰臊。改刀时，刀距应均等，深度一致，直刀深斜刀略浅，直刀为原料的4/5，每片腰子以改四刀为宜。俗语有"烧三熘四"之讲。烧，指烧腰花；熘，指熘腰花。这句话的意思是：做"烧腰花"时直刀的刀距略宽一些，每片腰花是三刀，而"熘腰花"刀距较密，每片腰花为四刀。

（2）此菜肴的命名虽然冠以"熘"，但从操作方法上看，实际是采用了"爆炒"技法。因此，需选用对汁芡。但此芡汁应多于其他"爆炒"菜肴的芡汁。制作过程中要求操作敏捷，环环紧扣，一气呵成，保持原料腰子的脆嫩特点。

33. 汆三鲜猪血

猪血中含有糖类、脂类、蛋白质、矿物质及各种维生素等，具有益气、生血、补阳、防癌、止血等功效。《日用本草》说猪血有"生血"功能。《医林纂要》载猪血有"利大肠"等功能。猪血可用来治头风眩晕、中满腹胀、宫颈糜烂、贫血等症。

此菜猪血与人参、海参、口蘑、虾仁等原料一起汆制，不仅菜肴营养丰富，而且质感脆嫩，汤鲜味醇，是佐餐的佳肴。

原料: 鲜猪血500克，清水200克，鲜人参25克，水发海参、虾仁、口蘑各50克，清汤500

克,精盐8克,味精3克,料酒、花椒水各15克,韭菜15克,香油10克,五香粉10克,胡椒粉5克,净肠衣适量。

切配:(1)鲜猪血放在容器内,加清水搅匀,用细罗(或纱布袋)淋过一次,滤去杂质,加入精盐、味精及五香粉搅匀,灌入肠衣内用细线扎好(要留出空肠衣6厘米长)。

(2)锅内加水烧至90℃时,放入灌好的血肠,用小火慢煮约30分钟,血肠浮起,用竹签扎之,以不出血浆为熟。捞出放在盘内,晾凉。

(3)人参、口蘑、虾仁一片两开,海参均切成小薄片,一同放入开水锅略烫捞出。

(4)将血肠切成棋子片,放入沸汤内烫透捞出,装一净碗内。

烹调:勺内倒入鸡汤,加入精盐、料酒、花椒水和烫好的人参、虾仁、海参、口蘑烧开,撇净浮沫,将人参、海参、虾仁、口蘑捞出放在装血肠的碗内,再将汤内加入味精、胡椒粉,滴上香油盛入碗内即成。

操作要领:(1)煮血肠时一定要掌握好火候及水温,否则,容易煮破肠衣而漏血。

(2)此菜肴必须用清汤,否则,汤味不鲜醇,影响菜肴质量。

34. 烤全羊

"烤全羊"是蒙古地区用来招待贵客的传统名菜。蒙语叫"昭木"或"好尼西日那"。

此菜历史悠久。据传,早在几万年前,生活在内蒙河套地区的鄂尔多斯人民已经开始用火来烧食猎取的整只野兽,大草原人民特定的游牧生活方式,使这种食用方法延续至今,不仅盛行于牧区,而且成了历代王府接待贵宾或重大喜庆宴会的必备佳肴。

烤全羊的制作要求严格,必须选用1~2岁的内蒙白色大头羯羊,经过宰杀、烫皮、褪毛、腌渍、调味后,再持入烤炉内,封住口用慢火烧烤成熟,成品色泽黄红、油亮,皮脆肉嫩,肥而不腻,酥香可口,别具风格。

原料:选择1~2岁的纯白色羯羊1只,葱段、姜汁各250克,花椒、大料、小茴香各75克,精盐50克,酱油、糖色各150克,香油150克。

切配:(1)将宰杀后的羊用80~90℃的开水烧烫全身,趁热煺净毛,取出内脏,刮洗干净,然后在羊的腹腔内和后腿内侧肉厚的地方用刀割若干小口。

(2)羊的腹内放入葱段、姜片、花椒、大料、小茴香末,并用精盐搓擦入味,羊腿内侧的刀口处,用调料和精盐抹匀使入味。

(3)将羊尾用铁扦别入腹内,胸部朝上,四肢用铁钩挂住皮面,刷上酱油、糖色略晾,再刷上香油。

烹调:将全羊腹朝上挂入提前烧热的烤炉内,将炉口用铁锅盖严,并用黄泥封好,在炉的下面备一铁盒,用来盛装烘烤时流出的羊油,大约3~4小时待羊皮烤至黄红酥脆、肉质嫩熟时取出。

说明:食用时先将整羊卧放于特制的木盘内,羊角系上红绸布,抬至餐室请宾客欣赏后,由厨师将羊皮剥下切成条装盘,再将羊肉割下切成厚片,羊骨剁成大块分别装盘,配以葱段、蒜泥、面酱、荷叶饼并随带蒙古刀上桌。

操作要领:(1)烫毛刮皮时注意不要碰破羊皮。

(2)烘烤时要掌握住烤制火候,使羊受热均匀。

35. 涮羊肉

"涮"为一种特殊的烹调方法。它是用火锅将水烧沸,把切成薄片的主料放入沸水内烫片刻,随即蘸上调味品食用的一种方法。"涮羊肉"又称"羊肉火锅",其选料精致,肉片薄匀,调料多样,涮熟后鲜嫩醇香,脍炙人口。《旧都百话》中说:"羊肉锅子,为岁寒时最普通之美味,需于羊肉馆食之。此等吃法,乃北方游牧遗风加以研究进化,而成为特别风味。"

"涮羊肉"历史悠久,明末清初不仅宫廷冬季膳食单上已有记载,而且逐渐盛行于民间,每到秋冬季节,人们争相食之。据《清稗类钞》记载"京师冬日,酒家沽饮,案辄有一小釜,沃汤其中,炽火于下盘置鸡、鱼、羊、豕之肉片,俾客自投之,俟熟而食"。"人民无分教内教外,均以涮羊肉为快"。

"涮羊肉"由食者自烹自调自用,先将少量的肉片夹于锅内的沸汤内烫至嫩熟,然后放入对好的调料中蘸食,主料吃完,放入配料,最后还可以用涮肉的原汤煮面条、水饺、馄饨等。所用的火锅不仅有以炭为燃料的紫铜大火锅,而且出现了以酒精为燃料的不锈钢自吃小火锅,以电为热能的搪瓷或陶瓷火锅,食用方式也多种多样,使这一传统名吃更臻完美。

原料:羊肉片750克,白菜头250克,水发细粉丝250克,糖蒜100克,芝麻酱100克,绍酒50克,豆腐乳1块,腌韭菜50克,酱油50克,醋50克,精盐20克,辣椒油50克,胡椒粉10克,味精5克,卤虾油50克,香菜末50克,葱花50克。

切配:(1)选肉:原料宜选用内蒙古集宁产的小尾绵羊,而且要没有膻味的羯羊(即阉割过的公羊),大小以出肉20公斤左右为最好。其中可供涮着吃的只有"上脑"、"磨裆"、"黄瓜条"等5个部位的肉共7.5公斤左右,肉料选好后,剔除板筋、肉枣、骨渣等,放在冷库内冷藏约12小时,待肉冻硬后再行切片。如没有冷库,可将肉放在冰柜内冰冻和压实(一层冰一层肉,冰与肉之间要隔上油布)。

(2)切片:将冰冻好的肉去掉边缘和肉头,剔除附在肉上的薄膜、脆骨和未剔净的筋膜,剩下精纯的肉核。然后将不同部位的羊肉分别横放在砧板上,盖上白布,右端露出几寸宽的肉,切片时,左手五指并拢向前平放,手掌压紧肉块和盖布,防止肉块滑动。右手持刀,紧贴着左手拇指关节下刀,如拉锯似地来回拉切。要把肉切成两层或对折的片,即第一刀到肉的厚度一半时,将已切下的上半片拨向一边,第二刀切到底,将肉片切断。每半斤肉可切到30~40片。切出的肉片要薄、匀、齐,装在盘中时要将不同部位的肉片分开。

(3)调料:将芝麻酱、黄酒(绍酒)、酱豆腐(磨成汁)、腌韭菜花、酱油、醋、精盐、辣椒油、卤虾油、胡椒粉、味精及葱花、香菜末等分别盛在小碗中,食者可根据个人喜爱适量调配。另外,汤内还可以加入海米和口蘑汤,以增加鲜味。

烹调:火锅里的汤烧开后,先将少量的肉片夹入汤中抖散。当肉片变成白色时,即可夹出蘸着配好的调料,就着芝麻烧饼和糖蒜吃。肉片要随涮随吃,一次不宜放过多。在肉片涮完后,再放入白菜头、细粉丝,当汤菜食用。还可用涮肉的汤煮面条和小饺子。

操作要领:(1)选料要严格,调料要配齐。

(2)涮时要注意火候。

补充说明:(1)如果使用已配制好的涮羊肉调料,上桌时除每人一份外,还要配以精盐、味精、胡椒粉、辣椒油、食醋、葱花、香菜末等一小碟,由食者根据自己的口味予以补充。

(2)羊肉片和配料的数量可根据需要随时添加。

(3)现在使用的羊肉片,多为用切片机成形的,很少用传统的手工切法。

36.红焖羊羔肉

羊羔即为出生后的小羊,用于烹调之中,往往取用其出生30天左右没有吃过草的羊羔,经阿訇宰杀后方可为烹制菜肴的原料。小羊羔肉质细嫩,可与鸡肉相媲美。红焖羊羔是青海农牧交错地区如贵南、门源、湟源、贵德等县的民间传统地方名菜。在春秋两季牧场产羔期常能品尝此菜。有名的青海黑柴羊羔皮是中外驰名的裘皮。小羊出生不超过 15 天就宰杀取皮,羊羔肉便作为美馔佳肴了。此菜成品羊羔肉质细嫩,辣酥爽口,香烂而不腻。

原料:羊羔肉 5000 克,黄豆酱油 100 克,姜片 50 克,花椒 15 克,精盐 30 克,辣椒粉 30 克,大蒜片 20 克,清汤 250 克,料酒 25 克,葱段 25 克。

切配:将羊羔肉切成大块,用葱段、姜片、料酒腌好。

烹调:(1)将羊羔肉放入旺火热油锅炸至金黄色时捞出。

(2)锅内加油烧热,加葱、姜爆锅,再放入辣椒粉、酱油、精盐、味精、料酒及炸好的羊羔肉反复翻炒,至八成熟时,加清汤封锅用文火慢炖,待羊羔肉酥烂即成,取出切小块装盘上桌。

操作要领:(1)用油炸羊羔肉时要注意火候,火太旺会使主料变老,火轻了则不易上色。

(2)加入清汤后要用文水慢炖,并要收浓汤汁,否则达不到菜肴的质量要求。

37. 芝麻羊肉丝

芝麻羊肉丝是我国西北地区的一款风味菜。它以瘦嫩的精羊肉为主料,将其加工成均匀的细丝,再配以葱姜丝、鲜红辣椒丝,经加热烹调至干爽时拌入适量的熟芝麻即可。成品芝麻与肉丝相互粘裹,色泽红润,口味咸鲜香辣并略带甜味,既可烹之即食,又可热制冷吃,别具一格。

原料:精羊肉 500 克,熟芝麻 75 克,鲜红尖椒 50 克,葱、姜各 5 克,酱油 15 克,精盐 3 克,味精 2 克,绍酒 15 克,醋 5 克,白糖 25 克,花生油 750 克。

切配:(1)将羊肉切成粗约 0.3 厘米、长 7 厘米左右的丝,放盆内,加精盐、酱油、绍酒抓匀入味。

(2)红辣椒、葱、姜分别切成丝。

烹调:(1)勺内加花生油,烧至七八成热时,加入羊肉丝并用铁筷子迅速划开,冲炸至褐红色捞出控净油。

(2)勺内留底油烧热,加红辣椒丝炒出红油,再放葱丝、姜丝、羊肉丝、醋、绍酒、精盐、味精、白糖,翻炒至汤汁收浓时,加入熟芝麻拌匀装盘即成。

操作要领:(1)羊肉一定要选用新鲜无筋的瘦嫩精肉。

(2)切开的羊肉丝要求粗细均匀,长短一致。

(3)要恰当控制好过油的火候,冲炸到干爽上色即好。

(4)加入熟芝麻后,要趁热翻拌均匀。

38. 烤羊腿

此菜是内蒙古传统名菜之一,具有典型的地方风味。也是内蒙古人宴请待客的必备佳肴。

烤羊腿选用当地养殖的嫩绵羊腿,经过一定的花刀处理,加上调味品腌渍后,放入烤箱内烤至成熟。成品羊腿红润明亮,形态完整美观,口感酥香鲜嫩。上菜时按地方风俗配以蒙古刀,由客人自己动手选割羊肉食之。

原料:羊后腿 1 只(约 2500 克),香油 25 克,芹菜 100 克,胡萝卜丝 100 克,洋葱丝 100 克,番茄酱 100 克,香叶 10 克,花椒 10 克,小茴香 10 克,白糖 50 克,料酒 150 克,姜片 50 克,酱油 100 克,精盐 15 克,猪肥膘 250 克。

切配:(1)将羊后腿剁去小腿下部,整理干净,并在羊腿里面间隔约 5 厘米剞多十字花刀。肥膘肉切大片。

(2)将整理后的羊腿放料酒、盐、酱油、花椒、小茴香抹匀,腌渍约 3 小时。

烹调:(1)将羊腿放入烤盘,放主辅料及调料、清汤,汤的数量以淹没一半羊腿为宜,然后放入烤箱进行慢烤,并注意翻动,以便成熟一致。

(2)大约烤到 3 小时左右,羊腿已全部成熟时取出羊腿,散上白糖再烤到白糖溶化,最后刷上香油放入烤箱内烤一会儿即可装盘,上桌时随带蒙古刀。

操作要领:(1)以 1~2 岁的大绵羊后腿为最佳。

(2)在羊腿里面剞花刀,要根据原料形态掌握,保持羊腿外形之美。

(3)恰当的掌握烤制时间和温度,既要使之成熟,盘内又不留存汤汁,还要使成品达到红润光亮。

39. 手抓羊肉

手抓羊肉是我国西北地区临夏的一款地方风味菜。有一种流传:"说起手抓,想起临夏","客人来了,不吃顿手抓,枉来临夏"。临夏古称河洲,所以手抓羊肉几乎成了河州饮食文化的代表作。

据考证,河州产的羊曾是朝廷贡品,历来出名。河洲东乡族自治县山大沟深,干旱少雨,牧草含水量少,富有营养,因而东乡羊肉膘肥肉嫩,肉质纤维少且细腻,含有丰富的蛋白质及多种微量元素,并具有温肾壮阳,强体提神,补脾健胃,美容养颜,延年益寿等作用。手抓羊肉一般选用羊肋条,多切成条形或块状,因直接用手抓食而得名。用于制作手抓羊肉的羊大都选用羯羊,尤以羯羊羔最佳。手抓羊肉的做法和吃法名堂很多,且各具特色。

此菜选料精细,烹制方法简单,成品鲜嫩味美,吃法别具一格。

原料:精选羊肋条肉 1000 克,花椒粒 15 克,姜片 15 克,大蒜 50 克,精盐 8 克,胡椒粉 10 克,花椒粉 10 克,辣椒油 10 克,醋 25 克,植物油 40 克。

切配:(1)将肋条肉切成 10 厘米长条。大蒜剁成细泥。

(2)将醋、大蒜泥、辣椒油、调料汁分别放在小食碟中备用。

烹调:锅内加清水,将切好的羊肉倒入锅中烧开后,用手勺撇去浮沫,放入花椒、姜片、精盐,用慢火煮 1 小时左右,待肉烂时捞出即可。

说明:手抓羊肉有 3 种吃法。

(1)肉烂时及时捞出趁热蘸着佐料食用。

(2)将炒勺内加植物油烧热,用蒜片、干辣椒、葱段、酱油、料酒、花椒粉、胡椒粉爆锅,再加入羊肉颠翻几下,加入鲜汤略煨,淋湿淀粉勾成溜芡装盘即可食用。

(3)羊肉捞出晾凉后,蘸着椒盐、蒜泥食用,味道更佳。

操作要领:(1)煮羊肉时要注意掌握火候,肉烂为止。

(2)佐料的味道要调和适口。

40. 烤羊肉串

烤羊肉串是新疆地区的传统风味小吃,具有悠久的历史。据考证早在 1800 多年前的汉代石刻上就已有烤羊肉串的图像。我国的《食经》上也有记载。烤羊肉串,维吾尔族语称之为"喀瓦甫",最早源于维吾尔族民间,后来逐渐盛行于整个新疆地区,现在已推广到全国各地。

此菜以新疆大尾绵羊肉为主料,把羊肉切成薄片,经腌制、上浆、入味,肥瘦搭配地穿在细铁扦上,放在长形的烤羊肉串炉上烤,然后撒些辣椒面、精盐和孜然粉等,数分钟即熟。成品色泽红亮,味道微辣,香味扑鼻,不腻不膻,肉嫩味美,老少皆宜。

原料:肥瘦相同的嫩羊肉500克,洋葱50克,鸡蛋1个,湿淀粉50克,精盐、辣椒粉、孜然粉各适量。

切配:(1)羊肉去净筋膜,顶丝斜片成0.5厘米厚的片;洋葱切成末。

(2)将片好的羊肉片放入盆内,加洋葱末、鸡蛋、精盐、孜然粉等拌匀腌30分钟左右,然后用铁扦分别串好。

烹调:将烤肉专用铁槽的火力调好,把穿好的肉串架在铁槽上,边烤边翻动,并依次撒上辣椒粉、精盐、孜然粉,烤至嫩熟时即可食用。

操作要领:(1)肉片切的不易太薄,且片形要厚薄均匀。

(2)烤制时必须提前调好炭火,不能冒烟或有火苗,否则影响成品质量。

(3)恰当掌握烤制的火候,以达到嫩熟为好。

41. 水滑肉片

"滩羊浑身都是宝,离开宁夏养不了"。

将公滩羊从小骟过就称为绵羯羊,这种羊生长在大草原,长年食用含多种维生素和矿物质的牧草,特别是盐池地区的麻黄草,故而肉质鲜嫩,无腥膻气味,可用以烹制各种名菜佳肴。

水滑肉片就是选用绵羯羊的外脊肉为主料经改刀腌渍后,以水为传热介质,精烹而成的一道清真风味菜。成品入口清鲜,滑爽软嫩,色形美观。

原料:羊外脊肉300克,水发玉兰片50克,水发木耳25克,菠菜茎25克,鸡蛋清25克,精盐5克,葱白25克,姜末10克,花椒水25克,胡椒粉1克,味精2克,湿淀粉25克,清汤50克,胡麻油75克,鸡油适量。

切配:(1)将外脊肉切成薄片,盛碗内,加入味精、精盐、花椒水(5克)、鸡蛋、湿淀粉抓匀。

(2)玉兰片切成薄片,木耳撕成小片,菠菜茎切成小段,葱白切成段。

(3)碗内放入清汤、精盐、花椒水、胡椒粉、味精、湿淀粉,对成汁待用。

烹调:(1)炒勺置火上,倒入清水烧开,把上了浆的外脊放入勺内,轻轻划散至嫩熟时,倒入漏勺控净水。

(2)勺内加胡麻油烧热,放入葱段、姜末爆锅,加玉兰片、木耳、菠菜炒片刻,放入外脊肉片和对好的滋水,翻匀淋上鸡油,出勺装盘即成。

操作要领:(1)要选用羊外脊肉,刀工处理后片形要薄。

(2)肉片划水时火力不可太旺,水以微开为好。

42. 灯碗肉

灯碗肉是鲁西地区的一道回民菜。它选用鲜羊腱子肉经油炸后烹汁而成,成品色泽棕红,蒜香扑鼻。因腱子肉有筋,油炸后,犹如鲁西农村的油灯碗,故名灯碗肉。

在鲁西,此菜讲究节气,传统设宴一般在中秋节或冬至时才安排此菜。此时,随着时节的变化,阴气渐强,阳气渐衰。而"阴"对人体来说,主里而不主外,主腹而不主背,主五脏而不主六腑,主血而不主气,对于疾病则主虚寒而不主燥热。而羊肉性温味甘,益气补虚,温中暖下,故秋冬季节食用此菜,正合人们进补养生的需要。

原料:鲜羊腱子肉 300 克,酱油 15 克,精盐 2 克,味精 2 克,香油 5 克,醋 10 克,料酒 5 克,清汤 50 克,花生油 750 克(实耗 65 克),葱末、姜末、蒜末各 5 克。

切配:将羊腱子肉顶丝切成薄片。

烹调:(1)花生油入勺烧至六成热,把肉片放入,用铁筷子划散,炸至浮起呈灯碗状时,捞出控净油。

(2)勺内留少许油,加葱末、姜末煸炒出香味,烹入醋、酱油,加清汤、精盐、味精、料酒调好口味,沸时放入滑好的腱子肉,颠翻两次,快速淋粉芡,加香油、蒜末,颠翻出勺即可。

操作要领:(1)一定要选用羊腿上的腱子肉,否则,不会呈现灯碗形。

(2)蒜末一定在临出锅时放入,颠翻出蒜香味时再装盘。

43. 单县羊肉汤

单县羊肉汤是鲁菜中独具一格的传统风味名吃,至今已有 180 多年的历史,相传 1807 年,由单县人徐桂立、曹西胜、朱克勤 3 人开设的"三艺和"羊肉馆始创,后来由于经营意见分歧便分道扬镳,各自为政,因徐桂立善于研究,技高一筹,所烹制的羊肉汤选料精,调料全,制作细,故而"生意兴隆",宾客纷至,雄居各家之首,并被誉为"单县羊肉汤"的正宗。

此菜选用膘肥肉嫩的单县青山羊为主料,由于投料的不同,又可分为"天花汤"、"肚头汤"、"口条汤"、"曲眼窝汤"、"奶渣汤"、"马蜂窝汤"等,口味各具特色,但万变不离其宗,成品汤汁色泽乳白,入口不腥不膻,味质鲜美香醇,食后回味无穷。

原料:青山羊肉 1500 克,葱 50 克,羊油 150 克,羊骨 500 克,姜 50 克,花椒 15 克,丁香面 10 克,桂皮 5 克,陈皮 5 克,草果 3 克,良姜 5 克,桂子面 3 克,白芷 15 克,精盐 25 克,花椒水 50 克,红油(羊油同红辣椒合成)150 克,醋 50 克,香油 10 克。

切配:(1)将羊肉洗净,切成长 10 厘米、宽 3.3 厘米、厚 3.3 厘米的块。羊骨砸断。

(2)香菜切末,葱切段。

烹调:(1)用羊骨垫底,上面放上羊肉,加水至没过肉,旺火烧沸,撇净血沫,将汤滗出不用。另加清水 3500 克,用旺火烧开,撇去浮沫,再加清水 500 克,开锅后撇去浮沫,随后把油放入稍煮,再撇一次浮沫,然后将花椒、桂皮、陈皮、草果、良姜、白芷等用纱布包起成药料袋,与姜片、葱段、精盐同放入锅内,继续用旺火煮至羊肉八成熟时,加入红油、花椒水煮约 2 小时左右即可,此后要保持汤锅始终滚沸,否则汤色不白。

(2)食用时捞出煮熟的羊肉,顶丝切薄片,放入碗内,加少许丁香面、桂子面、胡椒粉、精盐、味精、醋、香油,由锅内舀出原汤盛入碗内,撒上香菜末即成。喜辣者,可加辣酱油或配以荷叶饼卷大葱段食之。

操作要领:(1)煮羊肉时须注意火候,应使汤汁达到乳白色。

(2)加热过程中要撇净浮沫。

(3)调味品种要全,且要掌握好投放的比例。

44. 炸烹仔盖

牛肉是内蒙牧区的著名特产。含有丰富的优质蛋白、脂肪、多种矿物质和维生素,并且具有补脾胃、益气血、强筋骨等药用功效。仔盖是位于牛臀部米龙下面的嫩瘦肉,包括里仔盖和仔盖两部分,是理想的烹调原料。

此菜选用牛仔盖为主料,采用炸烹的烹调方法。成品外焦里嫩、咸鲜味美、呈枣红色,既是佐酒佳肴,又可为饭菜之用。

原料:牛仔盖肉400克,湿淀粉30克,酱油10克,醋10克,精盐3克,味精2克,白糖5克,香菜段5克,料酒15克,白胡椒粉适量,姜丝、蒜片各5克。

切配:(1)将牛仔盖肉剁成泥,加湿淀粉、葱、味精、料酒拌匀。

(2)取一小碗,放入酱油、醋、精盐、料酒、白糖对成味汁待用。

烹调:(1)将拌好的牛肉馅压成厚约0.7厘米的饼状,在六成热的油中炸至嫩熟捞出,切成约5厘米长的段。

(2)将切好的仔盖段放入八成热的油中炸至枣红色、外焦里嫩时捞出。

(3)勺内放底油烧热,用姜丝、葱丝、蒜片爆锅,倒入炸好的牛肉段和对好的味汁,加上香菜段,淋上香油出勺即可。

操作要领:(1)菜品汁要求既沾匀原料又不沉入盘中。

(2)要求烹调操作敏捷,以确保菜品外焦里嫩。

45. 炸脂盖

炸脂盖中的"脂盖",亦称"紫盖"、"仔盖",在羊后腱上部,有上下之分,肉丝较长,肌肉纤维较粗,但质地软嫩,适宜炸、熘等技法烹调。炸脂盖是济南回民的传统风味菜肴,由老马家饭馆经营。该店坐落在济南"大观园"内,早在上世纪50年代就名噪泉城。现在此菜多选用羊五花肉先蒸后挂蛋糊炸制而成,其色泽金黄,外酥里嫩,佐以甜面酱、芝麻油、大葱、蒜泥蘸食,风味独特,别具一格。

原料:羊五花肉(或羊腰窝肉)500克,鸡蛋一只,葱段30克,姜片15克,蒜片10克,蒜瓣30克,酱油20克,湿淀粉35克,香油5克,甜面酱50克,花生油750克。

切配:(1)将羊肉洗净放入冷水锅中,煮5分钟至血水浸出,捞出晾凉,切成长8厘米、宽3.5厘米、厚0.8厘米的片,平放在盘内,加入酱油、葱段(少许)、姜片、蒜片入笼蒸烂。

(2)鸡蛋磕入碗内,加入湿淀粉搅匀成糊。

烹调:(1)炒锅内放花生油,置中火上烧至八成热时,将肉片周身沾匀鸡蛋糊放入油内,炸至九成熟时,捞出;待油温升至九成热时,再投入肉片复炸成金黄色即可捞出。

(2)将炸好的肉片剁成条或斜刀切成斜块,整齐地摆在盘子里。上桌时随带料碟佐食。其中料碟有:甜面酱与香油一起拌匀盛于一碟内;葱段、蒜瓣同盛另一碟中。

操作要领:(1)羊肉一定要先蒸烂,并且进行入味。

(2)挂糊时不宜太厚,以码拉糊为宜。

(3)炸制时要重炸一次,以达到外酥里嫩的目的。

(4)上桌时佐料碟要齐全。

46. 红油兔肉

"飞禽莫如鸪,走兽莫如兔"。兔肉质地细腻肉味鲜香,据测定,每百克兔肉含蛋白质21.5克,并含有丰富的卵鳞脂,而脂肪和胆固醇含量则很少,属低脂肪、高蛋白、营养价值丰富的食用肉类,常食兔肉不仅能增强体质,而且有祛病延年的作用,故自古以来,倍受人们青睐。宋代苏颂说:"兔处处有之,为食品之上味"。明朝李时珍亦曰"兔至冬日龁木皮,已得金气内实,故味美"。近几年,人们还把兔肉作为一种美容食品争相享用。

此菜成品色泽红润,口味咸鲜香辣,质地酥烂不腻,是老少皆宜的风味佳肴。

原料:野兔肉500克,大葱4段,鲜姜3片,香菜10克,花椒20粒,大料5瓣,熟猪油1000克(约耗60克),酱油25克,精盐3克,白糖25克,味精3克,湿淀粉25克,料酒30克,鸡清汤适量,红油80克。

切配:(1)将兔肉剁成4厘米左右的方块,放入凉水内浸泡30分钟,去其血污及腥膻味。

(2)勺内加水烧开后,放入浸泡好的兔肉焯一下捞出,凉透后,控净余水,再加入适量的精盐、料酒抓拌均匀。

烹调:(1)勺内倒入熟猪油,烧至六七成热时,放入腌好的兔肉块,炸成深红色倒在漏勺内。

(2)勺内加红油(40克)烧热,放花椒、大料、大葱、鲜姜煸炒,待有香味时加酱油,添汤,放入白糖、味精及炸好的兔肉,先用旺火烧开,撇净浮沫,再用小火慢烧兔肉至酥烂,汤快尽时勾芡,淋入红油出勺装盘,香菜分四撮,相对地放在兔肉周围即可。

操作要领:兔肉烹调前,必须经浸泡、水烫、基本调味、油炸后再烧制。这4道工序缺一不可,否则,味不正,并有腥膻味。

47. 蒙式牛鞭

牛鞭即雄性牛外生殖器,又称为牛冲、牛宝等,是内蒙古地区的特产,含有丰富的胶蛋白,具有补肾壮阳等功效。

此菜是内蒙特二级烹调师王文亮的创新菜。选用牛鞭为原料,经刀工处理,炖焖入味后,分别用铁扦穿住,再经挂糊烹调而成,具有典型的蒙古特色。成品色泽金黄,形态饱满,食之外酥香,内软糯,香辣适口,别具风味。

原料:水发牛鞭600克,鸡蛋70克,面粉150克,湿淀粉100克,熟猪肉750克,酱油15克,葱段、姜片各10克,花椒、大料各3克,盐5克,料酒15克,白胡椒盐8克,鸡汤700克,肉扦10支。

切配:(1)将水发牛鞭用刀片开去掉筋膜,切成派刀块,放入开水锅内,加热沸腾氽烫一遍。

(2)锅内放鸡汤、葱段、姜片、花椒、大料、酱油、食盐、料酒,烧开加入牛鞭块,用小火炖至入味后捞出,分别穿在10支肉扦上。

(3)用鸡蛋、湿淀粉、干面粉、熟猪油在碗中调成全蛋酥糊。

烹调:勺内放入熟猪油烧至七成热时,将拍过干面粉挂上酥糊的牛鞭放入油内,炸至金黄色捞出装盘,上桌时外带白胡椒盐。

操作要领:(1)牛鞭用水氽烫时应冷水下锅,以去其臊味。

(2)酥糊的调制要求稠度适宜。

(3)上桌带的白胡椒盐,制作时应先将盐炒好,然后拌上胡椒粉,再放入勺内略炒。

48. 枸杞牛鞭

枸杞又名杞子、枸杞豆、枸杞果。我国自古就有栽培,著名的产区有内蒙、宁夏、甘肃等地,枸杞营养十分丰富,含有较高的蛋白质、碳水化合物、维生素等各种矿物质,尤以胡萝卜素含量最高。除营养价值外,枸杞还具有较高的药用功能。据《本草纲目》记载,枸杞能"滋肾、润肺明目"。《食疗本草》记载,枸杞能"坚筋骨、耐老、除风祛虚劳,补精气。"据药理试验,枸杞浸出液还具有抗脂肪肝和调节人体免疫功能的作用。

枸杞牛鞭是将两种内蒙的著名特产精制而成的一款营养菜。成品刀工讲究,色彩明快,口味鲜香,质地软糯,并能滋补肝肾,明目润燥,壮阳益精,倍受人们喜爱。

原料:鲜枸杞75克,水发牛鞭500克,精盐6克,味精3克,料酒10克,葱段、姜片各10克,鸡汤750克,香油10克,花生油50克。

切配:(1)将鲜枸杞用清水洗净。

(2)水发牛鞭切成约6厘米的段,再顺长片成两半,分别改成梳子片。

烹调:

(1)锅内加鸡汤700克,烧开后放入切好的牛鞭,汆煮约10分钟捞出。

(2)勺内加底油烧热,用葱段、姜片爆锅,加料酒、鸡汤、鲜枸杞、精盐、味精烧开后,捞出葱姜,加入牛鞭略煨,然后用湿淀粉勾芡,滴上香油,装盘即成。

操作要领:(1)牛鞭改刀时,要将筋膜去掉并洗净。

(2)切好的牛鞭必须经过鸡汤汆煮,以去掉腥臊异味。

49.雪莲菊花牛冲

牛冲又称牛鞭,由公牛的生殖器干制而成,是我国西北地区的特产。牛冲含有丰富的胶原蛋白,常食具有补肾壮阳强筋骨之功效。雪莲菊花牛冲是一款创新双拼热菜。

雪莲是用熟鸡蛋和肉泥围摆成雪莲状,上笼蒸熟而成,拼于盘的中间。菊花牛冲即通过精湛的刀技将牛冲加工成菊花形,经调味煨后围摆于盘的周围。此菜肴造型形象美观,营养丰富,口味浓郁,色泽鲜红。

原料:发好的牛冲500克,郫县豆瓣辣酱30克,酱油10克,精盐3克,白糖3克,味精2克,红油10克,花椒粒3克,葱、姜各20克,料酒15克,湿淀粉10克,花生油2克,鸡蛋2个,肉茸20克,清汤适量。

切配:(1)把鸡蛋煮熟取出过凉去皮,再用刀把每个鸡蛋切成4瓣,挖去蛋黄不用。取一个小碗,把切好的蛋瓣摆成雪莲状,用肉茸粘住蛋层,上笼蒸熟取出待用。

(2)将发制好的牛冲改为8厘米长的段,平放在菜墩上切成一端相连1/5,另一端4/5直切0.3厘米的片,再掉转90度的角度,切成细丝状,经开水烫后即卷曲成菊花形。

烹调:(1)勺内放底油烧热,加葱、姜、豆瓣辣酱煸炒出香味,再加酱油、料酒、鸡汤、白糖、味精烧开后,把勺内的豆瓣渣等用细漏勺捞出不要,然后放牛冲煨入味,用湿淀粉勾芡,淋上红油起锅,摆在直径为20厘米圆平盘的周围。

(2)把蒸好的雪莲轻轻地扣出放在菊花牛冲的中间。另起勺,将蒸雪莲的汤汁加适量的鸡清汤,加精盐、味精、料酒调好口味,勾米汤芡,淋明油烧在雪莲上面即可上桌。

操作要领:(1)牛冲在发制时要经多次换水以除异味。在发到基本回软时要加料酒、葱、姜、鸡汤、花椒等调味品上笼蒸制,以使牛冲入味。

(2)牛冲改菊花刀时,要恰当掌握切入的深度和刀距,以使之达到形象逼真的目的。

50.红烧舌尾

红烧舌尾是天津风味中的清真传统菜品,又名烧舌尾(如按烹调过程来讲应叫红扒舌尾),是回民各档次筵席中都不可缺少的大件饭菜。红烧舌尾的主料为整牛舌、牛尾各一具,洗净初加工好后,经煮、蒸、烧等烹调过程,最后大翻勺装盘。所以菜品整齐美观,色泽为嫩红色,主料入味彻底、质地软烂,牛舌瘦而不柴,牛尾肥而不腻,口味醇鲜,汁浓味厚,别有风味。

此菜也可随客之便,分解为红烧牛舌和红烧牛尾,红烧舌尾不但回民同胞爱吃,不少汉族顾客也成群结队到回民饭馆吃此菜,一品其中之美妙。红桥区佳乐回民饭馆厨师穆思成、刘富年在1987年天津市"群星杯"津菜烹饪大赛上曾以此菜荣获金杯。

原料:牛舌、牛尾各500克(熟品计算),大料4瓣,葱段60克,姜片30克,纯料酒50克,浓姜汁30克,酱油75克,盐3克,味精3克,糖25克,高汤1000克,嫩糖色25克,水淀粉80克,花椒油100克。

切配:(1)将洗净收拾好的牛舌、牛尾下入汤锅,煮至八成熟捞出,牛舌斜刀片成大片,牛尾顺骨节缝剁成段。

(2)先将牛骨一节节铺好,码在小盘底部,再将牛舌片捋顺平铺在上面。然后放上大料、葱段、姜片、料酒(30克)、盐,最后添高汤浸过主料。上屉用大火蒸一小时。

烹调:勺内加油30克,下大料炸出香味,再将葱段炸黄,烹入调料,添高汤。将晾凉的蒸盆拣去大料、葱、姜,滗净汤,先将牛舌正面向下,溜入勺中,再将牛尾节码放整齐。汤开后,撇去浮沫,放大火烧5分钟。待汁浓汤少时,下入嫩糖色,调味、定口,勾浓芡,淋花椒油70克,晃勺使匀,大翻个出勺,溜入大盘内即可上桌。

操作要领:(1)此菜也可用原蒸汁烹制,即炝锅后将勺端下,拣去蒸盆中的大料、葱姜;然后用平盘扣住蒸盆,将汤汁滗入勺中,待盆中无汤时将主料扣在盘中,轻推入勺,恰巧正面朝下。但要注意咸口不要放重了。

(2)如高档筵席需要此菜时,可在蒸制时放入鸡翅、鸡腿增味,并使用高档佐料烹调。

51. 独脊髓脑眼

独脊髓脑眼又称独羊三样,是天津风味中的清真传统菜品。菜品主料为煮熟的羊脊髓、羊脑、羊眼,经反复水焯,去掉膻味,然后采用"独"这种天津风味、回民饭馆所擅长的烹调技法,使3种主料软烂入味,汁浓味醇,色泽红亮,形状美观,咸鲜适口。根据我国中医药"竹破竹补,以脏养脏"的原理,独脊髓脑眼对人体相应部位有补益作用。只是此菜胆固醇含量较高,食用者应予注意。

原料:白熟的羊脊髓、羊脑、羊眼各120克。大料2瓣,葱花5克,料酒30克,姜汁30克,酱油20克,精盐2克,糖10克,味精2克,嫩糖色10克,高汤200克,水淀粉20克,油20克,鸡鸭油50克。

切配:(1)将白熟的羊脊髓、羊脑、羊眼用宽汤大水煮过,放晾后,将脊髓切成3.3厘米长的段,羊眼切成厚片,羊脑横一刀竖两刀切成6块大方丁。

(2)将3种主料分别用开水焯3次,将羊膻味彻底焯掉。然后,将羊眼码放在中间,脊髓、羊脑码两边备用。

烹调:勺内加油20克,放入大料瓣、葱花炝勺,烹入调料,添高汤,将主料轻推入勺。汤开后,多撇浮沫,放置微火烧(独)。待主料入味彻底,汤少汁浓时,移回旺火,下嫩糖色,调整色泽、口味,勾溜芡,淋入鸡鸭油,大翻勺,将菜品溜入盘中即可。

操作要领:此菜在煮制生脑、脊髓时,在汤中要放入醋(相当主料的1/4)和盐,这样能使羊脑、羊脊髓硬挺成形,并减少膻味。另外,做好此菜的关键在于使人尝不出膻味,所以要反复用水焯。高汤也不用牛、羊汤而用鸡、鸭汤。

52. 红烧金刚脐

"红烧金刚脐"是聊城市的名菜。此菜是由市饮食公司的刁书文创新的。一次刁书文因病住院,正碰上东阿县城的一位"宰把子"(即专门杀猪宰羊卖肉的)也在此住院。闲谈中,刁书文问那位宰把子什么肉最好吃,宰把子随口说道:"金刚脐最好吃"。于是他便说起金刚脐(即驴肚脐周围的肉)如何如何好吃。刁书文病愈后,从屠宰场里搞来一块金刚脐,先煮后炸,反复烧制,制作出一款色泽红亮、肉质软烂甘醇的美味佳肴,于是便命名为"红烧金刚脐"。此菜在社会上一出现,大受顾客欢迎,各家饭店争相仿效制作,于是便成为名菜了。

原料:驴肚脐周围的五花肉 500 克,葱、姜各 15 克,酱油 15 克,料酒 5 克,味精 3 克,精盐 4 克,大料适量,高汤 150 克,香油 5 克,湿淀粉 10 克,白糖 5 克,植物油 1000 克。

切配:(1)勺内加水放入驴肉、精盐、大葱段、姜片、大料,煮至半熟,切成骨牌块。

(2)葱、姜余下的部分切细丝。

烹调:(1)勺置旺火上,放植物油烧至八成热,放入驴肉一冲,捞出控净油。

(2)另起勺,加油少许,放入葱姜丝煸炒出香味,烹入料酒,随之加入高汤、酱油、味精、料酒、白糖、驴肉,慢火烧至入味,用湿淀粉勾芡收汁,淋上香油,颠翻均匀后出勺盛入盘内即成。

操作要领:(1)煮驴肉时,煮至五成熟即可,不宜煮得太烂。

(2)烧制时,宜用小火长时间烧制,不宜用旺火。

53. 坠汤散丹

坠汤的制作方法与鲁菜中的高级清汤相似。首先先用鲜鸡、鸭、瘦猪肉等原料经小火长时间加热煮制后,制成"头汤";取出汤汁,留下剩料,加入清水再加上述原料煮制成"二汤",将"二汤"与"头汤"融汇成"套汤"。在套汤中再放入鸡腿肉泥,坠入汤底经加热吸附浑浊物后取出,再加入鸡脯肉泥吊制,待泥渣漂浮起后捞出,即为"坠汤"。此汤清澈见底鲜美无比。因其用料多而精,成品少而浓,故有"液体肉"之称。用坠汤制作的坠汤散丹,口味咸鲜微酸,质感柔软鲜嫩,香味扑鼻,是一款别有风味的汤菜。散丹即"羊百叶肚"。

原料:散丹 500 克,坠汤 750 克,香菜 25 克,蒜末 25 克,醋 35 克,精盐 12 克,味精 4 克,料酒 10 克,胡椒粉 3 克,花生油 25 克,香油 3 克。

切配:(1)散丹小火煮九成熟,横切成 0.2 厘米宽的细丝,用凉水浸泡。

(2)香菜切 3 厘米长的段。

烹调:(1)汤勺放入花生油烧五成热,放入胡椒粉炒出香味,注入坠汤,放入散丹和精盐、料酒烧煮 5 分钟。

(2)出勺前加入味精、醋、香油,盛入大汤碗中,再撒蒜末和香菜段即成。

操作要领:(1)散丹加热前要洗净去除邪味。煮的火候要软而不烂,并用凉水浸泡至发白发脆。

(2)香菜、蒜末须出勺后加入,这样才能使汤味香浓。

三、禽类

1. 北京烤鸭

"京师美馔莫妙于鸭"这是多年来人们对北京烤鸭的高度赞赏,其中不少外国客人称它为"世界第一美味"。凡是来北京旅游的人都以一尝"北京烤鸭"为快事,甚至还流传着"不到长城非好汉,不吃烤鸭真遗憾"的俗语。由此可见,它在世人心目中的闻名程度。

烤鸭在我国历史悠久源远流长,据考证始于北宋,盛于明清,宋元时期就有关于"炙鸭"、"烧鸭"的文字记载,到了明朝已成为宫廷御膳中的佳肴。明永乐十九年,明成祖迁都北京后,"烤鸭"也随之进京落地生根,明嘉靖年间的"金陵老便宜坊"是北京民间的第一家烤鸭店,清朝同治三年,"全聚德烤鸭店"的开业伴随着北京烤鸭的美名逐渐誉满京师并延续至今。

北京烤鸭的吃法多样,一般是将烤鸭片成片,蘸甜面酱,加葱白、黄瓜条或青萝卜条用特制的荷叶饼卷着吃,也可以用空心芝麻烧饼夹烤鸭肉吃。成品色泽红润,皮脆肉嫩,味鲜醇香,油而不腻,片过肉的鸭架还可以加白菜或冬瓜熬汤,风味殊佳。

原料:北京填鸭1只(约重2000克),饴糖水50克,甜面酱60克,葱白100克,黄瓜条100克。

切配:(1)打气:将鸭洗净放在木案上,从小腿关节下切去双掌,割断食管和气管,从鸭嘴里抽出鸭舌和食管,然后用右手将气泵的气嘴由刀口插入颈腔,左手将颈部和气嘴一起握紧,打开气门,慢慢地将空气充入鸭体皮下脂肪与结缔组织之间。鸭子打气后不能再用手拿鸭身,而只能拿翅膀、腿骨及头颈,否则,会在鸭身上留有指印,影响质量。

(2)掏膛:用尖刀在鸭的右腋下开一个长约4~5厘米的刀口,再用中指从洞口伸入鸭腹,将内脏全部取净,然后用高粱杆1节,一头削成三角形,另一头削成叉形塞进鸭腹,顶在三叉骨上,撑紧鸭皮,使鸭在烤制时不致扁缩。

(3)洗膛、挂钩:用左手拿鸭右膀,右手拿鸭左腿,脯朝上平放入清水盆内,由刀口处灌入清水并将右手食指伸入鸭的肛门勾出未取尽的剩汤,使清水从肛门流出,如此灌洗两次,洗净后用铁钩从鸭颈骨右侧肌肉内穿入,左侧穿出,使鸭钩斜穿于颈,但不要钩破颈骨,以防烤熟后鸭子脱钩掉下来。

(4)烫皮、挂糖:将挂好钩的鸭子用100℃的开水在鸭皮上浇烫,使毛孔收缩,表皮蛋白质凝固,皮肤绷紧。然后刷上糖汁,使烤后皮脆色艳。

(5)晾皮:即将挂好糖的鸭子放在风口处晾干鸭皮内外的水分,并使皮与皮下组织紧密连接起来,这样烤的鸭皮才酥脆。

(6)灌水:用木塞或高粱杆一小节将鸭子肛门塞住,然后从右腋刀口处灌入八成满的开水,使鸭子在烤时内煮外烤,不仅熟得快而且外脆内嫩。

烹调:将灌水后的鸭子挂入炉内烤制,先烤鸭的右背侧,即刀口的一面,使热气从刀口进入膛内把水烧沸,当鸭皮呈橘黄色时,转向左背侧烤约3至4分钟。这样根据鸭身不同部位的老嫩及上色情况变换挂烤位置,一直到全部烤成棕黄色、成熟即可。食时将鸭皮肉片成薄片上桌,并随跟着甜面酱、葱白条、黄瓜条及薄饼。

操作要领:(1)打好气的鸭子不要用力挤压以免跑气缩扁,影响美观。

(2)在烤制过程中,注意恰当掌握炉温,一般稳定在230~250℃之间,过高会使鸭皮抽缩,两肩发黑,过低会使鸭胸脯出现皱褶。

(3)不要让鸭胸脯直接对着火烤,因此处肉嫩容易烤焦,甚至会发生裂缝起泡现象。两腿肉厚不易成熟,烤制时间要长一些,鸭裆不易上色,须用人工来挑燎。

(4)鸭烤好出炉后,应先拔掉"堵塞"放出腹内的开水再行片鸭。

2. 冬菜扣鸭

冬菜是河北人民普遍喜食的一种自制小菜。它色泽杏黄、味道咸香醇厚、吃法多样,既可直接食之,又可作为辅料、调料。据《沧县志》记载:"白菜切为方块,暴在燥湿之间,以盐、蒜拌之,封储瓦罐中,闽粤商舶,远销暹罗、大阪等处……每年产量约四十余万斤。"冬菜扣鸭就是以冬菜为主要配料而制成的,成品清香醇厚、软嫩适口、别有风味。

原料:白条填鸭1000克,冬菜150克,酱油50克,精盐6克,料酒20克,味精3克,鲜清汤150克,葱姜块5克,糖稀15克,花生油1000克(约耗100克)。

切配:(1)将填鸭洗净用沸水稍烫捞出,趁热把糖稀抹匀在鸭皮上。

(2)炒勺内放入油,烧至七八成热时,将鸭子过油炸至枣红色。然后将其剁成3厘米见方的块。

烹调:(1)取大碗一个,将剁好的鸭块皮朝下整齐地码入碗内。冬菜洗净撒在鸭块上,加入葱姜、清汤、酱油、精盐、料酒、味精上笼蒸1小时取出,拣出葱姜。

(2)取大汤盘一只,将蒸好的鸭子扣在盘中即可上桌。

操作要领:(1)糖稀要抹匀。炸时要掌握好火候。

(2)装碗时鸭脯皮面朝下,余料放上面并要用手压紧。

(3)扣盘时要快而稳,不散不乱,要保持整齐和丰满的状态。

3. 德州五香脱骨扒鸡

德州五香脱骨扒鸡,已有近百年的历史。据传说,清光绪年间,有一个姓王的小商贩在德州市内开办了一个专门加工烧鸡的店铺,取名"王记烧鸡铺",一次在煮鸡的时候,不慎睡着了,等醒来时鸡已煮过了火并无法取出,真是哭笑不得,无奈只好把汤舀出,将鸡拖入盘中,端到集市上去卖,结果却出乎意料地被抢购一空,以后又有许多人登门前来购买,指名要上次买的那种"鸡"。为了招揽生意,提高鸡的口味和质量,经过老中医的指点,他又增加了五味药料,故取名"五香",经煮制后果然味美异常。后经不断研究改进并逐步完善,终使其成为全国闻名的传统名吃"德州五香脱骨扒鸡"。

原料:净雏鸡5000克,酱油100克,精盐50克,老汤2000克,饴糖100克,姜15克,花生油5000克(约耗300克),药料袋1个(见后)。

切配:将宰杀冲烫净的鸡,两腿向后交叉盘入肛门刀口处,双翅由颈部刀口处伸进,在嘴内盘出,口衔双翅,体呈卧姿,晾干待用。

烹调:(1)用饴糖将鸡全身抹匀。锅内放入花生油,中火烧至八成熟时,入鸡炸至金黄透红时捞出。

(2)将炸好的鸡整齐地排入锅内,加入老汤、清水(漫过鸡为宜)、姜(用刀拍松)、药料、酱油、精盐,用铁算子将鸡压紧,旺火烧开,小火焖煮六至八小时左右。

(3)将铁算子取出,用旺火煮沸,用勺子搭住鸡头颈部,轻提扣到漏勺内,在汤中冲烫一下,捞出摆好即成。

操作要领:(1)选鸡时要用雏鸡,每只净重在500克至600克最好。

(2)每次煮完鸡后,要将老汤重新烧开,并撇净浮油晾凉,以防变质。

附:药料的配方

花椒1.6克,陈皮1.6克,大料3.2克,小茴香1.6克,桂皮3.2克,白芷、肉蔻、桂条、草果、丁香、砂仁各适量,掺合均匀,用净纱布包好即可。

4. 道口烧鸡

道口位于河南省北部卫水之滨,素有"烧鸡之乡"的美誉。此地出品的道口烧鸡,色泽鲜艳,异香扑鼻。造型美观,一抖即散,与黄河以北的德州扒鸡齐名。

据《滑县志》记载,道口烧鸡始于清顺治十八年(1661年),距今已有300多年的历史。首先由"义兴张烧鸡店"所创,当时由于制作简单,配料不多,烧鸡没有特色,生意清淡,规模较小。到了乾隆五十二年(1787年)"义兴张烧鸡店"传给张炳经营。张炳虽然精明,但也没有想出使烧鸡店兴隆的好办法,只好保本经营。这天张炳正在店里独自喝闷酒,门外有老者直呼其名叫他出去,原来是他的一个多年未见的旧相识。张炳将老相识让进店里,添酒加菜,两人谈起分别后的情况。当旧相识说他曾在清宫御膳房做过御厨时,张炳眼睛一亮,赶快问他会不会做烧鸡,旧相识便把宫廷烧鸡秘方告诉张炳:"要想烤鸡香,八料加老汤",并详细给张炳讲述了八种香料的名称及配比秘方,还亲自到烧鸡房煮了一锅老汤。张炳如法炮制,果然烧鸡香味浓郁异常。于是一传十,十传百,不长时间"义兴张烧鸡店"便兴隆起来,而且还广销四方,驰名外地。清嘉庆年间,有一次嘉庆皇帝南巡路过道口时,突闻异香扑鼻,顿时精神一振,食欲大增。便问左右:"何物乃发此香?"左右答道:"烧鸡。"知县听后,赶忙差人去"义兴张烧鸡店"拿了两只上好的烧鸡献给嘉庆皇帝。嘉庆皇帝食后,龙颜大悦,连称奇香无比,并随之手书"色、香、味三绝"留给店家。从此,道口烧鸡成了清宫御用贡品。张炳的世代子孙,继承和发展了祖传的精湛技艺,使"义兴张"烧鸡始终保持着它的独特风味,至今畅销不衰。

原料:活雏鸡1000克左右(1只),糖稀10克,砂仁2.5克,豆蔻2.5克,丁香1克,草果1克,肉桂1.5克,良姜1.5克,陈皮1.5克,白芷1.5克,精盐10克,老汤适量,花生油1500克。

切配:(1)活雏鸡宰后放净血,在60~70℃左右的热水中浸烫后,煺净鸡毛,冲洗干净。

(2)从脖子根部开口,取出鸡嗉子,另从鸡腹部开口掏出五脏,去净血迹和污物。

(3)将鸡腹部向上,两腿别入腹部开口中,两翅反别交叉后,插入鸡的口腔内,再用温水漂洗一遍,晾干,全身均匀地抹上一层糖稀。

(4)将八种香料用纱布包好。

烹调:(1)锅内放入花生油,旺火烧至七八成热,把鸡放入炸成柿红色,捞出控净油。

(2)将清水、老汤、精盐、糖稀、香料包、炸好的鸡一起放锅中,用武火把汤烧开,再放入火硝,撇去杂质,改用文火焖制约5小时,至鸡肉离骨,即可出锅。

操作要领:(1)活雏鸡要选当年的,最多不能超过1年半。

(2)香料包要包紧,且严格按比例配制。

(3)掌握好焖制的火候和时间。

5.聊城熏鸡

聊城熏鸡历来出名,经大运河远销京津和大江南北,深受食客欢迎。迄今,民间流传着"东昌府"有三黑儿:乌枣、香疙瘩和熏鸡儿的俗语。这聊城熏鸡,色呈栗红、香醇味美、质地硬韧、有浓郁熏香和药料香味,可久贮不变质。

聊城熏鸡是聊城城北关魏家于1810年前后创制的。故又称魏家熏鸡。因其制作技术和风味独特,又靠近大运河(聊城在清朝时是大运河在鲁西的一个大码头),故在道光年间就已成为名土特产之一而远近闻名。当时运河漕运畅通,南边阳谷、北边的临清及各地客商,于每年中秋节前后,纷纷成箱预约订购。多作为贵重的馈赠礼品,看望亲友或往来商贾、乡里缙绅等。现在当地过中秋节仍有送熏鸡、烧鸡的习俗。

在近代文坛上还有一段关于熏鸡的趣闻。那是1935年,山东省立聊城第三师范的一位教师,寄给当时在青岛山东大学的肖涤非先生一蒲包魏家熏鸡。肖涤非先生不知其名,在宴请老舍和赵少候先生的一次家宴上便拿出来待客。经品尝后皆称之"色泽光亮,香气扑鼻……很是诱人"。于是赵教授便请老舍先生予以命名。老舍先生说:"这鸡的皮色黑里泛紫,还有点铁骨铮铮的样子,不是很像京剧里那个铁面无私的黑老包吗?干脆就叫铁公鸡。"

原料:肥嫩公鸡5只(约4000克),丁香10克,八角15克,砂仁10克,桂皮10克,茴香5克,肉桂10克,白芷10克,食盐40克,鲜姜50克,鸡油50克,糖色少许,植物油1500克。

切配:(1)将公鸡宰杀煺毛除去嗉袋、内脏洗净,放入清水中烫泡一下捞出,控净水分晾干。盘窝成型后抹上糖色。

(2)把肉桂拍烂,桂皮掰开,姜整块拍碎。

烹调:(1)油锅烧至八九成热时,下入抹好糖色的鸡,炸至皮呈深红色时捞出,控净油。

(2)把各种香料和姜块一起下入清水锅并放入所有调料,烧沸后把炸好的鸡逐个放入煮锅内,旺火煮30分钟(即熟),停火焖2小时出锅,控净汤汁。

(3)熏锅下部放松、柏、枣木锯末,点燃后上部放熏鸡架铁网,然后把煮好的鸡摆放在架网上,上盖一层席做的熏锅盖(透气性能好),以保温、出烟、出气。开始一小时翻一次,后半小时翻一次,熏5小时即好。出锅后,逐个表面抹上鸡油即成。

操作要领:(1)公鸡抹糖色时,要擦干鸡身上的水,并将糖色抹匀。

(2)煮制时,以嫩熟为宜,不要煮得太烂,以便熏制时保持造型。

(3)熏制时要勤翻动鸡身,以使熏制的色泽均匀。

(4)食用时需要蒸制后撕成丝,下酒、佐茶皆宜。

6. 莱阳卤鸡

莱阳卤鸡,是山东的一款地方风味菜,起源于清朝末年,与德州扒鸡同齐名于齐鲁大地,享有很高的声誉。

相传,莱阳卤鸡的首创者姓牛,初时是经营白煮鸡的。一次夜间加工白煮鸡,待原料全部入锅后,由于连日的加工销售,疲劳过度,昏昏睡去。第二天一早醒来才想起了锅里煮的鸡,揭开一看,煮的鸡个个被卤汁包围着,用手一搂,肉质全部脱骨,非常酥烂。无奈,只好拿到市场上论只出售。当地人从没有见过这样的鸡肴,便纷纷买来品尝,人人称赞味道特别的清鲜,由此名声大振。

莱阳卤鸡成品鲜烂清爽,为夏季时令佳肴,尤其是卤汁,汤清、色白、味醇,鲜美异常。原因是几次煮鸡用的汤胶质重,黏性强,故卤汁沾在鸡身上后,色白透明,格外吸引食客。

原料:净公鸡1只(约重750克),鲜猪肉皮150克,清汤1000克,葱段25克,姜块25克,花椒10克,大料15克,精盐9克,味精4克,料酒15克,竹棍一节,白矾适量。

切配:(1)将鸡切去鸡爪、腚尖、翅尖、嘴尖洗净,将竹棍从宰杀鸡的刀口处横放入,使鸡腹撑开。

(2)猪肉皮煺去皮毛,切成大方块。

(3)花椒、大料、葱段、姜块用洁纱布包住,扎住口,成为调料包。

烹调:(1)将鸡和猪皮一起放锅内,加清汤1000克,再放入精盐、味精、料酒、调料包,用慢火炖烂取出,拿去竹棍,脊背皮面朝下放大碗内。

(2)原汤捞出调料包和猪皮不要,烧开后调口,撇净浮沫,加适量白矾使杂质沉淀,滗取汤汁,慢浇入鸡碗内凉透,用圆盘扣住大碗,翻个倒盘内即成。

操作要领:原汤清汤时,应滤净杂质,加白矾进行处理,以保持汤清、透明的特点。

7. 福山烧小鸡

山东福山烧小鸡有着悠久的历史,相传明朝年间民间已有所制。清朝时,福山史家庄村人史泗滨在北京东华门处开办的盒子铺,制作的烧鸡深受皇宫内臣的推崇,常作为御膳用品。该烧鸡极讲究原料的选择,制作时需采用当年的雏鸡,品种以"食鸡"为上。据传,自金以后,山东半岛和辽东半岛的水陆来往非常频繁。明朝年间,辽阳出产一种食鸡,其肉质细嫩,脂肪小,极香美。李时珍《本草纲目》中已有记载:"辽阳一种食鸡,一种丫鸡,味俱肥美。"后被货船载至福山,当地人便将此鸡生息繁殖,用于食用。因鸡个体较小,且为当年的小鸡,故名"烧小鸡"。此鸡制熟后,素以形态独特,色泽红润光亮,肉质醇香著称。文革期间秘方失传,几乎绝迹,近年已有所恢复,但其品质却远不如早年所制。

原料:活鸡一只(约重750克),饴糖50克,花椒10克,大料8克,桂皮8克,熟花生油1000克,葱段25克,姜片15克,葱姜米10克,精盐8克,味精4克,酱油15克,蒜泥6克,高粱秸一段(15厘米长)。

切配:在活鸡肚子下用刀割一刀口,放净血,用70℃左右的热水冲烫后,去净羽毛,剥去脚爪上的老皮,用刀在鸡肛门处顺割一小口,取出内脏、食管,剁去爪尖,用水洗净,将鸡两只翅膀由鸡嘴内穿过,向后别住。葱段、姜汁、花椒、大料各取1/3拌匀,装入鸡腹内。再把两大腿交叉塞入鸡腹内,同时把高粱秸顺着肛门处插入,撑在鸡胸脯下头的软骨上。

烹调:(1)花椒压碎,加精盐、葱姜米拌和,均匀地擦在鸡身上腌3小时,用洁布擦干,并在鸡身上均匀地抹一层饴糖。

(2)勺内放花生油1000克,烧至八成热时,将鸡放入炸至呈枣红色捞出,控净油分。

(3)锅内加清水(以淹没鸡为度),把炸好的鸡放入,再加花椒、大料、桂皮(用洁纱布包住)、精盐、味精、酱油在旺火上烧沸,撇去浮沫,移至微火上焖煮20~30分钟,至鸡酥烂时捞出,抽出高粱秸即成。上桌时将鸡撕开放盘内,浇上少许原汁。

操作要领:(1)初加工时,要掌握好水温,水温过高,鸡皮易碎;水温过低,拔不净毛。

(2)在鸡肛门处所开的刀口不宜太大。

(3)用花椒末、精盐、葱姜米在鸡外皮上腌渍时,应轻轻揉搓,以免弄碎鸡皮,影响整鸡的形状完整。

(4)鸡过油时,要掌握油温。过高,易使鸡上色过大;过低,鸡外皮上不去色。

(5)鸡在锅里焖煮至烂时,应迅速取出,防止烂在汤里。

8. 葫芦鸡

此菜是陕西传统名菜,以西安饭庄制作的最为有名。相传,葫芦鸡始出于唐玄宗礼吏尚书韦陟的家厨手中。据说韦陟的家厨制作此菜是先把鸡捆扎起来,然后再采取煮、蒸和油炸的方法。这样做出的鸡,不但香醇酥嫩,而且形似葫芦。后来人们就把采用这种方法制作的鸡叫"葫芦鸡",一直流传至今,颇受中外顾客的赞赏,被誉为"长安第一味"。此菜还曾获原商业部金鼎奖。特点是皮酥肉嫩,香烂味醇。

原料:肥母鸡1只(约1000克),葱段25克,姜片10克,桂皮5克,八角4克,酱油30克,料酒15克,精盐6克,肉汤750克,植物油1000克。

切配:(1)将鸡粗加工后洗净,放水中漂30分钟除净血污,剁去脚爪,用麻丝将鸡捆成葫芦状,然后投入沸水锅中煮约30分钟取出,割断腿骨上的筋。

（2）将鸡放入蒸盆内注入肉汤（以淹没鸡为度），加料酒、酱油、精盐，将葱、姜、桂皮、八角放在鸡肉上，入笼用旺火蒸约2小时取出，拣去葱、姜、桂皮、八角，沥干水，顺脊骨将鸡剖开。

烹调：锅坐火上，添油烧至八成熟，将鸡背向下推入锅内，炸至金黄色捞出，将鸡的胸部向上，用手掬拢，呈葫芦形，放入盘中，上桌时另带椒盐小碟。

操作要领：（1）鸡要提前捆好，保持整形。

（2）鸡要蒸透，油温要适宜，炸前要刺破鸡眼以防止入油爆炸。

9. 芦花鸡

此菜是河北省的一款地方风味菜。相传战国时期有一位员外，在芦塘边宴请高朋贵客。家厨精心制作了一道鸡菜亲自敬上席桌，当时正值芦花飞絮时节，不巧芦花飘落到鸡身上，上席后大家争相品尝。鸡肉鲜嫩清香，却不知此菜叫何名。员外也不知如何答对，家厨见状触景生情的说："此乃芦花鸡也"，后来经历代厨师们神手妙传，一直延续至今。现在每逢芦花飞絮、仔鸡肥嫩之时，此菜仍是筵席中不可缺少的大件之一。

芦花鸡采用清炸的烹调技法精制而成，成品外酥脆，里软嫩，口味咸鲜清香，造型美观大方。

原料：肥嫩的白条鸡1只（约重750克），净菠菜头300克，酱油20克，料酒10克，精盐6克，大料2瓣，胡椒粉2克，味精4克，椒盐10克，花生油1500克，葱姜块各15克，香油少许。

切配：（1）将白条鸡背部劈开，用刀拍平拍松，胸骨、腿骨砸断，放入盆内加酱油、精盐、味精、花椒、大料、料酒、葱姜块、胡椒粉腌渍3个小时。

（2）菠菜头洗净备用。

烹调：（1）勺内加花生油烧至八成热后，放入整鸡炸至成熟，捞出切长方块按原鸡形码入盘的一侧。

（2）另起油锅烧热，放菠菜头煸炒，加料酒、精盐、味精，淋入香油翻匀出勺，盛入盘的另一侧。

（3）上桌时，将椒盐放入盘的两侧即可。

操作要领：（1）主料须选用当年肥雏鸡，以保证菜肴的质量。

（2）炸时要掌握好油温和火力，并要采用复炸的方法，这样才能使成品达到外酥里嫩的要求。

10. 阳谷烧鸡

《金瓶梅》故事发生地阳谷县周围有许多久负盛名的烧鸡、扒鸡。如南边的河南道口烧鸡，北边的禹城五香扒鸡，德州的脱骨扒鸡，东南的符离集烧鸡等，都是有名的地方名吃。而阳谷县城里也有一家名气很大的烧鸡店——刘记烧鸡店，现因刘家后代刘福月支撑门面，故又称"刘福月烧鸡店"，据其经营者讲，至今已有几百年的历史了。制作烧鸡关键是要有好的"老汤"，另外，新配的香料包也很重要，香料的种类和搭配不同，做出来的烧鸡的风味就不同。

阳谷烧鸡的特点是：鸡身呈浅红色、微带橘黄，鸡皮不破不裂，鸡肉完整，一咬齐茬，虽脆不烂，肉嫩味美，香透入骨。

原料：嫩雏鸡或肥母鸡（半年以上、两年以内）1只（重约1000～1250克），药料包1个（内装大茴香1克，小茴香1克，桂皮8克，丁香5克，草果5克，肉蔻5克，陈皮1克，砂仁1克，良姜8克，白芷1克），老汤1000克，清汤500克，酱油25克，料酒25克，盐10克。

切配:(1)将鸡宰杀后,趁鸡体尚温时,将其放到70~80℃热水中浸烫,然后煺尽大毛和绒毛,搓去爪、舌和嘴上的老皮与硬壳。

(2)在靠鸡肩的颈部直开一口,取出鸡嗉与食管。再从靠近腹部处横开5厘米长刀口,掏出内脏,剪断胸骨,洗净。用厨刀背敲断大腿骨,从腹部开口处把双爪交叉插入鸡腹部内。再将右鸡翅膀从宰口处穿入,膀尖露出鸡嘴口,左膀向里别在背上与膀成一直线(这样鸡的腿爪将鸡腹撑鼓,使烧鸡格外肥美)。

烹调:(1)将别好的鸡,挂起晾干表面水分,再用软毛刷在鸡皮上涂匀蜂蜜水(蜜占40%,水占60%),入八成热油锅中炸成橘红色捞出。

(2)把炸好的鸡放入循环使用的陈年"老汤"中,加入药料包,续加适量的盐及水。先用武火将汤煮开,然后再用小火煮至入味(约半个小时至1小时),停火后再焖1~2个小时,待全部晾透以后,再小心捞出即成。

操作关键:(1)烧鸡的造型要美观,"别"鸡又叫"盘鸡",是一个很见功夫的技术活,必须注意操作步骤。

(2)煮鸡时,要注意火候,以断荏为妙,不可太烂。

11. 鸾凤下蛋

鸾凤下蛋是山东阳谷县城的传统名吃,相传是阳谷紫石街狮子大酒楼所烹制的名菜。原名写作"恋凤下蛋"但"恋"字在此很难讲通,可能是文化水平较低的厨师写的白字,故这里改为"鸾"。

阳谷县城中央的狮子楼,因武松在此斗西门庆而闻名于世。狮子大酒楼在阳谷、章丘一带很有名气,店里有几位身怀绝技的厨师使菜肴风味独具一格,鸾凤下蛋就是一位张姓厨师所创制的。一天店里买来几只活鸡准备中午的县衙官饭。那张师傅提刀前来杀鸡,杀的最后一只是只老母鸡,因为惊吓,竟当着张师傅的面下出个蛋来,张师傅对此很感奇巧,于是便记在心里。又想起张老爷常爱吃布袋鸡和余丸子。于是他将肉丸子放入布袋鸡中,上笼蒸烂后,取出,用筷子一按,一个个滚圆的丸子从布袋鸡的屁股里滚出来。中午县衙来宴饮时,对此大加赞赏。以后每当张老爷来狮子楼饮酒,张师傅必给他做个鸾凤下蛋。以后这菜便成为一款名菜在阳谷县流传开来。

原料:嫩母鸡1只(约1000克),煮熟鸡蛋1个,水发海参30克,水发海米20克,水发鱿鱼30克,水发香菇20克,鸡丸子20克,玉米片20克,木耳20克,火腿20克,料酒15克,味精5克,八角4克,花椒5克,茴香3克,精盐12克,葱末10克,姜末5克,清汤适量。

切配:(1)将鸡宰杀后拔毛洗净,从肛门周围用小刀旋开皮,向外、向前翻起,用绳子扎住肛门,把尾根骨砍断,用小刀将皮、肉边剥边翻至大腿骨与身架骨连接处,斩断筋腱。鸡皮肉带腿继续向前翻至翅膀与身架骨连接处,用刀截断筋腱。鸡皮肉带翅向前翻至头顶,将无皮肉的身架骨、颈连同嗉袋、内脏及半个鸡头剁掉,再依次将腿骨、翅骨抽出,剁去爪尖,翅尖骨保留。将八角、茴香、花椒、精盐用水浸泡3小时,然后用泡制好的香料水,将出骨的鸡喂口入味。

(2)水发海参、海米、玉兰片、木耳、香菇和火腿均切成小方丁。

(3)熟鸡蛋剥去皮。

烹调:(1)油少许烧热,用八角、花椒、小茴香煸出香味来捞出,入葱、姜末稍煸,加海参丁、鱿鱼丁、海米丁、木耳、香菇丁、鸡丸子、火腿丁颠翻炒熟,再加入精盐、料酒、味精等调匀,然后装入喂好的布袋鸡中,体腔内及颈部全部填上馅(不宜过满)。在尾端开口处填上一个去皮的鸡蛋,如开口过大可用竹签别住。

（2）将鸡装好后放在笊篱上,鸡腿盘曲,头颈盘变,腹朝下,笊篱贴着沸水锅,用勺舀沸水先烫一遍后,再将鸡中前部放入沸水烫 2 分钟,捞出放入蒸盘,让鸡弯脖、抿翅,像鸡卧窝下蛋状,放入汤盘内。

（3）在烫洗完整形后的鸡身上,用筷子穿 6 个洞（从鸡腹部,不要穿透鸡背）。奶汤加盐、茴香、料酒、花椒调成蒸汤,浇入蒸盘中,入笼蒸至熟烂取出,滗出原汤,放在大件盘内（最好上鸭池）。原汤除去浮油,稍加调味,开沸后浇在鸡身上即可。

操作要领:（1）整鸡去骨时,要注意脊背和鸡腹部,不要划破皮。

（2）装馅时不宜装得太满,以免蒸制时撑破,且在鸡腹部表面用竹签插几个洞。

12. 百鸟朝凤

凤凰乃古代传说中的百鸟之王,羽毛异常美丽,雄称凤雌为凰。古称八珍之一有"凤髓"之说,《诗经》上有"凤凰于飞"的名词。孔子有"凤凰不至,河不出图"之叹。我国人民常以蛇喻龙,鸡喻凤,用来象征"富贵"和"吉祥"。

百鸟朝凤是以整只鸡卧于盘中为凤,用虾制成形态各异的小鸟迎风飞舞,整个菜肴造型别致,色彩美观,形象逼真,原料多样,口味丰富多彩。此菜是参加全国第二界烹饪大赛中的展台作品之一。

原料:净雏鸡 1 只（约 750 克）,鸽蛋 12 个,对虾 12 个,小口蘑 24 个,黑芝麻 24 粒,火腿 5 克,油菜心 100 克,酱油 25 克,精盐 10 克,味精 4 克,料酒 15 克,白糖 10 克,蛋清 2 个,葱段、姜块各 15 克,葱姜末 5 克,大料 3 瓣,干淀粉 25 克,糖色 5 克,鸡油 10 克。

切配:（1）将雏鸡先用盐、料酒、味精、酱油、葱、姜腌渍入味,再用开水稍烫,擦净水分,双腿别入鸡腹内,双翅从气管处插入鸡嘴,抹均糖色。

（2）对虾去头皮留尾,从背部片开呈合页形,将虾前部的肉切去 1/3,加少许盐、料酒拌渍,里面拍一层干淀粉。

（3）切下的虾肉剁成馅,加精盐、葱姜米、蛋清制成茸泥,抹在合页形的虾上,尾部较薄,前部稍厚,在前部放煮熟去皮的鸽蛋 1 只,用黑芝麻做眼,火腿切长三棱形做嘴,口蘑切连刀片捻开做翅膀。

烹调:（1）将鸡用八成热油炸至深红色,放入锅内加清汤、大料、葱段、姜块、酱油、精盐、味精焖至熟烂入味,捞出装在大盘中间。原汤勾流芡,浇在鸡身上。

（2）虾鸟在笼蒸 3 分钟取出摆在鸡周围。勺内加高汤（50 克）、盐、味精调好口味,勾米汤芡淋鸡油浇在虾鸟身上。

（3）油菜心放油勺内加调味煸炒至嫩熟,围摆在鸡的周围即成。

操作要领:（1）凤凰制作要软烂入味又不失原形,芡汁浇淋要均匀。

（2）用虾做成的小鸟蒸制时要准确掌握火候,达到嫩熟即可。蒸火大了容易变形。

13. 小鸡炖蘑菇

蘑菇属菌类食品,种类繁多,可食用的就达 300 余中,香菇以营养超过其他所有的品种而被称为蘑菇家族中的"皇后"。据传,明太祖朱元璋定都金陵时恰逢旱灾,为了祈佛求雨,带头戒荤食素,可时间长了,口中觉得甚为寡淡,恰逢国师刘伯温从家中带来特产——香菇,经烹调食用后朱元璋觉得味道香鲜异常,以后便下令将其列为贡品,因此有古诗云:"皇帝亲封龙庆京,国师讨来种香菇。"

香菇含有丰富的蛋白质、维生素、多种矿物质和麦角固醇,其蛋白质中含有各种氨基酸,多达十八种。在医学上香菇也有较高的药用价值,《日用本草》中记有香菇能"意气不饥,治风破血"。中医认为香菇性为甘平,可以健胃益气,化痰利尿,抑制血清,降低血压,对防止动脉硬化和防止心血管疾病都有较好作用。

此菜选用优质香菇与小雏鸡为主料,经慢火炖制而成,成菜口味香鲜,质地酥烂适口,营养价值极为丰富,是理想的滋补佳肴。

原料:小嫩母鸡1只(约750克),发好的香菇250克,净大葱3段,去皮鲜姜2片,香菜梗10克,花椒水50克,料酒30克,酱油25克,精盐8克,味精4克,大料5瓣,熟猪油100克,鸡清汤适量。

切配:(1)将鸡剁成4厘米长、2.5厘米宽的块,放入凉水内浸泡洗净,放入开水锅内略烫捞出。

(2)香菇去掉根和杂质,大的切开。

烹调:锅中放熟猪油,烧至七成熟时,放入烫好的鸡块、葱段、姜片、大料煸炒,待香味溢出时加入酱油略炒,添汤,放入蘑菇、料酒用旺火烧开,撇净浮沫,用小火慢炖,待鸡肉八成烂时放入精盐,成熟后拣起葱段、姜片、大料,放入味精、香菜梗,出锅装碗即成。

操作要领:(1)要选用散养的小母鸡,因散养的鸡活动量大,能吃到昆虫等动物,肉质鲜美。

(2)炖制时,要用小火慢慢炖,以保汤味鲜美,主料酥烂。

14. 碧桃鸡

碧桃是一种优质核仙桃,个儿不大,但皮薄肉丰,厨师仿其形以鸡肉与核桃仁为原料做成碧桃鸡,其特点是鸡肉鲜嫩,核桃仁香脆,色泽美观,别有风味。此菜不仅色味俱佳,而且还具有一定的药用价值。因为核桃仁有滋补强壮的作用;鸡肉营养丰富,补养气血。故此菜对于营养不足引起的阳痿、尿频;肺肾两虚引起的咳嗽、气喘;精血亏少引起的眩晕、便秘等症,均有一定的食疗效果。

原料:鸡脯肉300克,鲜核桃仁75克,熟火腿末、黄瓜皮末、水发冬菇末共30克,葱姜末少许,熟猪油750克,料酒10克,精盐3克,味精2克,清汤50克,鸡蛋清1个,湿淀粉25克。

切配:(1)将鸡脯肉片成长宽各5厘米的薄片,放入蛋清、盐、湿淀粉,抓均上好浆。

(2)将鲜核桃仁(干核桃仁亦可)去皮,每个劈成四瓣,每片鸡肉包上一块核桃仁,外面再滚上少许火腿、冬菇、黄瓜皮末。

(3)小碗中放清汤、料酒、精盐、淀粉,对成滋水备用。

烹调:(1)勺内放入熟猪油,烧至七成热时,把包好的碧桃鸡,逐个放入油内炸至嫩熟时,捞出控净油。

(2)勺内留底油少许浇热,用葱姜末炝锅,放入碧桃鸡,倒入对好的滋水,快速颠翻出勺即成。

操作要领:(1)鸡脯肉在片制时要完整,不要破损。

(2)鸡脯肉片好后先入味,再用蛋清、湿淀粉上浆,特别是浆要厚,使劲抓匀。

(3)炸制时,油温不宜过高,以六七成热为宜。

15. 套四宝

相传明朝初年太行山下有位姓王的老汉,三个儿子都不会持家,而其三个儿媳却都聪明能干。老汉恐怕自己死后,家产分散。就想出个题目,在三个儿媳中挑选一位最聪明能干的来当家、管家。于是他把儿子儿媳叫在一起说了自己的想法,大家听后,都觉得在理,就请老汉出了题目:一碗云朵茶,二座金银山,三斤装一碗,四禽在一盘。大儿媳妇便煮了一个荷包蛋,蒸了两锅米饭(大米和小米各一锅),做了一锅鸡、鸭、鹅、鸽子肉制成的杂烩汤。老汉摆摆手,没相中。二儿媳甩了一碗鸡蛋汤,用白面和玉米面搅了两碗疙瘩头,鸡、鸭、鹅、鹌鹑剁块烧了一盘。老汉看了摆摆手,不满意。三儿媳妇炒白面,甩鸡子,冲了一碗鸡子茶,蒸了白面、玉米面两个窝窝头,并把牛、羊、猪的蹄筋炒了一碗菜,最后又把鹌鹑塞进鸽肚里,鸽子塞进鸡肚里,鸡再塞进鸭肚子,煮熟了放在盘里,老汉尝了尝,很满意。就叫三儿媳当了家。"四禽在一盘"被厨师改进后,取名叫"套四宝",成为当地很有名的菜。

原料:鸡、鸭、鸽子、鹌鹑各1只(约1650克),水发干贝、水发海参丁、火腿丁、冬菇丁、水发鱿鱼丁、海米、青豆、熟糯米各10克,葱姜各15克,精盐15克,味精5克,绍酒25克,酱油25克,清汤1000克。

切配:(1)鸡、鸭子、鸽子、鹌鹑宰杀后煺净毛,分别加工成布袋形(即整只去骨),并剁去所有爪骨翅尖和2/3的嘴尖,里外洗净。

(2)将各种配料加少许酱油、精盐、味精、绍酒调好味后,拌成馅。

(3)净白布铺在墩子上,将拌成的馅装入鹌鹑腹内,放在汤锅内浸出血沫,将鹌鹑装入鸽子腹内,放在汤锅内浸出血沫,再将鸽子装入鸡脯内,烫出血沫,再装入鸭子腹内,用鸡肠笋把鸭子的开口处扎住。

烹调:(1)把鸭子下入汤锅内煮沸浸透,捞出,用温水洗净。

(2)把鸭子放入大盆里,再放上葱、姜等调料,添入清汤,上笼蒸烂。

(3)下笼,拣出葱、姜,浆汤滗入炒锅内,鸭子放入一品锅内。

(4)将炒锅放火上,补加适量清汤调好味烧沸后,撇去浮沫,盛入一品锅即成。

操作要领:(1)整只原料(如鸡)去骨,切忌将皮弄破,下刀时要多加注意,翅尖要去净。

(2)四禽相套时,每套一只就要用沸水锅烫一次,以便去净血末。

(3)蒸制时,一定要掌握好火候,千万要蒸透、蒸至酥烂。

16. 火烧鸡芽

此菜是陕西曲江春酒家的创新菜。它是根据白居易《赋得古原草送别》:"离离原上草,一岁一枯荣,野火烧不尽,春风吹又生"的诗意研制的,它选用鸡肉和绿豆芽做主料。装盘时鸡肉居中,豆芽围在四周。吃起来脆嫩滑润、鲜香可口,食后再品味"野火烧不尽,春风吹又生"的哲理,愈觉回味无穷。

原料:鸡脯肉200克,绿豆芽250克,蛋清1个,青椒丝10克,精盐5克,料酒5克,湿淀粉15克,葱丝6克,姜丝5克,熟猪油1000克,鸡汤50克。

切配:将鸡脯肉上的筋膜去净,再切成细丝,用蛋清、湿淀粉上浆。绿豆芽去两头,用清水洗净。

烹调:(1)鸡丝用三四成温油滑熟,取出沥净油,勺内留底油烧热,加葱丝、姜丝、青椒丝煸炒,加鸡汤、盐、料酒,倒入鸡丝勾芡,装入盘中心。

(2)另起小油锅,倒入绿豆芽煸炒,加盐、鸡汤,急速翻炒出锅,围在鸡丝周围即成。

操作要领:(1)鸡丝应切的粗细均匀,长短一致。

(2)炒绿豆芽时火候要恰到好处,以防不脆或不熟。

17.泰山人参

泰安所产的豆腐浆细,含水量大,极嫩,历来深受人们的青睐。而以泰安豆腐制作的豆腐宴更是妙不可言,风味独特。泰山人参即是近几年来泰安厨师为豆腐宴所增添的创新菜肴之一,此菜以形象命名,取其安泰吉祥之意,用精湛的刀工,将鸡脯肉展开,包上豆腐泥,制成泰山人参状,经板炸而成。成品色泽金黄,形象逼真,口感外香酥,里鲜嫩,别具一格。

原料:净鸡脯肉500克(10块),豆腐泥150克,鸡蛋3个,面粉100克,面包渣150克,葱姜末10克,香菜心8克,花椒盐20克,花生油500克,精盐7克,味精3克,料酒15克,香油2克。

切配:(1)将鸡脯肉铺在墩上,在肉面上打十字花道,并用刀尖戳些小孔,再用刀背将鸡脯肉砸松,再从鸡脯长度的2/5处顺长划一刀,然后洒少许精盐、味精、料酒,略腌。

(2)鸡蛋磕入碗内搅匀,香菜心洗净用沸水略烫后速放冷水中透凉备用。

(3)豆腐泥放碗内,加精盐、味精、香油、葱姜末拌匀为馅。

(4)鸡脯肉面上洒适量干淀粉,用刀抹上一层豆腐馅,卷成两个大小相连的锥形卷,即"人参",共10个,并在粗头上各插一根细筷子棒。

烹调:将卷好的人参拍上面粉,沾匀鸡蛋液,滚均面包渣,下入六七成热的油锅内,慢火炸至深黄色捞出,拔出筷子棒,再逐个插入一根香菜心,摆在盘内,呈泰山人参状。外带椒盐一小碟上桌。

操作要领:(1)用刀背砸鸡脯时,用刀要均匀,以免砸烂鸡脯,影响造型。

(2)为了使人参形象逼真,鸡脯肉改刀时,注意上部留4厘米不切开,下部切开卷成两个小人参腿。

(3)过油时要注意油温,太高易上色,太低容易脱糊。

18.酱爆鸡丁

鸡是一种食用和药用价值极高的禽类烹饪原料,素有"营养之源"的称号。据分析鸡肉里面的蛋白质高达23.2%,比猪肉、羊肉、牛肉、鹅肉的蛋白质高1/3或一倍以上。脂肪含量比各种畜禽肉类低得多,这表明适当吃些鸡肉,不但能增进人体健康,而且不会令人增肥。然而,作为烹调原料,最受人推崇的莫过于其味道的鲜美。我国制作鸡肴,有丰富的烹调技法,焖、炖、蒸、煮、炒、炸等法无一不可,尤以"爆"法风格独特,能保持其味道鲜美、肉质滑软、醇厚清腴的特点。

爆鸡丁是一款历史久远的禽类肴味,《随园食单·鸡丁》中"有取鸡脯肉切股子小块,入滚油炮(爆)炒之,用秋油、酒吸起;加荸荠丁、笋丁、香蕈丁拌之"的记载。此处介绍的是"油爆鸡丁"的做法,是后人在此基础上,再配以调料——面酱,又增加了醇香、浓郁酱香味的特点。

原料:鸡脯肉400克,葱姜米6克,青菜丁15克,玉兰片丁25克,甜面酱25克,精盐2克,味精2克,湿淀粉20克,清汤75克,熟猪油500克,香油3克。

切配:(1)将鸡脯肉锲上多十字花刀,改成1厘米见方的丁,用蛋清、精盐、湿淀粉抓匀。

(2)用清汤、味精、湿淀粉、香油对成汁水。

烹调:猪油 500 克下勺,烧至四成热时,将鸡丁放入,用铁筷滑散至九成熟,捞出控净油分。另起油锅烧热,加甜面酱下勺煸熟,用葱姜米、青菜丁爆锅,倒入鸡丁及对好的汁水快速翻炒成包芡,盛出即可。

操作要领:(1)鸡丁改的要大小相等,厚薄一致。

(2)鸡丁滑油时,油温不宜过高,以保持鸡丁的色泽洁白。

(3)烹调时,面酱需炒到有浓郁的酱香味至熟时,再加其他配料和汁水。

19. 鸡丝银针

鸡丝银针的主料为鸡脯肉和掐菜(也就是掐去顶芽和根须的绿豆芽)。绿豆芽又叫豆莛,是绿豆在水淋和无光条件下长出的嫩茎,和豆腐同为我国饮食文化的伟大发明之一。绿豆芽洁白似银,冰晶玉洁。明代诗人陈凝曾作赋赞扬:"有彼物兮,冰肌玉洁,子不入于污泥,根不资于扶植,金芽寸长,珠瓣双粒,匪绿匪青,不丹不赤,宛如白龙之须,仿佛春蚕之蚕。虽狂风急雨,不减其芳,重露严霜,不凋其实。物美而价清,众知而易识。不劳乎桂椒之调,不资乎刍豢之计,数致而不穷,数食而不致"。绿豆芽有丰富的营养,并有清热解毒的功效。鸡丝银针采用津菜擅长的清炒技法,使菜品色彩洁白,鸡丝柔软细嫩,掐菜无豆腥味,不塌秧,清汁无芡,鲜咸清淡,为苦夏盛暑季节时菜。1983 年天津劳动模范、特级厨师赵克勤曾以此菜参加"首届全国烹饪技术表演鉴定会"受到好评。

原料:鸡脯肉 250 克,掐菜 250 克,蛋清 30 克,淀粉 25 克,葱丝 5 克,料酒 10 克,姜汁 10 克,盐 5 克,味精 2 克,油 1000 克(实耗 50 克),浓花椒油 25 克。

切配:将鸡脯肉切成细丝,加精盐、料酒、姜汁搅匀,再分两次添水 50 克,然后再加湿淀粉、蛋清上好浆。

烹调:(1)勺内加油,烧至三四成热时,将鸡丝下入划好,捞出控净油。将勺加入油烧至五六成热,再将掐菜下入用热油激一下,捞出控净油。

(2)勺内加底油烧热,用葱丝炝锅。下入鸡丝、掐菜,边烹调料边颠勺,最后淋入花椒油,颠匀出勺装盘。

操作要领:(1)关键在于掐菜的火候,过小则有豆腥味,过大则变色塌秧;一般炒掐菜的火候略小一些,以保证色彩不变,而以浓的花椒油遮去残留的豆腥气。

(2)常炒此菜的老师傅有直接将生掐菜入勺煸炒的,其技术难度很大,一般厨师不宜采用。

(3)此菜清汁无芡,以略倾菜碟,可见汤汁浮有油星为标准。

20. 生炒辣椒鸡

鸡是常用的主要禽类原料之一,按用途可分为肉用鸡、蛋用鸡、肉蛋兼用鸡、药用鸡等。因肉用鸡具有生长快,肉质细嫩,易于成熟等特点,近几年使用较为普遍,但此类鸡在养殖过程中,由于饲料配置不规范,造成了生长过快,肉质下降,鲜味不足,香味不浓等缺点,也直接影响了菜品的质量。生炒辣子鸡应选用家庭自然放养的肉蛋两用鸡,以当年的雏鸡为好,宰杀改刀后,再配以青红辣椒,采用生炒的方法,精烹而成。

此菜色泽美观,主料质地脆嫩,口味咸鲜香辣,不仅可作为家常小菜,又能用于中高档宴会,是胶东地区的一款地方风味菜。

原料:生鸡 400 克,马蹄葱 15 克,姜丝 5 克,青红辣椒 75 克,冬笋 15 克,水发冬菇 25 克,精盐 2 克,酱油 25 克,绍酒 5 克,味精 3 克,清汤 75 克,香油适量。

　　切配:(1)将鸡去掉头、爪、翅尖洗净,片成两半,先用刀拍平,然后剁成约 1 厘米宽、5 厘米长的条。

　　(2)勺内放底油 25 克烧热,用葱姜爆锅,加绍酒、酱油、味精、青汤、鸡条煨烧至九成熟时,加辣椒、冬笋、冬菇炒熟,滴上香油翻匀出勺。

　　操作要领:(1)生鸡以当年的小嫩公鸡为好,如果鸡个头较大,改刀前须用刀背排砸一遍,并将粗腿骨剔去,以便于切配烹调。

　　(2)剁好的鸡条过油时,应适当掌握火候,每次下勺的数量不可过多,否则不宜上色。

　　(3)菜肴出勺时,汤汁应收浓。

　　补充说明:生炒雏鸡的做法与生炒辣椒鸡基本相似,只是配料去掉辣椒。另配以应时的青菜即可。

21. 白玉鸡脯

　　白玉鸡脯是一款新菜,它是在浮油鸡片的基础上加以改进而成的。在鸡泥中除加入适量的蛋清外,又加入了蛋泡,其制作方法还增加了用水汆制的过程。唐山名厨靖三元先生在"第一届全国烹饪大赛"中烹制此菜,受到了专家们的高度评价。

　　此菜色泽洁白似玉,质地软嫩,口味鲜美,芡汁明亮,再配以碧绿的菜心,使成品更加赏心悦目。

　　原料:鸡里脊肉 200 克,鸡蛋清 8 个,油菜心 15 克,熟猪油 1000 克,葱姜水 25 克,精盐 4 克,味精 2 克,清汤 50 克,干淀粉 3 克。

　　切配:(1)鸡里脊去筋用刀背砸成茸泥,加葱姜水搅匀后加蛋清 4 个,熟猪油 10 克及味精、精盐搅匀上劲。

　　(2)将其余 4 个蛋清打成蛋泡,加入鸡泥中搅拌均匀。油菜用开水汆烫后捞出晾凉待用。

　　烹调:(1)炒勺内放入清水,开锅后将鸡片汆烫一下,除去表面油渍捞出。

　　(2)炒勺放入葱姜水和清汤,加入精盐、味精和汆好的鸡片、菜心,烧开后用淀粉勾芡,淋明油,大翻勺装盘即可。

　　操作要领:(1)砸鸡茸泥时一定要细,搅拌时要加少量的葱姜水调开,再加蛋清拌匀,否则易出现块状。

　　(2)用油吊鸡片时,要特别注意油温的变化,要保持在 90℃～100℃为佳。

　　(3)茸泥中的咸味与汁芡中的咸味要协调。

22. 捶烩鸡丝

　　捶烩鸡丝是一款技法特殊的济南风味菜,由我国古老的烹饪技法演变而来,礼记中载有"捣珍,用牛、羊、麋、鹿之里脊肉,每种肉的用量一样多,将其堆放在一起,用棒槌反复捶打,去除它们的筋腱,把肉搓揉软。"

　　此菜选用鲜嫩的鸡脯肉,用木槌捶成大片后再切成细丝烩制。成菜主料色泽洁白,滑嫩而有韧性,汤汁浓醇,鲜香可口。

　　原料:鸡脯肉 500 克,笋 25 克,韭黄 25 克,精盐 5 克,料酒 10 克,清汤 300 克,干淀粉 150 克,味精 1 克,酱油 5 克。

　　切配:(1)将鸡脯肉上的脂皮白筋剔净,撒上料酒和食盐稍腌。晾干后,粘裹上干淀粉,放在菜墩上,用木槌轻轻捶打鸡肉,边捶打边撒上干淀粉使鸡脯肉延展成半透明的大薄片,然后用刀切成丝。

（2）笋切细丝,韭黄切断。

烹调:（1）清汤倒入炒勺内烧沸,下入鸡丝,旺火沸起,用筷子打散。然后加食盐、味精、料酒、酱油调好口味。

（2）再沸起,放入笋丝、韭黄,待汤汁自然浓稠（鸡丝上的干淀粉落入勺中,使汤稠浓）时,倒入汤盘中即可。

操作要领:（1）捶制鸡片时,用力要均匀,轻捶慢砸,并随时撒放干淀粉。

（2）氽鸡丝时,汤不要过多,待鸡丝氽熟后,汤也稠浓了,使氽、炒、烩一同进行,调味后,出勺即成菜了。

23. 勺拌鸡瓜

勺拌属拌菜中的热拌,这是利用炒勺的余热,将主料、配料和调料放入勺中拌匀的一种特殊烹调方法。它突出了主料的鲜嫩和配料的原味,即有加热现象又恰当地控制了火候。勺拌鸡瓜是河北保定的传统风味菜之一,它采用河北保定槐茂园特产——甜酱瓜作为配料。甜酱瓜是用拳头大小的甜瓜装入八宝什锦料菜,再放入酱缸腌制约三月有余,取出后去掉什锦料即成。此菜酱香浓郁,甜咸适中,清脆爽口,色泽黑红。

该菜成品无汁无芡,清爽利落,色泽白、黄、黑分明,口味咸鲜并有浓厚的韭香味。

原料:生鸡脯肉 300 克,甜酱瓜 100 克,韭黄 50 克,姜 5 克,盐 2 克,味精 2 克,料酒 15 克,鸡蛋清 1 个,干淀粉 15 克,香油 10 克,熟猪油 500 克。

切配:（1）生鸡脯肉去掉肉筋,片成薄片,顺刀切成火柴梗粗细的丝,加入少许精盐拌渍后上蛋白浆。

（2）甜面瓜去内馅切 3 厘米长的丝,用清水略洗。韭黄洗净切成 3 厘米长的段,姜切丝备用。

烹调:（1）热勺内放入凉油,烧三四成热将鸡丝倒入,并用铁筷滑散至嫩熟倒出。勺内再加油烧至三四成热,加入酱瓜丝、黄瓜丝和韭黄,滑至嫩熟捞出,沥净油。

（2）炒勺放入香油,烧五成热炝炸姜丝出味,放入划好的鸡丝、甜酱瓜丝和韭黄翻拌,同时加入盐、味精、料酒拌匀,出勺即成。

操作要领:（1）鸡丝滑油要掌握好油温,要使之达到白嫩的特点。

（2）甜酱瓜较咸吸收后用清水洗去咸味,且放盐要适量,韭黄要注意火候,到嫩熟无辣味,又不能出水。

（3）利用勺拌要求操作敏捷,防止拌过了火。

24. 炒浮油鸡片

袁枚云:"鸡功最巨,诸菜赖之。"

炒浮油鸡片是胶东烟台一款极为考究的传统名菜,明国年间曾风靡港城。因其肉质特别的细嫩,故为老人、儿童的最佳食用肴馔。该菜将鸡脯肉剁成细细的泥,加调味品搅成料子,再经油氽,烩制而成。成品洁白明亮,鲜嫩滑软。因是将鸡料子下油内氽成鸡片,故称"浮油鸡片"。近年来,厨师又在料泥中,再加入适量蛋清,使鸡片既色彩洁白,又鲜嫩饱满,更胜前者一等。

原料:鸡里脊肉150克,鸡蛋清150克,冬笋15克,油菜心2个,青豆8个,火腿10克,葱姜米5克,葱姜汁15克,湿淀粉20克,精盐3克,味精2克,料酒5克,清汤200克,熟猪油750克,鸡油120克。

切配:(1)鸡里脊洗净,用刀背砸成细泥,放大碗内,加清汤、鸡蛋清、精盐、味精、葱姜汁、湿淀粉搅匀,为鸡料子。

(2)冬笋、火腿改成约3厘米长、1.2厘米宽的菱形片;油菜心撕成小块。

烹调:(1)勺内加熟猪油750克,烧至三四成热时,用手勺将鸡料子依次泼入油内,分别吊成直径约5厘米左右的圆片,然后放温水中漂去油腻。

(2)炒勺加熟猪油25克,烧至五成热时,用葱姜米爆锅,加料酒一烹,放入清汤、冬笋、油菜心、火腿、青豆、精盐、味精、鸡片烧开,撇净浮沫,用湿淀粉勾成溜芡,淋上鸡油,经大翻勺后,盛入盘内即成。

操作要领:(1)鸡肉应用刀背砸成细细的泥,再加清汤搅散开,待鸡泥吃浆达到饱和状态时,再加入其他调料定型。为增加其润滑感,可将定型后的鸡茸泥加入适量熟猪油搅匀。

(2)吊鸡片时,要准确地掌握油温。鸡茸泥舀入油内后,可用手勺慢慢推动油令其转动,使鸡片自然地飘浮在油面上。

(3)鸡片在汤汁内煨透后,必须采用淋芡的技法。即左手握紧炒勺让原料随炒勺一起转动,同时,右手将手勺内的粉汁均匀地淋上,令芡汁自然粘附,以保持鸡片的形状完整。

25. 清汤莲蓬

莲蓬是由荷花所生,每到夏季亭亭玉立、婀娜多姿的荷花布满池塘,待怒放的花瓣凋谢之后,便形成了莲蓬。"仙子已乘长风去,水上空留碧玉盘",就是诗人对其形成的生动描写。莲蓬顶部平展,呈倒三角形,内装莲子数枚。

此菜是一个形象菜,选用鸡脯肉为主料,将其剁成茸泥,模仿实物加工成一个个小巧玲珑的莲蓬,蒸熟后投入烹制好的汤面上,成品软嫩清香,色形赏心悦目。

原料:鸡脯肉200克,鲜豌豆70粒,鸡蛋清30克,干淀粉10克,清汤600克,料酒15克,精盐8克,味精3克,熟猪油50克,葱姜汁10克,白胡椒粉2克,豌豆苗15克。

切配:(1)将鸡脯肉洗净,去掉脂皮和筋膜,放在干净的墩面上剁成细泥,放碗内加葱汁、清汤搅匀待用。

(2)鲜豌豆用开水略烫,剥去外皮后用水过凉备用。

(3)蛋清放大碗内,用筷子抽打蛋泡状。

烹调:(1)将调好的鸡泥加精盐、味精、胡椒粉、蛋泡、熟猪油、干淀粉搅匀,分别装在抹好油的10个小碟内,每个上面按上7粒豌豆,上屉蒸至嫩熟取出,摆放在大汤碗内。

(2)勺内加清汤、精盐、味精烧开,撒上豌豆苗,沿碗边徐徐倒入盛莲蓬的大碗内即成。

操作要领:(1)鸡脯肉剁成泥前应用清水洗净血水,剁泥时要选择洁净的菜墩,以免影响色泽。

(2)蒸莲蓬时不能用旺火,并要恰当掌握时间,不要使其有蜂窝眼,达到嫩熟即可。

26. 冀酱鸭丝

河北的面酱以保定所产的最好。俗话讲保定府有三宗宝:"铁锹、面酱、春不老。"保定面酱色泽金红,味道鲜甜,滋润光亮,酱香纯正,浓稠细腻,是用上等的黄豆、面粉经精心发酵酿制而成。冀酱鸭丝是将肥鸭脯经过连片法、砍刀法、甩刀法的精湛刀技加工而成,用保定特产甜面酱为主要调味品,配以葱丝食用。其成品色泽红润,油光明亮,酱香浓郁,肥嫩爽滑,用其佐饼食之尤佳。

原料:鲜鸭脯肉 400 克,大葱白 50 克,甜面酱 30 克,鸡蛋清 1 个,料酒 20 克,精盐 3 克,味精 2 克,白糖 10 克,香油 6 克,干淀粉 15 克,葱白 25 克。

切配:(1)将鸭脯片成大薄片,再切成 7 厘米长的细丝,用精盐、味精、蛋清、淀粉上浆。

(2)葱白切 5 厘米长细丝平铺在盘中。

烹调:(1)炒勺放油烧至四成热,抖散鸭丝下锅划开至嫩熟倒出,控净油。

(2)勺内放底油,烧六成热时放入面酱煸炒,出香味后烹入料酒,加入精盐、味精、白糖继续煸炒,待汁炒浓起泡再倒入划好油的鸭丝迅速颠翻,使汁均匀的裹在鸭丝上,淋香油盛在装有葱丝的盘子中即可。

(3)食用时要用筷子把鸭丝拌匀再食用。

操作要领:(1)面酱要炒出香味再放其他调味品,否则有生酱味,但炒酱也要注意火候,不能炒至发黑成团。

(2)恰当的掌握面酱的干湿度和面酱与鸭丝的比例。

(3)大葱要求现做现切,不可提前加工。

27. 麻栗野鸭

天津饮食业讲究"春雁秋鸭"。即春天时吃从南向北飞来的大雁,而秋季吃由北方飞来迁徙过境的野鸭。此时的野鸭最为鲜肥味美。

麻栗野鸭因是津菜中为数不多的带辣味的菜品之一,辅料中又有津门特产——天津板栗,故名曰麻栗野鸭。麻栗野鸭色泽美观,主料炸成老红色,外酥里嫩,配以黄色栗子和绿黄瓜、白笋、香菇,颜色五彩缤纷,口味酸甜咸麻,芡汁明而油亮。

原料:去骨熟鸭肉 300 克,栗子 100 克,嫩黄瓜 40 克,笋尖 25 克,水发香菇 10 克,大料 10 克,料酒 15 克,醋 25 克,酱油 10 克,精盐 3 克,白糖 50 克,味精 2 克,湿淀粉 50 克,花椒 5 克,色拉油 1000 克,花椒油 25 克。

切配:(1)熟野鸭肉切成 3 厘米长、2 厘米宽的骨牌块,用佐料盆底的稠水团粉挂一层薄糊。

(2)栗子用水煮熟,剥去皮,大个一劈两瓣。笋切成梳子片,嫩黄瓜切成比长方片略厚的骨牌片,香菇去把一破两开。

(3)花椒去籽,用温水洗一下,焙干后用刀剁成碎末。

烹调:(1)勺内加油,烧至六成熟,将挂好糊的野鸭块下入,炸至外表酥脆呈嫩红色时,下入栗子略炸,再下入黄瓜片,马上一起捞出。

(2)勺内留底油,用大料炝锅,烹入调料,添汤 25 克,将主、辅料下入。汤开后勾芡,撒入花椒末,颠匀,使汁芡包主料,淋入花椒油,略颠出勺装盘。

操作要领:(1)炸制野鸭块时,要掌握油温与时间,使野鸭块外炸酥,里热透。

(2)此菜汁少芡浓将增添麻口外,酸甜咸口的比例要把握好。

28. 玛瑙野鸭

在我国各地方菜系中,津菜以擅长烹制河海两线大小飞禽为其特色。大飞禽即指鸟类中的野鸭。野鸭古称鹜,是清代禽八珍之一。以肉质细嫩、野味醇鲜著称,故在民间流传有"宁吃飞禽一口,不吃走兽半斤"的食俗谚语。

天津地区有辽阔水域,为秋去春来、南北迁徙的大雁、天鹅等候鸟提供栖息之地,但数量多、栖息时间长的还属野鸭。按津门饮食业的习惯叫法,野鸭有巴儿鸭(学名绿翅鸭))、红腿(绿头鸭)、尖尾儿(镰刀鸭)和孤丁、鱼鸭之分,饭馆中经常使用的是前两种。津菜厨师常将野鸭卤、煮、熏、酱,加工拼制冷盘,确实别有风味。清代名士周楚良的《津门竹枝词》中就有"野鸭生长淀河唇,排抢群轰落水滨,香味寻常是卤煮,何须玛瑙说时珍"之赞。在他看来,野鸭稍加烹调即是美味,不一定非做成时令珍肴——玛瑙野鸭。

据《天津文史丛刊》记载:"津门首富之一,世代承当南运河漕运税收衙门——钞关(天津俗称北大关)税房的"大关丁"家,传至第四代丁伯钰时仍任意挥霍,尽情享受。1900 年,八国联军占领天津,成立都统衙门,大门被裁撤,丁家由此家道中落,日渐衰微。丁伯钰遂以卖圹堆儿(冰糖葫芦)为生,成为天津妇孺皆知的新闻人物。

早年,丁伯钰最爱吃玛瑙野鸭,原来丁家备有厨房,他却让北门外什锦斋饭庄代做,用以招待客人和自己食用。这说明早在清朝末叶光绪庚子年以前,什锦斋饭庄便以精于烹制玛瑙野鸭而享誉津门了。津菜大师、天一坊饭庄特二级厨师杨再鑫,十二岁便在什锦斋学徒,二十六岁掌头灶,深得烹制玛瑙野鸭的精髓,为津门饮食业所公认。

玛瑙野鸭色泽美观,主料色形似玛瑙,野鸭软嫩鲜香,豆皮酥脆清爽,"吱吱"作响,酸甜咸口。本菜又名豆皮野鸭、两吃野鸭。

原料:净熟野鸭肉 300 克,豆皮 1 张(50 克),笋尖、嫩黄瓜、水发木耳各 20 克,大料 20 克,料酒 15 克,醋 25 克,酱油 10 克,精盐 2 克,味精 2 克,清汤 50 克,白糖 50 克,湿淀粉 20 克,植物油 500 克,花椒油 15 克。

切配:熟野鸭剁成约 3 厘米长、2 厘米宽的骨牌块,笋尖切成薄片,嫩黄瓜切成木渣片,水发木耳择净撕成片。

烹调:(1)勺内加净油,烧六七成热,将野鸭块挂少许淀粉汁,下勺炸成嫩红色。

(2)勺内加底油,大料炝勺,烹料酒、醋、酱油,添加清汤、味精,加入主料、辅料,汤开后勾溜芡,淋花椒油,盛在大碗中备用。

(3)勺内加净油,烧至五六成热,下入剪成菱角片的豆皮,炸至发红起泡时捞出,放入大汤盘内,上桌时将碗内野鸭及汁芡倒在汤盘内豆皮上即可。

操作要领:(1)炸豆皮时要注意掌握油温和火候,油凉、时间长豆皮发皮。油过热则易煳,还要注意豆皮炸好后,放入大汤盘仍会继续升温,所以炸至八九成熟呈现嫩红色、起小泡时最好。

(2)为增强菜品上桌时的音响效果,可在盛豆皮的汤盘中搅少许热油。

29. 烩口蘑鸭腰

烩制法历史悠久,在屈原《楚辞·招魂》中就有"烩水鸭"的记载。烩菜使用的原料非常广泛,原料一般先进行初步熟处理,也可配些质地柔嫩、极易成熟的生料。通常是多种原料相掺在一起,汤宽汁厚,口味鲜浓,色彩鲜艳。

烩口蘑鸭腰是选用肥嫩的鸭腰为主料,配以河北特产口蘑为辅料,精心烹制而成。口蘑是优质的食用菌,以朵小、色白、味浓而著称,它营养丰富,每百克干口蘑含有蛋白质 35.6 克、脂肪 14 克。用口蘑烩制鸭腰,成品鲜嫩柔滑,蕈味浓郁,汤汁色白明亮。

原料:生鸭腰 300 克,干口蘑 50 克,鲜豌豆 20 克,鲜汤 200 克,花生油 25 克,精盐 4 克,料酒 15 克,味精 2 克,干淀粉 10 克,白糖 10 克。

切配:(1)将口蘑用开水冲泡闷发 4 小时,去掉老根,剥去外膜。

(2)生鸭腰冷水下锅稍煮,取出用刀劈开呈两片,剥去外膜。

烹调:勺内放花生油烧热,用料酒烹锅,加入鲜汤和闷发口蘑的汤,放入精盐、味精、白糖、豌豆、口蘑片和鸭腰片,烧开撇净浮沫,勾米汤芡出勺装入汤碗即成。

操作要领:(1)口蘑要洗净,如沙太多可加少许盐搓后再洗净。闷发口蘑的汤要保留。

(2)鸭腰要保持软嫩,去膜时注意不要撕碎。

(3)装碗时要先用手勺盛起部分主料,待汤汁倒入碗后再轻轻放入碗内,使一部分主料能浮在汤面上。

30.板栗山鸡

此菜是山东泰安地区久负盛名的传统菜,是用当地特产泰安板栗和山鸡,经小火精烹而成。成品色泽红润明亮,栗子香甜绵软,山鸡酥烂鲜醇,食之回味无穷。

板栗又名大栗、瑰栗、凤栗,全国各地均有栽培,以河北、山东为最多。主要品种有河北的大明栗、红油皮栗、黑油皮栗,山西的安大板栗,山东的大油栗等。山东泰安所产的明栗,以壳薄肉多,汁细,水分少,糯性大,香甜可口,风味独特而饮誉海内外,早在金元时期即为"贡品",现在每年的出口量达百万余公斤。板栗营养丰富,除含有丰富的蛋白质、脂肪和碳水化合物外,还含有多种矿物质和微量元素,常吃还具有明显的食疗功效,据《名医列录》记载,栗子主益气,厚肠胃,补肾气,令人忍饥,是深受人们喜爱的烹饪原料。

原料:活山鸡 1 只(约 500 克),板栗 200 克,葱、姜各 30 克,白糖 30 克,精盐 6 克,味精 2 克,料酒 10 克,酱油 20 克,清汤 250 克,花椒 10 粒,八角 2 瓣,湿淀粉 15 克,花生油 750 克。

切配:将山鸡宰杀、去毛,取出内脏,冲洗干净,剁成 2.5 厘米见方的块。板栗洗净,用刀割上十字口,用沸水煮至开口时捞出,剥去外壳及皮毛。葱切段,姜切片。

烹调:(1)山鸡入碗内,加酱油稍腌,炒勺加油烧至七成热时,放入山鸡块,炸至金黄色捞出,再放入板栗炸至金黄色捞出。

(2)炒勺内加油 25 克,加白糖炒至枣红色时,加入清汤、葱、姜、山鸡、板栗、花椒、八角、精盐、料酒烧开,撇去浮沫,小火慢慢煨烧,待汤汁剩下 1/3 时,加入味精,用湿淀粉勾芡,淋上花椒油即成。

操作要领:(1)糖不易炒得太老,否则苦味太浓。

(2)汤汁要一次性加足,并且火力不能太大,鸡块、栗子烧透但不能酥烂成泥。

(3)此菜用碗上屉蒸熟,再扣入盘内勾芡浇汁也可,但口味不如煨烧的浓醇。

31.五香鸽子

鸽子一向被认为是和平的使者,它可分为家鸽、岩鸽、原鸽等品种。家鸽是由原鸽驯化而成的。家鸽按用途为玩赏、传书和肉用三大类。肉用鸽体型较大,重约 0.8～1.5 千克,成长快,繁殖力强,肉质细嫩,味道鲜美且营养丰富,有极强的保健作用。用于虚赢、消渴、恶疮、妇女血虚等。岩鸽分布于我国东北、西北一带,肉质鲜美,性喜结群,飞行速度很快才擅疾走。原鸽称野鸽,为家鸽的原种,体型大小与家鸽相似,分布于欧洲、非洲大陆以及伊朗、印度等地,我国也有。肉可食用,但味道不如岩鸽和家鸽。

此菜是采用扒制方法制成的,形态完整美观,肉质酥烂,鲜香味美。

原料:活鸽子 2 只,大葱 3 段,鲜姜 2 片,花椒约 20 粒,大料 5 瓣,桂皮、白芷、砂仁各 2 克,豆蔻 1 个,熟猪油 750 克,香油、湿淀粉各 25 克,酱油 30 克,白糖 5 克,精盐 5 克,味精 3 克,料酒 10 克,鸡清汤 200 克。

切配:(1)将鸽子闷杀后,放入 60℃ 左右的热水中烫片刻,煺净毛,从脊背开刀,取出内脏,洗净,控去余水。

(2)勺内放入熟猪油,烧至六七成热(约 180℃)时,将鸽子放入炸成浅黄色,倒在漏勺中控净油。

烹调:(1)将鸽子码在盘内(腹面朝下),加葱、姜、花椒、大料、桂皮、白芷、砂仁、豆蔻、香油、酱油、白糖、味精、精盐、料酒、鸡清汤上屉用旺火蒸烂。

(2)蒸烂的鸽子取下,拣净香料,将鸽子同原汤倒在勺内,用小火扒制,汤快尽时勾芡,芡熟后淋入明油,稍煨,大翻勺,再淋点明油出勺,托入盘内即成。

操作要领:(1)选鸽子时,要选用老嫩一样的,必须要蒸烂,否则影响菜肴质量。

(2)明油淋两次,首次从鸽子四周淋入,二次在翻勺后淋在菜肴上面,这样才能达到明油亮芡的效果。

32. 锦鸡献宝

锦鸡献宝是吉林的传统药膳菜肴,选用冬季捕捉的山鸡,配以吉林特产"人参"烹制而成。成菜汤汁清,野味浓,滋补强身,药效显著,久病体虚之人更益食用。

原料:净山鸡 1 只(约 1000 克),人参 1 只,鸡汤 750 克,葱段 10 克,姜片 5 克,油菜 15 克,精盐 10 克,味精 4 克,料酒 10 克。

切配:(1)将鸡从脊背剖开,洗净入汤锅煮五成熟捞出洗净。

(2)人参用清水洗净,泡软后分切成 10 瓣,头尾相连。

(3)将葱块用刀拍松待用。

烹调:(1)将鸡脯向上放入品锅内,加适量的精盐、料酒、葱段、姜片、人参一并放入汤中,上屉蒸 2 小时,鸡脱骨酥烂时取出,去掉葱、姜。

(2)鸡整形后将人参头部嵌入鸡的口中,呈献宝之状,摆放入汤盒中。

(3)将蒸鸡的汤倒入勺内烧开,撇去浮沫,加味精定好口味,倒入汤盒内。

(4)油菜焯水,点缀于汤面即成。

操作要领:(1)鸡要冲洗干净,保证汤汁清澈。

(2)蒸时人参要全部浸入汤内,使所含营养物质充分溶于汤中。

(3)蒸鸡时要达到脱骨肉烂,但要保持形状完整。

33. 锅贴沙鸡

锅贴沙鸡是辽宁省地方风味菜。沙鸡也称"沙半鸡"、"隐士鸡"、"寇雉",俗称"半翘",主要产于我国的东北、西北和华北等地。其肉质细嫩香美,营养成分丰富。中医认为其肉味甘、性热,具有补中益气暖胃健脾之功能。是我国北方著名的野味之一。

此菜是将沙鸡肉剁成泥,掺入肥肉丁制成馅,用蛋皮托住,盖上油皮,入勺用煎贴的方法烹制熟,成品松嫩鲜美,风味独特。

原料:沙鸡肉 250 克,熟肥肉 50 克,鸡蛋 2 个,鸡蛋清 2 个,蛋皮、油皮各 1 张,葱末 5 克,姜末 3 克,精盐 3 克,味精 2 克,湿淀粉 20 克,面粉、湿淀粉各适量,熟猪油 100 克,香油 5 克,料酒和花椒水各 10 克,胡椒粉少许。

切配:(1)将油皮用温水泡软捞出,挤净水分。

(2)沙鸡肉剁成细馅,猪肥肉切成绿豆大小的丁,同放在盆内,加入蛋清、精盐、味精、花椒水、料酒、胡椒粉、香油、调拌均匀。

(3)将蛋皮铺在菜墩上,撒上一层干面粉,将陷放上,摊平,在馅上再抹一层生面糊,盖上油皮,用刀按成 1 厘米厚的大圆饼。将周围余馅切下,再切成长 4 厘米、宽 2.5 厘米的长方块,共 15 块。

(4)鸡蛋打在碗内搅匀,加湿淀粉、干面粉调成蛋糊。

烹调:勺内加熟猪油,烧至五成热时,将包好的沙鸡肉逐个粘匀蛋糊下入勺内,用小火慢慢煎制,嫩熟时倒入漏勺内,控净余油,整齐的摆在盘内即成。食用时外带椒盐。

操作要领:入勺时应蛋皮面朝下,并用小火加盖慢慢煎制,火力太旺容易使成品出现外焦里不透的现象,影响菜肴质量。

34. 群鸟奋飞

群鸟奋飞是辽宁的创新菜肴之一,此菜以铁雀为主料,经清炸而成。铁雀放于盘的周围,再以鸡肉原料挂雪丽糊,置于羹匙中先经蒸制,再用低油温浸炸,然后在盘中央拼摆组成荷花形,犹如群鸟向荷塘中奋飞齐进。此菜造型美观,形象逼真,铁雀鲜嫩,鸡肉软嫩,是一个经济实惠又具有欣赏价值的工艺菜肴。

原料:净铁雀 16 只,熟鸡脯肉 100 克,鸡蛋清 4 个,熟猪油 1000 克,精盐 8 克,酱油 15 克,料酒 10 克,味精 3 克,干淀粉 75 克,面粉 6 克,红樱桃 5 个,香油 20 克,香菜叶、红色胡萝卜末、胡椒粉各少许。

切配:(1)将鸡肉改成长 3 厘米、宽 1.5 厘米、厚 1 厘米的一字条 12 个,放入碗内加适量的精盐、味精腌制约 10 分钟,进行基本调味。

(2)鸡蛋清倒入盘内用筷子先轻后重、先慢后快有节奏地抽打起泡,以立住筷子为宜,然后放入干淀粉、面粉、香油调匀即成雪丽糊。

(3)铁雀放入盘内,加精盐、酱油、料酒、胡椒粉腌渍约 10 分钟。

烹调:(1)取 12 个羹匙,每个内部均抹一层熟猪油,将 12 个鸡条挂匀糊,分别酿在抹好油的羹匙内,抹成凸形,在尖部放少许胡萝卜末,上屉用小火蒸至八成熟时取下,再放入六成热的油内浸炸成熟后,捞出控净油。

(2)勺内加入多量的油,烧至八成热时,放入铁雀炸至棕红色成熟时捞出。

(3)取一圆盘,将炸好的铁雀放置在盘的周围,炸好的鸡摆在中间,呈荷花形,上面摆上红樱桃,顶端放一小撮香菜叶即可。

操作要领:(1)铁雀必须选用当年的,要求形态大小一致,否则影响菜肴的嫩度和质量。

(2)改好的鸡条、整理干净的铁雀必须先进行基本调味,否则影响菜肴的味道。

(3)鸡条挂糊后,要求先蒸后炸,蒸是定型,炸是成熟。这样能保形、保色、保嫩,否则不经蒸制而直接炸,不仅形态、质感较差,而且容易出现阴阳色。

35. 清烹鹌鹑

鹌鹑简称鹑,体型较小,一般体长 20 厘米。头小尾秃,额头侧、颏和喉部均为淡红色,周身羽毛都有白色干纹。它常潜伏在杂草和灌木丛中,以谷类和种子为食。鹌鹑肉质细嫩,味道鲜美,并具有医疗保健的功效。元代忽思慧《饮膳正要》载:"鹌鹑肉味甘、温平、益气、补五脏、实筋骨、耐寒暑、消结热"。清代王士雄《随息居饮食谱》还谓它"和胃、利尿、消结热、化湿、痔、痢、除膨胀、愈久泻"。现代营养分析证明:鹌鹑内含高蛋白,低脂肪,易被人体吸收,宜于孕妇、产妇及年老体弱的人食用。

原料:净鹌鹑400克,湿淀粉100克,葱、姜丝各5克,蒜苗段10克,白糖6克,味精2克,精盐3克,酱油10克,料酒10克,醋8克,香油3克,熟猪油750克,葱油、花椒水各15克,胡椒粉适量。

切配:(1)将鹌鹑剁成长2.5厘米、宽1.5厘米的段,放在碗内加上湿淀粉、料酒、少许精盐抓匀。

(2)取一小碗,放入酱油、精盐、味精、糖、醋、料酒、花椒水、胡椒粉调成咸口清汁。

烹调:(1)勺内放入熟猪油,烧至七成热时,把挂好糊的鹌鹑段,逐块下油内炸至定型后捞出,待油温恢复七成热时,第二次入油锅内炸熟,使之外焦里嫩呈金黄色,倒在漏勺内控去余油。

(2)勺内加熟猪油25克,加入蒜、葱、姜煸炒出香味时,放入炸好的鹌鹑段,再倒入事先对好的汁翻挂均匀,淋上葱油,撒上蒜苗段,再颠几下,出勺装盘即成。

操作要领:(1)必须选用老嫩程度一样的鹌鹑,糊要挂匀。

(2)炸制时必须分两次炸,首次是定型,二次是成熟,并使其质感准确。

36. 金钱雀脯

铁雀为冬令时珍,而铁雀的胸脯更为难得,每个大小如蚕豆,重量不足10克,做一盘雀脯菜需几十只铁雀。金钱雀脯也不同一般金钱只做点缀的做法,而是经过切配工艺和雀脯有机配合起来,使烹制的菜品既有雀脯鲜嫩异常的口感,又有脂油香腻味厚的特点。菜品的造型和色泽都很美观,口味咸鲜略带甜酸。

原料:雀脯250克(约40个),猪肥膘肉100克。冬笋、嫩黄瓜皮、香菇、胡萝卜各30克。鸡蛋1个,湿淀粉50克,面粉10克,大料10克,料酒10克,酱油10克,精盐3克,味精2克,醋10克,湿淀粉25克,花生油1000克(实耗50克),花椒油20克。

切配:(1)将铁雀胸脯肉洗净,先加少许精盐入味,再加蛋液淀粉上一层薄浆;新鲜猪肥肉膘片成薄片,用模具扣成2.5厘米直径的圆形,用刀尖在中心剞十字花刀,然后将肥膘圆钱沾少许面粉,再粘上用蛋液淀粉调成的稠糊,每个粘放上1个雀脯。

(2)四种辅料用模具扣制成金钱型(直径约25厘米,较一般金钱菜造型要小),用热油"激"一下,控净油备用。

烹调:(1)勺内加油,烧至五成热,将切配好的铁雀加入,划开后,再略炸一会儿至熟,捞出后控净油备用。

(2)勺内加底油,大料炝勺,烹入调料,添少许水,汤汁开后下入主料和金钱辅料,勾溜芡,加明油,颠匀出勺装盘。

操作要领:除切配工艺要细心外,主要应该掌握好油温和火候,避免夹生和雀脯炸得过干。

37. 炸熘飞禽

炸熘飞禽主料为"津门冬令四珍"之一的铁雀,每年冬初自长城以北飞来。清代《津门杂记》中便有"冬令则铁雀、银鱼驰远近"的记载。铁雀似麻雀而略大,脯肥肉鲜,食之有补肾生精、益气壮阳之功效。传统津菜中以铁雀为主料的名菜佳肴不下三四十种,炸熘飞禽是最常见的一种。

炸熘飞禽成品外焦里嫩,色深红,再配以各种辅料,色、形都很美观,酸甜口略带咸味,是冬令滋补佳肴。

原料:净铁雀15只(约重350克)。嫩黄瓜50克,笋尖30克,水发木耳10克,葱丝、蒜片、姜丝各15克,料酒15克,姜汁10克,醋50克,糖50克,酱油8克,精盐2克,嫩糖色5克,湿淀粉70克,植物油600克。

切配:(1)将主料洗净,剁去头、爪,胸脯肉厚处打上浅密花刀,再用尖刀将铁雀身、腿上的骨骼拍碎,剁成大块,用料酒、姜汁喂一下备用。

(2)嫩黄瓜去瓤切条,再切成抹刀片;笋尖切成薄片;木耳择好洗净,大片撕碎。

烹调:(1)勺内加油,烧至六七成热,将煨好的铁雀用湿淀粉挂糊后,放入油内炸至外焦里嫩,捞出掺净。再将嫩黄瓜片加入油中略冲,捞出沥净油。

(2)勺内加底油,加配料略炒,下主料入勺,烹入调料,添少许汤略烧,用湿淀粉勾芡,翻匀后淋花椒油出勺装盘。

操作要领:(1)此菜属酸甜口味菜不能放味精。

(2)黄瓜片过油很关键,可使黄瓜色泽浓绿。因表面有层油,在烹调中可以免受醋酸侵蚀,不至转绿为黄。

38. 雉鸡二片

清代史学家赵翼在《檐曝杂记·木兰物产》一文中描述:"野鸡味最鲜……,数十钱即可买得,故可煮汤待鸡之至也。凡水陆之味无有过此者。"雉鸡属鸟类,其腿、胸脯肉厚且鲜嫩肥美,是野味中之珍品。雉鸡二片是河北承德地区的风味菜,成品双色、双味、双形,味香鲜嫩,造型美观,风味独特。

原料:雉鸡脯肉500克,鸡蛋4个,火腿丝30克,水发棒蘑丝30克,玉兰丝30克,香菜叶适量,樱桃8个,干淀粉30克,葱姜汁10克,精盐5克,味精3克,料酒10克,香油2克。

切配:(1)将雉鸡肉切成7厘米长、3厘米宽、2厘米厚的片。

(2)鸡片用精盐、味精、料酒、香油、葱姜汁拌渍。

(3)用2个蛋清抽打成蛋泡,加入少量干淀粉搅匀为蛋泡糊,樱桃切佛手形备用。

烹调:(1)炒勺放底油,烧至三四成热,放入300克鸡片,煎至嫩熟取出,逐片抹上蛋泡糊点缀上香菜叶和樱桃,整理使之成菊花形,上笼蒸3分钟,取出放在大盘中间。

(2)剩下的鸡脯肉逐片裹上水发棒蘑丝、玉兰片丝、火腿丝卷成鸡卷状约10个,挂全蛋糊放入七成热油锅中炸透成金黄色取出,摆在煎鸡片周围即成。

操作要领:(1)煎鸡片要保持鲜嫩,蛋泡要蒸的恰到好处。

(2)鸡卷中的三丝不可外露,每个卷裹15根左右为宜,挂的糊要稀薄些。

39. 核桃山鸡卷

核桃和山鸡均属承德特产。在《热河志·物产》中均有记载。核桃以壳薄肉满、个大圆整含油量高而著称。核桃含有丰富的脂肪、蛋白质、维生素及矿物质,具有补气养血、润燥化痰、温肺润肠等功效,桃仁常用作菜肴的主料、辅料及用于糕点之中。桃仁山鸡卷就是用核桃仁为主要原料制成的,它已有百余年的历史了。菜肴成品色泽金黄,外焦里嫩,鲜香酥脆,回味无穷。

原料:山鸡脯肉 300 克,核桃仁 150 克,精盐 2 克,酱油 10 克,味精 2 克,料酒 3 克,白糖 20 克,花生油 750 克,干淀粉 25 克,鸡蛋 1 个。

切配:(1)将山鸡脯肉片成 0.2 厘米厚的大片,呈扇面状,用盐、味精、料酒、酱油拌渍入味。

(2)桃仁炒熟压碎成小米粒状,加白糖拌匀成馅心。

(3)将腌渍的鸡脯肉逐片勾上少许桃仁馅心,卷起成圆锥形。

(4)淀粉与鸡蛋调成全蛋糊待用。

烹调:炒勺起大油锅,烧至七成热将鸡卷逐个挂糊,入油锅炸熟成金黄色时捞出,整齐的码入盘内即可。

操作要领:(1)桃仁可用木槌轻轻砸碎,以使油分外溢,馅心发黏有利于包卷。

(2)接口处需用少许蛋糊粘牢,否则受热易松散开。

补充说明:鸡卷挂糊后如再滚一层无糖核桃仁渣,炸成的成品更具有特色。

40. 首乌山鸡丁

此菜是一款泰山药膳,选用飞禽山鸡脯为主料,配以中药何首乌,采用爆炒的方法烹制而成。成品鲜嫩味美并且有滋补强身的功效。

何首乌是泰山四大名药之一,泰安民间有何翁"返老还童"的故事。传说古时泰山脚下曾住着一位白发苍苍的何老汉和他的儿子,爷俩以采药为生。一天,他们到泰山后石坞分头采药。突然,天气骤变,狂风夹着雷雨普天而降,急忙之中,老翁听见一小孩哭声,闻声找到后,原来是一个胖乎乎的小黑孩,将其抱至山洞内,老翁便晕了过去,醒来后不见了小孩,怀中只剩下一个像黑色的地瓜一样的东西。饥饿之时便用它来充饥。等风雨过后,儿子找到山洞一看,满头白发的老翁已变成一个乌发青年。从此,"何翁返童"的消息传遍泰山脚下。因为长生不老药是由何老汉第一个发现的,故名何首乌。现代中医认为,何首乌具有补肝肾、益精血、壮筋骨、润肠通便等功效,长期食用可滋肝肾、乌须发、抗衰老、延年益寿。

原料:山鸡脯 400 克,烤何首乌片 10 克,葱、蒜片各 5 克,青椒 50 克,冬笋 20 克,蛋清 1 个,精盐 4 克,味精 3 克,绍酒 10 克,清汤 30 克,湿淀粉 20 克,花生油 500 克,香油适量。

切配:(1)将山鸡脯肉洗净,切成 1 厘米见方的丁,放入碗内加蛋清、精盐、湿淀粉拌匀上浆。

(2)青椒和冬笋分别切成小方丁。何首乌洗净泡透,放入碗内上屉蒸制半小时后取出何首乌,原汁加入清汤、精盐、味精、湿淀粉对成汁水。

烹调:(1)勺内加花生油烧至三四成热,放入山鸡丁,用筷子划熟捞出控净油。

(2)勺内加底油 25 克烧热,放入葱蒜、青椒、冬笋丁略炒,加绍酒一烹,放入划熟的鸡丁,倒上对好的汁水,滴入香油翻匀即成。

操作要领:(1)山鸡脯必须从刚宰杀的山鸡上剔取。

(2)烹调时要求操作敏捷,旺火速成,使成品鲜嫩,芡汁少而明亮。

41. 炸铃铛

炸铃铛的主料为铁雀的头部,铁雀是冬令滋补食品,铁雀头部尤为珍贵,它富含钙、磷等无机盐。对于预防和治疗老年脑软化症和老年性骨质疏松症及神经衰弱等症有一定疗效。

新出勺的炸铃铛为金黄色吱吱作响;稍凉食用时,入口嚼之,酥脆有声,故名炸铃铛。蘸花椒盐食用,咸鲜适口,别有风味。但此菜每份要用铁雀40个以上,因而非熟客或宴会配菜,一般不单卖。

原料:铁雀头300克(40～50个)。淀粉75克,精盐2克,姜汁10克,料酒10克,油1000克(实耗45克),花椒盐20克。

切配:将铁雀剁下雀嘴,再切下雀头,洗净控净水分放在小盆内,加入精盐、料酒、姜汁喂一下,挂上蛋粉糊。

烹调:勺内加油,烧至六七成热时,将粘匀糊的雀头逐个下勺,并随时翻动,保持六七成热的油温,将雀头炸透成金黄色,捞出控净油装入平盘,上桌时带花椒盐小碟。

操作要领:铁雀头下勺时要掌握好油温,低了不易成形,高了则外焦里不透。且达不到外焦里嫩的效果。

42. 雀渣

雀渣(音敲咤儿)是天津风味菜中比较奇特的一种,既可凉吃,也可热食;既可作为高档宴会的压桌碟,又可作为中档什锦全拼的一种,还可在小饭铺、酒馆炒出后作拨碟菜,为顾客佐酒下餐。

雀渣所用原料为剁去头部(做炸铃铛)的雀身,剁成小碎块后过油划开,配以白菜嫩心和大葱白,汁少油亮,咸鲜口,略带甜酸;雀渣外焦里嫩,白菜心鲜脆可口,有浓郁的葱香味。

原料:铁雀1000克(约50只),白菜心500克,净葱白200克,姜米10克,蒜末10克,料酒50克,姜汁30克,酱油50克,醋30克,精盐10克,味精5克,清汤200克,湿淀粉80克,干淀粉50克,油1500克,花椒油50克。

切配:(1)将收拾干净去头的铁雀一剖两开,用刀拍扁,交错打密纹花刀,然后剁成黄豆粒大小的丁,放入盆内,加料酒、姜汁、精盐,搅上劲,再添少许水,加入淀粉上好浆。

(2)白菜心切成0.5厘米大小的象眼片,葱白剖开,斜刀切成葱丝。

烹调:(1)勺内加油烧至五六成热,将白菜心下入,用热油"冲"一下,捞出控净油。再烧至六成热将上好浆的雀渣滑油,然后用热油略炸一会儿,捞出控净油。

(2)勺内加底油,下入姜米、蒜末炝锅,添清汤加入各种料调,烧开后勾溜芡,下入白菜、雀渣、葱丝、花椒油,盛在大鱼盘内。

操作要领:(1)此菜炒制后拨碟用,如顾客点吃热菜,即以投料的1/4烹制,盛入平盘上桌。

(2)雀渣不但要上好浆,还必须用油滑炸至有酥脆劲才可捞出。

43. 熘黄菜

鸡蛋是人人皆知的营养食品,被营养学家称为完全蛋白质的模式。它含有人体所必需的八种氨基酸,与人体蛋白质组成相似。因此,以鸡蛋为原料制作的菜肴,自古就被人们视为滋补佳品,且鲜嫩可口,老少适宜。

熘黄菜是烟台的传统风味菜,其制作方法较难掌握。据一些名师试验,需要推炒一百零八下才能成菜。清末民初,烟台著名餐馆"大罗天"、"恒升园"、"福源居"等均有销售,此菜成品质地特别鲜嫩。

原料:鸡蛋黄 5 个,蛋清 1 个,鸡汤 200 克,熟火腿末 15 克,精盐 3 克,味精 2 克,熟猪油 100 克,绿豆淀粉 20 克。

切配:将鸡蛋黄、鸡蛋清一起放碗内,加鸡汤、精盐、味精、绿豆淀粉搅拌均匀。

烹调:油勺内放熟猪油 50 克,烧至五成热,将搅拌均匀的鸡蛋液倒入勺内,用手勺慢慢搅拌,顺一个方向推炒。再将 50 克熟猪油分三次倒入勺内,边搅鸡蛋边放油,并不断的进行颠翻推炒,待炒出鸡蛋香味时,颠翻几下,盛汤盘内,撒上火腿末即成。

操作要领:(1)各种配料的比例要准确,否则影响成品的质量。

(2)推炒鸡蛋时,应采用先慢后快的方法进行。推炒过程中,要不断的颠翻原料,令其受热均匀。

44.铁锅烤蛋

铁锅烤蛋是河南的独特风味菜,据传,始于明清时期。当时,河南一菜馆里的姓李的厨师,擅长做煎饼蛋。其制品色泽金黄,香味浓郁,吃口有劲,很受青年人的喜欢,但老年人因牙口不好,就时常提意见。李师傅便根据老年人的要求,特地请铁匠打制了一个带有特殊锅底的铁锅,并在原来煎蛋的基础上,加上虾米、火腿丁、香菇丁,对入适量的鲜汤,放在那只特别的锅里,待底部凝固后,便盖上烧红的铁锅盖,离火后,利用上下同时加热,使鸡蛋慢慢拔起、涨透。成菜后,鸡蛋饼仍有煎蛋饼的香味,且没了硬皮,松嫩味美,很受老年人欢迎,慕名而来品尝此菜的人逐渐增加,铁锅蛋便成为当地的一款名菜。

原料:鸡蛋 7 个,水发海参丁、熟火腿丁、玉兰片丁、水发鱿鱼丁、香菇丁、鲜虾仁等各 25 克,绍酒 10 克,猪油 50 克,精盐 5 克,鲜汤 250 克,香醋少许,青菜叶适量。

切配:(1)鸡蛋磕入大碗中,打均匀,放入各种配料、调料,然后添入鲜汤,继续打匀。

(2)备搪瓷盘一个,里边垫上青菜,并倒上点香醋。

(3)将特殊的铁锅盖放在火上烧红。

烹调:(1)铁锅放小火上,倒入蛋液,并将猪油注入蛋汁中,用铁勺慢慢搅动。

(2)待蛋汁八成熟时,用火钩挂住烧红的铁锅盖,盖在锅上,利用盖上的高温,将蛋汁凝结拔起。

(3)待凝结的蛋浆突出锅面时,淋上少许油,再盖上,使蛋汁张开而有光泽,烤成金黄色。

(4)挪开锅盖,将铁锅蛋放在搪瓷盘内的菜叶上即成。

操作要领:(1)蛋汁和配料、调料打均匀后,再倒入铁锅内。

(2)蛋汁入锅后,要用手勺搅动或推动,注意切勿粘锅或糊底。

四、水产类

1.侉炖加吉鱼

此菜以烹调方法取名,侉炖是指家乡的炖法,为胶东具有浓厚地方特色的民间烹调技艺。以此法烹制的加吉鱼,在山东沿海广为流传,蜚声食坛。

加吉鱼,学名真鲷,是一类珍贵的食用鱼,为烟台沿海的名产。其在海中以摄取珍贵贝类及甲壳类动物为食,故肉质坚实细腻,白嫩肥美,鲜味纯正,营养丰富。据分析,每百克加吉鱼中,含蛋白质达 19.3 克,脂肪 4.1 克,食用价值非常高。清人郝懿行《记海错》云:"登莱海中有鱼鳜,体丰硕,鳞鳍褐紫,尾尽赤色,唉之肥美。其头骨及目多肪腴,有佳味。"此处所说的是红鳞加吉鱼,为真鲷中之上品。因其头骨富含蛋白质,因此,以"侉炖"之法制作,可使营养成分尽溢于汤内,令汤、肉均鲜美,菜肴制成后,味道鲜嫩,清淡可口。

原料:加吉鱼1尾(约重750克),肥猪肉75克,鹿角菜75克,净冬笋25克,清汤500克,鸡蛋125克,精面粉60克,葱段25克,姜片5克,葱丝25克,熟猪油25克,花生油1000克,精盐10克,味精5克,料酒25克,米醋20克,香油、香菜段少许。

切配:将加吉鱼刮净鳞,去掉内脏,切掉头洗净,切成大骨牌块,用精盐、料酒为基本味;肥猪肉、冬笋都切成片;鹿角菜泡开,择好洗净,撕成小块;鸡蛋打入碗内搅散。

烹调:(1)锅内放花生油100克,烧至六七成热,将加吉鱼块蘸上面粉,裹上鸡蛋液,放入油内煎至八成熟(色金黄),盛出放盘内待用。

(2)锅内放入熟猪油25克烧热,放入葱段、姜片、肉片、冬笋和鹿角菜煸炒,加入料酒、清汤、米醋、精盐,调好口味,汤开撇去浮沫,再放入煎好的加吉鱼块,用微火焖约10分钟,加入味精、香油,盛入荷花碗内,倒入米醋,撒上葱丝、香菜段即成。

操作要领:(1)鱼块煎制时应蘸匀面粉裹匀蛋液,油温不宜过高或过低,以六七成热为宜。

(2)焖制鱼块时,添加的汤汁不宜过多,以刚能淹没原料为度。

2. 糖醋黄河鲤鱼

聊城市旧称东昌府,是大运河上的主要商埠之一。糖醋黄河鲤鱼是当地名菜,深受南北客商喜爱。据传,糖醋鱼是在糖酥鱼的基础上发展而来的。《鲁西菜点谱》上载:糖酥鱼相传明代创于莘县。当时有位南京人在莘县做官,爱吃甜菜。厨师送饭时习惯配带一些糖稀,糖稀与菜一起送上。有一次,由于慌忙,厨师把糖稀和炸鱼放在一块了,未想到老爷吃着可口而赞赏。此后,厨师每逢炸鱼便加入糖,社会上也就做起糖酥鱼了,后来,此菜传到东昌府,也大受各地客商欢迎。特别是山西人更是每餐必食。但山西人在吃糖酥鱼时往往要求厨师在浇糖汁时烹点醋,而且鲤鱼一定要选黄河鲤鱼。东昌府东边的东阿县就有黄河重镇——铜城镇,每天运到东昌府的黄河鲤鱼都是活蹦乱跳的活鲤鱼。厨师为讨好山西老客,不但选用金翅黄河鲤鱼烹制,而且在炸制时还让鱼挺身翘尾,并名之曰:"鲤鱼跳龙门"。以后,糖醋翘尾鲤鱼就成了鲁西宴席上的大菜,据传东昌府的"鲁西饭庄"的老厨师杭兆杰做此菜最拿手。此菜做好后,鲤鱼抬头挺身翘尾,如跳龙门状。浇上熬制好的糖醋汁,全身赤红油亮,味酸甜微咸,外焦里嫩,香味扑鼻。

原料:黄河鲤鱼1条(约750克),白糖100克,醋75克,精盐3克,酱油25克,清汤150克,湿淀粉150克,蛋清25克,花生油1500克,葱末5克,姜末5克,蒜末5克。

切配:(1)将鱼去掉鳞和鳃,取出内脏,洗净。然后将鱼的两侧从头至尾分别打上牡丹花刀。

(2)提起鱼尾使刀口张开,将精盐撒入刀口内稍腌,再在鱼的周身及刀口处,均匀的涂上一层用蛋清和湿淀粉调匀的糊。

烹调:(1)炒勺放在旺火上,将花生油烧至七八成热时,用右手提鱼尾,左手托住鱼头,轻轻放入油内。在炸制时,要用锅铲或手勺慢慢的推动以免粘锅底,并使鱼炸成弓形,炸约3~4分钟后,将鱼翻过来腹朝下,待鱼全部呈金黄色已炸透时,取出摆在鱼盘内。

(2)炒勺内留花生油少许烧热,放入葱、姜、蒜末煸出香味,随即烹入醋,加入清汤、白糖、酱油烧开,用湿淀粉勾成浓溜芡,淋上适量的热油,将芡汁发起后,用手勺迅速浇在鱼身上即成。

操作要领：(1)鲤鱼改刀时，直刀一定要锲到骨，横片时要顺着脊骨，且刀与刀之间距离要均匀。

(2)炸制时要注意鱼尾的弯曲方向，一般是鱼头朝左，鱼腹面向操作者，鱼尾上翘。

(3)糖醋汁应在鱼将要炸好时，另用炒勺烹制，使鱼、汁同时成熟，以保持其特色。

补充说明：按照传统习惯，鱼吃完后，还要用其头尾做一碗味美适口的"砸鱼汤"。具体做法是：将鱼盘内的鱼汁和鱼的头、尾放入汤勺内，用手勺把鱼头砸碎，再放入清汤500克、酱油5克、精盐5克、醋30克、白糖10克，烧沸后撇净浮沫，撒上香菜末5克、胡椒粉3克，盛入汤盘内即成。此汤香气扑鼻，有醋、甜、香、辣、咸五味调和之美。

3. 干烧开片鲤鱼

此菜是吉林传统名菜之一，选用松花湖金丝鲤鱼为主料，经过刀技加工，从脊背片开，鱼腹相连，形似两条对尾鱼，再用干烧方法制成。成品形状美观，咸辣微甜，香味浓郁，芡汁红亮，肉香软嫩。在第二届全国烹饪技术比赛中获得银牌奖。

原料：鲜活鲤鱼1尾(重750克左右)，猪肥膘肉50克，鲜笋10克，胡萝卜10克，榨菜10克，水发冬菇15克，豌豆10克，干辣椒15克，圆葱10克，米醋25克，白糖50克，酱油25克，精盐5克，绍酒25克，姜、蒜各5克，鸡汤350克，植物油1000克。

切配：将鲤鱼去鳃，从脊背开口除去内脏，洗净控干水分后，从脊背片至尾，劈成大片，再从脊背骨下片一刀切下脊骨，把鱼身翻过来，切成斜刀口，用绍酒、酱油腌制入味。猪肥膘、鲜笋、胡萝卜、榨菜、冬菇、圆葱、干辣椒均切成筷头方丁。姜、蒜切末。

烹调：(1)炒勺置于旺火上，勺内放入油，烧至八成热时，下入鲤鱼炸成枣红色捞出，控净余油。

(2)勺内放植物油25克，下入姜末、干辣椒、肥猪膘肉、榨菜、冬菇丁煸炒出香味后，放入酱油、鸡汤、鲤鱼、白糖、米醋、绍酒、蒜末烧开后移小火烧透，加入豌豆和圆葱、胡萝卜丁，再上旺火收汁，至汁色红亮，浓稠时大翻勺盛入盘内即可。

操作要领：(1)片鱼时要注意刀口，使两片鱼既对称又整齐。

(2)保持鱼的形状完整，不碎不烂。

(3)成菜时是旺火收汁至浓稠，而不是勾芡。

4. 葱油鲤鱼

鲤鱼，为我国古老的烹饪原料。《诗经》中有"岂其食鱼，必河之鲤"之句，说明在古时候鲤鱼已是入菜的美味。山东莱阳鲤鱼，产于该县的五龙河，为当地著名特产，用于制馔由来已久。据《莱阳县志》记载："鲤，产五龙河者，金色最为有名，土人多用供祭品。大沽河产者次之。"《莱阳舆地韵言》也有："五龙河鲤，金鳞耀目。晚秋螃蟹，肥美无比"的记载。莱阳鲤鱼大者五六斤，最佳者为尾紫，鳞黄。以此为原料制作的"葱油鲤鱼"，肉质细腻，香嫩可口，很受美食者的称赞，为胶东的著名菜肴。

原料：鲜鲤鱼1条(约750克)，葱姜丝15克，葱段50克，胡椒粉10克，酱油25克，精盐5克，味精3克，料酒15克，香油50克。

切配：(1)鲜鲤鱼刮去鳞，去掉鳃和内脏，用清水洗净。以1厘米刀距打上柳叶花刀，深至刺骨。

（2）将鱼放开水锅一余即捞出，控净水，撒上精盐、味精、料酒喂口，再撒放上葱姜丝。

烹调：（1）将鱼放笼屉内蒸至嫩熟，取出滗出汤汁，撒上香菜梗。

（2）蒸鱼的汁倒入勺内，加酱油、胡椒粉、味精烧开倒在鱼身上。

（3）勺内放香油50克，加葱段煸炸，待葱段焦黄时捞出。将葱椒油趁热均匀地浇在鱼上即成。

操作要领：（1）鲤鱼改刀后，要先入水内余透，以除去其土腥味。

（2）蒸鱼时要准确掌握时间，不可太老，以嫩熟为好。

（3）炸制葱油时应选用当地所产辛辣味较浓的"鸡腿葱"为好。

（4）葱油要趁热均匀地淋在鱼身上，在口味上充分突出葱香的特点。

5.晋蹦鲤鱼

天津地处九河下梢，境内港淀塘洼星罗棋布，河流渠道纵横交错，盛产鲜嫩肥大的鲤鱼。津菜亦以烹制河海两鲜见长，以鲤鱼为主料的传统名菜达60余种，其中晋蹦鲤鱼色相味形俱佳，最富津门地方特色。

相传晋蹦鲤鱼产生于清代光绪末年的天一坊饭庄。据陆辛农《食事杂技》载：1900年八国联军侵占天津纵横行抢，流氓混混儿趁火打劫后，来至北门外天一坊饭庄大讲吃喝，叫菜时，误将青虾炸蹦两吃呼为晋（音Zeng）蹦鱼，侍者（服务生）为之改正，叫菜人恼羞成怒，欲要闹事，照应人（堂头）劝告说有此菜，说此侍者新来不识，责其人告灶上，人正惊讶，照应人急入，使择大活鲤，宰杀去脏留鳞，沸油速炸，捞出盛盘浇汁，全尾乍鳞，脆嫩鲜美，从此乃有此菜至今。并有诗"北箔南罧，百世渔，东西淀说海神居，名传第一白洋鲤，烹做津沽晋蹦鱼"以记其事。1983年全国首届烹饪大赛，红桥饭店特级厨师赵克勤曾烹制此菜，获得优秀奖。1988年11月新建成开业的天一坊饭庄，为恢复这一看家菜，特意在一楼大厅设置大型喷水池放养活鲤。由天津菜大师、天一坊饭庄技术顾问赵克勤亲自上灶烹制此菜，受到广大美食家的赞誉。晋蹦鲤鱼造型美观，鲤鱼伏卧盘中，鱼鳞乍起，浇上糖醋汁后"吱吱"作响，似在鱼晋中挣扎欲蹦，故有其名。菜品金黄色，鱼鳞酥脆，鱼肉细嫩，酸甜可口。

原料：1000克全鳞活鲤鱼1尾，大佐料（葱姜蒜）25克，料酒25克，姜汁10克，醋100克，酱油20克，精盐2克，白糖80克，湿淀粉80克，油2500克。

切配：将鲤鱼从腹部正中大开膛，去鳃、去内脏，洗净后鱼背朝下放置墩上，从肚内向左右各划两刀，划断肋骨大刺，剁两三刀，砍断大梁骨，并用精盐、料酒、姜汁略腌。

烹调：（1）用大个油勺，加七成油，烧至八成热时，左手提尾部，鱼鳞朝下将鱼慢慢下入勺内，右手用筷子撑好，使鱼体形端正，待鱼鳞炸好后翻个蹲炸鱼腹。

（2）另起勺，加底油用大佐料爆锅，烹入料酒、醋、酱油，添300克水，加入白糖，汤开后倒入碗内待用。

（3）鲤鱼腹部炸透后，将另一面鱼翻个，加大火力，把另一面鱼鳞炸酥，然后腹朝下盛在鱼盘中，上桌时将碗内糖醋汁浇上即可。

操作要领：（1）必须用大油勺或小耳锅，油量要大，使鱼能在油中漂起而不沾锅底。

（2）菜品所浇的糖醋汁为大酸大甜口，以酸压甜尝不出咸味为宜。

（3）烹制汁芡时绝对不能放味精，而且不能使用有鲜味的汤。

（4）为使芡汁色泽美观，炝锅时可放少许番茄酱。

6. 莲花鲤鱼

此菜是辽宁创新菜肴之一,鲤鱼为我国主要的淡水鱼种。按产区又可分为河鲤鱼、江鲤鱼和池鲤鱼,一年四季都有出产,以二三月间最肥,曾为清代贡品。莲花鲤鱼采用辽菜扒、爆技法烹制而成的。爆好的鲤鱼放在盘中央,扒好的莲花瓣摆在鱼的周围,鱼犹如在莲池中游,精巧玲珑,惟妙惟肖。

此菜色泽红白相映,鱼肉咸鲜酸甜,莲花瓣脆嫩清淡。

原料:鲤鱼1尾(约750克),花椒粒约20克,大料5瓣,净大葱6段,剥皮大蒜4瓣,去皮鲜姜4片,青蒜段10克,鸡蛋10个,番茄酱25克,精盐8克,味精3克,白糖75克,醋50克,胡椒粉5克,香油10克,熟猪油1000克,湿淀粉适量。

切配:(1)将鲤鱼刮去鳞,用筷子从嘴部搅出内脏并洗净,在鱼身两面每间隔2厘米剂上月牙形的花刀,深至鱼脊骨为宜。

(2)取鸡蛋,在鸡蛋上端敲一个小孔,将蛋清全部倒在一个碗内,然后插入筷子搅散蛋黄倒在另一个碗内(可做他用),原壳内灌入清水并插入筷子搅下内膜,连水一齐倒出。

(3)将鸡蛋清放碗内加精盐、味精各适量,用筷子搅匀不要打起泡,然后分别灌入五个蛋壳内,用玻璃纸或面团封好口,蛋口朝上竖放在盛有米饭的盘中。

烹调:(1)勺内加熟猪油,烧至八成热时,放鱼炸至七成热时放入漏勺内控净油。

(2)勺内留底油50克烧热,加花椒、大料、大葱段、鲜姜片、大蒜煸炒出香味,再加番茄酱烧开,添汤,烧开后,捞出香料,放入适量精盐、醋、白糖及炸好的鲤鱼,用小火煨焖至汤汁将尽,且鱼已完全成熟时加味精。用旺火收汁,淋入明油后将鱼摆放在鱼池盘内。

(3)勺内的余汁加少许白糖、明油、青蒜段略炒,淋香油,浇在鱼身上。

(4)将盛入蛋清的蛋壳上屉用小火蒸熟取出,浸凉,剥去皮,每个切4瓣,共20瓣,放入勺内,添汤加适量精盐、味精,用小火煨透,勾溜芡,淋鸡油出勺,摆在鱼的周围,即为莲花鲤鱼。

操作要领:(1)煨烧好的鲤鱼加明油时要分三次淋入,首次从鱼的四周淋入,起滑润作用。二次、三次淋在菜肴上面,目的是使菜肴明亮美观。

(2)莲花瓣出勺后应先装入另一个盘内,然后移摆在鱼的周围。这样,不混汁,不混味,造型逼真,且能保证菜肴质量。

7. 鲤鱼两吃

两吃鲤鱼,三吃鲤鱼,并无固定的组合模式,而是根据顾客的需要,采用不同的搭配组合。其中的酱汁瓦块、葱油鱼、头尾氽汤的三吃方法,最能体现出厨师的烹调水平,菜品风味各异形成较大的反差,还给顾客以饮食之外的艺术享受。因而,也是深受顾客的欢迎。

按天津的饮食业习惯,将鲤鱼按重量分为花拐(500克以下),顺拐(500~700克),蹦拐(1000克以上)。做两吃鱼、三吃鱼多采用蹦拐。

初加工(原料分割):(1)将鲜活鲤鱼1尾(2000克),去鳞去鳃,从鱼腹正中大开,取出内脏,洗净控干。用刀坡着从鱼鳃后锯切至大梁骨,将鱼翻身,另一面也坡刀切入,将鱼头取下。从尾部最细处向前2厘米下刀,将鱼尾剁下。

(2)摘去头尾的鱼身,背朝里腹向外,胸向右尾向左放在墩上,用块刀从右侧下刀,贴大梁骨用锯刀刀法一直切到尾部,将鱼身分解成软扇(无大梁骨)、硬扇(带大梁骨)。将软扇用刀剔出肋部大刺备用。

操作要领:注意将鱼身两侧的腺线取出,并洗净腹内里皮,以便除去鱼腥味。

制法(一):酱汁瓦块

酱汁瓦块由于将鱼分割成较小的坡刀形,故较其他大部分鱼类菜能入味。菜品的造型较为独特美观。色泽为明亮的枣红色,鱼肉入味鲜醇,咸口略甜,无汁汪油,酱香浓郁。

原料:鲤鱼硬扇约650克,大料2瓣,葱10克,姜3克,蒜片2克,甜面酱30克,料酒50克,姜汁25克,醋15克,酱油20克,精盐2克,白糖10克,嫩糖色10克,油1500克,花椒油30克。

切配:将鱼大梁骨向下,尾向右放墩上,从胸部下刀,隔1.5厘米在脊背剖一直坡花刀,再隔1.5厘米下坡刀将鱼断开,切成类似瓦块的刀口,依次而下直至尾部。将切好的瓦块鱼用料酒、姜汁略腌一下。

烹调:(1)勺内加油,烧至六七成热,将鱼块下入,用六成热油将鱼块炸呈黄色捞出,控净油。

(2)勺内加底油,加入大料炸出香味,用葱姜蒜爆锅,加入面酱炒出香味,加入调料,添两手勺高汤,将鱼下入,用微火烧燽,中间翻动一次,使鱼均匀入味,然后用旺火,调整好口味,加入嫩糖色收汁,至汁浓抱主料时,下入花椒油,颠匀,出勺装盘。

操作要领:(1)刀工应形象均匀,刀距宽约1.5厘米。

(2)炸制油温不宜太高,时间略长一些,以使鱼块能炸的较为硬挺,易于操作和收汁。

制法(二):葱油鱼

葱油鱼使用鲤鱼的软扇,不经油炸烹制而成。菜品洁白素雅,鱼肉素软细嫩,本味突出,口味咸鲜,葱香浓郁,与酱汁鱼形成很大的反差,越显两菜相得益彰。

原料:鲤鱼软扇约500克,大料2瓣,葱丝25克,姜丝3克,蒜片2克,料酒10克,姜汁25克,醋15克,精盐5克,味精2克,高汤500克,湿淀粉20克,大油15克。

切配:鲤鱼打较浅的密纹十字花刀,用开水焯一下,去掉腥气味。

烹调:(1)勺内加熟猪油,炸大料,用葱丝(5克)、姜丝、蒜片炝勺,烹入调料,添入高汤,将鲤鱼软扇下入,汤开后移至小火烧燽约10分钟。然后将鱼捞出,控净汤汁,盛入盘内。

(2)净勺放灶上,加入150克煮鱼的原汁,加入盐、味精调好,用湿淀粉勾芡,浇在鱼身上。另取勺,下入净油50克,用小火温油将葱炸出香味,一起浇在鱼身上即可。

操作要领:烹制勿用大火滚开,以免将鱼肉冲碎,影响外观。

8.清蒸白鱼

清蒸白鱼,据传是阳谷县狮子大酒楼上的名菜,始创于宋代。当年武松提刀走到狮子楼追杀西门庆时,正遇店小二端盘上楼,被武松踢了一脚,丸子、鱼、鸡滚了一地。其中的鱼就是清蒸白鱼,它与酸辣丸子、鸾凤下蛋、酥烧肉被称为狮子楼的"四大名菜",在当时名声很响。

起初清蒸鱼是把白条鱼蒸熟后,再加油、盐调味即成。到了清代,此菜传至东边黄河东岸的东阿镇,吃法也讲究起来。它不仅选用优质黄河鲤鱼,而且还要跟上八个调味碟,一起蘸食,使其风味大增,流传至今。现在老东阿镇兴隆园名师翟保田是此菜的真传。

原料:鲜鲤鱼1条(约1000克),大葱段50克,鲜姜50克,葱白末50克,甜酱50克,醋25克,酱油25克,姜末15克,蒜泥25克,椒盐8克,香油25克。

切配:(1)把鱼宰杀好洗净,停一小时后操作使其缓劲。然后隔1.3厘米斜刀(斜角45°)切至脊骨,两面均匀打上花刀。

（2）把鲜姜、生葱切成斜片,均匀地塞入鱼身的每个刀口内。

（3）把葱白末、姜末、甜酱、蒜泥、椒盐、酱油、醋、香油分别放在八个小碟内。

烹调:（1）将整理好的鲜鱼放在大鱼池盘里,入蒸笼内急火蒸20分钟取出,拣去葱姜片后放入大鱼盘中。

（2）上桌时,将8种味碟围在鱼周围即可。就餐者可按自己喜欢的口味选用调料。

操作要领:（1）划斜刀时,刀深一定到骨,切的刀距基本一致。

（2）蒸制时一定要用沸水旺火,时间根据鱼的大小,一般掌握在15～20分钟即可。

9. 红烧鲙鱼

鲙鱼学名鳓鱼,又名巨罗、藤香。李时珍《本草纲目》载 鳓鱼,鱼腹有硬刺勒人,故名。甘平,无毒。开胃暖中。作鲞优良。"清王七雄《随息居饮食谱》也记载:"鳓鱼,甘平,开胃,暖脏补虚。鲜食宜雄,其白甚美;雌者宜鲞,隔岁尤佳。"

鲙鱼体形侧扁,银白色,与鲥鱼同属鱼纲鲱鱼科。用它们烹制的菜品味道鲜醇口感极佳,故早就有"南鲥北鲙"和"来鲥去鲞"之说。清初美食家李渔在《闲情偶记》中写道:"其不著名而有异味者,则北海之鲜鳓,味并鲥鱼。其腹中有肋(鱼白),甘美绝伦。"津门诗人蒋诗在《沽河杂咏》中也赞美:"巨罗纲得正春三,煮好藤香酒半醅。巨细况盈三十种,已教鱼味胜江南。"

鲙鱼春季由海外回游至近海产卵,自谷雨到小满,在渤海湾形成渔汛,捕捞到的鱼除少量鲜食外,大部分被腌制成鳓卷,销往内地。

鲙鱼鲜食最宜清煮蒸、红烧,红烧鳓鱼以脂油丁、蒜丁为辅料,色泽深红,汁芡明亮,口味咸甜(六、四开),主料肉质细嫩鲜美,辅料绵软适口,别有风味,惟鱼肉细刺较多,儿童不宜食用。

原料:鲙鱼1尾(1000克),脂油75克,大蒜50克,大料2瓣,葱丝10克,姜丝5克,料酒25克,姜汁10克,酱油30克,醋15克,白糖50克,精盐6克,味精4克,嫩糖色25克,湿淀粉20克,熟猪油30克,花生油1500克,花椒油25克。

切配:（1）将鱼去鳃、内脏,洗净控干水分,两面打斜十字花刀,再用大斜刀片成两段,用姜汁、料酒腌一下。

（2）脂油(猪板油)切成小方丁,蒜瓣切成小蒜丁。

烹调:（1）勺内加油1500克,烧至七八成热,将鲙鱼先下头段,后下尾段,炸成金黄色,捞出控净油。

（2）勺内加熟猪油,下大料瓣炸出香味控出不用,再用葱丝、姜丝爆锅,烹入调料,添高汤,将鲙鱼、脂油丁、蒜丁下勺。汤开后撇去浮沫,放置微火盖上勺盖烧燔。鲙鱼入味后移回旺火收汁,下嫩糖色,调好味,将鱼盛在鱼盘内,余汁勾少许芡,淋明油,浇在鱼身上即可。

操作要领:（1）脂油丁烹制是不可用肥肉丁代替的,否则风味大减。

（2）因鱼体不翻个,燔鱼时,汤要没过鱼;收汁时,用手勺将汁浇在鱼身上,以使鱼正面能入味。

10. 银丝鳜鱼

鳜鱼也称鳄花鱼、桂鱼、花鲫鱼。其头尖口大而略倾斜,下颌突出,身长而扁圆,背部隆起,青黄色,有花黑斑点,鳞细小,背鳍带硬刺,尾鳍成圆扇形。鳜鱼的食用价值较高,肉质洁白、细嫩、味鲜美,无细毛刺,最易切丝、丁、片等。每100克鳜鱼内含蛋白质18.5克,脂肪3.5克,可产生热量44.5千卡。另外还含有矿物质、多种维生素和尼克酸等营养成分。鱼肉性味甘平,具有补气血、益脾胃之功能,为我国名贵的食用鱼类。

银丝鱼选用鱼为主料,利用精湛的刀技去其肉切长细丝,经过烹调后将头尾肉在盘内堆摆成整鱼形状,此菜一鱼两吃,鲜嫩爽滑,淡雅宜人。

原料:鲜活鳜鱼1尾(约重700克),绿豆芽100克,油菜50克,胡萝卜25克,鸡蛋清2个,精盐8个,绍酒10克,味精3克,白糖5克,米醋15克,葱丝、姜丝、蒜片各5克,湿淀粉30克,鸡油10克,熟猪油750克,香油5克。

切配:(1)将鱼去鳃、鳞和内脏,剁下头和尾,再将中段剔去鱼皮和鱼骨,取出净肉,切成鱼丝,然后加入盐、绍酒、味精入味,再用蛋清、湿淀粉上浆。

(2)将头和尾用开水烫片刻后,刮去黑皮待用;绿豆芽掐去两头后洗净。油菜择好洗净,用开水焯后透凉,并加精盐、味精、香油喂好口。胡萝卜刻成鱼鳍。

烹调:(1)把鱼头和鱼尾用调料喂好码入盘内,上屉蒸熟取出,摆在鱼盘内形成鱼形,用油菜连接,安上用胡萝卜刻成的鱼鳍。

(2)用精盐、绍酒、味精、鸡汤、花椒水、白糖、米醋、湿淀粉对成汁水。

(3)勺内放入熟猪油,烧至四成热时,下入鱼丝滑熟倒出。勺内另放少许油,下入葱、姜、蒜爆锅,再放入豆芽煸炒,待豆芽断生时加鱼丝,倒入对好的汁水翻勺,淋明油出勺,盛入盘中间。最后用葱叶点缀上桌即成。

操作要领:(1)鱼一定要新鲜。鱼丝要切的粗细均匀。

(2)菜肴口味以咸鲜为主,糖和醋不宜放多。

11. 清蒸鳜鱼

鳜鱼俗称桂鱼,是我国名贵淡水食用鱼之一。古来就有"西塞山前白鹭飞,桃花流水鳜鱼肥"的赞美之词。鳜鱼是以鱼虾为食的凶猛鱼类,常生活在湖泊和流势较缓的江河之中。天津洼淀密布,九河贯通,是鳜鱼集中产地之一。清道光诗人周楚良《津门竹枝词》中就有:"鳜花鱼美要清蒸,出产因多价不增,柳枝发生柳叶落,一年两度晒鱼罾"的诗句。从中就可以看出从柳芽初绽的早春到柳叶黄落的深秋,都能以便宜的价格尝到美味的清蒸鱼。

鳜鱼是食肉性鱼类,因此肉质非常白嫩,有一种特殊的美味,只有采用清蒸的方法,才能最大限度的使其味保留下来,同时较浓的调料和味厚的辅料可为主料锦上添花。

原料:鳜鱼1条(750克),火腿肉75克,水发鱼骨50克,水发香菇50克,脂油50克,笋50克,大料2瓣,姜5克,葱5克,料酒25克,浓姜汁10克,精盐8克,味精2克,高汤200克,熟猪油75克。

切配:(1)将鱼去鳞,剪去背鳍,去鳃时带出内脏,洗净控干水后,打竖直小反鳞刀6~8刀。

(2)将辅料切成1厘米宽的长条。

(3)将鱼刀口中抹上料酒、姜汁、盐略腌一下,将辅料切成的条嵌在鱼刀口中。然后将鱼放在特制的蒸鱼盘内,浇上调料,放上大料、葱、姜上屉蒸,蒸好后倒在干净的鱼盘内上桌。

操作要领:(1)掌握蒸的火候,嫩熟为宜。

(2)蒸时冷水入屉,以防鱼盘内凝结蒸馏水过多,影响菜品风味。

(3)基本味要调好。

12. 煎熬花鱼

煎熬花鱼的主料为天津海河河口附近渤海湾所产的小黄鱼,津门称之为"河口花鱼"。小黄鱼是我国海洋四大家鱼之一,每年春季由黄海南部北上,洄游至渤海觅食、产卵。农历三月清明谷雨前后,春雷初响,脍炙人口的河口花鱼便大量上市。此时的黄花鱼鲜肥满籽,腹部鳞片金黄,肉质雪白细嫩,整齐鲜亮,每条在 500 克以上。黄花鱼营养丰富,食之"开胃益气"(《本草纲目》),故明清以来,河口花鱼便是供奉朝廷的贡品。清道光名士周楚良《津门竹枝词》就有"贡府头纲重价留,大沽三月置星邮,白花不似黄花好,鳃下分明莫误求"以记其事;徐珂的《庆类钞》也记载:"黄花鱼亦名黄鱼,每岁三月初,自天津运至京师,崇文门税局必先进御,然后市中始得售卖。酒楼得之,居为奇货;居民食之,视为奇鲜。"

煎熬花鱼是在居民家常熬花鱼的基础上发展而来的,此菜鱼皮酥脆,鱼肉细嫩;口味咸酸,没有汁芡;食之能体味出黄花鱼的本味。

原料:新鲜黄花鱼 1 尾(500 克),面粉 30 克,熟猪油 75 克,大料 2 瓣,葱丝 5 克,姜丝 3 克,蒜片 2 克,料酒 15 克,醋 20 克,酱油 20 克,精盐 3 克,味精 2 克,花椒油 25 克。

切配:将花鱼刮鳞、去鳃、去内脏,洗净控干后浑身沾匀面粉。

烹调:将勺烧热,加入熟猪油,入大料炸出香味,将鱼下入两面煎成金黄色,鱼皮焦脆。用葱姜丝、蒜片爆锅,烹入调料,添半手勺高汤,放在大火上煎,不时晃勺,将鱼翻个,两面入味,余汁尽收,淋花椒油,出勺装盘。

操作要领:煎鱼时用小火,并逐渐加大火力,才能避免外煳里生,烹入调料后,火越旺越好,以使汤汁更快收尽并能保持鱼皮的脆性。

13. 干烧鲳鱼

谚云:"河中鲤,海中鲳"。原意是:鱼之美者,莫过于黄河鲤鱼和海产鲳鱼。由此可见鲳鱼之美,非同一般。

鲳鱼,为镜鱼的学名,别称银鲳、平鱼、白鲳。我国的南海、东海及黄海、渤海均产。《记海错》载"鲳鱼,……今莱阳、即墨海中多有之。"就北方的俗语来讲,鲳鱼和镜鱼是有区别的,郝懿行云:"小者为镜,大者为鲳"。此鱼肉质细腻,味道特别鲜美,干烧技法制作味最清腴,成品鲜嫩略甜辣。

原料:鲜鲳鱼 1 尾(约 750 克),肥猪肉 25 克,冬笋 15 克,姜葱末 8 克,雪里蕻 15 克,蒜末 4 克,白糖 30 克,绍酒 15 克,精盐 4 克,味精 3 克,酱油 35 克,红干辣椒 15 克,熟猪油 1000 克,清汤 250 克,香油 3 克。

切配:(1)鲳鱼去净鳃、内脏洗净,在鱼的两面打上柳叶花刀深至刺骨,抹匀酱油。

(2)肥猪肉、冬笋、雪里蕻、干辣椒均改成 0.6 厘米见方的丁。

烹调:(1)勺内放油烧至八九成热,将鱼下入炸成五成熟,呈枣红色时捞出控净油。

(2)另起油锅烧热,先将肥猪肉丁下勺煸炒,再放入绍酒、葱姜末、蒜末、冬笋丁、雪里蕻丁、辣椒丁煸炒几下,随即加入白糖、酱油、精盐、清汤烧沸,放入鱼,用温火煨燳,至汁浓时,将鱼捞出放盘内。勺内余汁加味精、香油搅匀,浇鱼上即成。

操作要领:鲳鱼在烹制时,应采用微火慢慢煨燳,令滋味充分渗透于原料内。火力过旺,极易使原料焦糊,影响质量。

14. 锅焖黄鱼

始于山东民间的一种传统烹饪技法,它是将煎与煨等结合运用的方法。所制的菜肴除具煎时产生的香鲜等味外,更为柔和绵软,回味悠长。锅焖黄鱼即用此法制作而成。相传,此菜已有四五百年的历史。至今在胶东民间还流传着这样一个故事:明朝年间,福山县有一富豪,极喜欢食鱼虾之类,于是,特地聘请了当地一位很有声望的女厨为他操灶。一次,女厨娘由于外出办事晚了点,结果将"油煎黄鱼"的烹制时间缩短了些。菜一上桌,富豪举箸欲食,一看,鱼中间尚未熟透,于是大为不满,让厨娘重新制作。厨娘想,将原鱼再煎恐颜色太重,如果重新制作,时间就会太长。于是,眉头一皱,计上心来,弄了点葱姜、花椒、大料等调料,烹锅加汤,将原鱼下锅煨爆,待汁全部爆尽,鱼已熟透,盛入盘里上桌。那富豪已等的不耐烦了,举箸就食,鱼一入口,便觉得鲜香味浓郁,与往日所食殊不相同。于是问厨娘如何制作,厨娘说是将原鱼放锅里爆了一下(民间将酥脆食品再入锅煨爆使其软化谓之爆)。以后富豪常叫厨娘"爆鱼"吃。后来,传到民间,几乎家家都能制作,流传至今。该菜色泽金黄,肉质鲜嫩,口味醇美。

原料: 新鲜花鱼 1 尾(约重 500 克),葱姜丝 7 克,蒜片 5 克,水发木耳丝 10 克,火腿丝 10 克,玉兰片丝 10 克,青菜丝 10 克,精面粉 100 克,鸡蛋黄 150 克,花生油 125 克,清汤 250 克,精盐 6 克,味精 2 克,白糖 6 克,料酒 15 克。

切配:(1)将鱼去净鳞、鳃、内脏,用清水洗净。从胸鳍和腹鳍处下刀,将鱼头切下,再从下颌处下刀将鱼头劈半开,翻过来用刀拍平,去掉脑石。鱼身从脊背出剔掉大梁刺,片至鱼肚处(不要片开),使鱼肚相连成合页形。然后皮面朝下放案板上,用刀从肉面剔上多十字花刀,连同鱼头撒上精盐、味精、料酒喂口。

(2)鸡蛋黄入碗内搅匀。

烹调:(1)勺内放油 100 克烧至七成热时,将鱼头、鱼肉面先蘸匀精面粉,再粘匀鸡蛋液下勺煎至七成熟,呈金黄色时倒漏勺内控净油。

(2)勺内放油 25 克烧热,将葱姜丝、蒜片爆锅,烹入料酒,加木耳丝、火腿丝、青菜丝、玉兰片丝煸炒,加清汤,放入煎好的鱼,再加精盐、味精、白糖煨透,盛出放盘内,摆成整鱼形(黄面朝上),将剩下的汤汁浇在鱼身上即可。

操作要领:(1)剔鱼刺时,刀应紧贴刺骨进行,保持鱼肉形状完整,做到骨不带肉,肉中无骨。

(2)蒸鱼剔刺后,应用刀从肉面剔上多十字花刀,使滋味充分渗入鱼肉内部,增加美味。

(3)整鱼入勺内煎时,所拍(粘)的面粉和鸡蛋液要匀,油温应掌握准确。

15.清蒸鲌鱼

鲌鱼亦称鲏,为我国淡水经济鱼类之一。鲌鱼体延长,左右侧扁,口大,斜或上翘,腹具肉棱,背鳍具硬刺。常见的品种有翘嘴红鲌、短尾鲌等,以吉林松花江所产的鲌鱼为最好。其肉质细嫩,肥大油厚。"清蒸鲌鱼"是选用松花湖名产鲌鱼为主料精制而成。

此菜是一款具有一百多年历史的传统名菜。据说清朝乾隆年间,乾隆皇帝弘历于农历八月十三日在吉林赐庆自己的生日"万寿节",清蒸鲌鱼作为一道名菜贡献圣宴,大受皇帝赏识。此后松花湖鲌鱼便作为贡品年年进贡,名噪四方。1973 年西哈努克亲王畅游松花湖品尝了清蒸鲌鱼后,称赞它为鱼中鲜魁。

原料: 鲌鱼 1 尾(约 300 克),火腿 25 克,冬菇 15 克,肥猪膘 30 克,鸡汤 500 克,精盐 3 克,味精 2 克,料酒 10 克,葱段 20 克,姜片 10 克。

切配:(1)鲌鱼去鳃、去鳞,清水冲洗干净。然后倒入 80℃水中略烫取出,刮净浮皮,两面分别锲十字花刀,摆在盘中。

(2)猪肥膘切成 5 厘米长的梳子花刀片,放入开水中焯烫,使其卷缩成齿轮状,火腿、冬菇切成片,同肥膘一起摆放在鱼身上。

烹调:(1)把鸡汤浇入鱼盘中,放入味精、料酒、葱段、姜片上屉蒸约 15 分钟,熟后取出,除去葱姜。

(2)把原汤滗入勺中。鲌鱼转入罐子内,将汤烧开后去掉浮沫,调好口味,浇入罐子内即成。

操作要领:(1)烫制鲌鱼时,水温不宜过高,以 80℃ 为好,否则易把鱼皮烫破。

(2)需用高汤,方能保持味浓醇香。

(3)食用时加姜醋汁更具风味。

16. 酱烧鲫鱼

黄酱是吉林省民间夏季的主要佐料和调味料。它是当地产的黄豆经过煮制、发酵、稀释酿制而成的。黄豆是高蛋白食品原料,在发酵过程中,蛋白质大量分解而产生丰富的氨基酸,使酱的口味极为鲜美。酿制后辅以适量的食盐加以调和,既可增鲜又可防腐。酱烧鱼是吉林一种常见的烧鱼方法,尤以松花江的江水烧活鱼最为盛名。每到夏秋季节,渔民入江捕鱼,然后取江水,用酱烧煮成味鲜、肉嫩可口的酱烧鱼。成品鱼色泽红亮,香气怡人,尤其用黄酱烧制的鲫鱼味道更佳。

原料:鲫鱼 500 克,黄酱 50 克,酱油 10 克,花生油 150 克,干红辣椒 2 个,料酒 10 克,花椒水 15 克,味精 3 克,葱花 20 克,姜末 15 克,蒜末 10 克,香菜末 10 克,清汤 400 克,湿淀粉 10 克,香油适量。

切配:(1)鲫鱼去鳃、去鳞、去内脏,冲洗干净,控干水。将黄酱涂遍鱼身内外,放置 1 小时,使鱼肉充分入味。

(2)干辣椒切成小段。

烹调:(1)勺内放油烧热,将鱼身外面剩余的酱渣去掉,放入勺中,煎至两侧浅红时移入盘中。

(2)勺内另加油烧热,投入干辣椒炸出香味,再放入黄酱、姜炒出酱香味后放入鲫鱼,加酱油、花椒水、料酒、味精、清汤(以能将鱼身没过为度),移旺火烧开,转中火烧制 5～6 分钟,翻转鱼身再烧至鱼肉断生无血时为止,用湿淀粉勾薄芡,最后放入葱花、香菜、蒜泥出勺即成。

操作要领:(1)煎鱼时以中火为好,使鱼不焦不碎。

(2)炒酱时要炒出酱香味。

(3)烧制时间不宜过长,以保持肉质鲜嫩爽口。

(4)成菜要求色泽红润,明油勾芡,酱香浓郁。

17. 家常焖鱼

"家常焖"是鲁菜中常用的家常做法,特别在被称为"烹饪之乡"的烟台,不仅宾馆饭店对水产品善于精烹细做,而且居家百姓也都能根据自己的需要制作出各种美馔佳肴。"家常焖鱼"就是其中典型的家常菜之一,此菜是在红焖烹调方法的基础上演变而来的。成品主料不过油,汤汁不勾芡,色泽深红,鲜嫩适口,半汤半菜,操作简便,既是佐酒佳肴,又可作为饭菜。

原料:新鲜鲅鱼 750 克,葱段 25 克,姜片 10 克,花椒 5 克,大料 5 克,酱油 25 克,精盐 3 克,面酱 20 克,料酒 15 克,醋 20 克,味精 3 克,香菜段 5 克,清汤 500 克,香油适量。

切配:(1)将鲅鱼去鳃,去内脏洗净,斜刀片成厚约 3 厘米的马蹄形块。

(2)将鱼块放开水中一烫,捞出控净水。

烹调:(1)勺内加底油,加面酱炒熟并散开,再依次加入清汤、料酒、醋、酱油、葱姜、花椒、大料、鱼块,用慢火焖熟,捞出鱼块放在盘内。

(2)原汤去掉花椒、大料,加香菜梗,滴上香油,浇在盘内即可。

操作要领:(1)炒面酱时锅要滑,并要用慢火,将其烧散开,去掉生面酱味。

(2)鱼块要改的厚薄均匀。

补充说明:如果是整尾鱼可在鱼身两侧分别剖上多十字花刀,再进行焖制。

18.荔枝带鱼

诗云:

"银花烂漫委筠筐,

锦带吴钩总擅场,

千载专诸留侠骨,

至今匕箸尚飞霜。"

这是清初著名诗人宋婉写的四首海上杂诗之一,是描述带鱼的。

带鱼,又名刀鱼、鳞刀鱼、白带、牙带,是海产四大经济鱼类之一。富含营养成分,脂肪多,肉质肥美,食用价值很高,颇受消费者欢迎。我国沿海均产,其中以东海产量最多。渤海和黄海的主要产地有连云港、威海、烟台、秦皇岛、营口、旅顺、大连等。在烟台民间,家庭多以"煎"和"家常熬"法来制肴,乡土味道较浓。而"荔枝带鱼"则是将鱼去净杂物及剔去刺骨后,改荔枝花刀切成三角块,经由炸后呈"荔枝状",再浇上番茄汁。造型新颖,色泽鲜艳,口味咸鲜略甜酸,为典型的象形热菜。带鱼最美处是鱼肚皮,故民间有"加鱼头,鲅鱼尾,带鱼肚皮鳖鱼嘴"的谚语。

原料:大带鱼 500 克,葱头丁 8 克,胡萝卜丁 5 克,冬菇丁 5 克,玉兰片丁 5 克,青豆 6 克,清油 750 克,湿淀粉 20 克,精面粉 100 克,清汤 250 克,白糖 35 克,醋 20 克,精盐 6 克,味精 3 克,番茄酱 25 克,香油 3 克。

切配:将带鱼切去头、尾,并剔去鱼刺洗净,鱼肉皮面朝下,先用斜刀在鱼肉上锲成一条平行刀纹,再转一个角度,用直刀锲成一条条与斜刀成直角相交的平行刀纹,然后切成边长约 3.5 厘米的三角块,用醋、精盐、味精喂口。

烹调:(1)勺内放油 700 克,烧至七成热时,将鱼块沾匀面粉,再将三角捏起,肉面朝外呈圆形,放油内炸熟至金黄色、呈荔枝状时捞起控净油。

(2)油 25 克下勺烧热,放入番茄酱、白糖略炒,再加葱头丁、胡萝卜丁、玉兰片丁、冬菇丁爆锅,加醋、清汤、精盐、味精烧开,撇净浮沫,用湿淀粉勾成浓溜芡,倒入带鱼、青豆,淋入香油炒匀盛在盘内。

操作要领:(1)带鱼在初加工时,下刀要准确、利索,做到既能剔除鱼刺,又能保持鱼肉完整。

(2)鱼肉改荔枝花刀时,刀距应均匀,深浅一致。使鱼经油炸后能充分翻起呈荔枝球状,形状美观。

(3)改刀后的鱼下油内炸时,油温以七八成热为宜,过高,鱼肉易焦煳;过低,鱼易塌在锅里。

19. 清烹刀鱼

刀鱼,鱼纲,鳀科,刀鲚属的鱼类。刀鱼体态侧扁,腹有棱鳞,尾部细长,银光闪闪,状如刺刀,故有其名。天津出产的刀鱼有两种:一种为海刀鱼,生活在渤海湾,每年春末夏初至海河河口一带,淡咸混水处产卵,故又名春刀鱼。海刀鱼每条长约35-40厘米,重约400克,肥硕肉嫩。另一种为河刀鱼,生活在海河上游各支流中,每年秋季汛期时,随洪水游至河口处产卵,故又称为刀鱼,秋刀鱼产量较小,亦不如海刀鱼鱼大肉肥,但肉鲜美远过之,更兼腹内鱼籽、鱼白多而味醇,故受深谙鱼味的"天津卫"人的喜爱。

清道光诗人周楚良《津门竹枝词》:"明庆清烹纤板刀,松肥全仗奏鸾刀。讵知作腐尤鲜美,灶上出名手艺高"。并注:"明清馆在北门外水阁附近,是本地二荤馆。刀鱼如船上纤板,以入河口淡水网获得,称河口刀鱼,无海腥味,最为鲜肥"。并注:"刀鱼腐,马泰、胡十首创,味胜普通鱼腐。"

清烹刀鱼以秋刀鱼作主料风味尤佳。津门一般百姓家均于秋季在海河岸边购买新捕获的河刀鱼,自己制作清烹刀鱼,主食为家常饼。并以沙多粒大的北河绿豆与透明湛绿的小站稻熬成的稀饭佐餐,为九九重阳节的节令食品。津菜饭馆则用精巧刀工,从背部入刀,将河刀鱼的大刺脱出,使风味更加突出,故有"松肥全仗奏鸾刀"和"灶上出名手艺高"之赞。清烹刀鱼色泽老红,鱼肉鲜美,外酥里嫩,口味鲜酸,佐酒、夹饼皆宜。

原料:河刀鱼1000克(4条),面粉50克,葱丝15克,蒜末10克,姜丝10克,料酒25克,酱油75克,醋50克,白糖10克,精盐3克,味精3克,香油5克,花生油1000克。

切配:(1)河刀鱼剁去鳍,从鱼背开刀,脱去背鳍及大梁刺,洗净控干。用刀在鱼全身剖较浅的密纹斜刀,再剁成6~7厘米长的段,蘸匀薄薄一层面粉备用。

(2)调味料放入大碗内,加少许净水,搅拌均匀,使其充分溶解、调和。

烹调:(1)将炒勺放火口,加油烧热,加葱姜丝、蒜末炒出香味,然后将碗内对好的调料放入烧开待用。

(2)另一勺内加油,烧至八成热,将鱼分批下入,炸至外焦里嫩,捞出后直接下入对好调料的勺中,使主料吸足调料,然后用筷子夹起,整齐的码放盘中即可。

操作要领:四条刀鱼,每条剁成三段,下勺时应将部位相同的四块下勺一起炸,以使火候一致。烹制后码放时,尾部放下面,带籽腹部放上面,可将调料勺中的葱、姜、蒜捞出撒上。

20. 官烧目鱼

据《清高宗实录》载:清高宗爱心觉罗弘历(乾隆皇帝)为督察黄淮河务和海宁塘工,笼络汉族士商,查访民情,整饬军旅,曾多次架临天津。传说有一次乾隆来津,驻跸城北万寿宫(现北马路小学),御膳由与万寿宫仅一街(佑衣街)之隔的聚庆成饭庄供奉。聚庆成饭庄是天津传统风味中8个"成"字号大饭庄之一,开业于康熙元年,相传是为庆贺康熙登基而建成开业的。聚庆饭庄以擅长烧烤菜肴享誉津门,在他们烹制的众多美馔佳肴中"烧目鱼条"色香味形俱佳,深为乾隆赏识。为此乾隆特地召见厨师,赐黄马褂和五品顶戴花翎,并赐菜品为官烧目鱼。此后官烧目鱼作为津菜传统佳肴更为广泛流传。官烧目鱼所用主料目鱼为渤海湾特产,学名半滑舌鳎,津门俗称鳎目鱼。官烧目鱼主料金黄色,白、绿、黑辅料点缀其间,色调明快和谐,抱汁汪油,酸甜口略咸,目鱼条外酥脆里细嫩,别具特色。

红旗饭庄副经理兼厨师长、特级厨师王洪业烹制的官烧目鱼曾获"天津市1987年津菜

'群星杯'烹调大赛"金杯奖。

原料:净目鱼肉 350 克,冬笋 20 克,黄瓜 20 克,香菇 20 克,大佐料(葱丝、蒜片、姜丝)10 克,鸡蛋 1 个,湿淀粉 50 克,料酒 15 克,姜汁 10 克,白糖 20 克,醋 25 克,精盐 2 克,酱油 10 克,花生油 1000 克,花椒油 20 克。

切配:将目鱼肉切成长 4 厘米、宽 1.5 厘米的条,加料酒、姜汁、精盐略腌。笋和黄瓜也切成略小一点的条,或切成大片同香菇一起用模具刀压切成小鱼形。

烹调:(1)把鸡蛋、面粉、湿淀粉调成糊,放少许盐和油,搅拌均匀,放入腌过的目鱼条。

(2)把挂好糊的目鱼用六七成热的油炸成金黄色。捞出控净油,将铺料加入油内略炸捞出控净油。

(3)勺内留底油,用大佐料炝锅后烹调料,放少许清汤,再用湿淀粉勾芡,下入主、辅料,颠匀加花椒油出勺。

操作要领:(1)目鱼条所挂酥炸糊比例要适当、稀稠要合适且油温不能过高,才能使炸出的鱼条酥脆而不返绵。

(2)此菜口味酸、甜、咸,烹调时不能放味精。

21. 菊花全鱼

我国人民非常爱菊,早在《礼记·月令》中已有"季秋之月,鞠有黄华"的记载,《楚辞》中有"春兰兮秋菊,长无绝兮终古"之句。每当进入深秋,"家家争说黄花秀,处处篱边铺彩霞"。菊花与梅、兰、竹并称"四君子",它姿态各异,有的昂首挺胸豪迈奔放,有的瓣瓣金丝摇曳多姿,还有的侧重反卷,妙趣横生。

菊花全鱼一菜,凭借精湛的刀工,别具一格的造型,把形象逼真的菊花再现餐桌。成品色泽金红明亮,口味酸甜香脆,鱼头鱼尾前后呼应。

原料:鳜鱼 1 尾(1000 克),鸡蛋 1 个,干淀粉 100 克,湿淀粉 20 克,白糖 75 克,番茄酱 50 克,精盐 6 克,醋 25 克,葱末、姜末各 5 克,蒜末 4 克,料酒 15 克,味精 3 克,熟猪油 1000 克。

切配:(1)将鱼去鳞、鳃及内脏,洗净,头尾剁下。

(2)鱼身中段去脊骨,带皮切成 12 块,用直刀法和斜刀法剞成菊花形,加料酒、精盐、味精拌渍入味后,逐块沾匀干淀粉。

(3)鱼头从下颌处片开与鱼尾一起用盐腌渍后,拍粉挂蛋糊备用。

(4)用醋、糖、精盐、湿淀粉对成汁水待用。

烹调:(1)锅内放油烧至七成热,用铁筷子夹住鱼花逐朵下入锅内炸透,呈菊花形时捞出,摆在鱼盘中部。

(2)鱼头、鱼尾分别炸呈金黄色,捞出摆在盘的两端,组成整鱼形。

(3)炒勺内放底油烧热,加番茄酱略炒,再加葱末、姜末、蒜末倒入对好的汁水迅速推炒,待芡汁发起后淋入明油,均匀的浇在炸好的鱼上。

操作要领:(1)主料必须选用肉质细嫩的新鲜鱼。

(2)刀工处理要求落刀准确,成形的菊花瓣粗细均匀。

(3)挂糊时粉要拍匀,挂好糊的鱼应及时油炸,否则容易粘连,影响形状的美观。

(4)菊花鱼块油炸时必须皮面朝上,刀口向下逐块下勺,炸至金黄色定型后捞出。火候过轻不仅易碎,而且造型不美观,火候大了影响口感。

22. 枸杞银鱼

枸杞银鱼是具有滋补健身作用的食疗佳肴。我国最早的医药学专著《神农本草精》记载："枸杞气味苦寒，无毒。主治五内邪气，热中消渴，周麻风湿。久服坚筋骨，轻身不劳，耐寒暑"，大医学家李时珍《本草纲目》中称枸杞："甘平无毒，作羹食宽中健胃"。

近年来，经科学研究证实：枸杞有降血糖、降血脂、抗动脉粥状硬化、增强人体免疫力的功效。银鱼蛋白质含量高，质量好，易于被人体消化吸收，且含有丰富的钙、磷、碘、锌等无机盐，是滋补佳品。清代王士雄撰《随息居饮食谱》载："银鱼甘平，养胃阴，活经脉。"枸杞银鱼，不仅是以枸杞的艳红反衬银鱼的洁白，使菜品在色泽的调配上给人以赏心悦目的感觉，更重要的是它具有营养与食疗的双重作用。

原料：银鱼 300 克，枸杞 50 克，蛋清 20 克，干淀粉 20 克，葱花 5 克，料酒 15 克，姜汁 10 克，精盐 3 克，味精 2 克，花生油 1000 克（实耗 60 克），花椒油 15 克。

切配：将银鱼洗净控干后，加料酒、姜汁略腌一下。蛋清加干淀粉调成糊。枸杞择净，用温水略泡，捞出控干水分。

烹调：(1)勺内加净油，烧至五成热，将银鱼用蛋清糊抓匀，一条条下入油勺中炸至嫩熟，捞出后控油。

(2)勺内加少许底油，放入葱花炝锅，烹入调料，添少许汤，将枸杞下入略爆一会儿，使枸杞吸汁饱满，将银鱼下入颠勺，使汁被银鱼均匀吸入，并使枸杞分布均匀。淋花椒油，颠匀出勺装盘。

操作要领：(1)关键在于汤汁的多少。最好使汤汁完全被主料吸收，既不余下汤汁，也不使主料过干。

(2)炸银鱼时一定要掌握好油温，过高易上色。

23. 高丽银鱼

高丽银鱼主料为天津市中心三岔河口所产的金眼银鱼。此银鱼属鲱形目、银鱼科、大银鱼之"安化新银鱼"，为渤海湾特产，是津门冬令四珍之一。天津银鱼肉嫩刺软无鳞，呈半透明的蜡白色，鱼籽为白色略带黄头。银鱼以小虾为食，生长迅速，至秋末冬初成熟，可达 20 厘米长、100 克重，成群结队进入海河产卵，上溯至三岔河口，河面薄冰初复，渔民破凌以罾网之。这时的银鱼眼圈由银色变为金色，最为珍贵，可谓"出网冰鲜玉不如"。故早在明代中叶，朝廷即设置"银鱼场太监"督办"卫河银鱼"进贡京师。清初的《天津卫志》也有银鱼的记载，《津门竹枝词》赞美："银鱼绍酒纳于觞，味似黄瓜趁作汤，玉眼保如金银贵，海河不如卫河强"。津菜中以银鱼为主料的菜品不下三四十种，其中以高丽银鱼最为著称。

高丽银鱼菜品为浅金黄色，高丽糊酥脆松软，银鱼肉雪白细嫩，食用时，满堂飘有秋黄瓜味的清香。

原料：银鱼 12 条（重约 300 克），蛋清 150 克，干淀粉 100 克，面粉 30 克，姜汁 20 克，料酒 20 克，精盐 2 克，清油 1000 克。另：花椒盐 20 克，辣酱油 10 克，高汤、味精、精盐、湿淀粉、花椒油各适量，白糖 15 克，番茄酱 25 克。

切配：(1)银鱼掐去尾梢，洗净控干，加姜汁、料酒、盐略腌一下，沾匀面粉，平码在盘内。

(2)用打蛋器（或三四支方棱筷子）将蛋汁抽成雪花状，以能插住筷子、底部没有蛋清液体为准。然后将干淀粉分三次放入，搅拌均匀，和为一体做成高丽糊。

烹调：(1)勺内加净油,烧至四成热将勺端下,手提银鱼尾部,将沾好面粉的银鱼一条一条拖过高丽糊,挂匀后下勺。银鱼下齐后,油勺放在温火上,保持四成油温,将银鱼炸成浅黄色,捞出整齐地码在盘中。

(2)勺内加高汤,放入盐、味精烧开后,撇去浮沫,用淀粉勾芡,加少许花椒油,盛在小吃碟中,勺内加底油烧热,放入番茄酱、白糖,炒成蘸汁盛入小吃碟中。花椒盐、辣椒油分别装碟和菜品一起上桌。顾客可根据自己的爱好,夹银鱼蘸小料食用。

操作要领：(1)抽打蛋液时必须使用新鲜鸡蛋不停的进行抽打,一气呵成。

(2)挂糊时,手提银鱼尾巴在糊中转圈,糊粘匀后,慢慢将银鱼从糊中拖出。

(3)烹调时掌握油温最重要,油热了菜品色太重,油温过低则造成"窝油"(油渗入糊中)。还要注意先下入的与后下入的银鱼之间火候差别不能过大,油勺回灶后炸制时,注意翻动主料,避免出现阴阳面。

24. 清炸银鱼

银鱼,别名面条鱼、面鱼、面丈鱼。"小者仅寸许,大者不过四五寸。身圆如筋,洁白如银,体柔无鳞。"清人有诗赞曰："江湖首夏碧波融,烟月晴川旷望中。银缕寸肌游嫩白,丹砂双眼荡鲜红"。我国有湖产和海产两种,海产主要在黄海、渤海和东海,其中以长江口最多。其肉质鲜嫩,营养丰富,属高级鱼品。面条鱼用于制馔由来已久。此鱼产于每年的3~5月间,民间捕捉,用炸制的方法制作,甚为可口。

原料：鲜银鱼300克,葱姜汁8克,精盐3克,味精1克,花生油500克,料酒8克。

切配：用刀从鱼腹部割一口,取出内脏,用水洗净,拌入精盐略腌,再加入葱姜汁、料酒、味精喂口。然后放干面粉中粘匀。

烹调：勺内放花生油烧至六七成热,将银鱼下入,冲炸至嫩熟、呈金黄色时捞出装盘,带花椒盐上桌。

操作要领：银鱼烹制时,应准确掌握油温,以六七成热为宜。油温过高,银鱼体小易炸焦,油温过低,银鱼发软而不酥,产生不出香味。

25. 萝卜丝熬鲫鱼

俗语："冬鲫夏鲇"。《吕氏春秋·本味篇》上有："鱼之美者,有洞庭之鲋"的记载。《本草纲目》载："鲫喜偎泥,不食杂物,故能补肾。冬日肉厚子多,其味优美。"鲋,即鲋鱼,为淡水鲫鱼之别称。海鲫鱼,又名海鲋,是我国北部海区近海鱼类,但产量较小,故比较珍贵,入药具有利水消肿,益气健脾,清热解毒,通脉下乳之功能。鲫鱼入馔,历为肴味中的佳品。"萝卜丝熬鲫鱼"就是胶东福山民间历史久远的一款地方风味菜肴。萝卜,古称莱菔、罗菔,将其与鲫鱼合而烹之,相得益彰,风味特殊。

原料：鲫鱼4尾(重约500克),青萝卜丝200克,花生油30克,肥猪肉丝25克,葱姜丝9克,精盐8克,味精3克,清汤750克,料酒3克,食碱少许。

切配：(1)鲫鱼刮去鳞,去掉腮和内脏洗净,用刀打上柳叶花刀,放开水中一烫,捞出控净水。

(2)萝卜丝放盆内,加食碱,注入开水烫(不要烫烂),捞出放冷水中浸透,却除碱分。

烹调：勺内加葱姜丝,肥猪肉丝煸炒,再加精盐、清汤、味精、鱼烧开,用温火炖熟,放入萝卜丝烧开,撇净浮沫,盛碗内即可。

操作要领:(1)改刀后的鲫鱼烹制前,一定要先入开水锅中烫一下,以除去其土腥气味。

(2)鱼下锅后,火不宜太旺,应采用微火慢慢炖焖,以防汤汁混浊。

26. 清蒸鸽子鱼

鸽子鱼,又名北地铜鱼,产于宁夏中卫县景庄乡南长滩一带的水塘中,其肉质雪白细嫩,口味郁香鲜醇,乃宁夏特产之一,向有"天上的鹅肉,山里的鸡,比不过黄河的鸽子鱼"之美誉。因其被"粘"在网上后,形态颇似蹲立树枝上的鸽子,故名曰:鸽子鱼。由于鸽子鱼具有醒酒解醉之功,祛寒保暖之效,早在明清时就被官府征收,进贡皇宫王府,所以民间又称其为宫筵鱼。

原料:鲜鸽子鱼 2 尾(重约 1000 克),水发香菇 25 克,水发海米 10 克,精盐 8 克,葱段 25 克,鲜姜片 15 克,蒜片 5 克,味精 2 克,胡椒粉 2 克,清汤 300 克,香油 2 克。

切配:(1)将鸽子鱼刮鳞、挖鳃、开膛去内脏后冲洗干净,两面分别剞上牡丹花刀,装在盆内,加葱段、鲜姜片、精盐,腌渍入味(约半小时)。

(2)水发香菇摘掉蒂根,片成薄片。

烹调:(1)将炒锅置火上,倒入清水烧开,将已腌好入味的鸽子鱼下入锅中氽一下捞出,将鱼平放在鱼盘里,刀口处摆上香菇片、海米、蒜片,盘中加入清汤,上笼蒸 15 分钟,取出后,拣去葱姜蒜,将汤滗入炒勺内。

(2)炒勺置火上,将勺中的汤汁烧开,放入味精、胡椒粉,淋上香油,浇在盘中鱼身上即成。

操作要领:(1)刀工处理要精细,牡丹花刀间距离要均匀。

(2)蒸制时要掌握火候,嫩熟即可。

27. 金毛狮子鱼

此菜是河北省创新菜之一,在第二届全国烹饪大赛中荣获银奖。

传说,很久以前,有一段时间河北沧州一带国泰民安,不巧有一年却来了一条黑龙,它兴风作浪,并引发了水灾,一条橘红色的雄狮经过苦斗,赶走了恶龙,人们才得以安宁。为了感谢和纪念雄狮,于是人们为它立起一尊雕像。聪明的厨师在这一传说的启示下,研制了此菜,并赋诗曰:"金毛缕缕蓬松长,甜酸味美闪红光;虎视眈眈似雄狮,质地焦脆酥又香。"成品口味酸甜适口,色泽金红明亮,质感香酥脆嫩,造型美观大方。

原料:新鲜鲤鱼 1 尾(约 1000 克),鸡蛋 4 个,红樱桃 2 个,葱、姜、蒜各 5 克,白糖 150 克,醋 50 克,番茄酱 50 克,料酒 10 克,精盐 6 克,清汤 200 克,干淀粉 100 克,花生油 1500 克,鸡油 30 克。

切配:(1)将净鱼从下唇劈开,掰开鳃盖,在鱼身两面上下交错片成薄片,第一片从鱼身的中间起刀,至头骨片好,再依次往后下片成薄片,用剪刀剪成细丝,挂全蛋糊待用。葱、姜切丝,蒜拍成蒜末。

(2)用白糖、醋、番茄酱、精盐、味精、清汤 200 克、湿淀粉 30 克对成汁。

烹调:(1)旺火大油锅烧至七成热,将挂好糊的鱼提起,一手拿住鱼的中间,一手拿住鱼的尾鳍,背朝下,前后左右抖动,待鱼丝散开后,再整体下锅。至头尾弯曲,炸好一面再翻身炸另一面,炸至金黄色成熟时捞出装盘。

(2)炒勺放底油 30 克,加入葱、姜、蒜和对好的汁水,待汁爆起后淋入明油浇在炸好的鱼上即可。

(3)用红樱桃点缀上鱼眼即成。

操作要领:(1)要掌握好糊的稀稠度,稀了外形和质地达不到要求,稠了容易粘连。

(2)刀工处理鱼片时,鱼片的根部稍厚些,否则丝条容易脱落。

(3)选用肥美鲜嫩的雄性鱼为好。

(4)用刀在鱼身两面片片时,最好用洁布把鱼腹肉撑起,这样效果会更佳。

28. 小白龙过江

此菜是一款非常讲究的创新菜,主料选用河北保定白洋淀特产鲜鲫鱼,配以水发干贝为辅料,加鲜鸡汤用慢火炖制,并用蛋泡糊制成一条"白龙"置放于汤面上,成品鱼、"龙"形意融为一体,主料鲜嫩,汤汁清澈,形象逼真,特别是在送别的宴会上,有一帆风顺之寓意。

原料:鲜鲫鱼1尾(约400克),水发干贝50克,蛋清2个,鲜汤500克,葱椒油30克,干淀粉10克,龙须菜5克,黄瓜皮10克,红樱桃1个,葱丝、姜丝各5克,精盐8克,味精4克,香油3克。

切配:(1)鲫鱼去掉腮、内脏,洗净后,放开水锅内略烫捞出,刮去两面黑皮,打上柳叶花刀,用洁布吸净表面水分。

(2)蛋清打成蛋泡,加干淀粉调成蛋泡糊,然后在平盘内抹成一条弯曲的龙形,将樱桃切成两半作龙眼,龙须菜为龙角,黄瓜皮修成鳞片形点缀龙身,成形后上屉蒸约1分钟取出。

(3)水发干贝洗净摘去硬筋备用。

烹调:勺内放葱椒油,烧五成热时,将鱼放入,两面略煎,注入鲜汤,烧开后撇去浮沫,放盐、葱姜丝用小火烧15分钟左右,再放入干贝、味精稍炖,滴上香油倒在汤盆内,将蒸好的白龙放在汤面上即成。

操作要领:(1)主料鲫鱼要新鲜,用开水烫时注意火候,以15秒左右为宜。刀口不宜太深,否则鱼刺外露。

(2)汤必须清而鲜,炖鱼时火力不可太旺,否则汤易混浊。

29. 酱汁瓦块鱼

酱汁瓦块鱼是以河北保定特产甜面酱为主要调味品,鲜鲤鱼中段为主料,采用酱烧的技法精心烹制而成的。成品色泽褐红,形如瓦块,质地软嫩,口味咸甜,有浓郁的酱香味,其外表明光锃亮,久放不失光泽。此菜在全国首届烹饪大赛中受到专家们的高度评价。

原料:净鲤鱼硬扇中段(约重500克),甜面酱40克,酱油15克,精盐2克,白糖25克,味精2克,香油10克,料酒10克,鸡油10克,醋15克,清汤300克,葱段、姜片各3克,大料2瓣,熟猪油1000克。

切配:(1)旺火大油锅烧八成热,将鱼放入炸透捞出。

(2)中火小油锅烧热,放入面酱炸出香味,用葱、姜爆锅,放入已炸好的鱼块、鲜汤、大料、白糖、精盐、味精,开锅后撇净浮沫,小火慢慢烧制,待汤汁稠浓时捞出鱼块装盘。

(3)原汁拣出葱、姜、大料,将汁爆浓,淋香油、明油,浇在鱼身上即成。

操作要领:(1)面酱要先炒出香味后再放入其他调料,否则有生酱味。

(2)正确掌握火候,一般是旺火炸,中火烧,小火爆。

(3)淋明油时要分几次加入,否则汤汁变瀣影响汁的亮度。

30. 火夹糟青鱼

青鱼,因其腹、脊背、鳞都是青色,故称。盛产于山东的石岛、荣城、威海沿海。以此为肴,在烟台有悠久的历史。《记海错》中有"青鱼、盐藏蒸啖味亦非(肥)美,或小腌曝干炙啖,颇佳"的记载。宋婉也曾在一首《青鱼》中写道:"鱼长不盈尺,青脊赤鳃,立春后有之。肉香而松,随筋而脱,骨磔磔如猬毛,软不刺口。雌者腹中有子,阔竟体,嚼之有声。雄者白最佳。初入市,价颇昂,继而倾筐不满十钱,海上人用以代饭。谓之鱼粥。"

火夹糟青鱼,采用蒸法制作。因调料中加有香糟,故菜肴制成后有淡淡的糟菜味,很是可口。

原料:青鱼肉2块(约500克),水发冬菇25克,冬笋25克,熟火腿25克,葱1棵,姜8克,精盐6克,香糟15克,味精3克,熟猪油50克,料酒15克。

切配:将青鱼肉洗净,用精盐擦匀。香糟用清水、料酒调和后拌在鱼肉上,腌约1小时后取出,放清水中洗净。在鱼肉一面,用刀顺鱼长边等距离斜片六条缝,深约鱼肉2/3,火腿冬菇、冬笋均切成长约6厘米、宽2.5厘米、厚约0.3厘米的片,依次将三种配料加在6条刀缝中。

烹调:将鱼段放入盆内,用熟猪油抹匀后,加精盐、味精、葱姜上屉蒸约15分钟取出,除去葱姜即成。

操作要领:青鱼肉蒸制的时间不宜过长,嫩熟为好,保持其质鲜嫩。

31.清蒸牡丹鱼

"绝代只西子,众卉唯牡丹"这是大诗人白居易的诗句。牡丹是我国的特产花卉,很早以前就被誉为"花中之王"。它不仅给人以美的享受,而且还是吉祥、富贵、幸福、繁荣的象征。清蒸牡丹鱼是将鱼剔骨后片成桃叶片,再逐片蘸蛋白浆拼摆成牡丹花形,配以用青椒制作的绿叶,用传统的清蒸方法制成。成品鱼片洁白如玉,青椒油光碧绿、清淡爽口、鲜嫩味美,是一款造型新颖的工艺菜。

原料:鲜鳜鱼1尾(约1000克),青椒75克,姜丝25克,蛋清3个,葱段、姜片各3克,料酒20克,鲜汤50克,精盐6克,味精2克,湿淀粉7克,鸡油12克。

切配:(1)将鳜鱼去头、骨和皮,切成上宽5厘米、下宽3厘米的长条形,再斜刀片成薄片,放精盐、味精、料酒腌渍。

(2)青椒去蒂籽,改刀成5厘米长、3厘米宽的叶片,用菊花刀刻上叶筋。

(3)鸡蛋清与淀粉调成蛋白浆备用。

(4)将鱼片逐片粘蛋白浆围摆成牡丹花形,用一小撮姜丝插入花中为花心,共12朵,每朵点缀两片牡丹叶。

烹调:(1)将牡丹花摆入盘中上笼蒸约6分钟取出。

(2)勺内放鲜汤、葱、姜、精盐、料酒,烧开后撇净浮沫,捞出葱、姜,勾米汤芡,加鸡油浇在蒸好的牡丹花上即可。

操作要领:(1)主料要选用色泽洁白,刺少的鱼种。

(2)蒸制时要掌握好火候,使其达到嫩熟即可。火大了容易造成花形塌软。

(3)鱼片加工时要掌握上边薄下边厚的原则,沾贴牡丹花瓣时,鱼片的边沿要向下翻,并注意整体造型。

32.拖蒸偏口鱼

脱蒸,不是一种独立的烹调方法,实为纯煎和纯蒸技法的结合。采用此法制作的佳肴,原料多是质地鲜嫩的海产鱼类,尤以偏口鱼较为适宜。烟台沿海盛产偏口鱼,其与牙片鱼基本相似,惟一区别是,牙片鱼的两眼在两面对称,个头较大;而偏口鱼的两眼在同一面上,且体形较小。郝懿行云:"(偏口鱼)细鳞而白,体薄如鲂,唯一面有鳞,为异。其口偏在有鳞一边,极似比目鱼。但比目一目须两片相合,此鱼两目连生,唯口偏一处耳。……蒸唊之美,出登莱海中。"拖蒸偏口鱼是一款具有浓郁地方特色风味的菜肴,由明清年间胶东极为流传的"清蒸偏口鱼"衍生而来,民国年间经胶东厨师改革,形成了现在的"拖蒸比目鱼"。菜肴成熟后兼收煎与蒸两种技法的风味特点,色泽白中透黄,味道清鲜软嫩,深得美食家宠爱。

原料:鲜偏口鱼1尾(约重750克),葱丝、姜丝各5克,葱姜汁6克,鸡蛋3个,精面粉150克,肥猪肉丝75克,花椒5克,大料4克,精盐6克,味精3克,料酒10克,熟猪油75克,香菜梗5克,香油3克。

切配:(1)将偏口鱼刮净鳞,去掉鳃、内脏洗净,用刀在鱼身两面锲上柳叶花刀,加葱姜汁、精盐、味精、料酒揉匀全身,腌渍10分钟。

(2)将鸡蛋打在碗内用筷子搅匀成蛋液。

烹调:(1)炒勺用油爣好,倒入75克熟猪油,烧至六七成热时,将偏口鱼两面拍匀精面粉,再在鸡蛋液中拖过,放勺内煎。并不断的转动炒勺,令其受热均匀。呈金黄色时大翻勺,将另一面略煎,然后拖入鱼池内,撒上精盐、味精、料酒、葱姜丝、肥猪肉丝(用开水氽过)、花椒、大料,上屉蒸约8分钟左右,至熟时取出。

(2)花椒、大料拣去不要,盘内原汤涤入勺内烧开,撇净浮沫,加葱姜丝、味精、精盐调好味,撒入香菜梗,淋入香油,均匀的浇在鱼身上即成。

操作要领:(1)整鱼入勺内煎时,要正确掌握活力。过旺,原料易爣;过弱,容易脱糊。

(2)鱼煎好入屉内蒸时,应准确掌握蒸制时间,嫩熟即可,保持菜肴原料的特点。

33. 番茄松鼠鱼

该菜是一款传统菜,清代史料中已有记载。制作此菜多用黄姑鱼,剔去骨刺后,将两片鱼肉改成粗麦穗花刀状,拍匀干面粉入油中炸至金黄色,浇番茄汁而成。成品鲜红色,味咸鲜,略甜酸。黄姑鱼,山东人亦称黄鱼,是烟台沿海较为讲究的宴用鱼类,故当地食用黄鱼的方法极多,蒸、焖、炸、炖、烧、氽汤等无所不可。清人宋婉说,黄鱼可与四鳃鲈相媲美。为此,她赋诗赞道:"江湖十载老渔竿,石首多从画版看。此口锦鳞惊入馔,免教安邑送猪肝。"

原料:黄姑鱼1尾(约750克),葱头丁10克,冬菇丁5克,玉兰片5克,胡萝卜丁15克,青豆15克,精面粉100克,白糖35克,番茄酱75克,精盐6克,清汤200克,花生油1000克,湿淀粉30克,味精3克,料酒4克,醋25克,香油3克。

切配:将鱼去净鳞、鳃、内脏,用清水洗净,从胸、腹鳍处下刀,将鱼头切下,然后从下颌处下刀,将鱼头劈半开,翻过来用刀略拍,去掉脑石。再剔下两面鱼肉,剔净胸内细刺,鱼尾相连。在鱼肉剞上宽麦穗花刀,连同鱼头用料酒、精盐喂口。

烹调:(1)将花生油倒入勺内,烧至七八成热时,分别将鱼头、鱼肉顺序粘匀精面粉。先手提鱼尾,将鱼肉下勺略炸,使鱼尾翘起,再放入鱼炸3分钟呈金黄色至熟,捞出控净油,摆在鱼池内。

(2)勺内加花生油50克,烧至六成热时,将番茄酱、白糖下勺略炒,加葱头丁、冬菇丁、玉兰片丁、胡萝卜丁略炒,加料酒,再放入清汤、精盐、味精、醋烧开,撇净浮沫,放青豆,用湿淀粉勾成溜芡,加香油均匀浇在鱼身上。

操作要领:(1)松鼠鱼改刀时先用斜刀在原料表面剞上一条条平行的刀纹,转一个角度,用直刀成一条条与斜刀纹成直角相交的刀纹,刀深2/3,不可切断鱼皮。间隔刀距应一致、均匀,刀路要清晰。

(2)挂糊时鱼丝应尽量的粘匀精面粉和鸡蛋黄液,动作要仔细、认真。

(3)炸制时油温要适度。过高,易上色;过低,易使鱼丝粘连破碎,在锅里,影响造型。待鱼丝炸散后再将整鱼放油中炸熟。

34.清蒸合页鱼

清蒸合页鱼是胶东一款以海产鲈鱼为原料制作的菜肴。鲈鱼,别名花鲈,《本草纲目》云:"此鱼白质黑章,故名"。其肉质坚密,刺小肉丰,鲜嫩细白,脂肪多,是制作"合页鱼"的最佳原料。用刀将鱼剔取两片蒸鱼肉,改成肉断皮连的抹刀片,再在两片鱼肉之间夹上肉泥,蒸熟取出。该菜讲究造型,制作精细,肉质鲜美,清嫩可口。历来是酒宴上常品之味。

原料:鲜鲈鱼1尾(约750克),鲜虾泥150克,肥猪肉泥25克,鸡蛋清15克,葱姜汁35克,葱段10片,姜片10克,湿淀粉25克,清汤500克,精盐8克,味精4克,料酒5克,香菜段3克,香油5克。

切配:(1)鲈鱼刮鳞去鳃、内脏,洗净。从胸鳍根部将鱼头切下,从下颌处劈半开,用刀面拍平,去掉脑石。刀沿鱼脊刺剔下两片鱼肉,各带一面尾,剔净细刺。洗净后,前身部朝左横放案板上,用斜刀法片成肉断皮连的若干大片(每片鱼肉厚约0.2厘米)。

(2)虾泥、肥猪肉泥放碗内,加葱姜汁、味精、精盐、清汤、蛋清、料酒、香油搅成虾料子。由尾部起用竹匙将虾料子抹在肉断皮连的鱼片上,卷成约食指粗细的合页形,放盘内,摆上鱼头。

烹调:(1)将合页鱼撒上精盐、料酒、葱段、姜片上屉蒸熟,取出去掉葱姜。

(2)勺内放清汤,加精盐、味精、葱姜汁烧开,用湿淀粉勾成溜芡,淋入香油,撒上香菜梗,均匀的浇在合页鱼上即成。

操作要领:(1)剔取鱼肉时,刀要紧贴刺骨进行,做到刺(骨)不带肉、肉中无骨,保持鱼肉形状完整。

(2)虾泥和肥猪肉泥应分别剁好后再合放在一起。吃浆时,要顺一个方向搅拌,不宜太稀。

(3)蒸制时要准确掌握时间,嫩熟即可。

35.茄汁五仁鱼

此菜是内蒙古中国烹调大师王文亮的创新菜。以新鲜的黄河鲤鱼为主料,配以桃仁、杏仁、花生仁、榛仁、瓜子仁为辅料,将鱼的头尾肉分别进行改刀,挂糊过油,装盘时重新组合成整鱼的形状,然后浇入烹制好的番茄汁。成品色泽橘红明亮,鱼肉咸鲜,五仁酥香。

原料:鲤鱼1尾(750克),鸡蛋清3个,面粉50克,湿淀粉15克,干淀粉50克,桃仁、杏仁、花生仁、榛仁、瓜子仁各30克,白胡椒粉2克,精盐7克,味精2克,熟猪油100克,番茄酱50克,料酒10克,白糖25克。

切配:(1)将鱼去鳃、鳞洗净,切下头尾。将鱼头从里面剁一刀使鱼头顺着劈开而又相连;鱼尾从中间平片二扇。

(2)鱼身部用刀平片成两扇,去掉脊刺,并将肉面剁多十字花刀。用精盐、味精、料酒、葱姜水、胡椒粉腌制入味。

(3)鸡蛋清抽打成蛋泡,加干淀粉调成蛋泡糊。

（4）五仁入烤箱中烘烤熟，剥去皮。

烹调：（1）将鱼头、鱼尾挂上一层薄的蛋泡糊，放入六成热的油中炸热，摆在鱼盘的两头。

（2）将鱼身肉拍粉，再挂上一层薄的蛋泡糊，沾上熟五仁在六七成热的油中炸至成熟捞出，控净油后切成约2厘米长的条装盘并使之成整鱼形。

（3）勺中放底油烧热，放番茄酱炒散，再依次加入料酒、精盐、白糖、清汤烧开，勾溜芡淋香油，浇在鱼身上即可。

操作要领：（1）桃仁去内皮时，应先用开水重一会儿，剥去内皮后再入烤箱。

（2）炸制鱼身时，油温不宜过高，以防色重不美观。

36. 糖醋棒子鱼

糖醋棒子鱼，色泽金黄，外焦里嫩，甜酸扑鼻，味美可口。因其形酷似玉米（即"棒子"，当地人称玉米为棒子），故名。

此菜是济南大明湖饭店的拿手菜，以马世法老师傅制作最佳。该店与大明湖南门正对，每天从大明湖中取鲜鱼数种，由客人点食。棒子鱼选用较长而呈纺锤形的"猴子鱼"制作最好，整洗干净，去掉大骨刺及头尾，留软扇剖以十字花刀，拍粉一炸，两只"棒子"便呈现在客人面前，服务员当场浇上滚滚的糖醋汁，"吱吱"声中，透出扑鼻的醋香味，令人馋涎欲滴。

原料：大猴子鱼（即草鱼）1条约1500克，水发刺参50克，荸荠（去皮）25克，熟青豆25克，水发玉兰片25克，葱、姜、蒜末各5克，白糖100克，醋50克，酱油20克，精盐1克，湿淀粉25克，料酒10克，面粉250克（约用50克），花生油1000克（实耗75克）。

切配：（1）将鱼去鳞、鳃，开膛去内脏洗净。

（2）用刀从尾部与大刺骨平行片下，去掉大刺骨，留下两个软扇，片去鱼肉上面的大胸刺，略加修整。

（3）把鱼皮朝下放在菜墩上，在鱼肉上面每隔0.6厘米打上十字花刀，深度为鱼肉的2/3，用精盐腌上底味。

（4）将海参、荸荠、玉兰片均切成黄豆粒大小的丁，用沸水氽过捞出。

烹调：（1）勺内放入花生油，用旺火烧至七成热时，将腌好的鱼扇均匀的沾上面粉，并让刀口分开，放入油中炸至漂起时捞出。待油温升至八成热时，再下油中一冲，捞出控净油，装入鱼盘中。

（2）炒勺留少许油，葱姜蒜末煸锅出香味，随即烹入醋，放入汤、白糖、酱油、海参、荸荠、玉兰片丁、青豆，沸起后，用湿淀粉勾芡，浇在棒子鱼上，或者盛入碗内，与鱼一起上桌，当着客人的面浇上。

操作要领：（1）在剞花刀时，其深度均掌握在2/3处，不宜划破鱼皮或划的过浅。

（2）拍粉时，务必使刀口分开，否则显不出棒子的花纹。

（3）糖醋汁一定要沸透，特别是勾芡后要滚开。

37. 周家鱼

周家鱼，即周家食堂的看家菜——清蒸鲤鱼。周家食堂为家庭餐馆性质，创办人为周衡。他早年留学日本，多年在天津当律师。1949年天津解放后，他便以自己的书房、客厅为店堂开设了周家食堂。周妻韩若芬精通烹调，又会经营管理，担任经理。周家食堂聘名师安莜岩、甄永贵等，以经营福建风味为主。店堂内各种古玩、字画和书籍依旧摆放，显得高雅气派。所以一般顾客很少问津,接待的大多数为高层人士。如周恩来、邓小平、薄一波来津视察时,都曾在此进餐,早期的天津市领导黄敬、黄火青等也多次在此招待外来宾客。全国知名艺术家如梅兰芳、谭富英、张君秋、裘盛戎、侯宝林、谢添等来津也多次到周家食堂就餐,梅兰芳还曾在上海报纸发表文章赞扬周家菜,特别是周家鱼色、味俱佳。

周家鱼与其他饭馆清蒸鱼不同之处由三点:一是在调料中用天津特产高级红钟牌酱油,因而菜品呈现淡雅的云红色,口感较放盐更显鲜醇味厚;其次,在鱼池上蒙一层棉纸(又称茅头纸,即较厚的宣纸),使主料、调料的原味散失较少;第三,周家鱼上桌时,带醋、姜末对成的小料,蘸汁食用,犹如蟹肉,别有风味。

周家食堂于1956年公私合营后改为苏闽菜馆,经多年扩建,现已成为大型涉外餐馆。

原料:鲤鱼1尾(750克),金华火腿15克,水发海米15克,水发冬菇15克,玉兰片15克,猪脂油30克,葱25克,姜35克,料酒25克,红钟酱油30克,精盐4克,醋50克,白糖15克,熟猪油50克,高汤200克,香油5克。

切配:(1)将鲤鱼刮鳞去鳃,开膛去内脏,洗净控干,两面打十字花刀。

(2)火腿、玉兰片切片,水发冬菇洗净去蒂,大片切开,脂油切丁,葱切段,姜切片。

(3)将一半姜切末放小碗内,加入50克醋及香油调好。

烹调:将鱼放在鱼池内,辅料摆鱼身上,加入调料和少许高汤。上屉用旺火蒸15分钟左右。蒸好后,拣去葱姜,随菜带醋、姜小料。

操作要领:(1)要掌握好蒸的火候,嫩熟即可。

(2)汤汁不要过多,以免造成味之不足。

38. 珊瑚鱼

珊瑚是一种装饰品。它是由珊瑚虫在海洋中分泌的石灰质聚集而成的,形状酷似干树枝,多为红色和白色。金鱼是供人们欣赏的鱼类,它色彩艳丽,姿态柔美而备受宠爱。此菜是一款创新双拼热菜。它选用鱼肉做红珊瑚,对虾做五彩金鱼,成品一菜双味,双色,双质。珊瑚似一盆景立于盘中心,金鱼摇头摆尾遨游水中。整个菜看静中有动,色彩协调,造型自然逼真。

原料:带皮鳜鱼肉400克,对虾12只,鸡胸脯肉150克,香菜叶25克,豌豆24粒,口蘑12个,水发海米24个,精盐8克,味精2克,白糖100克,醋25克,番茄酱25克,蛋清2个,葱末、姜末各5克,蒜末10克,干淀粉50克,鸡蛋1个,料酒8克,清汤350克。

切配:(1)鳜鱼肉剞上菊花花刀,再切成5厘米见方的块,撒上少许精盐,挂匀蛋液,拍上干淀粉。

(2)对虾去头,去皮,留尾,从背部片成合页形,用刀尖剔断筋络,加少许盐、料酒腌渍。

(3)鸡胸脯肉去筋,用刀砸成泥状,加盐、葱、姜、味精、蛋清搅匀调制成鸡料子。

(4)将对虾逐片抹上鸡料子成金鱼形状,用豌豆作眼,香菜叶做鳞,香菇切两瓣后,再连刀切成梳子刀捻开做胸鳍,海米作嘴。

(5)用精盐、清汤、淀粉、白糖、醋、葱、姜、蒜米对成汁。

烹调:(1)旺火热油烧至七成热,将鳜鱼肉炸成金黄色,呈菊花状捞出。炒勺内放底油烧热加入番茄酱略炒再倒入事先对好的汁,待汁炒浓,放入鱼块,稍翻盛在圆盘中央,成红珊瑚状。

(2)对虾制作的金鱼上笼蒸8分钟左右,成熟后取出摆放在珊瑚四周。勺内加清汤、精盐、味精烧开,勾米汤芡淋明油浇在鱼身上即可。

操作要领:(1)鱼肉要炸焦脆,挂芡汁时应轻翻,否则易碎烂。

(2)金鱼蒸制火候要适宜,以嫩熟为度。各种点缀要粘牢以免脱落。

39.黄鱼吐丝

此菜是一个象形创新菜,具体做法是:用黄花鱼的头尾,配上鱼丝、海参丝、冬菇丝等构成一条完整的鱼形。鱼嘴内插入炸开的粉丝。犹如从腹内喷吐而出。成品味质清鲜,口感滑嫩,形态美观,别具一格。

原料:黄花鱼头尾各1个,净牙片鱼肉200克,水发海参100克,水发冬菇30克,葱丝、姜丝各5克,红樱桃1个,蛋清20克,蛋黄10克,精盐4克,味精2克,绍酒15克,湿淀粉50克,清汤100克,花生油500克,香油适量。

切配:(1)鱼头从下额处片开,用刀拍平。鱼尾从尾柄处片开,去掉鱼刺,挂上用湿淀粉、蛋黄调成的糊。

(2)鱼肉切成0.3厘米粗的丝,加少许精盐,挂上用湿淀粉、蛋清调成的糊。

(3)海参、冬菇分别切成细丝,放开水锅中烫过,捞出控净水。

烹调:(1)勺内加花生油500克,烧至五六成热时,放入鱼丝滑熟捞出,待油烧至八成热时,分别将鱼头、尾放入油内炸成金黄色,捞出控净油,鱼嘴内再放入一小撮粉丝放热油中炸开,然后将鱼头、尾分放在鱼池盘的两端。眼部点缀上半个红樱桃为鱼眼。

(2)勺内加底油25克烧热,加葱姜丝爆锅,放入海参丝、冬菇丝、鱼丝略炒,烹入绍酒,加清汤、精盐、味精烧开,用湿淀粉勾芡,淋上香油,盛在鱼池盘的中间,与头尾构成一条完整的鱼形。

操作要领:(1)鱼丝在烹制时要注意火候,轻炒少翻,保持不碎不烂。

(2)插入鱼嘴内的粉丝,一端应用线捆好,以免散乱。

(3)盛装时应注意头、尾、鱼丝的整体结构,使其形态自然逼真。

40.整鱼两吃

"整鱼两吃"是山东特一级烹调师初立建的创新菜品。此菜选用新鲜鲈鱼为主料,将整鱼头部切下,鱼肉劈成两大片,分别经过不同的刀工处理,配以虾、猪肉等原料为馅,运用不同的烹调技法制成两种不同口味的菜,与鱼头一起在盘内组成整鱼形,中间再点缀上翠绿的油菜心。成品色泽红、白、绿相间,入口咸鲜、酸甜,一菜双味三色,给人以欢悦珍奇之感,是宴会上难得的一款佳肴。

原料:鲜鲈鱼1尾(约750克),肥猪肉泥25克,鲜虾泥75克,葱段10克,姜片5克,油菜心15棵,青豆5克,胡萝卜丁5克,葱头丁5克,葱姜汁10克,面粉80克,花生油1000克,番茄酱50克,鸡蛋100克,鸡油10克,湿淀粉30克,清汤150克,香油2克,精盐8克,味精3克。

切配:(1)将鱼去鳞、鳃、内脏洗净,从胸鳍根部下刀,将鱼头切下,从下颌处将鱼头劈开,从正面将鱼头拍平,去掉脑石。然后将鱼身剔为两扇鱼肉,各带一面尾,再剔净细刺,将鱼肉鱼头洗净。

(2)将菜心洗净,在根部剞上十字花刀,用开水烫熟捞出,加食盐、味精、香油拌匀,摆在鱼池中心。

(3)将虾泥、肥猪肉泥放入碗内,加葱姜汁、精盐、蛋清、料酒、香油搅成馅待用。

(4)取一扇鱼肉,在肉面用斜刀法片成均匀的若干片(鱼皮相连),将馅抹在鱼片上,卷成直径约 1 厘米的鱼卷,至尾部,即成合页鱼。

(5)将另一扇鱼肉改成松鼠花刀,连同鱼头加精盐入味。

烹调:(1)将做成合页状的一扇,摆上一面鱼头,撒上葱段、姜片、料酒、精盐上屉蒸熟,取出后去掉葱姜,放在油菜心右侧。

(2)将另一扇鱼肉,与另一半鱼头一起沾匀面粉,再沾上蛋黄液,放七八成热的油中炸熟,至金黄色捞出,将油控净,放在鱼池盘左侧,摆成整鱼形。

(3)勺内加底油 25 克烧热,加入番茄酱、白糖略炒,再加入葱头丁、胡萝卜丁煸炒,添入清汤,加精盐烧开,用湿淀粉勾成溜芡,淋入香油,撒上青豆,浇在松鼠鱼上。

(4)勺内加清汤、精盐、味精、料酒烧开,撇去浮沫,用湿淀粉勾流芡,淋上鸡油,浇在合页鱼上即成。

操作要领:(1)此菜既要做出双味、双形,又要注意鱼的整体造型。

(2)浇芡汁时应特别注意,不能互相串味。

41. 双味全鱼

此菜是一个热拼菜,通过艺术加工,将一条鱼取下头尾,炸熟。鱼肉分成两份,与炸好的头尾在鱼池中重新组成整鱼的形状,成品一鱼双味,色泽红、黄、绿相间,味鲜形美,别具一格。

原料:鲈鱼 1 条(约 750 克),油菜心 10 个,鸡蛋 3 个,指段葱、蒜片、葱头、冬笋、水发冬菇、胡萝卜、青豆各 5 克,红樱桃 1 个,番茄酱 30 克,精盐 6 克,味精 3 克,绍酒 3 克,白糖 15 克,干淀粉 50 克,湿淀粉 25 克,清汤 100 克,鸡肉 15 克,香油适量,熟猪油 500 克。

切配:(1)鱼去鳞、鳃,除去内脏洗净后将头尾切下,头从下颌处割开,用刀一拍与尾同放盘内,鱼肉整齐的剔下,去皮,切成约 1 厘米见方的丁,用精盐、绍酒、味精喂好。

(2)葱头、冬笋、冬菇、胡萝卜分别切成小方丁,红樱桃切成两半,油菜心洗净将根部割上十字口。

(3)将切好的鱼丁中 1/2 挂上用蛋黄(3 个)加适量干淀粉调成的蛋黄糊,1/2 挂上用蛋清(1 个)加适量干淀粉调成的蛋清糊,鱼头与鱼尾分别挂上用蛋清和干淀粉调成的糊。

烹调:(1)勺内加熟猪油,烧至三四成热,先将挂蛋清糊的鱼丁滑熟捞入盘内;待油温五六成热时再将挂蛋黄糊的鱼丁放入油中滑熟捞出,盛另一盘内;鱼头和鱼尾需放在七八成热油中炸熟捞出,分放鱼池的两端,头部点缀上 2 个半片的红樱桃为鱼眼。

(2)勺内加底油 25 克烧热,放入指段葱、蒜片爆锅,加黄色的鱼丁,倒入用清汤、味精、精盐、湿淀粉对好的汁水,勾成溜芡,滴上少许芝麻油盛在鱼池的一边。另起油锅加底油 25 克烧热,放入番茄酱略炒,加葱头、冬笋、胡萝卜、冬菇、青豆、清汤、白糖、精盐、味精烧开,用湿淀粉勾成溜芡,倒入白色的鱼丁,滴上香油,翻勺盛在鱼池的另一边。

(3)油菜心放油勺内略炒,再依次加入清汤、精盐、味精,用少量湿淀粉勾芡,加鸡油搅匀,整齐的摆放在两种鱼丁之间。

操作要领:(1)挂两种不同糊的鱼丁过油时一定要分别使用两种不同的油温,并掌握好先后顺序。

(2)烹制速度要敏捷,以保证其火候尽量一致。

(3)原料的数量与盛菜的器皿要相吻合;使鱼的造型自然逼真。

补充说明:此菜也可以选择黄花鱼的头尾,用别的鱼肉做鱼丁。

42. 比翼连理

此菜是陕西曲江春酒家的创新菜。是根据白居易《长恨歌》中"七月七日长生殿,夜半无人私语时,在天愿作比翼鸟,在地愿为连理枝"的诗句研制的。据传,天宝十年七月七日,唐玄宗与杨贵妃一起到华清宫中,他们在长生殿谈起牛郎织女的故事,玄宗很感动,于是在静悄悄的夜半密立誓言:在天愿作比翼鸟,在地愿为连理枝。"比翼鸟"传说为一目一翼,不比不飞的鸟,"连理枝"即不同根的树枝连在生在一起,都是比喻夫妻恩爱的。比翼连理这款菜选用鲜活鲫鱼为主料烹制而成。一鱼双色双味,色彩绚丽,装盘上桌时成双配对,既突出了这款菜的主题,祝愿人们纯洁的爱情开花结果,白头偕老,又给人们别具一格的享受,菜引诗情,余味不尽。

原料:鲫鱼1条(1000克),冬笋15克,青豆10克,植物油1000克,鸡蛋清1个,葱丝、姜丝各5克,鸡汤200克,精盐7克,料酒15克,番茄酱40克,白糖10克,熟猪油20克。

切配:(1)将整头鱼去头、尾,再从鱼中间片成两半,去掉大骨和胸刺,剔去鱼皮。

(2)将鱼肉切成细丝,清水泡净后,用蛋清、湿淀粉、精盐上浆。

(3)冬笋切成细丝备用。

烹调:(1)先将鱼头、尾、中脊骨入七八成热油锅炸熟,捞出装盘,摆原样,再将鱼丝用热锅温油划分成两份。

(2)另起小油锅,加葱、姜丝,随即倒入冬笋丝翻炒,并加精盐、料酒和少许鸡汤,接着倒入一半鱼丝,勾芡淋明油出锅装在盘中鱼脊骨的一边,呈白色。

(3)另起小油锅,加葱、姜丝及番茄酱略炒,再加青豆、白糖、精盐、汤汁烧开后勾芡,放入另一半鱼丝,淋明油出勾装盘中鱼脊骨的另一边,呈红色。

操作要领:(1)选用新鲜鱼,无离刺、脱骨或肉松等现象。

(2)加工的鱼丝要求粗细均匀。

43. 闭目吐珠

此菜是辽宁创新菜肴,也是辽宁名宴《太河宴》中的佳肴之一。选用太子河产的鲅鱼(又名瞎胖头)为主料,采用满族传统的酱焖技法制成。配以鱼肉制成的珍珠,经过精心构思,巧妙的造型和色泽搭配,使得瞎胖头犹如在闭目吐珠,烛光闪烁,色彩鲜明。酱焖技法突出了酱香口味,质感细嫩鲜醇,具有浓郁的乡土气息。

原料:鲅鱼12条,净鱼肉100克,红樱桃12个,脂油50克,大酱20克,花椒4克,大料5瓣,净大葱6段,去皮鲜姜4片,鸡油10克,香油10克,鸡蛋清3个,面粉、水淀粉各适量,精盐6克,味精3克,葱姜水150克,鸡汤100克,熟猪油75克。

切配:(1)先将鲅鱼刮净鳞,去鳃、内脏,洗净。

(2)将鱼肉及脂油一同砸成鱼泥,放在小盆内用筷子顺着一个方向搅动,边搅边放入葱姜水、鸡蛋清、精盐、味精等,待搅至上劲,放凉水碗内能浮起为好,然后用手挤成直径2厘米的鱼丸,放入微开的水中用慢火余至嫩熟时,捞出装入盘内。

烹调:(1)勺内加鸡汤,放入花椒水、大料瓣、葱段、姜片及洗净的鱼,用小火慢慢煨20分钟左右捞出,腹部朝下码在盘内。

(2)两把勺同时操作,一勺加入熟油50克,烧热下入大酱煸炒,出香味时添汤,再将码好的鲅鱼推入勺内,用小火焖制,汤将尽时,加味精略煨,再用湿淀粉勾芡,淋入香油大翻勺,将勺端离火口后,将鱼拣出,鱼头向上呈扇子面形状,摆在鱼池盘下侧。另一勺加熟猪油,温热时,加入面粉炒开,加清汤、葱姜水、精盐、味精,放入余好的鱼丸,用小火扒透,汤快尽时,勾芡,淋入鸡油出勺,用筷子夹起鱼丸,放在鱼头的上端,成波浪式。在交叉处摆上烫好的红樱桃,犹如瞎胖头在闭目吐珠。

操作要领:(1)鲅鱼必须先用鸡汤及香料等进行煨制,这样可增加鱼的鲜香味。

(2)无论是焖制鱼,还是扒制鱼丸,必须用小火慢慢炖制,这样入味均匀,且能保持形状,并使成品味质鲜美。

44. 三味细鳞

此菜是辽宁创新菜肴,也是辽宁名宴《太河宴》中的佳肴之一。细鳞鱼属鱼纲鲑科动物,系太子河的珍品,其鱼肉细嫩,清鲜味美,可用炸、炒、熘、爆、蒸、扒、炖、烧等方法烹制,曾为清代贡品。此菜是选用鲜活的细鳞鱼,采用炸、扒、爆三种不同烹调技法制成的菜肴,在盘内拼成整鱼状,视之美观,食之得味,鲜、脆、软、嫩汇于一盘,一鱼三吃风味各异。

原料:鲜细鳞鱼 2 尾(约 1200 克),鸡蛋 4 个,水发海参、虾仁、生鸡肉各 25 克,芝麻仁 10 克,番茄酱 25 克,葱姜汁 10 克,精盐 8 克,味精 3 克,白糖 20 克,醋 15 克,料酒 15 克,清汤 100 克,花椒水适量,红樱桃 8 个,干淀粉 15 克,湿淀粉 50 克,香油 2 克,鸡油 10 克,熟猪油 1000 克,绿菜叶条 12 根,用黄瓜制成的佛手 4 个。

切配:(1)将鱼去净鳃和内脏洗净,分别切下头尾,鱼头从下颌处片开,卧放入盘内,鱼身剔去大骨后,将肉分开,尾部仍相连。

(2)鱼身部剔去刺骨和鱼皮分成 3 份,1 份切成 1.5 厘米的方丁,1 份切成长 4 厘米、宽 1.5 厘米、厚 0.3 厘米的长方片 12 片;1 份片成大薄片 12 片。分别将适量精盐、味精略腌入味。

(3)海参、虾仁、鸡肉一起斩成小米粒大小的末,放碗内加少许精盐、味精、香油调成馅,用大薄鱼片卷成粗的鱼卷 12 个。

(4)分别将鸡蛋的蛋清和蛋黄打在两个碗内。取蛋黄 3 个搅成蛋液。将 4 厘米长、15 厘米宽的鱼片粘匀面粉,拖上蛋液滚上一层芝麻仁,再修成长方形,将芝麻仁按实粘匀,成为生芝麻鱼排。

(5)余下的蛋黄加湿淀粉调成蛋粉糊,蛋清打成蛋泡,加干淀粉调成蛋泡备用。

(6)鱼丁放入碗内,加入蛋黄液、湿淀粉抓拌均匀。

烹调:(1)勺内加熟猪油,烧至四成热时先加鱼丁滑熟,捞出控净油盛在盘内;待油温升至五成热时,将鱼卷分别挂上蛋泡糊,下勺慢火炸熟捞出;再放入生鱼排炸熟捞在盘内。

(2)将油勺放旺火上,烧至七成热时,将鱼头挂上蛋粉糊下入油内炸熟捞出,并在两眼处用蛋泡粘上两半红樱桃为鱼眼。然后用热油浇淋定型;将鱼尾翘起,挂上蛋糊炸熟捞出,与鱼头分别放在鱼池的两端。

(3)勺内加底油烧热,下入番茄酱炒散,加少许清汤烹开,再加精盐、味精、醋、白糖烧开,用适量淀粉勾芡后倒入划好的鱼丁,淋上明油出勺盛在一小盘内。

(4)将三种形状的鱼肉在鱼池内摆放组装成一整鱼形,顺序是靠近鱼头处放黄色的鱼丁,中间摆两排芝麻鱼排,炸好的鱼卷每个腰部用一绿菜叶条捆好摆放在尾部,四周用红樱桃和佛手点缀好。

(5)勺内加底油烧热,加葱姜汁、精盐、味精调好口味,用湿淀粉勾成薄芡,淋上鸡油,浇在鱼卷上。

操作要领:(1)炸鱼卷、鱼排及划鱼丁时,油温要掌握准,不能过高和过低。

(2)樱桃鱼丁的芡要稠一点(但必须挂均匀),明油少一点,严防混色,沁油。

(3)此菜最好是由两位厨师一起操作,这样既能保持菜肴的温度,又能保证菜肴的质量。

45. 溪水鳌花

鳌花,又名鳜鱼、花鲫、白桂、胖桂、鮘花鱼等。我国各大江河及湖泊中皆有出产。鱼肉细嫩,味道鲜美,营养丰富,为我国名贵淡水食用鱼类之一。唐代诗人张志和有一首《渔文歌》曰:"西塞山前白鹭飞,桃花流水鳜鱼肥。"每年桃花盛开的时候,也正是鲑鱼最美的时候。

溪水鳌花,是以鳌花产于太子河上游溪水洞一带水域而命名。这一带水质清澈,这里的鳌花也格外鲜美。此菜是辽宁的创新菜,也是辽宁名宴《太河宴》中的佳肴之一。它采用清蒸技法,其色泽洁白,质感软嫩,清淡爽口,风味别具一格,颇受中外美食家的青睐。

原料:鳌花2尾(约重1000克),精盐12克,葱姜丝、香菜段各10克,清汤750克,胡椒粉适量,香油15克,味精4克,料酒15克,花椒水20克,净大葱6段,去皮鲜姜4片。

切配:将鳌花去鳞,挖鳃,用筷子从鳃部插入腹内搅出内脏,洗净,将两面均剞上月牙深刀。然后洒少许精盐、胡椒粉喂制约20分钟。

烹调:取一汤盆,放入喂好的鳌花,加入清汤、大葱段、姜片、精盐、料酒、花椒水、味精,上屉用旺火蒸至鱼断生取下,拣去葱段、姜片。放入葱丝、姜丝、香菜段,滴入香油即成。

操作要领:(1)鱼改刀后,烹调前应先入味。

(2)蒸制时采用旺火速蒸,鱼断生为好,达到嫩而不生。

46. 太子游湖

此菜是辽宁创新菜宴,也是辽宁名宴《太河宴》中的一道汤菜。它是以太子河的特产鲇鱼为主料,采用了满族的食俗——家常熬的方法烹制而成。此菜以寓意取名,以汤盆内的汤汁为湖水,鱼于湖中似畅游稍息,静立观景。其酸辣汤汁,鲜嫩鱼肉、菜景融为一体,妙趣横生,回味无穷。

原料:净鲇鱼1尾(约重650克),净泥鳅10条,肥瘦肉片100克,鱼脯16个,银耳少许,圆形胡萝卜片10片,熟猪油40克,清汤750克,精盐10克,醋50克,胡椒粉、葱丝、姜丝各适量,料酒、花椒水各20克,香油5克,韭菜3克,净大葱4段,去皮鲜姜4片,香菜段5克。

切配:鲇鱼剞上月牙深刀,同泥鳅鱼一起放入沸水中略烫捞出。

烹调:勺内加熟油烧热,放葱段、姜片、肉片煸炒,有香味溢出时添汤,沸后放烫好的鲇鱼、泥鳅鱼及料酒、花椒水、鱼脯、银耳、精盐,烧开后,撇净浮沫,用小火慢熬,鱼断生时(拣出葱段、姜片)捞出,放入汤盆内,然后将勺端下,加入味精、葱丝、姜丝、香、韭菜头及胡椒粉,淋入香油,调好酸辣味,将汤注入装鱼的汤盆内即成。

操作要领:(1)制作菜肴时,要掌握好投料的顺序,即主料熟后,将勺端下,按顺序放入葱丝、姜丝、香菜段……就不能再加热了,否则醋辣味就要挥发,使菜肴口味不醇,层次不清。

(2)在制作此汤菜时,必须选用鲜醇的清汤制作,否则影响菜肴的质量。

47. 油爆鱼芹

鱼芹是指沾上芹菜末的鱼块。此菜所用鱼块要求肉厚质嫩,去刺后改麦穗花刀,挂上用鸡料子拌制的糊浆,沾上五彩末(红火腿末、黑冬菇末、绿芹菜末),经油爆而成,其口味鲜嫩滑爽,并透出淡雅清香芹菜之原味,是济南的一款传统名菜。

原料:猴子鱼(即草鱼)1 条(约 500 克),鸡脯肉 50 克,肥猪肉膘 15 克,熟火腿 5 克,水发冬菇 5 克,芹菜嫩芽 25 克,鸡蛋清 1 个,精盐 3 克,湿淀粉 25 克,料酒 10 克,味精 2 克,熟猪油 750 克,清汤、葱、姜、蒜各适量。

切配:(1)将猴子鱼去鳞、鳃及内脏,从尾部向前顺着鱼的脊刺骨用平刀法取下两扇鱼肉。然后将鱼皮面朝下,先用斜刀每隔 0.36 厘米剖上一刀,再用直刀交叉打上花纹,最后切成 1.5 厘米宽、3 厘米长的斜刀块。

(2)先将鸡脯肉用清水浸泡片刻,然后抽去白筋,用刀背砸成细泥。肥肉也剁成细泥,与鸡茸泥放在一个碗内,加清汤、鸡蛋清、料酒、味精、湿淀粉、精盐适量,顺一个方向搅匀成鸡料子。葱、姜、蒜均切成末待用。

(3)熟火腿、水发香菇、芹菜嫩芽等均切成末,放鸡料子碗里搅匀后,再放入鱼肉块拌匀,即成为"鱼芹"。

(4)将清汤、湿淀粉、料酒、精盐、味精均放入一个碗内调匀对成汁待用。

烹调:(1)炒勺内放熟猪油,在中火上烧至三四成热时,将鱼芹逐块下入油中,滑至熟透时捞出,控净油。

(2)另起勺放猪油少许,烧热,放进葱、姜、蒜末,煸出香味时将鱼芹倒入,并随之倒入对好的芡汁,颠翻均匀出勺装盘即可。

操作要领:(1)选择猴子鱼不宜过大,取下的软扇鱼肉应在 1.5 厘米厚左右。否则成型不均匀。

(2)在搅拌鸡料子时,一定要顺一个方向搅拌,且按顺序投放调料。

(3)过油时油温不宜过高或过低,并逐块下锅。下锅后不要立即翻动。待鱼肉块有了硬壳,再用手勺慢慢推开。

(4)烹汁爆炒时,一定用旺火。

48.白蹦鱼丁

白蹦鱼丁是天津风味中清真菜馆所擅长的名菜,汉民称之为白爆式油爆鱼丁。此菜的主料为梭鱼,梭鱼为鲻科鲻属的鱼类。天津产的梭鱼有三种:一种是海梭鱼,每年早春开凌后上溯河中产卵,天津旧称其为迴网鱼,有不少吟诵它的诗句,如周楚良的"芦苇丛中二月梭,不如迴网逐春波"。海梭春季虽肥,但它以海底泥表所附生的硅藻为食,所以腹腔很大,开膛后冒黑水,影响整条鱼的使用。一种是河梭,以秋季时为最肥,但土腥味太重,影响食用价值。一种为港梭鱼,即生活在咸淡两水芦苇丛生的大港中的梭鱼,其肉质鲜美,没有土腥气,腹腔很小,只有鲤鱼的 1/2,所以天津人又称之为"肉棍"。港梭鱼肉质白嫩,质地酥松软嫩,碎刺少,口感鲜醇。

白蹦鱼丁是将梭鱼肉切丁,挂糊过油后,烹入对好的汁,菜品雪白洁净,鱼肉软嫩,咸鲜适口,蒜香浓郁。南市食品街会芳楼饭庄特级厨师柴金良烹制的白蹦鱼丁,荣获 1986 年天津市"群星杯"津菜烹饪大赛金杯奖。

原料:梭鱼净肉 400 克,蛋清 30 克,蒜米 5 克,料酒 15 克,姜汁 8 克,盐 4 克,味精 2 克,牛奶 40 克,水淀粉 30 克,净油 500 克,虾油 10 克。

切配:(1)将梭鱼净肉切成长 2 厘米、粗近 1.2 厘米的丁,加盐、料酒、姜汁拌匀入味,然后挂上用蛋清和湿淀粉调成的糊。

(2)将余下的调料放入小碗中调匀,并要使精盐、味精化开,淀粉不沉底。虾油倒在碟内。

烹调:勺内放净油,烧至四成热,将挂好糊的鱼丁用手捻着下勺,不致使其粘连,用筷子翻动,鱼丁滑好捞出控油。原勺烧热,下入主料,将调匀的调料慢慢倒入颠勺,使汁芡均匀包在主料上,淋上明油,装入平盘,带虾油小碟上桌。

操作要领:此菜主料所挂的蛋清糊较一般糊多,炸时油温低、时间短,以挂糊不上色不坚挺为标准。菜品的汁芡也较一般油爆菜品为多。

49.爆金银鱼丁

爆鱼丁是鲁菜中传统的海味菜品之一,可分为挂蛋清糊和挂蛋黄糊两种做法。为了使其更加完美,人们将二者融为一体,成为别具一格的爆金银鱼丁。此菜具有选料严谨、制作精细、色彩明快、味质纯正等特点。成品黄、白、绿相映,口味咸鲜,质地软嫩,芡汁明亮,大方美观。

原料:净鱼肉400克,指段葱10克,蒜片5克,葱姜汁3克,青豆10克,熟猪油500克,蛋黄2个,蛋清1个,精盐4克,味精2克,料酒6克,清汤40克,干淀粉20克,香油适量。

切配:(1)鱼肉切成1厘米见方的丁,加葱姜汁、精盐,喂好口分成两份,一份挂上用蛋清和干淀粉调成的蛋清糊,另一份挂上用蛋黄与干淀粉调成的蛋黄糊。

(2)在小汤碗内用精盐、清汤、味精、淀粉对成汁水。

烹调:(1)勺内放猪油500克,烧至三四成热把挂匀蛋清糊的鱼丁放入滑熟捞出;再将油烧至五六成热,把挂蛋黄糊的鱼丁逐个下勺划炸至嫩熟捞出。

(2)勺内加底油25克烧热,用指段葱、蒜片爆锅,再依次加入划好的两种鱼丁、料酒和调对好的汁水,迅速翻炒均匀,撒上青豆,滴上香油盛在盘内即成。

操作要领:(1)主料必须选择肉质细嫩的新鲜鱼来加工,如咸水鱼中的牙鲆鱼、鲈鱼等。

(2)鱼丁的形状要大小相等,整齐均匀,挂糊时应将蛋清糊和蛋黄糊先调拌好后再放入鱼丁挂匀。

(3)烹调要求油清、勺净、操作敏捷。葱蒜爆锅以炒到色泽微黄、有香味时为好,火候大了影响整个菜肴的美观。

(4)因鱼丁易碎,所以勾芡后不要用手勺搅拌,应快速轻翻勺,待芡汁均匀裹在鱼丁上立即装盘。

50.辣爆鱼仁

辣爆鱼仁是烟台地方风味菜之一。因采用油爆技法,并配以辣椒,故名辣爆。此菜选用肉质细嫩的牙片鱼肉做主料,经过精湛的刀工处理,鱼仁大小一致,长短相等,再配以青、红辣椒。成品色泽红、白、绿相间,主料脆嫩鲜辣,造型整齐美观,深受食用者的喜爱。

原料:牙片鱼肉400克,青红辣椒30克,指段葱10克,蒜片5克,玉兰片5克,鸡蛋清1个,熟猪油500克,精盐4克,味精2克,料酒10克,清汤50克,湿淀粉10克,鸡油10克。

切配:(1)将牙片鱼肉切成2.5厘米长、0.6厘米粗的条,用蛋清、湿淀粉、精盐、料酒上好浆。

(2)青红辣椒分别切成长2厘米、宽0.5厘米的条。

(3)用清汤、味精、精盐、湿淀粉对成汁水。

烹调:(1)勺内加熟猪油烧至三四成热时,放入鱼仁用温火滑熟,捞出并控净油。

(2)勺内加少许底油烧热,用葱姜爆锅,加调料一烹,先放入辣椒煸炒,再放入鱼仁和汁水,迅速翻炒均匀,淋上鸡油即成。

操作要领:(1)鱼条要切的粗细均匀。

(2)划油时油温不能过高。

(3)翻勺时要注意轻翻,以免鱼仁破碎。

51. 高丽鱼条

乾隆六次南巡及专程莅津,多次驻跸津门城西运河旁的查家别墅水西庄(今为芥园水厂)。别墅为清初大盐商,号称"调查"的沽上巨富查日乾所建。据《天津县志》载:"水西庄在城西三里,慕因查氏别墅。中有揽翠轩、枕溪廊、数帆台、藕香榭、花影庵、碧海浮螺亭、泊月舫、绣野蔁、一犁春雨等诸胜。"一次乾隆住水西庄,正值暮春时节,因喜园内紫芥繁花似锦,遂书匾额赐名为"芥园"。从此之后,芥园作为地名一直沿用至今。

据《沽水旧闻》载:查家"富堪敌国,穷奢极欲。下箸万钱,京中御膳房无其挥霍也。乾隆耳闻其名,自叹弗及。查于宫室狗马衣裳之外,最考究食品及婢子集各省之庖人以供口腹之欲,庖人之善一技者必罗致。故查每宴客,庖丁之待诸者,在二百以上,盖不知使献何艺,命造何食也。"单是经营"司传餐之婢子十二人,黄金则数十万。"其"享受不让严东楼(世蕃)也。"

乾隆在水西庄多次饮宴,对天津风味菜品赞赏有加,查面有喜色,乾隆察之。一次,正值盛夏三伏,乾隆故意吃点以津门冬令四珍为原料的津菜佳肴——高丽银鱼。查汗颜无计,求助庖人。有津菜厨师某,以伏鳎目为银鱼状,夹黄瓜条,挂糊过油,炸制呈上。色、香、味、形、质地似高丽银鱼,乾隆皇帝食而颔之。隧高丽鱼条流传至今。

高丽鱼条色泽为淡金黄色,高丽糊香脆酥松,目鱼肉柔软细嫩,食用时有黄瓜清香。四碟小料分别为咸香、咸辣、咸鲜、酸甜口。

原料:(1)净目鱼肉180克,嫩黄瓜1条,带油的咸鸭蛋黄2个,新鲜鸡蛋清6个,干淀粉150克,料酒10克,姜汁10克,油1000克,辣椒10克,花椒盐8克,辣酱油30克,精盐2克,清汤150克,味精1克,湿淀粉8克,白糖15克,番茄酱30克。

切配:(1)将目鱼肉切成10厘米长、0.8厘米宽、0.5厘米厚的长条,每根从厚处中间用刀剖进0.6厘米。嫩黄瓜切成10厘米长,再切成12条长帘子棍。每个鸭蛋黄切成6瓣。

(2)将目鱼条夹入黄瓜条,并在中腹位置镶上代表银鱼籽的咸鸭蛋黄,做好后码放在盘中,用手抹料酒、姜汁,两面略腌。

(3)将新鲜蛋清打入大碗内,用打蛋器抽成蛋泡糊,以碗底无沉积液,能插住筷子为标准。分几次搅入干淀粉,调制成高丽糊。

烹调:勺内加净油,烧至三四成热后放置微火上保持油温,将目鱼条沾少许淀粉,从高丽糊中拖过沾匀,下入勺中,在四五成热的温油中炸至浅金黄色捞出,整齐的码入盘中。上桌时带椒盐、辣酱油、白汁(用清汤、精盐、味精熬开后勾芡制成)、红汁(用番茄酱、白糖、精盐、清汤、湿淀粉炒制好的芡)4个小碟上桌,随顾客挑选蘸食。

操作要领:(1)要使用清油。

(2)要掌握好油温。

(3)挂糊要均匀。

52. 枸杞鱼丝

宁夏素有塞上"鱼米之乡"之称,其物产富饶,品质绝佳,一向受世人推崇。宁夏"五宝"中的红宝——枸杞,更是远近驰名,早在清乾隆年间,就被推为世之珍品,有诗为证"六月杞圆树树红,宁安药果擅寰中,千钱一斗矜时价,绝胜腴田岁早事。"(黄思锡)

此外,宁夏所产的黄河鲤鱼,肉质肥美,细嫩清鲜,也是名贵的烹饪原料。枸杞鱼丝一菜将两宝合二为一,再经厨师妙手调和,便成人间美味,食后三日,仍觉颊齿留芳。

原料:鲜鲤鱼肉400克,枸杞20克,葱丝15克,姜丝10克,精盐4克,蛋清2个,味精2克,葱姜水10克,湿淀粉20克,清汤50克,麻油5克,鸡蛋适量,油500克。

切配:(1)将鲤鱼肉洗净剔去鱼皮,切成4厘米长的细丝,装在碗里,加葱姜水、精盐、湿淀粉、蛋清抓匀。

(2)枸杞用清水洗净泡透。

烹调:(1)炒勺置火上,倒入油烧至三四成热时,把上好浆的鱼肉丝下入勺内滑散至嫩熟,倒入漏勺内控净油。

(2)勺内加底油烧热,用葱姜丝爆锅,加入清汤烧开,放入鱼肉丝、精盐、味精,撒上枸杞,翻勺淋上鸡油、麻油,出勺装盘即成。

操作要领:(1)切成的鱼肉丝要粗细均匀。

(2)鱼丝上浆浓度要适宜,且滑油时要掌握好油温。

53. 捶烩鱼丝

捶烩,是烩菜的一种制作方法。捶烩菜肴历来以清、鲜、松、嫩,入口即化而著称于世,为我国古老的烹调技法。二三千年前,以此法制作的著名菜肴"捣珍",被作为周代八珍而收载于《礼记》之中:"取牛、羊、麋、鹿之肉,必脄。每物与牛若一,捶反侧之,去其饵,熟出之,去其瞞,柔其肉。"这段记载是说所用的牛、羊、麋、鹿、之肉,一定要用其脊内侧。每种肉的用量与牛肉一样多。然后,将其堆放在一起,用捧槌之类反复捶打,去除它们的筋腱,把肉搓揉软。"捶烩鱼丝"就是采用此法制作的海鱼烩菜,为解放前烟台芝罘街上著名餐馆"东坡楼"的名菜。它除具有"捶烩"菜肴的特点外,还有海产品的鲜味,菜肴鲜嫩爽滑,吃起来别有风味。

原料:牙片鱼肉400克,葱丝、姜丝各10克,玉兰片丝15克,香菜梗10克,清汤200克,精盐4克,味精2克,绍酒15克,熟猪油25克,湿淀粉15克,干淀粉100克,鸡油3克。

切配:将牙片鱼肉片成厚约0.5厘米厚的大片,在案板上均匀地撒一层干淀粉,放上鱼肉片,再在鱼肉上撒一层干淀粉,然后用小擀面杖左右依次捶打成薄片,顺鱼丝切成细丝,再放罗内筛去淀粉。

烹调:勺内放清水烧开,将鱼丝放入氽熟,捞出控净水分。勺内放猪油烧熟,用葱姜丝爆锅,再烹入绍酒,加入清汤、精盐、味精、玉兰片丝烧沸,放入鱼丝煨透,用湿淀粉勾成米汤芡,撒入香菜梗,淋上鸡油,盛汤入盘内即可。

操作要领:鱼肉捶打后,要顺鱼肉之自然丝缕切成鱼丝,粗细应均匀;烹制时,所添加的汤汁要稍微多一点,使烹后的菜肴呈流汁状。

54. 独刀鱼腐

鱼腐风味菜很多,均以鳡鱼(黄钻)、鳜鱼(鲅花鱼)、鳢嘿鱼、梭鱼等肉质白嫩肥硕的食用性鱼类作原料制成。据陆辛农《食事杂诗辑》记载:"天津道光、咸丰年间北门外明庆馆,北门里义庆园胡十、名师马太首创海刀鱼做的鱼腐,而受到美食家的好评。

鱼腐指用鱼肉做成嫩豆腐似的烹饪原料。究其本意,鱼腐当为"腹脄"演变而来。腹脄即雄性河豚(鲀)鱼之鱼白,又名西施乳。以"老饕"自居的苏东坡就有"更喜河豚烹腹腴"的诗句。西施乳虽然味美绝伦,但河豚鱼的毒性使人们谈虎色变、望而生畏。为使顾客能品尝到珍馐美味,又无"舍命吃河豚"之忧,津菜厨师早在清初便开始使用黄钻、鳓花和黑鱼肉来制作鱼腐,不但可代替河豚鱼白,还发展了软溜金钱鱼肉、氽花腐等一系列天津传统风味名菜。

独刀鱼腐采用天津菜中清真菜常用的"独"的烹调技法,使菜品为嫩红色,汁芡适中,咸口略甜,主料色泽洁白,质地柔软细嫩,入口即化。

原料:刀鱼净肉400克,青梅4瓣,蛋清25克,牛奶25克,大料1瓣,葱花5克,料酒10克,姜汁15克,酱油10克,盐3克,糖5克,嫩糖色5克,水淀粉15克,熟猪油50克,花椒油15克。

切配:(1)将刀鱼净肉放墩上用刀背砸烂,随时将碎刺摘净。再将新鲜干净的猪肉皮,皮面向下垫在墩上以防木渣混入,然后用刀将放在皮上的鱼肉斩成鱼茸,要边剁边淋水,并且只许将鱼茸用刀从边上向中间归拢而不能翻个。鱼茸剁好后,过细罗放小盆内,添姜汁、料酒、精盐,用筷子向一个方向搅动,边搅边添水,直至搅成黏粥状。再放入抽澥的蛋清和熟猪大油、牛奶一起搅拌均匀,然后放入冷藏箱内静置片刻。

(2)蜜饯青梅用开水将糖分拔出,用水略烫,以代替独鱼白中的青果。

烹调:(1)勺内盛七成满的净水,烧开后将勺端下,用小碟子边将小盆内的鱼"粥"一条条拨入勺内,形状两头尖中间粗,状如河豚鱼白。下好后,将勺放置微火上用九成热水将鱼腐氽熟,用漏勺捞起控水。

(2)勺内加熟猪油做底油,炸大料出香味,用葱花炝锅,烹入调料,添高汤,放入青梅,再将鱼腐用漏勺轻轻放入。汤开后撇去浮沫,放到微火上烧爆,入味后回旺火,加嫩糖色,调好口,勾流芡,加花椒油,大翻勺,将菜溜入盘中即可。

操作要领:(1)鱼料中的加水量要适当。

(2)将鱼茸氽制时,水不可大开,以免将鱼茸冲碎;但要熟透,不可夹生。

55. 锅煸鱼盒

锅煸鱼盒,即以牙片鱼肉片成长方形的片,包上肉泥,折叠略压形似盒子(因用鱼肉做外皮,故称),然后挂糊、油煎、烹汤制熟,具有色泽金黄、味醇厚、肉鲜嫩、汤汁醇的特点,是胶东久负盛名的筵席佳肴。该菜的两种主料各有特点,猪肉味香,鱼肉味鲜,两料结合,可相互弥补不足,相得益彰。

原料:牙片鱼肉300克,猪肉泥150克,葱丝、姜丝各5克,面粉100克,鸡蛋黄75克,熟猪油75克,料酒5克,精盐4克,味精2克,香油3克,香菜梗5克,清汤100克。

切配:将鱼片成4.5厘米长、3厘米宽、0.2厘米厚的片;猪肉泥加精盐、味精、清汤、香油上浆喂好,在两片鱼肉中间夹上肉馅成盒形,厚约1.5厘米。

烹调:(1)油勺滑好后放50克熟猪油,烧至五成热时,将鱼盒口沾干面粉,再拖上蛋黄液下勺煎至两面成金黄色、八成熟时,倒出控油。

(2)油25克下勺,烧至五六成热时,用葱姜丝爆锅,加料酒一烹,再加清汤、味精、精盐烧开,将鱼盒倒入勺内煨透至熟,加香油、香菜盛出即可。

操作要领:(1)制作后的鱼盒应厚薄一致,大小相等;馅心搅打时,吃浆要适宜;煎时要准确掌握温度,糊挂的要匀。

(2)此类烹调方法不勾芡,所以加汤时数量要恰当。

56.煎烹鱼盒

煎烹鱼盒是选用肉质细嫩的牙片鱼肉为主料,经改刀加馅做成鱼盒,然后将鱼拍粉拖蛋下锅,用慢火将两面煎熟呈金黄色,再烹入汁水。成菜色泽金黄,质地软嫩,口味鲜醇,形状美观,是一款深受食用者喜爱的佳肴。中国烹饪大师初立健,在第一届全国烹饪大赛中烹制此菜,以其色、香、味、形俱佳被编入《中国名菜谱》。

原料:牙片鱼肉300克,猪肉泥150克,鸡蛋黄75克,熟猪油50克,醋5克,清汤100克,干面粉100克,葱丝6克,玉兰片丝10克,姜丝5克,精盐4克,味精2克,料酒10克,香油适量。

切配:(1)将鱼肉片成长4厘米、宽3厘米的长方形片;猪肉泥加适量清汤、精盐、味精、香油搅匀成馅。

(2)每两片鱼片中加上肉馅包成盒形,然后将两面分别沾匀干面粉。

(3)用清汤、精盐、醋、料酒对成汁水放在碗内;鸡蛋打在碗内搅匀。

烹调:(1)勺内加底油,将鱼盒分别沾匀蛋液下勺用慢火煎熟,两面均成淡黄色,倒在漏勺内。

(2)勺内加底油烧热,用葱姜丝、玉兰片丝爆锅,将鱼盒倒入勺内,再将对好的汁水下勺一烹,淋上香油盛出即可。

操作要领:(1)鱼盒在下勺前应先将炒勺炼滑烧热,以免煎时粘底。

(2)鱼盒下勺后,先两面煎至定型,再改用小火慢慢煎熟,火急容易使主料外焦里不熟。

57.芝麻鱼卷

这是一款历史悠久,具有浓郁地方风味的烟台传统菜,为民国年间"大罗天"饭店的著名肴味。《烟台概览》记载:"埠内大菜馆,以鹿鸣园、大罗天、东坡楼、松竹楼等为最驰名。"该菜馆的当灶厨师曲洪玉、王松令,烹调技艺精湛,素以炸、红烧、清炖、清蒸等技法最为拿手。"芝麻鱼卷"就是该店的名菜之一。此菜将鲜鱼肉片成均匀的小片,夹上肉泥,卷成食指粗的卷,再粘匀蛋糊、芝麻炸熟,汤多味鲜,外香内嫩,甚是可口。因芝麻经油炸后,特别的香,故此菜又称"香炸鱼卷"。后来,该菜的制作方法随"大罗天"饭店的停业而流传出来,各大饭店争相挂牌出售,在筵席的热炒中多以第一款出现,深受食客的赞美。

原料:鲜牙片鱼肉300克,猪肥瘦肉100克,葱姜米8克,鸡蛋黄75克,精面粉50克,清油50克,清汤75克,料酒5克,精盐4克,味精2克,芝麻100克,香油3克。

切配:(1)将牙片鱼肉放案板上,片成长5厘米、宽3厘米、厚0.2厘米的长方形片,用精盐、味精喂口。

(2)猪肉剁成细泥,加清汤、精盐、味精、葱姜米、料酒、香油搅匀成馅,分别抹在鱼片上,卷成长4厘米、直径1.5厘米左右粗的鱼卷。

(3)将鱼卷先沾匀精面粉,再拖上蛋黄液,然后沾匀芝麻待用。

烹调:勺内放油500克,烧至五六成热时,将芝麻鱼卷下勺炸熟,呈金黄色时捞出控净油分,分别摆在盘内即成。外带花椒盐上桌。

操作要领:(1)此菜肴所用的鱼肉,必须选择肉质细腻、丝缕一致的牙片、鲈鱼等鱼类,不宜选用蒜瓣肉之类的鱼,像鲅鱼、鲐鱼等。以免菜肴制成后破碎,形状不整齐。

(2)猪肉泥浆打的要适宜,过细、过稠均能影响菜肴的质量和造型。

(3)鱼卷所挂之糊要匀。炸时的油温要掌握好。

58. 红烧鱼卷

鱼卷菜是天津传统风味中的典型菜肴之一,花色品种达数十种之多。鱼卷即是用切成长方形的薄鱼片,包入各种馅(猪肉馅、三鲜馅、虾茸馅、甜什锦馅及五丝馅等),用面糊粘好,然后挂上喇嘛糊,过油炸好,即可烹制红烧、焦熘(汤粗)、番茄、酸沙鱼卷,也可挂酥炸糊做椒盐鱼卷,挂高丽糊炸成高丽鱼卷(需用青梅、京糕条、瓜条、桂圆条、桃仁等切碎做成的什锦馅)等。各种鱼卷菜品用料迥异,风味不同。

红烧鱼卷就是按红烧技法烹制鱼卷。菜品整齐美观成银红色,咸鲜口略甜,鱼卷软嫩,三鲜馅肥美鲜香,食用起来别有风味。

原料:净梭鱼肉 300 克,猪肉 100 克,清虾仁 50 克,水发海参 50 克,大佐料(葱姜蒜)10 克,料酒 40 克,姜汁 30 克,酱油 15 克,精盐 3 克,白糖 5 克,嫩糖色 5 克,湿淀粉 30 克,净油 1500 克,花椒油 25 克,面粉 60 克,鸡蛋 50 克,干面粉 50 克。

切配:(1)将净鱼肉切成 5 厘米长、3 厘米宽、0.2 厘米厚的长方片,共 24 片。

(2)猪肉剁成细茸,下入料酒、姜汁、盐,加入少许水搅上劲,使其有足够的黏度。青虾仁上浆过油滑好,切成绿豆大小的碎丁。水发海参用水焯过,也切成碎丁,将三鲜馅调好。

(3)面粉 40 克加水调成软稠的面粉糊。将鱼片摊平,沾一层薄薄的面粉(是为了吸收鱼片表面的水分,使其与三鲜馅粘好)。将三鲜馅放在鱼片中,卷成 4 厘米长、1.5 厘米粗的鱼卷,接口处用面粉糊粘好。

(4)将鸡蛋液放碗内,添少许水抽澥,加入干粉面,调成不太稠的喇嘛糊。

烹调:(1)勺内加油,烧至五六成热,用手拿鱼卷沾喇嘛糊逐个放入勺内,将鱼卷炸好至嫩熟,捞出后,每排竖放 6 个,共 4 排,光面向下整齐的码在鱼盘内。

(2)勺内加底油,大佐料爆锅,烹入调料,添一手勺高汤,将鱼卷用手轻推入勺,汤开后略熻一下,下入嫩糖色,调好味,用湿淀粉勾芡,淋花椒油,大翻勺,将鱼卷溜入鱼盘中即可。

操作要领:(1)做好鱼卷的关键是使鱼片与馅心粘接牢固。

(2)此菜翻勺难度较大,如无确切把握,可将鱼卷光面向上码好,勾芡,打明油后,晃勺,使汁、芡、油均匀即可。

59. 白扒鱼串

白扒鱼串是选用黑鱼肉经改刀穿串后扒制而成的。黑鱼产于淡水河湖中,因其外表呈黑色,故名黑鱼。鲁西一带的河湖中产之较多。黑鱼肉细味美,可加工成片、条、丁、丝等,可烹制多种美味佳肴。白扒鱼串制作精细,形状美观,色泽洁白,滑嫩鲜美,是鲁西筵席中著名的工艺菜肴。

原料:黑鱼净肉 350 克,青菜心 25 克,精盐 4 克,味精 2 克,鸡油 10 克,湿淀粉 25 克,蛋清 1 个,葱段、姜片各 10 克,高汤适量,牙签 10 根。

切配:(1)将黑鱼肉去皮,片成大薄片,用铜钱大小的圆筒扣压成 60 多片圆片形,加入精盐、味精拌匀入味。

(2)湿淀粉加蛋清调成糊,放鱼片内拌匀。

烹调:(1)勺内加水烧沸,将鱼片一片片的下入,余水后捞出控净水,用牙签逐个串上。每串 6 片左右,共串 10 串。

(2)将鱼串摆入盘内,加上葱段、姜片、高汤上笼蒸熟,去掉葱姜,把原汤滗入勺内,加上精盐、味精、青菜心,沸起后用湿淀粉勾芡,淋鸡油搅匀,浇在鱼串上即可。

操作要领:(1)要选用黑鱼肉,以保持成品洁白的色泽。

(2)蒸鱼串时,要用中火,且时间不宜过长,使之嫩熟即可。

60.醋椒鱼丸

此菜是一个汤菜,一般选用肉质细嫩的新鲜鱼肉,先加工成茸泥,再调成料子;挤成均匀的小丸子,氽熟并配以特制的鸡汤。因调味品中突出了醋和胡椒粉而得名。成品口味咸鲜酸辣,色泽淡红,鱼丸软嫩适口,是深受食客欢迎的醒酒佳肴。

原料:鲜鱼肉250克,清汤500克,鸡蛋清1个,葱姜汁4克,葱丝5克,冬笋10克,香菜梗5克,水发木耳10克,精盐7克,味精3克,酱油5克,醋50克,白胡椒粉5克,熟猪油15克,香油适量。

切配:(1)将鱼肉去掉皮、筋膜,用刀斩成细茸状,加清汤、葱姜汁,用筷子顺一个方向慢慢搅成稀糊状,然后加入适量精盐,继续朝一个方向快速搅拌上劲,再加蛋清1个、熟猪油15克、味精2克搅匀待用。

(2)冬笋切成象眼片,香菜梗切成2厘米长的段,水发木耳撕成小片。

烹调:(1)勺内加清汤500克烧开,将调好的鱼料子用手挤成直径约2厘米的小丸子,氽至嫩熟捞出放到大汤碗内。

(2)原汤加入冬笋、木耳、葱丝、香菜梗、精盐、酱油、味精、醋烧开后,撇去浮沫,盛入汤碗内,撒入胡椒粉,滴适量香油即可。

操作要领:(1)主料以新鲜的牙片鱼肉为最好,其他的鱼也必须是肉质细嫩的鲜品。

(2)鱼肉应剁细,鱼料子搅拌时要吃足水,以放冷水内能浮起为好。

(3)氽鱼丸时,必须用温火,汤保持微开。

61.煎新鲥鱼

鲥鱼,是一种溯河性鱼类,原栖息于太平洋,每年五六月间进入长江下游产卵,夏末秋初又返回大海,"应时而来,应时而去",故以"鲥"称谓。端午节前后,鲥鱼丰腴肥硕,含脂量高,此时捕捞最好。

鲥鱼入馔,齿颊留香,曾引得历史文人墨客大加咏颂。宋代老饕苏东坡在赞赏鲥鱼时写道:"尚有桃花香气在,此中风味胜莼鲈"。扬州八怪之一郑板桥亦曾诗云:"江南鲜笋趁鲥鱼,烂煮春风三月初"。据史料记载,在明、清两代鲥鱼均列为"贡品"、"御膳",非王侯富贾之家不能食。难怪《金瓶梅》书中的应伯爵曾大发感叹:"江南此鱼,一年只过一遭儿,屹到牙缝里,剔出来都是香的。"

烹调鲥鱼不宜去鳞(因其鳞片上含有丰富的脂肪),这在古籍中早有记载:"鲥鱼挂网而不动,护其鳞也。"宋代苏东坡曾称鲥鱼为"惜鳞鱼"。

此菜是一款金瓶梅宴特色菜,书中第52回所记的"煎新鲥鱼"实则是"清炖鲥鱼",因古时"煎"有"水煮"、"炖"之意。成品汤呈乳白色,鱼肉质地肥嫩,口感汁鲜味浓。

原料:鲥鱼1000克,精盐8克,味精5克,料酒10克,大葱25克,姜15克,香菜梗5克,花生油50克,清汤600克。

切配:(1)鲥鱼洗净,不去鳞。在肛门处用刀横切一小口(约2厘米深),用竹筷子从鱼嘴入腹部,绞出腮及内脏,洗净。

(2)葱切段,姜用刀拍碎。

烹调:炒勺放在中火上,加花生油烧至六成热,放入葱姜煸出香味,加清汤、盐、鲫鱼,旺火烧开,撇去浮沫,小火炖约二十分钟,拣出葱姜不用,将鱼捞出盛入鱼池内,原汤中再加入味精烧沸,撒上香菜梗,浇在鱼上即成。

操作关键:(1)鲫鱼加工时要保存好鱼鳞。

(2)炖制时,先用大火烧开,再改用小火慢炖,并使汤达到乳白色

62. 白龙松果

此菜是辽宁的创新菜肴。"白龙松果"选用太子河所产的泥鳅为主料,以精烧方法制成。俗话说:"天上斑鸠,地下泥鳅"。泥鳅肉质细嫩,味道鲜美,营养丰富,肉中含有蛋白质、脂肪、钙、磷、铁、维生素(A、B$_1$、B$_2$)、尼克酸等。日本人还誉之为"水中人参"。泥鳅不仅是一种美味佳肴,而且还有很高的药用价值,对肝炎、痔疮、乳痛、阳痿、跌打损伤均有一定疗效。

松果是以鲤鱼为原料,采用炸熘方法烹制成松果形。松果摆在盘中,泥鳅游离四周,色白而细,犹如白龙,故得名:白龙松果。此菜营养丰富,白红双艳,造型逼真,松软鲜嫩。

原料:泥鳅鱼16条,带皮去刺鲤鱼200克,鸡蛋清4个,熟猪油1000克,精盐6克,白糖25克,醋25克,味精3克,干淀粉75克,水淀粉15克,面粉适量,香油5克,葱花、姜末、蒜末各适量,番茄酱5克,料酒15克,花椒水20克,胡椒粉适量。

切配:(1)将泥鳅鱼挤出内脏洗净,控净水,撒上适量精盐、味精腌制20分钟。

(2)在鲤鱼肉面交叉剞上花刀,再改成5厘米见方的块,4个角切去,用盐、胡椒粉、味精腌制约20分钟。

(3)将鸡蛋清放碗内,用筷子顺着一个方向抽打成泡,能立住筷子为宜,加入干淀粉、面粉,调成蛋泡糊。

烹调:(1)勺内加熟猪油,烧至四、五成热时,将每个泥鳅挂匀蛋泡糊(头部不必挂糊),逐个入油中炸制,鱼断生后,倒在漏勺内,控去余油,放在盘内,然后浇上白色咸口的芡汁。

(2)勺内加熟猪油烧至七成热时,将腌好的鱼块,每块两面沾匀面粉,放油内炸成松果形倒在漏勺内,勺内留底油25克,下葱花、姜末、蒜末炒出香味时,加番茄酱烧开,添一手勺半汤,放入适量精盐、白糖、醋、料酒、花椒水、味精,沸后勾芡,倒入炸好的松果鱼,翻勺使汁芡挂匀,淋香油出勺摆在大圆盘中央,然后将精烧泥鳅摆在松果周围,呈斜形,犹如曲曲弯弯的龙在嬉游。

操作要领:(1)此菜是双拼菜,要两把勺同时操作,一勺做松果,一勺做白龙,同时出勺装盘,以保持菜肴的温度。

(2)芡汁要稠一点,明油不要过多。否则芡稀、油多,容易混色、混味、影响质量。

63. 粒粒丰收

粒粒丰收是辽宁创新菜肴之一。此菜中间是五仁虾球,外围盐爆鱿鱼卷,每个鱼卷底部放一片菠菜叶,犹如粒粒饱满的麦穗摆放在粮堆的周围,一片丰收的景象呈现在餐桌客人面前。特点是质地软嫩、口味鲜美、造型别致、形象逼真。

原料:鲜鱿鱼300克,菠菜叶12片,整尾大虾10个,花生仁、麻仁、核桃仁、杏仁、榛仁各5克,精盐8克,白糖50克,料酒、花椒水各20克,味精3克,葱油5克,熟猪油1000克(约耗150

克),大葱3段,去皮鲜姜3片,桂皮1小块,月桂叶5片,香油5克,花椒油10克。

切配:(1)将鱿鱼平放在菜墩上,用刀改成麦穗花刀块。

(2)将大虾去头、皮,挑出沙线,每个整虾肉从脊背用剞刀法由上往下剞三刀。

烹调:(1)花生仁、核桃、榛仁、杏仁分别用油炸酥,压碎成小丁状,麻仁炒熟,放入盘内备用。

(2)勺内倒入熟猪油烧至五成热时,放入改好的大虾,待虾身呈球形已嫩熟时倒在漏勺内。勺内留底油50克,加葱段、姜片、桂皮、月桂叶煸炒,添汤,捞出香料,放入炸好的虾球及料酒、花椒水、白糖、精盐、味精,用小火燔制,汤快尽时,用中火收汁至汤浓后,放入五仁,淋入葱油、香油,出勺放入盘内。

(3)将12片菠菜叶放开水锅内略烫捞出,挤净余水,趁热加适量精盐及花椒油炝制待用。

(4)将改好的鱿鱼放沸水锅烫一下,待其卷成麦穗状时捞出,控净余水,勺内加熟猪油50克,烧热放入烫好的鱿鱼卷,倒入事先对好的咸口清汁,颠翻挂匀,装盘待用。

(5)取一个大圆盘,好的五仁虾球堆放在盘的中央,炝好的12片菠菜叶找好距离,摆在虾球的周围,再将盐爆麦穗鱿鱼卷分别放在菠菜叶上即成。

操作要领:(1)由于改刀的密度、深度一定要一致(密度为0.3厘米,深度为鱿鱼的4/5),这样的花纹清晰,形态逼真,导热均、入味匀、味道正。

(2)组装时,一定要采取移盘的方法,否则容易混汁、混色、混味,影响菜肴质量。

(3)制作菜肴,速度要快,最好两勺同时制作,以保证菜肴的温度。

<h3 style="text-align:center">64.滑炒豚鱼片</h3>

河豚鱼,又名廷巴鱼、钝鱼,为水产品中的珍味。严有翼的《艺苑雌黄》云:"河豚,水族之奇味"。大文豪苏东坡在品味了河豚之后,有"据此味,真是消得一死"之说。河豚的分布极广,我国南北沿海及鸭绿江、长江、钱塘江、珠江均有,其中以长江下游最多。以此为肴,在我国有悠久的历史。民间有"拼死吃河豚"之说。在日本,以河豚鱼为原料制作的生鱼肴馔,最受人称道。

滑炒豚鱼片是将洗涤净的河豚鱼肉片成薄片,经清油滑后,再加调配料炒热,口味清鲜滑嫩,醇美不腻。但由于其肚脏、血等部分有毒,故加工时应特别注意。

原料:净廷巴鱼肉350克,葱丝、姜丝各5克,蒜片4克,玉兰片25克,清汤50克,精盐4克,味精3克,花生油750克,绍酒10克,香油3克,湿淀粉20克,鸡蛋清20克。

切配:(1)鱼肉洗净,用刀片成0.3厘米厚的薄片,加鸡蛋清、湿淀粉抓匀;玉兰片改为小象眼片。

(2)用清汤、精盐、味精、香油、香菜段对成清汁。

烹调:(1)勺内放油700克,烧至四五成热时,将鱼片下入,用铁筷拨滑至九成熟,捞出控净油。

(2)花生油25克下勺烧热,用葱姜丝、蒜片爆锅,加绍酒一烹,随即倒入玉兰片、鱼片和清汁翻炒几下至熟,盛出即成。

操作要领:(1)由于廷巴鱼本身的肝脏、血等部分含有毒性,故初步加工时,一定要仔细、谨慎。头、皮、内脏应除去深埋在泥土里。其血及淤血摘净后,廷巴鱼要反复清洗漂净,然后放清水里反复浸泡后方可使用。

(2)鱼肉划油时,油温以四五成热为宜,太高,易使鱼片焦卷;太低,鱼片易碎。

65. 煎转目鱼嘴

煎转目鱼嘴的主料为目鱼,目鱼属鱼纲、鲽形目、鳎科,学名半滑舌鳎,天津俗称"鳎目鱼",是渤海特产之一。目鱼常栖息于海河河口附近的浅海底层中。这里的海水含盐量低,水温适宜,饵料丰富,适于目鱼的生长,可使目鱼个体达4千克以上。炎热的夏季,咸、淡水鱼大多体瘦肉消,惟独目鱼鱼体肥硕,肉质柔软细腻,故津门早就流传有"冬吃银鱼春黄花,伏天专吃大鳎目"的食俗谚语。津菜中以目鱼为原料的传统菜品约30余种,惟独煎转目鱼嘴取料新奇,烹制别具一格,是变废料为宝物,化腐朽为神奇的佳肴。

目鱼嘴即目鱼的头部,切刀成核桃块,沾蛋清煎后下勺焖汤,汤汁乳白色,稠似粥,咸鲜味醇;主料上桌后蘸螃蟹小料食用,别有风味。

原料:目鱼头部400克,奶汤750克,料酒25克,姜汁10克,精盐10克,味精3克,面粉80克,鸡蛋100克,油80克,熟猪油50克,大料2瓣,大佐料(葱、姜、蒜)10克,螃蟹小料(酱油、醋、料酒、姜米、蒜末、味精、香油适量)1小碗,芫荽叶1小碟。

切配:去皮目鱼头洗净,剁成核桃块,用精盐、料酒、姜汁略腌,沾匀面粉,挂上蛋液。

烹调:(1)将勺烧热,加入油烧至温热,把目鱼嘴一块块下入,煎成金黄色,取出控净油。

(2)勺内加入熟猪油,下大料瓣,炸出香味后控出,再用大佐料炝勺,烹料酒,添奶汤,下入主料,汤开后撇去浮沫,盖上勺盖,将汤用大火煨燠成乳白色。出勺时,将汤撇去浮沫,放入精盐、味精调味,将鱼块捞出盛在大汤盘中,浇上少许汤,余汤盛在另一大汤盆内,上桌时带芫荽叶小碗和螃蟹料,喝汤时撒芫荽叶,目鱼嘴沾小料食用,别有风味。

操作要领:(1)如掌握不好煎的要领,可将勺内加油烧至七成热,将目鱼挂糊,一块块下入炸好。

(2)如无奶汤可在炝勺时加入富强粉25克,用微火煸炒,并适量增加味精,可使汤白味鲜。

66. 软熘黄鱼扇

软溜是津菜最擅长的四大烹调技法之一。软熘菜所选用的主料多为柔软细嫩的动物性原材料;烹调过程中采用大翻勺技术,使菜品整齐美观,汁芡适中。软熘菜均为酸甜口味,津菜中称之为煞口的大酸大甜。软熘黄鱼扇主料采用黄花鱼,亦可用铜罗(天津称为藤罗)、白花(天津称为白眼)、港梭鱼代替,其他鱼则因不能保持质地软嫩而不取用。软熘黄鱼扇质地金黄,汁芡丰满适中;鱼扇宛如扇贝状,整齐排列在盘中;造型美观,质地软嫩,酸甜口味。津菜大师赵克勤在参加首届烹饪技术表演鉴定会烹制此菜进行大翻勺时,被中央电视台拍摄选用,在新闻联播中播放,引起热烈反响。

原料:净黄花鱼肉(带皮)400克。面粉25克,鸡蛋黄50克,大佐料15克,料酒15克,醋60克,白糖50克,精盐2克,湿淀粉20克,花生油750克,花椒油25克。

切配:根据鱼肉的宽度将其斜刀片成4~5厘米见方的大片,每片边上带有1厘米宽的鱼皮。带皮一面向下,光面朝上,挨紧平铺在盘中。将面粉调匀洒上,待面粉与鱼肉粘在一起后抹上调匀的蛋黄。

烹调:(1)勺内加净花生油,烧至五成热,将抹好蛋黄糊的鱼扇用手提着,逐片下入油中,滑炸至嫩熟时捞出。控净油后,带糊的一面向下,带皮面朝上平放盘中。

(2)勺内加底油,大佐料爆锅,烹入调料,添清汤。汤开后,用手护着鱼扇下入勺中,略煨,勾芡,加花椒油,大翻勺,将鱼扇溜入勺中。

操作要领:(1)此菜关键在于鱼扇下勺过油时,油温要适当。油凉即鱼皮不卷,油太热又会外糊里生。所以最好将油烧热后放置小火上再下鱼扇。

(2)此菜酸甜口,应酸口压甜口;虽放盐但不能吃出咸味,不能放味精,亦可在炝勺时加入少许番茄酱,以使菜品色泽更为美观。

67. 干烧目鱼中段

干烧目鱼中段主料为目鱼去掉头尾的中段部位。目鱼是海水鱼中的珍品,最大者重约4公斤。干烧目鱼中段传统辅料是肉末、腌雪里蕻(天津称为石榴红,保定称为春不老),现改为里脊丁、红绿柿子椒丁,使菜品色泽更加红亮美观,鱼肉柔嫩细腻,盘中无汁、无芡,只汪红油,咸甜辣口,鲜醇味厚。

原料:目鱼中段 1000 克,猪里脊 50 克,红绿柿子椒各 50 克,大料 2 瓣,大佐料 50 克,姜汁 10 克,料酒 50 克,精盐 6 克,酱油 30 克,醋 15 克,白糖 50 克,味精 5 克,嫩糖色 10 克,油 1500 克,红辣椒油 50 克。

切配:将目鱼中段剖行距为 0.5 厘米的密纹浅斜刀,用精盐、姜汁、料酒腌过。猪里脊切成 0.4 厘米见方的豌豆丁,红、绿柿子椒也切同样大小的丁。

烹调:(1)勺内加油烧至七八成热,将目鱼中段下入炸至金黄色捞出。红、绿柿子椒过油冲一下捞出。

(2)勺内加底油,炸大料,下入里脊丁,煸炒至半熟后下入大佐料一起炝勺,烹料酒、醋、酱油,加盐、添汤,将目鱼中段下入,汤开后撇出浮沫,盖上勺盖烧煨。目鱼两面入味后,开勺加入白糖、味精和嫩糖色、辣椒油,调整好色泽,入味后,放旺火上,快收尽汁时,将鱼盛入鱼盘内,余汁放入红绿椒丁略炒,将余汁和辅料均匀地浇在鱼身上即可。

操作要领:(1)此菜咸口与甜口基本相等。

(2)收汁时要用旺火,不断晃勺,以免主料粘底。同时用手勺将汤汁盛起后浇在鱼身上,反复进行,直至汁浓明亮。

68. 软熘金钱鱼腐

鱼腐不但可以做成舌状的鱼白形,还可做成圆丸形烹制各种菜品。软熘金钱鱼腐就是利用鱼腐挤成丸状后,挂糊过油,再配以多种雕成金钱形状的辅料,采用津菜中擅长的软熘技法烹制而成。因而菜品色泽金黄,造型美观,口味酸甜;主料软嫩,入口即化。最适宜妇女和老人、儿童食用。

在 1987 年"天津市'群星杯'津菜烹饪大赛"上,红旗饭庄厨师长、特级厨师王洪业(灶)和二级厨师金宝林(墩)烹制的软熘金钱鱼腐荣获群星杯大奖。

原料:鳜鱼(黄钻)或鳜鱼(鳜花)净肉 300 克。水发冬菇、玉兰片、嫩黄瓜皮、胡萝卜共 100克。葱 5 克,姜 3 克,蒜 2 克,料酒 15 克,醋 35 克,白糖 30 克,精盐 1 克,湿淀粉 20 克,鸡蛋 1个,干淀粉 25 克,油 1000 克,花椒油 15 克。

切配:(1)将净鱼肉做成鱼腐(过程及所用调料见独刀鱼腐)。

(2)冬菇去把,玉兰片、胡萝卜片切成大薄片,和黄瓜皮一起,用模具压刻成金钱形,每种 3个共 12 个。

(3)鸡蛋、干淀粉加适量的水,调制成较稀的喇嘛糊。

烹调:(1)勺内加入水,开后将勺端下,将鱼腐挤成丸状共 12 个,下入勺内,用慢火余至嫩熟。

(2)将鱼腐控净水分,平摊在鱼盘内,倒上喇嘛糊,在盘中摆放整齐。辅料用热油"冲"一下捞出。

(3)勺内加底油、葱、姜、蒜爆锅,烹入调料,添适量的水,先下辅料,后将主料轻推入勺。汤开后,去浮沫,煨至入味后,加湿淀粉,勾成熘芡,加花椒油,大翻勺,溜入盘中,用筷子稍加整理,使每一个鱼丸子顶一个金钱,勺内余汁用手勺浇淋入菜中,使菜形完整。

操作要领:(1)鱼腐挂糊要薄,以免脱袍或飞花。入勺后不能上下翻动。

(2)要调整好酸甜口味,不能放味精和高汤。

69. 滑炒鱼丝豌豆

墨鱼是内蒙古东部地区的淡水鱼之一,其肉质洁白细嫩,用途广泛,可塑性强。

滑炒鱼丝豌豆是选用精墨鱼肉加工成细丝,经挂糊滑油,采用滑炒的方法使其成菜。成品白绿相间,滑嫩鲜香,既可佐酒,又可做饭菜,是内蒙古特级烹调师张奇武的拿手菜。

原料:精选墨鱼肉 400 克,豌豆粒 100 克,鸡蛋清 2 个,湿淀粉 25 克,精盐 4 克,味精 3 克,料酒 8 克,白胡椒粉 2 克,葱丝、姜丝各 5 克,蒜片 3 克,香油适量,熟猪油 500 克。

切配:将鱼肉顺丝切成 6 厘米长、0.3 厘米粗的丝,用精盐、味精、料酒、胡椒粉调味后挂上用蛋清和淀粉调成的糊。

烹调:(1)将鱼丝放在三四成的温油锅中滑熟捞出。

(2)勺内放底油烧热,用葱、姜丝、蒜片爆锅,加豌豆、鱼丝略炒,烹入料酒,放入精盐、味精,勾少许薄芡滴上香油盛出即可。

操作要领:(1)鱼丝应顺丝切,形状要粗细均匀。

(2)鱼丝划油时要用温油,应轻轻滑熟以免破碎。

70. 熘鱼片

熘鱼片是山东传统佳肴,曾是上世纪 30 年代烟台芝罘街上声誉最大的饭店"大罗天"的传统名菜,制作时注意火候,形状要求整齐均匀,操作技术难度较大,成品鲜嫩滑软。此菜始于何时,已不可考。据当地的老艺人回忆,流传至今至少有二三百年的历史,名厨吕文起制作的熘鱼片,以造型完美,鲜嫩适宜,深受赏识,他多年一直在军阀刘珍年府中为厨。烟台解放以前,熘鱼片的制作多采用黄花鱼(或黄姑鱼)为原料,而现在必须用新鲜的牙片鱼或鲈鱼。整鱼剔取肉后片成大片,再用精盐、味精、蛋清、湿淀粉挂糊,放温油中滑熟,然后加调配料烹制成。

原料:牙片鱼肉 400 克,豆瓣葱 10 克,蒜片 5 克,玉兰片 15 克,水发木耳 15 克,鸡蛋清 1 个,精盐 5 克,味精 3 克,熟猪油 500 克,湿淀粉 25 克,清汤 200 克,香菜段 3 克,料酒 8 克,香油 2 克。

切配:(1)将牙片鱼肉片成长 4.5 厘米、宽 3 厘米、厚 0.3 厘米的片,用精盐、味精、湿淀粉、鸡蛋清挂匀糊。

(2)玉兰片、水发木耳切成菱形小片。

烹调:(1)勺内放油烧至三四成热时,将鱼肉逐片下入,滑散至嫩熟,倒入漏勺内控净油。

(2)勺内放油 25 克烧热,用葱、蒜爆锅,烹入料酒,放入清汤、味精、精盐、鱼片,用温火煨透,撇净浮沫,用湿淀粉勾成流芡,淋上香油,撒上香菜段,拖入盘内即成。

操作要领:(1)鱼肉切片时,应顺其丝片。鱼片的形状应厚薄一致、整齐均匀。

(2)鱼片划油时,油温不宜过高。否则,易上色,且影响口感。

(3)所添加的汤汁应适量,以刚能淹没原料为宜。

71.面鱼托

乾隆十六年,乾隆初下江南经过天津,驻跸大沽造船所,曾微服私访,因遇雨避于郑姓渔民家中。"甫至茅舍,则雷雨大作,日以继夜,尚不得行。渔父乃有具馔,有面鱼一器,为上生平不识之味,大加称许。翌日天明,上脱内衬龙袍劳之,渔父乃惊知驾至,叩首乞罪。上喜其诚厚,乃赐题'海滨逸叟'匾文以光之(事见《沽水旧闻》)。"

乾隆所食面鱼又叫面条鱼、草根鱼,渤海湾沿岸均有出产,其中以北塘产量最多,质量最佳。面鱼自海冰消融即有上市,至春末夏初为旺产季节。面鱼形似银鱼而小,体形细长,呈半透明的肉色,无鳞、刺软,可做锅塌面鱼托,最具津沽特色,并适合家庭制作。乾隆所食当是此菜。清朝名士周楚良曾有《津门竹枝词》:"玉钗忽讶落金波,细似银鱼味似鲨,三月中旬应减价,大家摊食面鱼托"。描写暮春之际面鱼大量上市和津门百姓争食面鱼托的情景。诗中将拾掇好的的洁白晶莹如玉的面鱼喻为玉钗;把碗中抽澥的鸡蛋液比喻为金波,可谓形象生动,逗人食欲。

此菜色泽金黄,形状美观,质地软嫩,滑爽香鲜,最宜佐酒和夹饼食用。

原料:面鱼200克,鸡蛋5个,葱花25克,嫩青韭25克,净盐5克,料酒5克,花生油50克,香油10克。

烹调:(1)将面鱼掐去头鳃带出内脏,煎去鳍尾,洗净控干。

(2)将5个鸡蛋打在碗内,用筷子抽澥,放盐、料酒、葱花、嫩青韭、面鱼一起搅拌均匀。

(3)勺热后加底油,将鸡蛋面鱼糊液倒入勺内,摊成厚饼,然后淋入香油用微火把两面煎成金黄色。出勺后用刀切成长方形(或菱角形)大块,整齐的码放在盘内,即可上桌。

操作要领:(1)烹制此菜时最好使用平底加厚炒勺。

(2)掌握煎的火候。

72.生拌鱼

生拌鱼是吉林省的传统风味菜肴,其历史悠久。据《吉林史志》记载:生食鱼肉起源于三四千年以前,当时这里居住着今日满族人的祖先:"肃慎"族。在肃族居住的区域,河流纵横,湖泊遍地,盛产肥鱼甲天下的"鲟鲤鱼"。这种鱼小则几十斤,大则上百斤。肃慎人用渔网和渔叉将鱼捕来,剖去鱼皮,分成小块,沾盐而食。这种生食鱼的方法经过数千年的发展,演变成了现今的"生拌鱼"。生拌鱼选用松花湖特产鲜鲤鱼为主要原料,经过食用醋精腌渍而成,搭配各种新鲜的时令蔬菜和香味醇厚的调味汁,食用起来鲜嫩爽口,清淡不腻,是高级宴席中常用的冷菜之一,堪称佐酒佳肴。

原料:鲜活鲤鱼肉250克,黄瓜150克,水萝卜50克,青椒50克,香菜20克,油炸花生米30克,熟芝麻20克,鱼皮50克,食用醋精15克,酱油20克,米醋10克,精盐3克,味精2克,辣椒油8克,香油10克,蒜末15克,芝麻酱20克,芥末油5克,葱丝、姜丝各15克。

切配:(1)先将青椒切丝,开水焯熟冲凉待用。

(2)黄瓜、水萝卜切成丝,同青椒一起间隔的摆放于盘中呈圆形。再把葱、姜丝堆放于中间。

(3)香菜切成1厘米长的段,鱼肉切成丝。

烹调:(1)鱼皮用酱油、淀粉拌匀,入热油中炸酥取出,同花生油、芝麻一同磨研成细末。

(2)鱼丝放入醋精油液(醋精1份、水2份对成汁)中浸泡片刻,至鱼丝色泽变白,膨胀滑润时取出,用水冲洗几次,除去剩余醋精,再放入洁布中挤干水分,放辅料中央。

(3)将花生米、芝麻、鱼皮末及香菜一起放在鱼丝上。

(4)用酱油、米醋、精盐、味精、蒜末、香油、芝麻酱、辣椒油、芥末油对成调味汁,浇在鱼丝上即成。

操作要领:(1)鱼丝浸泡时间一般不超过10分钟,否则会因浸蚀过度而使鱼丝断碎。

(2)浸好后立即用冷水冲净醋味。

(3)鱼丝要在用餐前30分钟左右用醋精浸泡,如浸泡过早鱼丝将脱水、瀣汁。

73. 抓炒鱼

抓炒鱼是河北代表菜之一,它是河北特一级烹调师王三喜的拿手绝活,在全国第一届烹调大赛中得到专家们的高度评价。这个菜在刀工处理上采用了特殊的刀法斜刀劈,用刀从鱼身离头部2/3处下刀,斜刀劈至鱼的头部,这样依次将鱼劈成里七外八片的大鱼片,然后再进行挂糊炸制和造型。此菜肴成品口味酸甜略咸,质地外焦里嫩,造型美观大方,色泽金红明亮。

原料:鲜鲤鱼1尾(重约1000克),鸡蛋2个,干淀粉150克,葱丝、姜丝各10克,蒜末5克,白糖100克,精盐6克,醋35克,番茄酱50克,花生油2000克,清汤适量。

切配:(1)将鱼去鳞、鳃,内脏洗净。第一刀从鱼身的2/3处下刀劈至头部成大片状,第二刀距第一刀约1厘米处劈至头部约有2厘米处停刀成第二片,依次劈成里七外八片。再将鱼头劈开。

(2)将鸡蛋、淀粉制成全蛋糊,把鱼片抖开,挂上糊放入盘中。

烹调:(1)旺火大油锅烧至七成热,左手拿鱼尾,右手拿胸鳍,背朝下抖动下锅,将鱼片分开前片包住鱼头,炸至定型,翻身呈金黄色捞出装盘。

(2)另起油锅放入底油、葱、酱、蒜炝锅,加番茄酱煸炒一会儿后再加入盐、醋、糖、味精、清汤,待其汤汁爆起稠浓时,打明油浇淋在鱼身上即可。

操作要领:(1)鱼片改刀时要注意片与片之间的距离,根部要稍厚些。

(2)要掌握好糊的浓度,挂糊时应轻稳,不可粘掉鱼片。

(3)在炸制时还要注意头尾向里弯曲的角度。

(4)挂糊和下锅时如有鱼片掉落,可用挂糊粉粘贴在鱼身上炸制。

(5)炸好后的鱼不要置放时间过长,浇汁后以有响声为佳。

74. 独鱼白

独鱼白的主料为河豚鱼白,即雄性河豚鱼的精巢。河豚,属鱼纲豚科,我国沿海均有出产,渤海湾尤盛。河豚为咸水鱼类,每至苇蒿遍地芦牙短,春江水暖桃花开之际,河豚进入生殖期,便上溯淡水江河产卵。此时河豚最为肥美,毒性亦最大,其所含"河豚毒素"集中在卵巢(鱼子)、肝、血液、皮肤等处,精巢(鱼白)和鱼肉无毒。所以行家趁鱼鲜时将鱼肉片下,除去血丝反复冲洗,再用清水"拔"净血液,即可烹制。但由于中毒事件时有发生,故解放后,已明令禁止河豚上市出售和在饭馆烹制待客。现在,惟日本经专门学校培训的厨师将鲜河豚肉切成1

厘米见方,薄如白纸的小片,蘸十余种小料供美食家及社会名流食用。

在我国烹饪史上,河豚尤其是河豚鱼白是烹制美味佳肴的珍品,李时珍《本草纲目》载:"河豚,浸吴越甚珍贵之,尤重其腹腴,呼为西施乳",并载橄榄(青果)可解河豚之毒。《天津县志》载:"河豚脊血及子有毒,其自名西施乳,三月间出,味为海错之冠";清代诗人樊彬在《津门小令》中有:"凉在苦荬食河豚,春晚估芳樽"之句,并注"河豚暮春登盘,河豚美,即西施乳";蒋诗在《沽河杂咏》亦有:"唐刀霍霍切河豚,中有西施乳可存。此咏更无他处有,春鱼只含权津门"之赞。更早一些的诗人周楚良在《津门竹子词》中也有咏叹:"岂有河豚能毒人莠蒿蒌萝佐嘉珍。值那一死西津乳,当日坡仙要殉身"。钱塘诗人汪沆在《津门杂事诗》中更是赞美:"二月河豚八月蟹,两般也和住津门"。特别是清初有"南朱北王"之称的大文学家朱彝尊(1629 - 1709)以"天津之水连北溟,七十二沽漩洄汀"的气势,写出400余字的长诗《河豚歌》,生动的描绘了诗人在津门食用河豚的情景,其中"西施乳滑恣教啗"、"入唇美味似快意"等句足以使人垂涎三尺,食欲大动。

津菜中的独鱼白,将鱼白先蒸后独,入味醇厚,甘腻香鲜;菜品银红色,绿色橄榄油点缀其中。咸口略甜,并有苦屈菜佐餐,吃起来别有风味,为津门历代美食家及豪门权贵所必食。有"不食鱼白,不知鱼味;食过鱼白,百鱼无味"的民俗谚语。

原料:河豚鱼白10副(约500克),橄榄4枚,净苦屈菜250克,大料2瓣,葱花2克,姜汁50克,料酒50克,酱油10克,精盐5克,糖5克,嫩糖色5克,水淀粉20克,熟猪油30克,花椒油40克。另:白糖50克,甜面酱40克,盐、矾各25克。

切配:(1)将新鲜河豚鱼白摘去周围的血丝,稍加盐、矾搓去黏液,反复用流水冲洗干净,再多次换水浸泡。

(2)将洁净的鱼白放小盒内加高汤、料酒、姜汁上屉蒸熟蒸透。

(3)橄榄油洗净一剖两开,去核成两瓣。

(4)苦屈菜洗净,码入盘中。白糖、甜面酱分盛小吃碟内。

烹调:(1)勺内加熟猪油做底油,炸大料出香味,葱花炝锅,烹入大料,添高汤,先下橄榄后下鱼白。汤开后,撇去浮沫,放置微火烧?入味后,回旺火收汁,下嫩糖色找好口味和颜色,勾芡,淋花椒油,大翻勺,溜入盘中。

(2)将苦屈菜和白糖、甜面酱两小碟一起上桌佐餐。

操作要领:(1)选用鱼白必须新鲜。

(2)关键在于将鱼白中血液"拔"净,以避免中毒。

75. 干烧肚囊

干烧肚囊主料为大鲁鱼的腹部鱼肉。鲁鱼,学名鲈鱼,鱼纲,鲇科。鲈鱼体状侧扁,银灰色,背部有黑色斑点,形似鲫鱼而厚长,口大,下颌突出。鲈鱼栖息于近海,早春在咸淡水交界的河口产卵,是渤海湾大型以鱼虾为食的凶猛鱼类,体长60厘米、重4千克以上,天津人多将其称为大鲁鱼,为饮食业多用的鱼类之一。早在清初时,诗人汪沆《津门杂事诗》中就有"三更被酒城南路,记买桥头巨口鲈",记一时酒兴之豪,和"生计惟凭旧钓车,鲈鱼网的网羊鱼"的诗句,并注鲈鱼、羊鱼并出天津。嘉庆诗人蒋诗《沽河杂咏》也有:"叉鱼脊岸中兴,要得羊鱼与鲈鱼"的诗句。

天津饮食业中使用鲈鱼,主要是将其净肉剔下,做鱼丁、鱼片等原料,鱼头、尾、骨架皆弃之不用。惟鲈鱼之肚囊,虽食之无肉,却烹之有味。所以技艺高超的厨师常将这废弃之物,精心烹调,作为敬菜,上给常来捧场的老顾客和轻易不来的美食客,使他们在吃到这一道菜牌子(菜谱)上没有的菜品时,不但能品位出来菜肴独特的风味、厨师高超的技艺,而且心中还有一种"别人没有尝到的美味我尝到了"的自豪感油然而生。

鲈鱼体大口阔,常以黄花鱼、海蟹为食,整个吞下慢慢消化,所以其腹部甚大,腹底肚囊虽不足1厘米,却坚韧异常。鲈鱼肚当中蛋白质含量是鱼肉中含量的1倍以上,约为40%左右,而且多为胶原蛋白,经干烧后的鱼肚囊糯软糊嘴,入口欲化,口感极佳。配料为肉末、腌雪里蕻。

整个菜品呈嫩红色,无芡汁,只有鱼肚囊中的蛋白质,部分经过水解后,化成黏汁,裹在主辅料上,口味为咸甜辣口,回味绵长。

原料:鲈鱼肚囊600克,猪肉(瘦七肥三)75克,腌雪里蕻50克,大佐料10克,红干尖辣椒5克,料酒30克,姜汁15克,醋15克,糖10克,酱油15克,精盐5克,嫩糖色5克,油1000克,花椒油25克。

切配:(1)将鲈鱼肚囊洗净,切成2厘米长的大长条,再斜刀切成3厘米长的菱形。

(2)猪肉用刀剁成碎末;雪里蕻顶刀切碎,洗净用水拔出咸味;红尖辣椒切成细丝。

烹调:(1)勺内加油,烧至七成热,将鱼肚囊过油炸至略带金黄色捞出控净油。

(2)勺内加底油,用温油将红干辣椒丝炸出辣椒味及红色,用大佐料炝锅,下入肉末,煸炒至熟,下入雪里蕻碎末,烹入调料,添两手勺汤,下入炸好的主料。汤开后,撇去浮沫,用微火将主料烧煨入味,回旺火加入嫩糖色至汁浓时淋花椒油,大翻勺,将菜品盛入小鱼盘即可。

操作要领:(1)主料过油不要时间太长,否则肚囊中脂肪脱出,蛋白质老化,不易烹调入味,口感亦差。

(2)主料胶原蛋白含量多,略加烧?即使汁浓,所以,应注意不使浓汁粘勺。

76. 三彩元鱼

元鱼亦称鳖、团鱼、甲鱼,产于我国南北各地的淡水河或湖中,太子河产的肉鱼边肥味美,为元鱼中之佳品。元鱼体中含有大量的蛋白质、脂肪、糖及各种微量元素,还有无机盐和多种微量元素。元鱼入膳最早见于周代宫廷厨膳,后历代广泛食用,为名筵席的上乘名菜。它不仅是美味佳肴也是珍贵的补品,其医用价值也很高。《随息居饮食谱》称其能滋肝肾之阴,清虚痨之热。《日用本草》称之"补劳伤壮阳气,大补阴之不足"。

此菜采用红烧的技法烹制而成。元鱼居中,以三彩围四周,成品色彩艳丽,造型美观,肉质鲜嫩,口味浓醇,是辽宁的创新菜,也是名宴《太河宴》中的佳肴之一。

原料:活元鱼1尾(约重1000克),熟猪油150克,鸡块、肥瘦肉各100克,胡萝卜、芦笋、绿瓜皮各适量,精盐8克,酱油15克,花椒约20粒,大料5瓣,花椒油15克,清汤500克,料酒15克,净大葱6段,去皮鲜姜3片,桂皮2小块,香油10克,味精4克,水淀粉适量。

切配:(1)将元鱼宰杀后控净血,放沸水锅中略烫取出,刮净皮膜,起盖取出内脏,去掉爪尖洗净,放入开水锅内略烫捞出,过凉控净水。

(2)胡萝卜切一字片共12片,分别装在三个盘内;芦笋切成24小段;绿瓜皮切一字片共12片。

烹调:(1)将元鱼腹部朝下放入小盆内,加入花椒、大料、桂皮、大葱段、姜片、鸡块、肥瘦肉、料酒、酱油、精盐、味精及清汤,上屉用旺火蒸烂取下,拣出香料、鸡块、肉片。

(2)炒勺置火上,将蒸好的元鱼带汁一起推入勺内,烧沸后调好口味,汤快尽时勾芡,芡熟淋明油、稍煨,翻勺再淋入香油,将鱼托入盘中。

(3)勺内加水烧沸后,分别放入三种菜片略烫捞出,控净水分分别放在三个碗内,趁热加适量的精盐、味精、花椒油调制均匀,间隔摆放在鱼的周围,排列次序是绿、白、红三色为一组,共分为六组。

操作要领:(1)元鱼皮膜一定刮净,否则影响色泽与口味。

(2)蒸制时要掌握好火候,使其达到烂而不腻。

77.元鱼献宝

此菜是一道寓意菜。首先将宰杀加工好的元鱼加鸡汤蒸透入味,然后在腹内装入烹制好的虾仁、鲜贝、海参等原料,周围围摆上做熟的鹌鹑蛋,并用油菜点缀衬托,意思是元鱼不仅无私的向食客奉献了自身,而且还带来了更多的美味食物供人们尽情的享用。

成品口味咸鲜香醇,造型整齐美观,营养价值丰富。

原料:活元鱼1只(750克),鸡汤500克,鹌鹑蛋12个,鲜贝、虾仁、水发海参丁、豌豆各50克,蛋清1个,油菜心2个,精盐10克,味精4克,料酒15克,香油5克,花生油50克,葱30克,姜35克,蒜10克,葱姜汁25克,熟猪油750克,湿淀粉30克。

切配:(1)将元鱼宰杀后,放开水内烫一下捞出洗净,去掉壳、爪尖、内脏,再下开水锅内氽烫一遍捞出,用清水洗净,加粗盐、味精、料酒、葱姜汁基本调味。

(2)鹌鹑蛋煮熟后剥去外皮。

(3)将鲜贝、虾仁用精盐、味精、料酒、葱姜汁基本调味后,上蛋清糊备用。

(4)在小碗内用精盐、味精、料酒对成汁水。

烹调:(1)整理后的元鱼放入汤碗中加上鸡汤、葱段、姜片、精盐、料酒、味精上笼蒸至软烂取出,装大盘内。

(2)将鹌鹑蛋在沸水中氽后捞出围摆在元鱼周围。

(3)油菜心先用开水烫至嫩熟,捞出控净水分。勺内放底油,下入油菜、鸡汤、精盐、味精、料酒烧透,围摆在元鱼两边。

(4)将上浆的鲜贝、虾仁在四五成热的油锅中划熟捞出。勺内放底油,用葱、姜、蒜爆锅,倒入鲜贝、虾仁、海参丁、豌豆略炒,再烹入对好的汁水,加香油少许出勺,堆放在元鱼腹中,盖上元鱼壳。

(5)将蒸元鱼的汤在勺内烧开勾薄芡,浇在元鱼及辅料上即成。

操作要领:(1)宰杀的元鱼氽烫时要恰当掌握好火候。

(2)元鱼及辅料要同时出勺装盘,以保持菜品的温度。

78.珍珠元鱼

珍珠元鱼是采用白洋淀所产的元鱼和野鹌鹑蛋为主要原料烹制而成的。此菜是先将经过初步处理的元鱼,在腹内酿入肥肉丁、虾丁、鸡肉丁及调味品进行蒸制,再把氽好的肉丸子和去皮的鹌鹑蛋利用蒸鱼的原汤煨烧入味浇在盛装元鱼的品锅内即好。成品汤鲜味美,元鱼肉质细嫩,味鲜而肥厚,双色珠丸跃然醒目,造型美观且营养丰富,具有滋阴壮阳益气补血之功效。

原料:元鱼一条约(750克),猪瘦肉100克,虾仁50克,生鸡腿肉50克,熟鹌鹑蛋20个,猪板油50克,料酒25克,味精4克,精盐10克,葱段、姜块各15克,大料2瓣,鲜汤1000克,油25克。

切配:(1)将鸡腿肉丁、虾仁、板油丁拌匀酿入元鱼腹中,盖朝下放入品锅内,加鲜汤、葱姜、大料、精盐、味精、料酒,上笼蒸1小时取出,拣出葱、姜、大料,滗出原汤后将元鱼在品锅内翻转过来使其盖朝上。

(2)原汤注入锅内,放入煮熟去皮的野鹧鸪蛋和余熟的丸子,用盐、味精调好口味,浇在盛元鱼的品锅内即成。

操作要领:(1)为了使肉丸与鹧鸪蛋保持鲜嫩,要待元鱼煮好后再将其入锅烹制加热。

(2)元鱼蒸制时要恰当控制火候,既要酥烂,又不能变形。

79.黄焖甲鱼

"黄焖甲鱼"是山东潍坊的传统名菜,已有数百年的历史。相传清代潍县有一姓陈的乡绅对甲鱼的烹制很有研究。有一次,他邀请当时在潍县任知县的郑板桥到家里做客,端上山珍海味,水陆杂陈,样样俱全,郑板桥食后惟独对"甲鱼炖鸡"赞不绝口,后来几经改进,又配以海参、鱼肚、口蘑、香菇等,使之锦上添花,成为名副其实的地方名菜。

原料:甲鱼1只(约重750克),肥母鸡1只(约重750克),清汤1500克,花椒油50克,冬笋30克,蛋糕30克,水发鱼肚70克,口蘑70克,水发海参70克,葱段10克,姜片10克,葱姜丝6克,大料(八角)6克,酱油20克,精盐10克,绍酒20克,味精4克,香油适量。

切配:(1)将宰杀后的甲鱼取出内脏,剁去爪尖放开水锅内略烫,捞出放在凉水盆内用刷子刷净去皮。

(2)母鸡去掉三尖(嘴尖、翅尖、臀尖)洗净。

(3)将冬笋、蛋糕、口蘑和水发海参、水发鱼肚分别切成长方片,放入开水中余烫后捞出待用。

烹调:(1)锅内加清汤1500克,放入洗好的甲鱼、母鸡、葱段、姜片、大料用旺火烧开,改用慢火煮至烂熟捞出。将甲鱼去骨,母鸡拆下肉撕成长条。

(2)勺内加花椒油烧热,加葱姜丝略炒,再依次放入酱油、绍酒、煮甲鱼的原汤、甲鱼肉和鸡肉,开锅后去浮沫,滴上香油即成。

说明:甲鱼一般在五六月份食用较好。山东胶东一带有"豆黄蟹子麦黄鳖"的说法。即这段时间是甲鱼肥美的季节,母鸡一般应选择当年的嫩鸡。

80.鱼虾豆腐羹

古人非常推崇用豆腐作羹,元·五祯《咏豆腐》有诗:"磨砻流玉乳,蒸者结清泉,色比土素净,香逾石髓坚,味之有余美,玉食勿与传。"豆腐本是营养佳品,如再配以鱼虾等海味鲜料更是相得益彰,味美异常。

鱼虾豆腐羹用料讲究,豆腐柔软细腻,鱼虾肉嫩鲜美,汤汁鲜而浓醇。此菜是一道营养搭配比较合理的汤羹菜。

原料:鲜黄花鱼肉75克,虾肉75克,豆腐100克,玉兰片25克,鲜豌豆25克,花生油25克,胡椒粉2克,料酒5克,精盐8克,味精3克,清汤500克,干淀粉10克,香菜梗5克,

切配:(1)将净鱼肉去皮上笼蒸嫩熟,取出撕成樱桃块;玉兰片切成1厘米见方的丁,豆腐切成1.2厘米的方丁。

(2)虾肉加入精盐入味,用湿淀粉和蛋清上浆,温油滑熟备用。

烹调:(1)勺内放入清水,烧开先将豆腐丁余透捞出。

（2）勺内放花生油,烧热后加入胡椒粉炒出香味,烹入料酒,加鲜汤、精盐、味精、鱼肉、虾肉、豌豆、玉兰片,汤开后撇净浮沫,勾米汤芡盛入汤碗,撒上香菜末即可。

操作要领:（1）用水氽豆腐是为了去净豆腥味和卤水苦味。

（2）胡椒粉炝锅必须煸炒出香味,但不能过火发煳发黑,否则椒味不浓。

（3）勾芡宜薄不宜浓,但汤、菜又不能分家,既有浮力又透明清澈。勾芡时汤不宜太沸,否则发浑发白。

81. 㸆大虾

大虾,学名中国对虾、明虾,因过去在北方市场上常以"一对"为单位出售,渔民统计他们的劳动成果时,也是按"队"计数,故对虾这个名称由此流传下来。其主要产于黄海、渤海,以山东、河北、天津、辽宁近海为最多。质量以渤海湾的莱登沿海为最好。《记海错》中的"海中有虾长尺许,大如小儿臂,渔者网得之俾,两两而合,日乾或腌清货之,谓为对虾俄"的记载即指此地。渤海湾,素有"对虾之乡"的美誉,自古就以烹制虾肴著名。上世纪50年代时,著名散文家杨朔回蓬莱故里,家乡人就是用肥美鲜嫩的对虾治馔款待他的,给杨朔留下极深的印象,以至在他写的《蓬莱海市》这篇著名的散文中还对此做过生动的描述。

渤海湾所产对虾个大、肉厚,以"㸆"的技法制作,拼装于盘后,对对相映成趣,火红似石榴熟透,肉质细嫩、鲜美,令食者大饱口眼之福。上世纪50年代前后,我国四大名旦之一的尚小云到烟台演出时,对"蓬莱春"饭店所制的"㸆大虾"特别喜欢,屡屡到此设宴,并言传于他人,"蓬莱春"便由此名噪港城。"㸆大虾"是该店的名菜之一。

原料:鲜大对虾10尾,白糖50克,醋5克,葱段8克,姜片7克,精盐5克,清油25克,鸡油15克。

切配:对虾切去腿、须,剁去虾尖,挑去背部虾腺,除去砂袋洗净。

烹调:勺内放油25克烧热,加葱段、姜片煸炒至微黄色时捞出不用,烹入醋,加清汤、精盐、白糖、对虾烧沸,撇去浮沫,用慢火㸆熟,待汤汁收浓时,将虾拣出转放在圆盘内,余汁加鸡油搅匀,淋浇在虾身上即成。

操作要领:大虾入勺内㸆制时,火力不宜太旺,应采用微火慢慢焖㸆,以防糖汁㸆煳,虾肉不熟,影响质量。

82. 煎烹大虾

煎烹大虾是一款天津风味,主料采用天津海河河口附近的渤海湾所产的大对虾,其鲜肥无比,呈瓣绿色,头部和背部的虾黄为墨绿色。由于采用煎烹,可使主料直接与锤（铁勺）接触受热,使大虾外皮焦脆,肉质细嫩,且能保持大虾的原汁原味,使菜品色彩艳红,味道鲜醇,形状美观,汁明油亮。

原料:大虾10只(重800克),葱丝10克,姜丝8克,蒜片7克,料酒25克,高汤150克,盐6克,糖25克,熟猪油500克,花椒油20克。

切配:将大虾洗净,去掉爪、须、虾枪、沙腺洗净。

烹调:（1）将勺加入熟猪油,烧热后将大虾并排放入,一边用热油煎,一边用手勺按,让下身直接接触到勺底,先后将两面虾身皮煎出黄嘎,头部用手勺按出虾脑,再将葱丝、姜丝、蒜片放入勺中间,煎出香味,烹入调料,添高汤,盖上盖慢火煨制。

（2）待大虾入味成熟后,放置旺火收汁,然后将主料摆放盘中。余汁淋花椒油,浇在虾身上即可。

操作要领：(1)要掌握煎虾时的火候,避免煎煳。

(2)不能用淀粉勾芡,要旺火收浓汤汁,使汁明油亮。

(3)要掌握好汁的数量,以粘满大虾为宜。

(4)烹调此菜可根据就餐人数选择虾的个数,也可烹制好后,改刀装盘。

83. 盘龙大虾

大虾,学名中国对虾,属甲壳纲、对虾科的节肢动物。主要生长在渤海泥沙底层的浅海中,每年五月卵化的幼虾在各河口附近,浮游生物生长旺盛的地方活动觅食,至九、十月间即长成长约15厘米、重量约60克的个体,餐饮业上称为秋虾。秋虾至11月份秋末冬初就回游到黄海南部过冬,至翌年四月份春分过后,开始向北回游,至春末夏初游至海河河口附近。这时的对虾色泽碧绿半透明,头甲和背部都可见墨绿色的虾籽。每尾长约25厘米,重达250克,是海鲜中的珍品。天津所产河口对虾,早在明、清便是供奉朝廷的贡品。

盘龙大虾是将大虾尾部从腹部刀口处插进抽出。过油炸后,再进行烧熤,菜品摆在盘中如飞舞的虬龙,故有其名。主料鲜红,稠汁油红,口味咸甜,虾肉雪白细嫩,鲜醇味美。

原料:大虾10只(重800克),姜丝10克,葱丝15克,料酒25克,精盐8克,味精2克,白糖80克,高汤200克,油1500克,熟猪油50克。

切配:将大虾剪去虾枪尖、虾须、头部沙袋、背部沙线、胸腹下的十对足。腹向上,从中腹用刀尖切到背部,将虾尾从腹部刀口穿透背部抽出卡紧。

烹调:(1)勺内加油,烧至七八成热,将大虾分别下入,用热油将虾皮炸至酥脆捞出控净油。

(2)勺内加熟猪油,加入姜丝,用温油炸出香味,放葱花炝勺,烹入调料,添高汤,将炸好的虾放入,汤开后将勺移至小火上烧熤入味。回旺火,用手勺翻动大虾(一方面使大虾均匀入味,一方面可使汁浓缩更快)。待汁吸浓时,颠勺翻动,然后勺离灶台,用筷子将一个个大虾投向盘子中心,尾部朝上摆在大盘的四周,呈放射线性,勺内剩余红油用手勺浇在虾身上即可。

操作要领:(1)主料可选择不带籽的秋虾,以免过油时对虾籽损失。

(2)过油炸制时,油温略高一些,时间稍短些,以保持将大虾壳炸至酥脆,虾肉软嫩。

(3)收汁时要掌握好火候。

84. 清蒸龙骨大虾

清蒸龙骨大虾是诞生于上世纪50年代的一个烟台特色菜肴,为名厨苏挺欣所首创。苏师傅自上世纪30年代初学厨,先后在东亚楼饭庄、胶东饭庄等著名餐馆主厨,素以一丝不苟、注重口味、讲究色彩、善于调和而著称。他推出的"清蒸龙骨大虾"在1957年烟台市食品展销会中一举成功,名声大震。"清蒸龙骨大虾"选用胶东海产大虾,鱼骨及猪肉、鸡肉为原料,在单品种菜肴的基础上,集名海产品与陆珍于一体,兼收组合菜肴之特长,以清蒸之法制作。

原料:鲜大对虾10只,水发鱼骨300克,鸡肉100克,猪瘦肉100克,葱姜汁25克,鸡蛋清75克,精盐12克,味精5克,料酒15克,湿淀粉15克,清汤200克,香油3克。

切配:(1)将对虾剥去中间部位的5节虾皮(留头、尾),剪去头部的触角,仅留虾炝,用竹签挑去虾腺。将剥去皮的虾用刀从脊背处片入2/3深,再从虾肉与头、尾部的连接处直刀切入2/3深,使虾肉成合页状;鸡肉、猪肉分别剁成细泥,加葱姜汁、清汤、精盐、味精、鸡蛋清搅匀,分别抹在两半虾肉上,厚约0.3厘米。

(2)鱼骨改成长4.5厘米、宽2.5厘米的片。

烹调:(1)将对虾放笼屉内蒸熟,取出滗出汤汁。

(2)勺内加鸡汤、鱼骨、葱姜汁、料酒、精盐、味精略腌,捞出?整齐地摆放在虾肉中间。

(3)勺内放鸡汤,加精盐、味精、料酒、葱姜汁烧开,用湿淀粉勾成溜芡,淋入香油,均匀的浇在对虾即成。

操作要领:(1)对虾从脊背片开后,必须用刀斩断其连接纤维,令制熟后的对虾造型整齐、美观。

(2)鱼骨应选择无异味、无杂质、无霉变、透明度好的。

85. 炸晃虾

晃虾是生长在浅海中的一种虾,每年早春上市,在市场只有十几天光景就一晃而过,加之晃虾皮色洁白透明,在阳光照耀下,晃人眼睛,故有其名。天津早就有"青鲫白虾冲馔好汪?《津门杂事诗》和"争似春来新味好,晃虾食过又青虾"(周楚良《津门竹枝词》)的赞美之诗。天津著名博物学家陆辛农曾在《食事杂事辑》中写诗:"数来佳节说新正,百里渔群海上争,夺命小舟轻似叶,青梭、白晃供调烹"。并注:"梭鱼、晃鱼为天津馆时鲜。旧时渔民为增加些收入,每春河口冰冻未末时,争先凿凌,以瓜皮小艇,最少二三人冒险去海远百里捕晃,以锚入海底停住穿,在晃虾栖止或必经处网获,有得者亦不过百斤。"

晃虾初春时最为肥鲜,皮薄肉硕,虾仁出品率高达七成,是青虾仁的1倍。晃虾肉质洁白细腻,表面呈粉色,津门俗称"娃娃脸"。

晃虾仁口感较青虾仁差,但炸晃虾皮酥肉嫩,咸鲜脆香,富有营养,下酒佐饼皆宜。

原料:晃虾300克,面粉75克,盐3克,油1000克,花椒盐10克。

切配:将晃虾从眼柄处剪去虾枪、须,再剪去爪和尾尖,洗净控去水分,撒盐拌匀备用。

烹调:将勺内加油,用旺火烧至七、八成热,腌过的晃虾抓入盘内,撒上面粉拌匀,用手抓起,贴油面撒入油中,炸至外酥里嫩时捞出,控净油后装盘内,随带椒盐小碟上桌。

操作要领:除应注意使用旺火热油速炸,以确保菜品外酥里嫩外,晃虾沾面的时机非常重要,如沾面过早则面粉被晃虾中渗出的水分合成湿面糊,并粘在头须、腹爪之处,使晃虾炸后虾皮疲软,且不美观;过晚则沾面过多,面粉易脱落,净油变脏。

86 捶熘凤尾虾

《金瓶梅》中曾记有"捶鸡"和"捶虾"两款名菜,"捶鸡"在当地广为流传,而"捶虾"则很少有人制作。此菜是李志刚先生在《金瓶梅》故事发生地阳谷——临清调查时挖掘出来的一款民间菜。曾在首届华人美食节上获金牌,故又称"金牌菜"。

此菜操作方法独特。每年的麦收时节,当地河里的大青虾便肥滚滚地上市了,人们将大青虾去头、去皮、留尾,用刀将背部片开,去掉沙线,用小木槌,将虾肉捶成薄片,再进行烹制。因其状如杏叶,故又名杏叶虾。后来又改用海对虾烹制,其效果更佳。此菜色泽洁白,质感滑嫩,口味鲜美。

原料:海产大对虾12只(约1000克),精盐6克,味精3克,白糖10克,料酒20克,胡椒面5克,藏红花5克,清油25克,鸡油50克,澄粉150克,葱姜汁100克,黄瓜25克,青红椒25克,大蒜20克,高汤500克。

切配：（1）大对虾去头去皮留尾，用刀从脊背片开，取出沙线，片成大薄片，洗净后加精盐、胡椒面、料酒、葱姜汁腌透入味。

（2）黄瓜及青红椒均切菱形片，大蒜切片。

烹调：（1）将腌透入味的虾片沾匀澄粉，用小木槌慢慢捶成大薄片，放沸水锅里汆至嫩熟。

（2）勺内加底油烧热，放入蒜片略炒，加清汤、料酒、胡椒面、精盐、白糖、藏红花等调好口味，用澄粉勾芡，淋上鸡油，浇在大虾上即可。

操作要领：（1）虾要取出沙线。

（2）捶虾时不要沾太多的澄粉，否则质地不嫩。

87. 五仁虾托

此菜用花生仁、榛仁、葵花仁、桃仁、杏仁等五仁与大虾合一，采取炸制的方法而成。菜肴酥脆鲜嫩，五味芳香于一菜，并有很强的保健作用。李时珍说："杏仁能降、能散、能润燥滑肠，又能强筋壮骨提神，有利于延年益寿"。唐朝孟铣说："核桃仁，通经络润血脉、黑须发，常服骨肉细胞光润"。宋《开宝本举》记载："榛仁能调中、开胃明目。花生仁能润肺和胃。葵花仁能滋阴、止痢透疹。大虾能壮阴益肾、强精、通乳汁等"。可见，五仁与大虾合烹为一菜，无论对其营养价值的提高还是保健作用的提高都是有相当意义的。

原料：杏仁、核桃仁、榛仁、花生仁、葵花仁各25克，大虾肉200克，面包100克，鸡蛋清2个，熟猪油750克，精盐3克，味精2克，胡椒粉2克，脂油25克，干淀粉30克。

切配：（1）将杏仁、核桃仁、榛仁、花生仁，分别放在热油内炸酥捞出，核桃仁剁成小丁；葵花仁炒熟，分别装在盘内备用。

（2）将面包切成长13厘米、宽6.5厘米、厚0.5厘米的长方体托两个。

（3）将虾肉同脂油剁成细泥，放在碗内，加入精盐、味精、胡椒粉。另将蛋清放盘内用筷子抽起，放入干淀粉搅匀，一起倒在虾泥内搅拌匀。

（4）将虾泥分成两等份，分别酿在两个面包上，抹平，然后将五仁按花生仁、葵花仁、榛仁、桃仁、杏仁有次序地分4行摆在两托上。

烹调：（1）勺内倒入熟猪油，烧至四五成热时，将五仁虾托放入勺内炸熟捞出，控净余油。

（2）将虾托用刀剁成长6.5厘米、宽2.5厘米的一字条摆在盘内即成。

操作要领：（1）在炸制虾托时，油温一定要掌握准，不要过高，以免油温过高虾托上五仁被炸煳而出现苦味。

（2）在往虾托上摆放五仁时一定要有顺序、整齐，否则影响美观。

88. 清熘虾仁

清熘，属于熘的一种，它是将整虾仁放开水中滑熟后，再烹调，勾芡制成。成品色泽鲜红，清鲜质嫩，味美可口。制作此菜以鹰爪糙对虾为最佳。此虾系对虾科糙对虾的一种中型经济虾类，主要分布于荣城、威海、芝罘沿海，是烟台的名贵海产之一，产量占山东省的百分之九十以上。因其体呈红黄色，腹部各节前缘色浅，弯曲时，形似鹰爪，俗称"鹰爪虾"。以此为原料制作"清熘虾仁"，色鲜红，清鲜滑嫩，是民国年间芝罘街上"福源居"饭店的风味佳肴。

原料：净鹰爪虾仁400克，虾脑50克，玉兰片10克，青豆15克，豆瓣葱10克，蒜片5克，精盐4克，味精3克，清汤150克，湿淀粉25克，料酒10克，鸡蛋清15克，香菜梗5克，香油2克，熟猪油25克。

切配:(1)将玉兰片切成小象眼片。

(2)虾仁用精盐、湿淀粉、鸡蛋清各少许抓匀。

烹调:(1)勺内放清水烧至九成开,将虾仁放入,划氽至嫩熟,捞出控净水分。

(2)勺内放熟猪油25克烧热,用葱、蒜爆锅,加虾脑煸炒,烹入料酒,放玉兰片、青豆、清汤、精盐、味精烧开,撇净浮沫,用湿淀粉勾成熘芡,倒入虾仁,撒入香菜梗,淋入香油,用手勺慢慢搅匀,盛汤盘内即可。

操作要领:此菜烹制时,虾仁氽滑时的水温不易达到十成开,但水温也不宜太低,水温过低,虾仁极易脱糊,影响造型。

<h3 style="text-align:center">89.炒青虾仁</h3>

炒青虾仁的主料选用深秋和初春时节捕获的肥硕青虾。青虾学名沼虾,是十足目长尾亚目的甲壳动物。天津周围的港淀塘洼中均由出产,尤以号称"北国水巷"的津西胜芳洼、白洋淀产量丰富,质量优良。炒虾仁辅料:春夏季用鲜豌豆,秋冬季用嫩黄瓜。菜品中青虾仁成深杏黄色,滚圆浓绿的豌豆点缀其间,色泽鲜艳美观。炒青虾仁采用津菜擅长的清炒技法,菜品清汁无芡,咸鲜清淡;虾仁脆嫩,入口细品可尝到虾肉的甜香,津菜老师傅称之为崩脆细甜。津菜大师赵克勤在参加首届全国名师表演鉴定赛时曾以此菜参赛,获评委好评。

原料:青虾仁400克,鲜豌豆50克,蛋清30克,湿淀粉25克,葱花10克,料酒15克,姜汁5克,醋10克,盐4克,味精2克,油1000克,花椒油15克。

切配:将青虾仁用盐、姜汁、料酒喂一下,然后用蛋清、淀粉上一层薄浆。鲜豌豆用开水烫一下。

烹调:(1)勺内加油,烧至三四成热,将上好浆的虾仁用手捻着下到勺里,待虾仁滑开浮起后,然后将豌豆倒入油中,用油激一下,和虾仁一起捞出控净油。

(2)勺内加底油烧热,下葱花炝勺,倒入主辅料,烹入醋、料酒、姜汁、精盐、味精略颠,淋明油即可出勺。

操作要领:(1)青虾仁要选择大小一致的,在滑油时要注意不使虾仁粘连。

(2)火要旺,操作要快,主料下勺后,边烹调料边颠勺,以免虾仁变老。

(3)烹调料时先烹醋,发挥其去腥解膻的作用,使鲜虾仁的腥味转化为鲜味,所以菜品出勺后,热气中尚残存醋味,上桌时就无醋味了。

<h3 style="text-align:center">90.菊花爆虾仁</h3>

菊花是我国人民喜爱的传统名花,它不仅可供人观赏,而且还有很高的食用价值和药用功效。大诗人屈原有"夕餐菊之落英"的诗句。《神农本草经》里将菊花列为上品,并说"久服气血,轻身耐老,延年益寿"。据药理实验证明:菊花不仅能降血压,而且有抑制病菌的作用。

此菜是以鲜虾仁为主料,选配白色的菊花瓣作辅料,成品鲜嫩,芡汁明亮,具有浓郁的菊香味。

原料:运河虾仁400克,白菊花瓣15克,青豆15克,鸡蛋1个,葱、蒜各适量。花生油500克,清汤100克,精盐4克,湿淀粉30克,味精、料酒、香油各适量。

切配:(1)将虾仁洗净,加精盐、味精、料酒、湿淀粉、鸡蛋清调匀喂好。

(2)用3‰的高锰酸钾溶液,把菊花瓣消毒,然后用清水洗净备用。葱切成指段,蒜切片。

(3)取一汤碗,放入菊花瓣、清汤、盐、味精、料酒、香油、水淀粉,对成爆汁。

烹调:(1)勺内加油500克,烧至三四成热时,放入喂好的虾仁滑熟,捞出控净油备用。

(2)勺内加底油25克,烧热后,加葱、蒜、青豆爆锅,放入划熟的虾仁,倒入对好的汁,滴上香油快速翻勺装盘即成。

操作要领:(1)选择菊花时,以色白、花瓣厚的为好。

(2)操作要迅速,芡汁紧裹原料。

91. 煎烹金钱虾饼

煎烹金钱虾饼为天津风味传统菜品之一,主料在深秋初冬时节采用津西白洋淀及胜芳洼出产的青虾;春天则选用皮薄肉硕的河口晃虾;夏末秋初用大虾,是一道四季皆宜的美味佳肴。

煎烹金钱虾饼尤以青虾仁做主料,更显滋味鲜醇,深杏黄色的虾饼质地鲜脆,内柔软,配以各色金钱辅料,色彩造型都很美观;浓汁亮芡,咸鲜适口,食过齿颊留香,余味无穷。

原料:青虾仁300克,净荸荠(清水马蹄)50克,玉兰片、嫩黄瓜片、水发香菇、胡萝卜各20克,鸡蛋20克,湿淀粉20克,葱花5克,料酒40克,姜汁40克,精盐3克,味精2克,高汤150克,油100克,花椒油10克。

切配:(1)将清虾仁洗净,剁成肉茸放小盆内,加入料酒、姜汁、精盐搅匀上劲,再下入半个鸡蛋和湿淀粉一起搅匀。荸荠用刀拍碎,剁成小绿豆丁,放入小盆内与虾茸搅拌好,放入冷藏箱静置片刻。

(2)4种辅料切成大片,用模具压成金钱形,每种各做4个。勺中加油烧热,先下胡萝卜,再下其他3种辅料,将金钱辅料用热油"激"一下,捞出控净油备用。

烹调:(1)勺内加油100克,烧至五六成热,将虾茸挤成16个丸子下入勺中,用手勺轻轻将丸子按扁,使虾丸子成为扁鼓状,两面煎好,用漏勺控出余油。

(2)勺内留少许油烧热,用葱花炝勺,烹入调料,添高汤,将虾饼下勺,用大火烧燀入味,待汤汁将尽时,淋入花椒油,勺离灶火,将虾饼用筷子夹起,4个一排整齐摆放盘中。炒勺回灶,倒入金钱辅料,略加烧燀,将金钱一个个光面向上,分别分开摆在虾饼上面,浇上余汁即可。

操作要领:(1)也可在虾饼煎好后,倒出部分多余的油,将虾饼用手勺拨在一边,下入葱花炝勺烹调料,更符合"烹煎"二字。

(2)也可在虾饼烧至汁浓时,淋入花椒油,大翻个出勺,金钱辅料均匀洒在上面即可。

92. 花酿两吃大蟹

此菜是一款金瓶梅宴中的特色菜,由西门庆把兄弟常时节的娘子所创制。据《金瓶梅》书中记载,常时节经常借西门庆的银子吃喝玩乐,又每每还不上。于是他的娘子便做了四十个花酿大蟹送给西门庆,以表谢意。正巧西门庆在宴请宾客,其中有一位50多岁的吴大舅食后大加赞赏,不停地说:"我空活了大半辈子,还不知道螃蟹有这等吃法,委实好吃。"究竟如何好吃? 书中第61回道:"西门庆令左右打开盒子观看,四十个大螃蟹,都是剔割净了的,里边酿着肉,外用椒料、姜蒜末儿团粉裹就,香油碟、酱油醋造过,香喷喷酥脆好食。"

李志刚先生在此基础上,从美观宜食用的角度对此菜进行了再创造。中间是炒蟹肉,盘子边围上蟹肉烧麦,吃起来方便,看起来美观,并且其味更美,营养及滋补作用更强了。因蟹肉寒,姜性热,佐醋去腥味,营养丰富。所以此菜一定要佐姜醋而食。

原料:大膏蟹2只(约750克),料酒15克,醋15克,精盐4克,味精2克,白糖10克,鸡汁10克,胡椒粉8克,鸡蛋清100克,牛奶50克,猪大油75克,蟹黄50克,虾仁100克,澄粉100

克,湿淀粉 25 克,葱姜汁 30 克,姜末 10 克,黄瓜 30 克,高汤 50 克,姜醋汁 75 克。

切配:(1)大膏蟹上笼蒸熟,将蟹肉提取出来,将一只完整的螃蟹壳用开水略烫,捞出摆放在大盘的中间。

(2)黄瓜切小丁,虾仁制成虾茸,加葱姜汁、胡椒粉、料酒、精盐、味精、白糖、蟹肉(三分之一)、蟹黄(二分之一)一起调拌成烧卖馅。

(3)澄粉用沸水制成烫面,加适量猪大油揉匀。然后下成 12 个小剂子,擀成薄片,逐个包上烧卖馅。

(4)将其余的蟹肉放入碗内,加鸡蛋清、湿淀粉、牛奶、胡椒粉、精盐、味精、鸡汁调和均匀。

烹调:(1)勺内加底油烧热,加姜末略炒,倒入调好的蟹肉炒至嫩熟,烹入醋,盛在蟹壳内。

(2)将烧卖上屉蒸至嫩熟,取出摆放在蟹壳的周围。

(3)上桌时配带姜醋汁佐食。

操作要领:(1)大膏蟹要蒸熟,取肉时要干净利落。

(2)烧卖皮一定要薄,并呈透明状。

93. 熘河蟹黄

河蟹,学名中华绒螯蟹。早在康熙初年编纂的《天津卫志》中就有:"津门蟹,肥美甲天下"的记载,津门诗人吟诵河蟹美味的诗篇更是不胜枚举。

熘河蟹黄是天津传统名菜,清代乾隆戊申举人杨一昆(无怪)所做的《天津论》中就有此菜的记载:"……说着来到竹竿巷(现仍存,东起北门外大街,西至南运河畔),上林斋内占定上房,高声叫跑堂,干鲜果品配八样。绍兴酒,开坛尝。有要炒鸡片,有要熘蟹黄……"可见此菜之久远。

熘河蟹黄用大个团脐(雌)河蟹蒸熟后取出的蟹黄做主料,配以白菜嫩心,略加煸炒保其本味,然后采用熘的技法烹制。熘河蟹黄,色泽为橙黄色,芡汁丰满,色调美观,蟹黄醇香,余味无穷;辅料脆嫩,口味咸鲜略甜。

原料:河蟹黄 250 克,白菜心 40 克,红、绿柿子椒各 10 克,葱末 5 克,姜米 15 克,料酒 15 克,姜汁 10 克,精盐 3 克,白糖 10 克,味精 2 克,高汤 75 克,水淀粉 20 克,油 500 克,熟猪油 50 克。

切配:白菜心去叶留帮,切 1 厘米宽长条,然后切成小象眼片。红、绿柿子椒切成同样大小的象眼片。

烹调:(1)勺内加油,烧至五成热,将切好的白菜心、柿子椒下入用油"激"一下,捞出控净油。

(2)勺内加底油烧热。加下葱米炝锅,下入蟹黄煸炒至红油浸出,烹入调料,添汤略㸆,入味,加入辅料拌匀,勾流芡,盛入汤盘内,将姜米捏搓在盘边即可。

操作要领:(1)选料要精,要提前用水将蟹黄周围不凝固的蟹黄末子洗去。

(2)炝勺、煸炒蟹黄及整个烹制过程灶火不宜过旺。

94. 碎熘紫蟹

紫蟹为天津特产,与银鱼、铁雀、韭黄并称为"津门冬令四珍"。紫蟹与江河湖蟹不同,为春夏季卵化的小蟹,生长在津西洼淀的蒲草、芦苇丛和津南小站,葛沽、宁河等地的河流、稻田中。秋后长至银元大小,初冬蛰伏于苇塘、稻田、河道等处。紫蟹全身为青褐色,蟹壳布满紫色釉斑,故名紫蟹。紫蟹皮薄而酥,肉嫩而细,不论尖、团脐,皆有酱紫色的膏黄,鲜美无比。清朝诗人边裕礼曾写诗赞美:"丹蟹小于钱,霜螯大曲钱。捕从津淀水,载付卫河船。官阁疏灯夕,残冬小雪天。盍簪谋一醉此物最肥鲜。"崔旭《津门百味》有:"春秋贩卖至京都,紫蟹团脐出直沽"之句。即赞美津沽所产之春季海蟹,秋季河蟹及冬季紫蟹。紫蟹中又以掐窝螃蟹为最好。诗人樊彬《津门小令》有"津门好,生计异芳薪,两岸寒沙掐蟹池"之句,并注解:"紫蟹未出,就穴探之,名掐窝盘蟹。周楚良《津门竹枝词》中也有"海河东岸掐窝好"之句。

《天津卫志》载:"津门蟹,肥美天下。"钱塘人张焘于光绪十年(1884)刻印的《津门杂记》也赞美:"津沽出产……秋令则螃蟹肥美甲天下。"而紫蟹又为津门螃蟹中的珍品,这足见紫蟹味道之佳美,海咸海淡各种水产品没有能超得过它的。食过紫蟹菜品,余鲜满口,终日不散。所以,天津饮食业中有"食过紫蟹百菜无味"和"紫蟹一菜压百味"的说法。故高级酒席上菜时,安排紫蟹菜肴作为热炒酒菜,常在菜单的最后上。否则,先上紫蟹菜肴再食其他菜品,后者味如嚼蜡,索然无味。

天津风味菜肴中,以紫蟹为主料的菜品达30余种,碎熘紫蟹是最常见又最受普通食客欢迎的紫蟹菜品。碎熘紫蟹是将紫蟹用刀加工成较小的碎块,采用炸熘技法,将其挂糊过油炸酥,配以各色辅料,滚汁而成。菜品色泽美观,紫蟹酥脆香鲜,口味酸甜略咸。

原料:紫蟹600克,嫩黄瓜30克,笋尖30克,水发木耳15克,大佐料10克,料酒15克,醋60克,糖50克,酱油20克,精盐3克,嫩糖色2克,水淀粉100克,油1000克,花椒油15克。

切配:(1)将活紫蟹用刀尖按住嘴撬开蟹壳,左右各切一刀将蟹眼从根部剁去。用刀尖剔去脐,手撕去肋。横一刀去掉嘴,竖一刀将蟹身一劈两半。蟹盖剁4刀,将四边去掉呈长方形,每只紫蟹出料3块。

(2)嫩黄瓜破四开,去瓤,切成木渣片。笋尖切成小梳子片。木耳择好洗净,大片撕碎。

烹调:(1)将勺内加油,烧至六七成热,将紫蟹碎块挂匀水粉糊,下入勺中,炸酥炸透捞出控净油,再将黄瓜片下入略氽捞出。

(2)勺内加底油烧热,加大佐料炝锅,烹入调料,添半手勺水,下入辅料。汤开后撇去浮沫,加淀粉勾熘芡,然后将炸好的紫蟹碎块和黄瓜一起下入。颠勺使芡汁裹在主料上,淋花椒油,翻匀装盘即成。

操作要领:(1)此菜系中档菜,紫蟹可用个头较小,质量一般的。

(2)炸制时要掌握油温不能过高,必要时可复炸一次,以使主料酥脆。

(3)汤开后马上勾芡可使汁芡明亮,并使食醋不至大量蒸发,而造成酸甜比例失调。

95. 芙蓉蟹斗

蟹子分海蟹和河蟹两大类。海蟹又称梭子蟹、飞蟹、盖子,我国沿海均产,以渤海湾所产的最著名,山东莱州湾所产的莱州肥蟹,是驰名中外的特产,每年三四月为最肥。河蟹又称中华绒螯蟹、毛蟹、螃蟹,是生长在淡水中的一种蟹,最佳食用季节是中秋节前。历代文人墨客写了不少关于赞美蟹子的诗词佳句,其中曹雪芹在《红楼梦》中所写的:"蟹封嫩玉双双满,客凸红脂块块香",最为形象生动,富有情趣。

此菜以蟹壳为容器——"斗",再覆盖上一层蛋白泊,色泽洁白,宛如一朵芙蓉花,故名"芙蓉蟹斗"。成品肉鲜味美,形色美观,风味独特。

原料:小海蟹12只,鸡蛋清100克,花生油50克,葱末6克,香菜梗10克,干面粉15克,湿淀粉10克,精盐3克,味精2克,料酒5克,清汤、香油各适量。

切配:(1)将蟹子洗净煮熟,揭下壳,挖出内肉,并取出螯肉和腿肉,将蟹壳洗净备用。

(2)香菜梗切成末。

烹调:(1)勺内加底油烧热,用葱姜末爆锅,加清汤、料酒、精盐、味精、蟹肉下勺烧开,撇去浮沫,用湿淀粉勾成薄芡,淋上香油分装在蟹壳内。

(2)将蛋清搅打成蛋泡,加少许面粉搅匀抹在蟹肉上,用香菜末点缀后装盘上屉蒸半分钟取出。

(3)勺内加底油烧热,用葱姜末爆锅,加清汤、料酒、精盐、味精下勺烧开,用湿淀粉勾成流芡,淋上香油,逐个浇在盘内的蟹斗上即可。

操作要领:(1)蟹子一定要鲜活。

(2)蟹斗抹上蛋泡上锅蒸时,火力不要过旺,时间不要过长。

96.烹大夹

大夹即河蟹5对足中的第一足,用于捕食和御敌,因而特别发达,前端变成螯,密生绒毛,叫螯足。河蟹也因此被称为中华绒螯蟹、清水大闸蟹、红毛蟹、胜芳蟹、白洋淀湖蟹等。螯又常被诗人当做螃蟹的代名词,如周恩来同志就有"持螯饮酒话当年"的词句,津门诗人也有以"津门三月便持螯"来赞扬海蟹的。诗人周楚良在《津门竹枝词》中也有"螃蟹脐分团与夹,清烹最美是双钳"之句。双钳即是大夹,在津菜中,大夹做主料可烹、可烧、可余、可炝、可熘、可烩、可清蒸,均以不同配料,不同技法操作而成。烹大夹不配辅料,在勺中煸炒后,烹入调料即可。菜品色泽雪白,清汁无芡,大夹肉鲜嫩清爽,咸口略酸,是秋冬佐酒时菜。

原料:河蟹大夹净肉400克,大佐料10克,姜米2克,料酒15克,精盐3克,白醋5克,味精1克,熟猪油40克,花椒油15克。

烹调:(1)将大夹肉放开水中略焯,用漏勺捞起,用手勺挤出水分。

(2)将勺烧热,下入熟猪油,用大佐料炝勺,放入大夹肉,边颠勺边翻炒,陆续烹入调料,淋浓花椒油,翻勺装入盘内,撒上姜末,即可上桌。

操作要领:烹制时动作要轻柔、敏捷,尽量保持大夹肉完整,不可炒成碎末。

97.银鱼紫蟹火锅

银鱼紫蟹均为"津门冬令四珍",早在明代就远近驰名。有"赚得南人思乡缓,银鱼紫蟹寒时肥"之说。银鱼紫蟹火锅与其他火锅不同,是一道高档汤菜,津门冬令双珍,荟萃一镬,可谓珠联璧合,相得益彰,饮酒赏雪,围炉品菜,确为历代津门美食家一大乐事。

原料:银鱼12条(重约300克),紫蟹800克,高汤1000克,嫩黄瓜50克,香菜叶50克,料酒30克,浓姜汁30克,精盐15克,味精5克。

切配:银鱼去眼鳃,洗净后用料酒、姜汁略腌。紫蟹洗净,揭开盖,用手抠去嘴、眼、食包,再用刀将四边剁去,使长方形蟹盖托着蟹黄;紫蟹身掰去脐、鳃和护嘴,用刀剁去四爪和蟹螯,将蟹身一道从中劈成两半,码入盘中备用。嫩黄瓜切成长薄片。

烹调:酒精炉点燃,锅内盛入高汤,加入调料,汤开后下入紫蟹,紫蟹熟后下入银鱼,开锅后去浮沫,下黄瓜片,然后分别盛入顾客碗中。香菜叶小碟上桌,随客选用。此菜底汤选用特制高汤(即烹制热菜时所用高汤),加之银鱼、紫蟹,天然鲜味,无以伦比,堪称"汤中之王"。

操作要领:(1)紫蟹切配时要彻底去净脐、鳃等。

(2)掌握好下料的先后次序及间隔时间,使所烹制的原料成熟一致。

98. 油爆海螺

此菜系明朝年间流行在古登州府的著名海味菜品。海螺,产于胶东沿海,以蓬莱海边所产的最为有名,不仅味道鲜甘,质地脆嫩,且产量颇多。《登州府志》和《蓬莱县志》的物产中均有载录。清郝懿行(山东栖霞人)《记海错》中写道:"今登莱海上……无数,名类实繁。……或大如拳,壳厚而嶙峋,如蒺藜饶刺,俗名招招子"。螺肉质脆嫩滑软,最宜快火速成,或炒、或爆。而爆则采用旺油饶汁,可保持其鲜脆滑爽,是令人称道的山东著名菜肴。

原料: 鲜海螺肉 400 克,水发木耳 10 克,指葱段 5 克,蒜片 4 克,精盐 3 克,味精 2 克,料酒 3 克,湿淀粉 20 克,清汤 150 克,醋 5 克,熟猪油 500 克,香油 3 克。

切配:(1)用精盐、醋搓净海螺内黏液,用清水漂洗净。然后从肉的中间处直切入海螺肉深度的一半,再翻过来,用刀拍平,片成 0.2 厘米厚的大片。

(2)用精盐、味精、清汤、湿淀粉对成汁水。

烹调:(1)勺内放油 500 克,烧至八九成热时,将海螺肉下勺冲至八成熟,捞出控净油。

(2)勺内放油 25 克,用葱蒜爆锅,加料酒一烹,随即倒入海螺肉及对好的汁水翻炒成包芡,加香油盛出即可。

操作要领:(1)由于鲜海螺肉本身含有较多的黏液,故洗涤时应加精盐、醋反复搓洗,再用清水洗净。

(2)海螺肉片应厚薄一致、均匀。

(3)汁水对的要适量,以能包住原料为宜。湿淀粉加的不可过多,避免浓稠,影响质感。

99. 金裹蛎子

蛎子,即牡蛎,简称蚝。主要产于大连和烟台海域,尤以烟台蓬莱市所产为最佳,其种类很多,有近 20 种。牡蛎壳型不规则,厚重而大。牡蛎肉味极鲜美,可烹制多种美味佳肴,鲜活者可生食。金裹蛎子是用肉片将蛎肉卷好,然后裹上一层蛋黄糊,经过油炸色泽金黄,宛如裹上了一层光灿灿的黄衣,故而得名。

此菜色泽金黄,外焦里嫩,口味鲜香,再佐以花椒盐食用,别有风味。

原料: 净蛎肉 150 克,猪里脊肉 100 克,鸡蛋黄 30 克,花生油 750 克,精盐 3 克,湿淀粉 50 克,料酒 5 克,味精 2 克,葱末 5 克,姜末 3 克,花椒盐、香油各适量。

切配:(1)将蛎肉放开水中一冲,捞出将水控净,用葱姜末、精盐、酱油、料酒、味精、香油喂好。

(2)将里脊肉片成 4 厘米宽、5 厘米长的片,逐片卷上喂好的蛎肉,摆在盘内。

(3)用湿淀粉、蛋黄和成浓糊。

烹调: 锅中加油烧至六七成热,将卷好的蛎肉逐个蘸上蛋黄糊下锅炸熟呈金黄色,捞出控净油盛在盘内,外带椒盐即可。

操作要领:(1)猪里脊肉片要大小一致,厚薄均匀。

(2)卷好的蛎肉下勺,勺温应控制在六、七成热,火急了易造成外焦里不熟。

100. 锅熠蛎子

锅熠是"煎"法与"煨"法结合而成的一种民间烹调技法,烹制成的菜肴吸取了"煎"与"煨"技法之长,色泽金黄,外软里嫩,醇香清腴。锅熠蛎子就是将牡蛎肉喂口后,挂糊,放锅内煎两面,再烹入汁水制熟。此法在文登、荣成、石岛民间广为流传,为迎客送宾酒宴上的常设之味。

烟台的牡蛎有两类,一类是附石而生,傀偶连如房;另一类是随潮水滚动,曰"滚蛎"。据《海错》记载:"桑岛,其壳不附石,随水漂泊,名曰'滚蛎'……荣成者古成山也,其海中滚蛎大如椀(碗)口,然不及桑岛者美。"桑岛,又名桑墨岛,即今文登南海的西海庄,生产的蛎子因多随海水的涨退而滚动,故名"滚蛎"。烟台沿海只有文登、荣成等极少数地区生产此品。再加上桑岛所产"当地河海之交,蛎得河水之淡,故其味独清"(见《海错》)。当地人以此为原料制作的锅煏蛎子,菜肴汁多质嫩,味道特别的好。

原料: 鲜蛎肉 350 克,鸡蛋黄 100 克,清汤 100 克,葱姜丝 6 克,葱姜汁 10 克,精面粉 20 克,精盐 3 克,味精 2 克,醋 3 克,熟猪油 100 克,香油 2 克,香菜梗 3 克。

切配: 鸡蛋黄放碗内搅打散,加入精盐、葱姜汁;蛎肉摘去蛎渣洗净,放开水中一冲,捞出控净水,用醋、精盐腌渍一下,放精面粉中滚匀。

烹调:(1)勺内放油 75 克,烧至六成热,将滚匀精面粉的蛎肉粘匀鸡蛋黄液,整齐地放入盘内,温火先煎底面,至底面成形且色泽金黄时,大翻勺后再煎另一面至金黄色,呈饼形倒出控净油分。

(2)油 25 克下勺,至底油成形且色泽金黄时,用葱姜丝爆锅,再烹入醋,加精盐、味精、清汤,倒入蛎饼,用慢火煨熟,撒上香菜梗,淋入香油,拖入盘内即可。

操作要领:(1)牡蛎应摘净其牙边、蛎渣。

(2)牡蛎入勺内煎时,油温不可太高,所挂面粉、鸡蛋黄要匀。

(3)煎好的牡蛎下勺内浸煨时,添加的汤汁以刚能淹没原料为宜。

101. 奶汤鲫蛤

奶汤,此处所指并非是经过专门加工的"奶汤",而是指煮蛤后的汤。这种汤白似乳汁。该菜相传有百年以上的历史,民国年间在山东烟台一带极为流行,以"蓬莱春"的掌灶名厨苏挺欣所制质量最好。此菜的原料鲫鱼,旧时以福山夹河出产的为主。因这种鱼生长在海水和河水的交界处,故味道特别的清腴;蛤蛎,则选择太平湾所产的泥蛤。太平湾,即今烟台市区北面,拦河坝以里的地方,此地旧时的浅海泥土中盛产蛤蛎,人们多采肉饮食。后来,饭店的厨师在民间煮蛤蛎、炖鲫鱼的基础上,研制成这款菜肴,食客津津乐道。近年来由于各种机动船的增多,港湾污染严重,制作此菜时多不用太平湾的泥蛤,另用其他蛤类代替;鲫鱼供不应求时也用加吉鱼代替,味道毫不逊色。

原料: 鲜鲫鱼 2 尾(重约 350 克),文蛤 750 克,熟猪油 25 克,葱丝、姜丝各 4 克,精盐 8 克,味精 3 克,醋 10 克,香菜梗 6 克,香油 3 克。

切配:(1)鲜鲫鱼刮去鳞,去掉鳃、内脏洗净,放案板上打上瓦楞刀。

(2)文蛤放在加少许精盐的清水中,令其慢慢吐净其腹内泥沙,然后反复几次用水洗净。

烹调:(1)勺内放清水烧沸,将鲫鱼入锅内一汆,捞出控净水分,原汤倒掉;勺内另放入清水及文蛤加热,蛤刚开口即捞出,取肉入汤内漂净。蛤汤倒盆内澄清,滗去泥沙及杂质。

(2)勺内放熟猪油 25 克烧热,用葱姜丝爆锅,烹入醋,放入蛤汤、鱼,用慢火炖熟,然后加蛤肉及精盐、味精,撒入香菜梗,滴入香油,盛出即可。

操作要领:(1)鲫鱼改刀后,应先入开水中汆一下,以除去其土腥味。

(2)文蛤煮熟后,必须将其肉在煮蛤的原汤中洗净,漂出杂质,然后将蛤汤澄清,滗去杂质及泥沙后方可使用。

(3)烹制时的火力不宜太旺,以慢火炖熟。如火力较旺,易使汤汁混浊。

102.椒爆蛏头

椒爆蛏头系单独取下蛏子的龟头部,配以时鲜辣椒,经油冲,以"爆"法制作而成,是具有浓厚烟台特色的海鲜菜肴,成品咸鲜质嫩,清爽不腻,清淡略辣,色彩交映,为时令小品,最易下酒。蛏子在烟台沿海有悠久食用历史,郝懿行曰:"亦食其肉,肉似蚌。今人多不识之。"至明末清初时,才渐渐作为美味登上了筵席酒桌。清人宋婉曰:"蛏——腹中泥吐出,用以掺面最佳。"这是民间的食法,至今有的地方仍在沿习。制作菜肴,以竹蛏为佳,山东沿海称为"笔管蛏"。宋婉曰:"休肥而肉脆,以其甲似竹筒,故名笔管蛏"。清初时,虽然蛏子还不算是海味珍品,但宋婉认为,蛏子鲜美异常,加之历史悠久,在食品中应有一席之地。

原料:蛏子头350克,青红辣椒100克,指葱段5克,冬菇10克,冬笋10克,蒜片4克,精盐3克,味精2克,清汤50克,湿淀粉15克,清油400克,香油2克,料酒2克。

切配:将辣椒、冬菇、冬笋均切成4厘米长、0.6厘米宽的条;蛏子头洗净控净水。

烹调:(1)用湿淀粉、精盐、味精、清汤对成汁水。

(2)勺内放油400克,烧至九成热时,将蛏头下勺冲炸至九成熟,倒出控净油。

(3)勺内放油25克,烧至五六成热时,用葱蒜爆锅,加入辣椒、冬菇、冬笋略炒,用料酒一烹,倒入蛏子及对好的汁水,迅速翻炒成包芡,加香油翻勺盛入盘内即可。

操作要领:(1)如蛏子的个头较大,可用刀在蛏子的龟头部正中打上十字花刀,经冲油后极易熟。

(2)汁水对的应适量,以能包住原料为宜。湿淀粉加的不可过多,避免浓稠,影响质感。

(3)整个操作过程应紧凑、快速,环环紧扣,一气呵成,体现油爆特点。

103.晁衡鱿鱼

此菜是陕西曲江春酒家的创新菜。相传是为了纪念嗜食东海鱿鱼的日本友人阿倍仲麻吕而构思研制的。阿倍仲麻吕(中文名叫晁衡),于开元五年来到长安,时年16岁,入唐太学读书,毕业后受到唐太宗的赏识。在唐朝官至安南都护。他在长安时,与当时有名的诗人王维、李白等结下了深厚友谊。天宝十二年,当他随日本第10次遣唐使回国时,曾写下《衔梦还国祚》的五言诗,最后四句是"西望怀恩日,东归感义长,平生一宝剑,留赠结交人"。惜别之情,跃然纸上。此菜选用晁衡所嗜食的鱿鱼,运用制作鱿鱼卷的花刀,在味道上突出了长安人嗜于酸辣的食性。口感特别脆嫩,是一款颇有长安地方特色的佳肴,晁衡在长安留居数十年,对长安人的饮食风尚,不只仰慕,从他临别时发出"西望长安"的感叹来看,他对长安的感情已经相当深厚了,此菜有纪念他之意,故名,同时表达了对中日友谊世代长存的心愿。

原料:干鱿鱼250克,精盐4克,醋5克,干辣椒丝1克,料酒10克,胡椒粉2克,味精2克,湿淀粉5克,熟猪油750克,葱丝6克,姜丝4克。

切配:干鱿鱼放清水中泡约6小时,回软后捞出,切去头尾,去掉杂质,撕净皮膜,在鱼体上没有皮膜的一面剞麦穗花刀,然后改成长4厘米、宽2厘米的长条块,放入5%的温碱水中浸约4小时捞出,用清水反复漂洗,去净碱味,

烹调:(1)将醋、料酒、精盐、味精、胡椒粉放入碗中,加适量汤汁和湿淀粉拌匀成酸辣汁。

(2)勺内加猪油烧至八成热时,放入鱿鱼爆至自然卷拢、花纹凸起时,立即倒入漏勺中沥油。

（3）锅留底油,放入干辣椒丝、葱丝、姜丝稍煸,出味后倒入汁水,再倒入鱿鱼卷,迅速颠翻均匀装盘即成。

操作要领:（1）选形体完整、色正质好的干鱿鱼,但肉体不宜过厚。

（2）由于回软后改刀,剞的刀口深浅角度宽窄必须均匀。

104. 盐爆乌鱼花

这是胶东颇具地方特色的著名海鲜菜,今烟台的各大饭店中均有烹制。它将鲜乌鱼板改成麦穗花刀,制熟后,个个恰似成熟的麦穗头,造型颇为形象、逼真,品味清醇不腻,汤清质白,质地鲜嫩。

乌鱼,是烟台沿海渔民对它的俗称,学名"乌贼鱼",又名墨鱼,属头足纲,乌贼科,主要产于我国的福建、浙江、烟台、青岛等地沿海,是我国四大家鱼之一,其何以得"贼"名?据元周密的《癸辛杂识》载:"盖因腹中之墨,可写伪契券,宛然如新,过半年则淡然如无字,故狡者专以此为骗诈之谋,故溢曰贼云。"烟台以此制肴,历史久远,且制法多样,盐爆、油爆、清炒诸技艺尤能显出其鲜美。乌贼鱼的可食部分达92%,除供鲜食外,腌干、淡干之脯鲞,为名贵海味。

原料:净乌鱼板350克,香菜梗15克,花椒5克,葱丝、姜丝各3克,精盐3克,味精2克,料酒3克,清汤150克,香油2克,熟猪油20克。

切配:乌鱼板放案板上,先用斜刀在原料表面剞上一条条平行的刀纹,转一个角度,用直刀剞成一条条与斜刀纹成直角相交的刀纹,深度均为原料的4/5,然后顺直刀纹切成2厘米宽的麦穗花刀块。

烹调:（1）勺内放清水烧开,将乌鱼块下入一氽即捞出,控净水分。

（2）勺内放熟猪油20克烧热,用葱姜丝爆锅,加清汤、香菜梗、花椒、精盐、味精、料酒烧开,将乌鱼花放入勺内略炒,加香油,盛汤盘即可。

操作要领:乌鱼板进行刀工美化时,应刀距均等,深度一致,刀深为原料的4/5。

105. 烩乌鱼蛋

烩乌鱼蛋是山东菜系中一款历史颇为久远的传统名菜,为明末清初以来的珍馐美味。解放以前,烟台的各大酒楼均有出售,倍受食客的赞美。乌鱼蛋,是雌乌贼鱼的产卵腺经盐腌制的一种海味干品。胶东沿海以蓬莱、莱州等地所产质量为佳,清·赵子敏的《本草纲目拾遗》中有:"乌鱼蛋产登莱,乃乌贼腹中卵也"之记载。清诗人王士禄所作的"忆菜子四首诗"中,有一首写到:"饭饭兼鱼蛋,清樽点蟹胥,波人铲鲅鱼,此事会怜渠"。蟹胥、鲅鱼均为海珍,王士禄将乌鱼蛋与之同列,说明乌鱼蛋在当地亦被视为珍品。"烩乌鱼蛋"以山东传统的烩法制作。早在清代已被收录在史籍中,菜肴清淡爽口,甘滑柔软,咸鲜酸辣,为高级筵席之上品。

原料:乌鱼蛋250克,鸡汤750克,香菜末10克,料酒15克,精盐8克,酱油5克,米醋10克,香油4克,胡椒粉6克,味精3克,湿淀粉15克。

烹调:（1）将乌鱼蛋放开水锅内煮透,捞出晾凉,剥去外皮,掰成榆树钱状的片,再放入开水锅中反复氽几次,除去咸腥味。

（2）锅内放入鸡汤,加入料酒、酱油、精盐和味精,把氽好的乌鱼蛋片放入汤内。汤开后撇净浮沫,用湿淀粉勾成米汤芡,盛入放有米醋和香油的大海碗里,撒上香菜末、胡椒粉即成。

操作要领:乌鱼蛋进行水发时,应待乌鱼蛋全部泡发透后再撕成榆钱状的片。烹调时,需入开水内反复氽漂几遍,以除去咸腥味和杂质。

106. 烧镶贻贝

贻贝,俗称"海红"、"壳菜",美称"东海夫人"。其干制品因晒制时不加盐,故又名淡菜。属瓣鳃纲、贻贝科。盛产于辽宁、浙江、福建、山东、广东沿海地区,以浙江嵊泗列岛产量最高。它多生长在风浪不大,水流急畅的港湾或近海域以及浅海,附着在岸壁、浮标、柱桩、锚缆、岩礁、堤坝、渔具或其他贝壳上。富含蛋白质(干制品达59.1%)、脂肪、糖等营养成分,有"海中鸡蛋"之美誉,是一种食用价值和药用价值较高的海产佳品。

食用贻贝,在我国有两千多年的历史。西汉初年学者所辑的《尔雅》中就曾记载了贻贝的名字。到了唐代,贻贝的干制品"淡菜"已深受人们的欢迎,并被作为贡品送进宫廷。《唐书·昌黎集》中有:"明州岁贡海虫、淡菜、蛤、蚶可食之属"的记载。可见其珍贵,难怪唐人又"虽形状不典,而甚益人"之说。"烧镶贻贝"为烟台的传统菜肴,它是将肉泥填入贻贝的凹陷处,挂糊用油炸熟。菜肴色泽金黄,外香内嫩,深得食客的青睐。

原料:熟贻贝肉 300 克(黄色),瘦猪肉 100 克,葱姜末 10 克,鸡蛋 75 克,料酒 3 克,精盐 4 克,味精 3 克,湿淀粉 20 克,精面粉 50 克,香油 3 克,熟猪油 750 克,清汤 50 克。

切配:猪肉剁成细泥,加葱姜末、清汤、料酒、味精、香油、蛋清搅成肉馅。

烹调:(1)将贻贝入开水中余透,捞出控净水分,加精盐、味精、料酒、香油腌渍,把肉馅均匀地逐个抹入贻贝肉缝内,然后沾匀精面粉。

(2)蛋黄、湿淀粉调成浓糊待用。

(3)勺内放油烧至八成热,将贻贝逐个挂匀蛋糊下油内炸熟,呈金黄色时,捞出盛盘内即可。吃时外带椒盐。

操作要领:(1)猪肉泥打浆时,吃水不宜过多,避免浆泥过稀。

(2)肉泥抹入贻贝肉缝要严实,使贻贝显得饱满,否则造型不佳。

(3)贻贝肉下油内炸时,油温以六七成热为宜。油温过高,上色过大,色泽不佳;油温过低,易使贻贝脱糊,塌在油内。

107. 苜蓿蚬子

蚬,是淡水入海处泥沙中生长的一种壳如心状的软体贝类,有黄蚬、黑蚬、白蚬等品种。黄蚬壳薄肉肥,黑蚬壳厚肉薄,故史料中有"壳黄而肉薄者佳"的记载。宋朝时,陶谷给蚬取了一个非常有趣的名字,谓"表坚郎"。烟台沿海时有出产,但数量极小,非常珍贵,故以蚬肉为原料制作的肴馔,可称得上是无上之美味。该菜肴将蚬肉放鸡蛋液中用温火推炒制熟,菜品色泽鲜艳,汁清肉嫩,特别鲜美,为烟台著名的时令海鲜类。

原料:蚬子 500 克,水发木耳 15 克,鸡蛋 150 克,葱姜米 6 克,熟猪油 50 克,精盐 5 克,料酒 8 克,味精 3 克,香油 3 克,青菜 15 克。

切配:鸡蛋打入碗内,加葱姜米、精盐、料酒、味精、木耳、青菜搅匀。

烹调:(1)将蚬子用清水洗净,放入凉水锅内,水烧开捞出,剥出蚬肉,抽出肉中墨线,再用原汤洗净。

(2)勺内放油 50 克烧热,倒入鸡蛋液、蚬子肉用手勺向前推炒,待鸡蛋炒至金黄色,嫩熟时滴入香油盛盘内。

操作要领:鲜带壳蚬子煮熟摘取的肉,应放原汤中反复漂洗,充分洗去泥沙,以免影响菜肴的质量。

108. 汆天鹅蛋

天鹅蛋是一种贝类,学名紫石房蛤,为烟台沿海的特产。其个大,形如天鹅鸟卵,味鲜色美,故渔人美其名曰:"天鹅蛋"。它主要产于庙岛群岛及牟平沿海,多生长于4～10米深、水质清澈、硅藻等食物丰富的水域,常埋栖在泥沙和砾石质海底。远在唐宋年间,烟台沿海所产的这类海珍已作为贡品进入皇宫内酒筵之上,《莱州府志》《登州府志》中均有记载。烟台以此为肴历史悠久。用它汆汤,原汁原味,颇尽其美,多作高级酒宴上的醒酒佳肴。

原料:净天鹅蛋肉300克,葱姜丝7克,精盐6克,味精4克,酱油5克,香菜段8克,清汤500克,香油2克。

切配:天鹅蛋肉放案板上,用刀片成薄薄的片。

烹调:勺内加清汤烧开,下天鹅蛋肉汆嫩熟即捞出,放大汤碗内。原汤撇净浮沫,加精盐、味精、酱油、香菜段烧沸,滴入香油,倒入碗内即成。

操作要领:天鹅蛋肉改刀后的片一定要薄,入汤内汆时以嫩熟为宜,时间长了带有韧性,影响质量。

109. 烩榆钱羹

烩榆钱羹的主料为乌鱼蛋,即乌鱼的产卵腺。乌贼称为乌鱼和墨斗鱼,属于头足纲的软体动物。乌鱼蛋有鲜品和干品两种。鲜品即是将乌贼的缠卵腺割下来后,用水煮熟,剥去外面的壳膜,将蛋层一片片捻开,就可用于烹调了;干品即用明矾和盐腌过的乌鱼蛋,使用前先用温水浸泡后回软,然后用水汆,用水汆过,捻开后,再用水汆一遍,放入清水中,浸泡干净即可。乌鱼蛋含有丰富营养,并有健脑补肾的功效。

榆钱即榆树春天结的夹果,因为像铜钱,所以称为榆钱。乌鱼蛋每片都像榆钱,故烩乌鱼蛋在津菜中称为烩榆钱羹。此菜汤鲜味醇,勾米汤芡,淡酱油色,主料均匀的分布在汤羹中,鲜咸适口,上桌食用时配香醋、胡椒面、芫荽叶小盘,是醒酒开胃的传统佳肴。

原料:乌鱼蛋200壳,高汤750壳,纯料酒30克,浓姜汁30克,酱油5克,盐8克,味精4克,湿淀粉150克,白糖30克,胡椒面30克,芫荽叶50克。

切配:乌鱼蛋用水焯一下,控干水备用。醋、胡椒粉分别装吃碟内,芫荽叶切碎装两个小吃碟内。

烹调:勺内加高汤,下入调料、主料,汤开后将浮沫撇净,稍开一会,加入淀粉,勾米汤芡,盛在汤盆内,上桌时随上四小碟。

操作要领:此菜关键在于掌握汤羹中汁芡的浓度,要达到不稀不稠,能使主料不沉底,并均匀的散布在整个汤羹中。

110. 烧蛎黄

牡蛎,山东半岛吃法多种多样,但以烧、汆、炒等技法制作最为著名。所谓"烧"即"炸"之意,这是胶东人的习惯称法。"烧蛎黄"即"炸蛎黄"。此菜源于烟台芝罘岛渔村民间,以色金黄,外香酥,内鲜嫩见长,是古今胶东极为流行的菜品之一,而且多为筵席中大件后的第一道菜品,喜庆婚宴用之最多。邑人刘储鲲曾写过一首"烧蛎诗",诗的大意是说,深秋时节,田野四处被云林遮掩着,而海边早已聚集着赶海的人们,热闹非凡。他们手拿盆器,争相猎取随潮水涌来的牡蛎。年轻人买来酒,仆人们找来干柴,将牡蛎投入火种烧燎。这种办法制作的牡蛎清心爽脾,因为保持了牡蛎的原汁原味。当然,他所说的"烧"与今日之"烧"蛎黄大不相同。

原料:牡蛎肉 350 克,精面粉 50 克,干淀粉 50 克,鸡蛋黄 75 克,清油 750 克,精盐 3 克,味精 2 克,花椒盐 6 克,香油 2 克。

切配:鸡蛋黄加精面粉、淀粉搅匀成糊,待用。

烹调:(1)将牡蛎肉摘去牙边、蛎渣洗净,入开水锅内略余即捞出,控净水分,用精盐、味精、香油腌渍。(2)勺内放油 750 克,烧至七成热时,将牡蛎肉沾匀蛋黄糊逐个下勺炸熟,呈金黄色时,捞出控净油,盛盘内。

(3)花椒盐装入小碟内,随烧蛎黄一同上桌佐食。

操作要领:(1)牡蛎烹制前应摘净牙边、蛎渣。

(2)牡蛎挂糊要薄而匀。

(3)牡蛎入油内炸时,油温以七成左右热为宜。过高,易使菜肴上色过大,肉质干焦;过低,容易塌在油内,影响质量。

111. 烤蛎黄

此菜具有色泽金黄,松软香嫩的特点,是一款颇具年代的古老菜肴,早在 1400～1500 年前山东沿海人就采用此法制作蛎肴。"烤"古曰"炙","烤蛎黄"即"炙蛎"。北魏山东籍人贾思勰的《齐民要术·炙法》中就载有此法:"(炙蛎)似炙蚶,汁出,去半壳,三肉共奠,如蚶,莫奠酢随之"。这种方法,经过沿海人们的不断改进,成为烟台独具特色的珍馐美味,被列为山东名菜。

原料:鲜蛎肉 400 克,鸡蛋黄 150 克,鸡蛋清 75 克,葱姜汁 8 克,精面粉 50 克,花椒水 6 克,精盐 3 克,味精 2 克,熟猪油 25 克,香油 4 克。

切配:(1)蛎肉摘净蛎渣洗净,用精盐、味精、花椒水、葱姜汁腌渍。

(2)鸡蛋黄加精面粉搅匀。

(3)鸡蛋清打成蛋泡,倒入蛋黄中,并加精盐、味精、葱姜汁、香油和蛎肉搅匀。

烹调:取方烤盘擦净,均匀的抹一层熟猪油,倒入鸡蛋蛎子液。烤箱内温度调至 180℃ 时放入,保持恒温烤至呈金黄色,至熟时,取出。用刀切成菱形块,整齐的摆盘内即成。

操作要领:蛎黄放入烤箱内烤制时,烤箱温度不宜过高,以免菜肴焦糊;蛎肉嫩熟时,应及时取出,以保证质量。

112. 烧花蛤

保昇曰:"(文蛤)今出莱州海中;三月中旬采,背上有斑纹"。花蛤,学名文蛤,壳略作三角形,表面多为灰白色,有光泽,长约 6～10 厘米,生长在沿海泥沙中,以硅藻为食物。其产于我国南北沿海,以胶东的莱州沿海最为贵美。早在宋朝以前,当地人就视文蛤为珍物,并作为贡品进入皇宫。《莱州府志》《登州府志》中均有"考宋以前莱有文蛤、牛黄之贡"的记载,足见其珍贵。

"烧花蛤"是一款流行于莱州沿海的著名海鲜菜肴,"烧"是烟台当地的俗称,实为"炸"。"烧花蛤"即"炸花蛤"。它将蛤肉洗净后,经喂口、挂糊,再入旺火热油中炸熟,菜肴色泽金黄,味道香美,鲜嫩中略带韧性,为"莱州餐馆"的著名时令馔肴。

原料:鲜花蛤 700 克(约出净肉 300 克),鸡蛋黄 75 克,精面粉 15 克,湿淀粉 20 克,葱姜汁 8 克,精盐 3 克,味精 2 克,花生油 750 克,香油 4 克。

切配:用湿淀粉、精面粉、鸡蛋黄和成糊。

烹调：（1）鲜花蛤洗净泥沙，放凉水锅内煮沸，壳张口即捞，取肉，放原汤内涮一涮，取出用精盐、味精、香油、葱姜汁喂口，放和好的糊中拌匀。

（2）勺内放油烧至七成热时，将蛤肉放入烧至金黄色已熟时捞出控净油即可。外带椒盐上桌。

操作要领：（1）生花蛤煮熟后，应将其肉在煮过蛤的原汤中洗净，滤净杂质。入油内炸时，油温不易太高。以保持其鲜嫩特点。

（2）煮蛤时，壳张口后要迅速捞出，否则易变老。

113. 韭黄炒海肠子

海肠子，属星虫类，软体动物，为烟台沿海的特产。因形似蚯蚓，犹如鸡肠，故名。其形态虽不美观，但肉质脆嫩，用韭黄配之烹制，尤其鲜爽无比，是早春最佳下酒肴馔。此菜系民间的"长久有余财"分化而来。远在明朝年间，生活在烟台芝罘岛上的渔民，每至大年，家家户户都要用韭黄、海肠、猪肉、鲜鱼为主料熬制成一个菜品，取其谐音"长久有余财"（肠、韭、肉、鱼），以寓来年获得更大的丰收。后来，此菜传至饭店，因原菜系大杂烩之类，将4种原料混为一肴，颇不称美，于是厨师们将其改进，单取韭黄与海肠子烹炒，成为"韭黄炒海肠子"。菜肴以质嫩味佳，清鲜爽口见长，在清末的烟台餐馆中极为流行，至今尤珍。

原料：净海肠子 350 克，韭黄 200 克，精盐 3 克，味精 2 克，熟猪油 25 克，料酒 3 克，香油 3 克。

切配：韭黄洗净后切成 3 厘米长的段；海肠子切成长 8 厘米的段，用清水洗净。

烹调：（1）勺内放清水烧开，放入净海肠子略氽即捞出，控净水分、黏液。

（2）熟猪油 25 克下勺烧热，加韭菜煸炒片刻，烹入料酒，放入海肠子、精盐、味精快速煸炒几下至脆熟，淋入香油拌匀，盛入盘内即可。

操作要领：（1）海肠子在烹制时，一定要先在开水中氽一下，以除去其本身的黏液。

（2）整个烹调过程中，其操作要迅速，各环节紧扣，一气呵成。

五、植物类

1. 干烧冬笋

冬笋是竹子的嫩芽，因冬季所产而得名。我国人民食笋由来已久，《诗经》中已有"其蔬伊何，惟笋及蒲"的记载。竹笋营养成分丰富，含有蛋白质、脂肪、糖、钙、磷、铁和多种维生素。烹制菜肴用途广泛，备受人们青睐。宋代诗人陆游曾赋诗赞美"色如玉版猫头笋，味抵驼峰牛尾狸……"。

此菜选用鲜嫩的冬笋为原料，以干烧的方法烹制，调味料的滋味都浸到冬笋中，留其脆嫩、增加干香，改变了冬笋淡黄的颜色，使其成为枣红色。成菜后再配以墨绿而酥脆的雪里蕻叶，是筵席上一道深受食客喜爱的佐酒佳肴。

原料：冬笋 750 克，料酒 10 克，白糖 15 克，精盐 3 克，味精 3 克，腌雪里蕻叶 50 克，清汤 150 克，酱油 25 克，花生油 750 克（约耗 75 克），糖色少许。

切配：（1）净冬笋去掉皮和老根，用水洗净，切成边长 4 厘米的菱形块。

（2）雪里蕻叶用清水洗净泡去咸味，切成 3.3 厘米长的段备用。

烹调：(1)把切好的冬笋块放在水中，上火煮透捞出。勺内放入清汤，加料酒、味精、精盐、酱油、糖色，待汤开起后，下入冬笋块，在小火上煨爆10～15分钟，然后捞出控净水分。

(2)将花生油倒入炒勺内，用旺火烧至七八成热时，先将雪里蕻叶下入油中炸酥，捞出放在盘中，再下入煨透的冬笋块，翻搅炸成枣红色时起勺，倒入漏勺内沥去油。接着将炸好的冬笋块再倒入原炒勺里，在火上一边颠翻一边烹入料酒，撒入味精、白糖，颠翻均匀后倒入盛有雪里蕻的盘中即可。

操作要领：(1)最好选用嫩的笋尖，煨制时要用小火，火大冬笋不易入味。

(2)炸时要采用重油的方法，以使其达到酥脆鲜嫩的要求。

(3)操作时要用两把炒勺，一勺用于烧，另一勺用于炸。

2.洛阳燕菜

此菜是河南洛阳地区的名菜。传说始于唐代武则天时期。那时，河南洛阳东关地区有一农民，秋天收获了一棵特别肥硕的萝卜，人们因其少见而把它视为神物，进献给皇宫。御厨把萝卜切成细丝，加上鸡肉、虾米、紫菜、笋丝，用鸡汤制成色泽鲜艳、滋味鲜美的菜肴，呈给女皇武则天品尝。武则天食后，感到鲜嫩爽口，滋味独特，有燕菜之脆爽，又比燕菜鲜嫩利口，随口问："此为何菜"，御厨听女皇将此菜和燕菜相比，便答曰："假燕菜，洛阳贡品"。于是"假燕菜"之名便流传开来，逐渐成为宫廷筵席上的名品，与山珍海味齐名，而味独清。一时间，官府家厨纷纷仿效，凡宴饮必上此菜。后传入民间，用料更加普通随意，很受百姓欢迎。继而，便成为九朝故都洛阳地区的一道名菜。明清时期，人们直称"洛阳燕菜"，如今已为著名的"洛阳水席"中的第一道菜。1973年，周总理陪同加拿大总理到洛阳访问时，曾在"真不同饭店"品尝过此菜。因其色泽洁白、光艳夺目，很像洛阳名花——白牡丹花，于是周总理称赞说："洛阳牡丹甲天下，菜中生花了"，贵宾也赞不绝口。自此以后，洛阳燕菜又名"牡丹燕菜"。

制作(一)

原料：白萝卜500克，火腿两片(约10克)，冬笋片10克，水发冬菇10克，菜心20克，干淀粉50克，味精4克，绍酒5克，精盐10克，姜片5克，酱油2克，高汤750克。

切配：萝卜洗净，去皮去根，削成长7厘米宽、4厘米的鸭蛋形，再片成0.4厘米厚的薄片，用刀背轻微地逐片排砸一遍，呈丝窝状为止。然后逐片两面拍上干淀粉，摆在大盘子里，不要重叠。

烹调：(1)将拍好粉的萝卜片，上笼蒸约5分钟，取出，添入凉水，逐片铲起来，切成丝，制成假燕菜，用凉开水养一会儿，捞入海碗内，上笼再略蒸片刻，下笼后用开水冲过，放海碗内。

(2)炒锅放旺火上，加入清汤、精盐、绍酒、酱油、味精、姜片，略沸，捞出姜片不用撇去浮沫，调好鲜咸口味，冲入海碗内。

(3)火腿、笋片、香菇、菜心用清汤氽过，撒在碗里即成。

操作要领：(1)萝卜造形时，应注意其纹理，以顺丝为佳。

(2)用刀背捶砸萝卜片时，不可用力过猛，不要将萝卜片砸烂了，微微敲打几下即可。

(3)此菜的汤料要足，鲜味越浓越好。

制作(二)

原料：白萝卜400克，水发海参、水发鱿鱼、熟鸡肉、熟火腿各50克，水发玉兰片、水发蹄筋各15克，水发海米10克，干淀粉150克，精盐10克，味精5克，绍酒2克，酱油2克，熟猪油8克，高汤750克，用食品原料加工制作的牡丹花1朵。

切配：(1)将白萝卜洗净去皮，切成6厘米长、0.2厘米粗的丝，放冷水内浸泡20分钟，捞出沥净水，放干淀粉中拌匀，摊在屉布上，入锅蒸透，取出晾凉，再放冷水盆中抖散，捞出撒上精盐拌匀，上屉蒸5分钟即成假燕菜。

(2)海参、鱿鱼、玉兰片、蹄筋、熟鸡肉、熟火腿分别片成2厘米宽的长方片。

烹调：(1)将蒸好的假燕菜放在大品锅内，海参、鱿鱼、玉兰片、蹄筋、熟鸡肉等分别用清汤汆一下，与熟火腿片、海米分别间隔相对地码在品锅内的燕菜上，中间摆上一朵用食品原料加工而成的牡丹花。

(2)勺内加清汤、精盐、酱油、味精、绍酒、熟猪油烧开，去掉浮沫，盛入品锅内即可。

操作要领：(1)萝卜要选择比较整齐的中段，顺丝片切。

(2)配料摆放要求对称、均匀、整齐。

3. 锅熘蒲菜

"锅熘"技法为济南厨师所首创，早在明代就有记载。济南地区厨师喜用平底炒勺烧菜，擅煎炸技法。"熘"即是先煎后熘，将滋味收入菜品之中的一种特殊技法。制品的特色是色黄质嫩，味鲜美醇厚。

蒲菜为济南名产，它是香蒲的嫩根部。其特点是色白质细，脆嫩味美。《济南快览》载："大明湖之蒲菜，其形似茭，其味似笋，遍植湖中，为北方数省植物菜类之珍品"。将蒲菜成菜，色泽金黄，香气扑鼻。大凡来济的游客无不争相品尝，留下美妙的印象。

原料：蒲菜250克，精盐2.5克，料酒5克，清汤50克，味精2克，鸡蛋黄2个，湿淀粉5克，面粉10克，熟猪油200克(约耗75克)，葱丝、姜丝、黄瓜皮丝、火腿丝各适量。

切配：(1)将蒲菜去掉外部老皮，切去后根洗净，切成4.5厘米长的段，放盘中加精盐、料酒、味精搅匀稍腌。

(2)鸡蛋黄、湿淀粉、面粉调成糊。料酒、精盐、味精、清汤对成清汁，待用。

烹调：(1)将蒲菜沾上面粉，放入蛋黄糊里抓匀，分两排整齐地排在盘子里，余糊倒在上面。

(2)炒勺放旺火上，加熟猪油烧至四成熟。将蒲菜整齐地推入勺内，煎至"挺身"时，把油潲出，大翻勺，继续加油煎至两面金黄色时，放入葱姜丝，倒入对汁，撒上青椒丝、火腿丝用大盘盖住，微火焖至汁将尽，拖倒在盘子里即成。

操作要领：(1)在煎制前一定要滑勺，即将洗净的炒勺放在旺火上烧热，随即加油。反复几次，锅底就滑了，不易粘底。

(2)蒲菜洗净后可用刀稍拍，使其松散，容易入味。

(3)大翻勺时，一定将油潲出，否则易溅出来，烫伤人。

4. 虾籽茭白

茭白是菰的嫩茎，宋陆游曾写下"芋魁加糁香出屋，菰首荠羹甘如饴"的诗句。其注曰"菰首，茭白也"，足证茭白之美味。济南大明湖的茭白是济南蔬菜"三美"中的一美，尤为珍贵，其味鲜美异常，在当地筵席上颇有名气，是一款不可多得的美食。

虾籽是虾卵的干制品。此品采集方式奇特，加工复杂。采集时先将青虾放入水中漂洗，并用细箩筐将水过滤，于是便得一层米粒大小的虾籽，然后经过细心炒制、晒干后即成。根据产地不同,虾籽可分晃虾籽、红虾籽、草虾籽等,尤以晃虾籽味最鲜。河虾籽小,青虾的卵为上品。济南地区食用的是河虾籽。

淡雅味美的茭白用虾籽烧制,清淡中溶入鲜香。

原料:茭白350克,虾籽5克,水发冬菇25克,食盐3克,酱油10克,料酒10克,清汤50克,味精2克,白糖10克,湿淀粉、葱姜末各少许,熟猪油25克,花椒油10克。

切配:(1)将茭白折去皮、洗净,切成梳背块,放入沸水中余过。冬菇每个片成三片,加汤浸透。沥净水分。

(2)虾籽放小碗中,用凉水浮去杂质,沥去水分。

烹调:炒勺放在中火上,加白油烧至五成熟,再放入白糖炒至嫩鸡血红色时,迅速放入葱姜末、茭白、冬菇、虾籽,颠翻煸炒,至上色后,再加入清汤、酱油、精盐、料酒烧沸,移至微火上煨至汤将尽时,放味精,用湿淀粉勾芡,淋上花椒油,颠翻均匀出勺即成。

操作要领:(1)茭白含有较多草酸,故必须用沸水余透。

(2)虾籽用温水泡软后,才能出鲜味。

(3)炒糖汁时,投料要迅速,待虾籽的味一出来,要随即烹入清汤。

(4)煨制时要勤晃动勺,以免煳底。

5. 蜜汁莲子

莲子,即荷花的莲实,在济南地区,以大明湖所产的莲子为最优。大明湖的莲子不仅个大饱满,而且还具有健脾厚肠、养心安神、益肾固精的功效。蜜汁莲子选用泡发好的莲子与冰糖合烹,成菜后色泽鲜亮,莲子香甜适口,老少皆宜。在济南筵席中,此菜往往在结束喝酒时才上,有两层意思:一是主人暗示客人,酒菜已经上齐,应该停酒吃饭了。二是客人喝到此时,基本上酒也足了,小酒量的人,可能要醉,吃几勺蜜汁莲子,可醒酒气,以开客人胃口,吃点饭,达到酒足饭饱。

原料:干莲子200克,蜂蜜15克,白糖15克,冰糖135克,桂花酱、香油各适量。

切配:莲子用开水稍泡,洗净后放盛器中加水没过,然后上蒸笼用大火蒸1小时即可。

烹调:(1)将炒勺放在中火上,加入香油、白糖,炒至鸡血红色时,烹入温水,加冰糖(一半留下)、蜂蜜,烧沸后移至小火煮沸。

(2)待糖汁将浓时,将另一半冰糖放入,煨至熔化浓稠时,撒入桂花酱,用手勺轻轻调匀后装盘即可。

操作要领:(1)莲子蒸发时,一定要蒸透。

(2)炒糖汁时,以嫩汁为好,千万不要炒到发苦。

(3)冰糖要提前压碎,并且要分两次下入。

6. 脆皮芸豆

芸豆又名四季豆,原产中南美洲,传入我国已有数百年,现在全国南北各地均有栽培,是人们经常食用的主要蔬菜之一。它有营养丰富,色泽翠绿,味道鲜美,脆嫩爽口等特点。它含有丰富的维生素A原和钙,维生素B的含量与豇豆差不多,四季豆所含的钠不多,若用糖醋烹食,不但甜酸清脆,而且也是忌盐患者的良好食品。

此菜是经炸制而成的,其外脆里嫩,清淡爽口。

原料:芸豆300克,酵面、温水各50克,熟猪油750克,香油30克,花椒粒2克,精盐、味精、花椒水各 3 克,面粉、苏打各适量。

切配:(1)将芸豆两头去掉,切成 6 厘米长的段,用开水烫熟捞出。

(2)将酵面放入碗内,加水、面粉、苏打、香油(10 克)、少许盐,先慢后快,先轻后重搅拌均匀即为脆皮糊。

烹调:(1)勺内加余下的香油,烧至七成热时,放入花椒粒炸出香味时捞出,遂放入烫熟的芸豆和精盐、味精,煸炒一下倒在漏勺内,控净余油。

(2)将熟猪油倒入勺内,烧到六成热时,将煸炒好的芸豆段均匀的挂上糊,逐个放入油内炸,皮硬时捞出;油温升到七成热时,第二次放入冲炸 10 秒钟左右,捞出装盘即可。

操作要领:(1)芸豆必须进行烹调前调味。

(2)过油时应采用复炸的方法,第一次炸的时间长为定型炸,第二次为冲炸,油温要高,这样能达到外脆里嫩的效果。

7. 玉翠红参

玉翠红参是一款创新菜。它选用嫩脆的玉米笋和翠绿的菠菜代表玉翠,把营养丰富并被人们称为“小人参”的胡萝卜喻为红参,三种原料分别改刀,经炝、爆后在盘内拼摆组成完整的菜肴。此菜成品色泽红、白、绿相间,造型美观大方,食之清鲜嫩脆,深受欢迎。

原料:去皮胡萝卜 400 克,菠菜心 10 个,玉米笋 10 个,花生油 750 克,精盐 5 克,味精 3 克,白糖 40 克,香油 10 克,花椒油 20 克,葱油 25 克,料酒 15 克,面粉、清汤各适量。

切配:玉米笋剞上花刀;胡萝卜改成长 6.5 厘米、宽 1.5 厘米、厚 1 厘米的一字条。

烹调:(1)勺内倒入花生油,烧至六七成热时,放入胡萝卜条炸透,倒在漏勺内,控净余油。勺内留底油 40 克,放入清汤、白糖、料酒、精盐、味精及炸好的胡萝卜条,烧开后,再用小火慢慢爆至入味,淋入少许葱油,出勺盛入圆盘中央。

(2)勺内加水烧开,先放入玉米笋略烫捞出,控去水,再放入菠菜心略烫捞出,挤净水,分别放入两个碗内,趁热加入适量的精盐、味精、花椒油、香油调制均匀,然后每个菠菜心内嵌一个玉米笋,摆在胡萝卜周围即成。

操作要领:(1)胡萝卜必须经油炸后(不用水煮),再调味爆制。因为胡萝卜中所含的胡萝卜素是脂溶性物质,经油炸后胡萝卜素的吸收率可达 90%。

(2)为确保菜肴的温度,应先制作炝菜再做爆菜或者两勺同时烹制。

8. 和平山药

山药又名薯芋、薯药等,我国食用山药已有 3000 多年的历史。据现代医学研究:山药块茎含有丰富的淀粉外,还富含果胶、皂甙、黏液质、甘露聚糖、植酸、尿囊素、胆碱、多巴胺、山药素 I、精氨酸、淀粉酶、糖蛋白及碘质等。其中黏液蛋白对人体有特殊的保健作用,能预防心血管系统脂肪沉积,保持血管弹性,防止动脉粥样硬化过早发生,减少皮下脂肪沉积,避免出现肥胖等,并有恢复肾功能的作用。

此菜是辽宁的一款创新菜品。选择山药为主料,配以香蕉和用食品制成的鸽子等作配料,经过精心加工而成。菜肴造型美观逼真,栩栩如生,色泽红白相映,口味香甜,香蕉松软,山药酥烂,易于消化,是老少皆宜的佳肴,也是一个象征和平和国泰民安的菜品。

原料:香蕉肉 100 克,山药 500 克,鸡蛋清 100 克,干淀粉 75 克,面粉适量,白糖 80 克,冰糖 100 克,蜂蜜 10 克,红樱桃 5 个,熟猪油 10 克,制好的白色小和平鸽 12 只,橘红色胡萝卜末、香精各适量。

切配：(1)将香蕉肉改为1厘米粗、2厘米长的小条12块。

(2)将山药洗净，刮去皮，加工成直径2.5厘米、高2.5厘米的山药墩，每个中间钻一个孔，以利传热。

(3)鸡蛋清放入盘内，用筷子顺着一个方向抽起泡，抽打至能立住筷为宜，加入干淀粉、面粉调制成蛋泡糊。

烹调：(1)取12个瓷羹匙，每个内面抹一层熟猪油，将12块香蕉肉挂匀蛋泡糊，分别放在抹好油的羹匙内，抹成凸形，在尖部放少许胡萝卜末，上屉用小火徐徐蒸熟，即成荷花瓣。

(2)勺内加水烧开，放入山药墩略烫捞出，再放入七成热的油中炸成浅黄色捞出，控去余油。

(3)勺内加清水100克、冰糖30克，炒至深红色时，注入清水400克，放入蜂蜜、冰糖溶化后，撇去浮沫，加入炸好的山药墩及熟猪油，用小火慢慢焖制，约20分钟汤快尽时，加入香蕉水搅几下备用。

(4)取一个大圆盘，将制好的荷花瓣摆在中心，呈荷花形状，撒上白糖，在荷花中间摆上樱桃，将已焖好的山药墩拣出，竖着摆在荷花的周围，每个山药墩上面摆上一只和平鸽。

操作要领：(1)蒸荷花瓣时要用一张白纸盖上，以防被蒸馏水珠打破，影响形状，同时不要用旺火蒸，否则成品易出现蜂窝状，影响松软嫩度。

(2)炒糖时火候要掌握准，过火味苦，欠火色泽不足。

(3)大勺不能乱翻动，待山药酥烂后，收汁时适当的搨动几下，使汁挂均匀即可。否则，勤翻、快翻易损坏山药形状。山药炸制前应先经水烫，否则会出现花点，影响色泽。

9. 金边白菜

陕西传统风味菜，以桃李春饭店制作的最为出名。清人薛宝辰在《素食说略》里称西安厨师用大白菜烹制的金边白菜，京师厨人不及也，说明金边白菜早已闻名遐迩。大白菜原产我国，古称之为"菘"，宋人陆游说它"凌冬不凋，四时常见"，颇有松树的性格，故为菘。大白菜味甘温无毒，主通利肠胃、除胸烦、解酒渴，富含蛋白质等，不仅营养丰富，而且对某些疾病有一定医疗作用。金边白菜四边金黄，酸辣脆嫩，诱人食欲。

原料：净大白菜400克，干辣椒5克，酱油10克，精盐3克，味精2克，醋10克，白糖10克，姜米2克，湿淀粉5克，香油2克，植物油30克。

切配：将大白菜片成3厘米长、1.5厘米宽的斜形片。干辣椒去籽，切段。

烹调：锅置火上添油烧热，先将辣椒段炸出辣味，待变褐色时，下入姜米和白菜，用"花打四门"的方法迅速煸炒，烹醋颠翻，加酱油、精盐、味精、糖，煸至刀花呈金黄，勾芡，淋香油，出锅装盘即成。

操作要领：要注意操作敏捷，旺火速成，整个烹调过程不超过3分钟。

10. 翡翠瓜皮

黄瓜最初叫"胡瓜"，这是因为它是西汉时从西域引进的。李时珍："张骞使西域得种，故名胡瓜。"它不但脆嫩清香，味道鲜美，而且营养丰富。黄瓜性味甘、寒，含有粗纤维、丙醇二酸、维生素E、咖啡酸、绿原素等。《本草纲目》中记载，黄瓜有清热、解渴、利水、消肿之功效。

翡翠瓜皮又称"炝瓜皮"。此菜选用嫩黄瓜皮精烹而成，是一道四季皆宜的冷菜，其口味酸甜微辣,色泽翠绿,清鲜爽脆,消暑祛热,是宴席中的冷菜佳品。

原料:嫩黄瓜 500 克,食油 25 克,酱油 15 克,白糖 40 克,醋 50 克,干辣椒 3 个,花椒 5 粒,精盐 3 克,味精 2 克,料酒 5 克,葱段 15 克,姜片 10 克。

切配:(1)将黄瓜洗净,切成 8 厘米长的段,用刀将瓜皮旋下,要求 0.5 厘米厚。

(2)红辣椒洗净切成细丝,葱姜用刀拍碎。

烹调:(1)勺内放底油烧热时,放入红辣椒丝、花椒粒、葱姜炸出香味,再将瓜皮放入煸炒,加酱油、白糖、精盐、味精、料酒,最后下入醋烧开,倒入盆内加盖晾凉。夏季可放于冰箱中冰凉。

(2)凉透后,切条装盘,浇上少许原汁即可食用。

操作要领:(1)勺内加热时间不宜过长,否则瓜皮变黄不脆不绿。

(2)凉透方可食用,否则口感不脆,不爽。

(3)酸甜汁要按比例对好。

11. 糖醋来福

此菜是辽菜研究会理事,特一级烹调师张印的创新菜肴之一。此菜以萝卜为主料,经改刀、挂糊、油炸、烹汁而成。

萝卜是我国最古老的一种蔬菜,上古叫芦菔,中古改称莱菔,也叫紫菜松。元代《农韦》记载:"萝卜一年而四名,春日破地锥,夏日复生,秋日萝卜,冬日土酥"。另外云南一带还将萝卜称为"诸葛菜"。据说三国时诸葛亮南征,在山中种萝卜以济军食,后人因之取此名。萝卜脆嫩,营养丰富,既可熟食,又可生食,还可腌、酱泡、晒干。萝卜含有丰富的维生素 C、香兰酸、咖啡酸、阿魏酸和多种氨基酸,还有蛋白质、脂肪、无机盐、维生素 B_1、维生素 B_2 及钙、磷、铁等。在冬春果蔬的淡季多吃萝卜有助于健康,用它入药治病,有顺气消食、止咳化痰、除燥生津、散瘀解毒、清凉止渴、利大小便之功效。萝卜的品种很多,有抗热的夏萝卜,也有耐寒的冬萝卜,以冬萝卜最佳。谚云:"冬吃萝卜,夏吃姜,不劳医生开药方。"

"糖醋来福"是一道吉祥菜。所以取名"来福"是因"莱菔"与"来福"谐音。此菜甜酸味醇,外酥里嫩,清爽不腻,深受中外人士称赞。

原料:大萝卜(去皮)300 克,湿淀粉 250 克,鸡蛋 1 个,面粉适量,白糖 60 克,番茄酱 20 克,精盐 3 克,味精 2 克,胡椒粉、花椒面各 2 克,大葱末 4 克,姜末 3 克,大蒜末 2 克,香菜段 3 克,麻油 25 克,豆油 1000 克,水淀粉适量。

切配:(1)大萝卜改成长 4 厘米、宽 1.8 厘米、厚 0.3 厘米的长方片。放入开水锅内烫至嫩熟捞出,投入凉水中浸泡约 20 分钟。

(2)浸泡好的萝卜片捞出控净水,两面均匀地撒上少许精盐、花椒面、胡椒粉、味精腌约 10 分钟。

(3)取一个大碗或小盆,放入湿淀粉,磕入鸡蛋加面粉及少许苏打、油调成糊。

烹调:(1)勺内倒入油烧至五成热时,将萝卜片挂匀糊逐个地放入油勺内炸,萝卜熟透呈浅黄色时倒在漏勺内控净油。

(2)勺内加底油 25 克,油热时加蒜、姜、葱末煸炒出香味,加番茄酱炒开,添汤放入精盐、味精、白糖及醋,溶化一体时用水淀粉勾芡,芡熟放入炸好的萝卜片,淋入麻油,撒入香菜段,颠翻挂匀,出勺整齐地摆入盘内即成。

操作要领:(1)萝卜片必须先用水烫,再浸泡,否则有异味。

（2）过油时,油温掌握要准,过高会出现外熟里不透,过低则皮衣不酥。

（3）挂好糊的萝卜片入油炸时,必须一片一片的放入油勺内,严防粘连。

12. 珍珠肥桃

此菜是山东泰安的创新菜,选用湘莲与肥桃为主料,经蜜汁而成,属于一道甜菜。成品中肥桃酥烂甘美,莲籽似珍珠环围四周,再点缀几粒红色大樱桃,色彩绚丽,造型美观,是宴会上难得的美味佳肴。

肥桃,又名寿桃、佛桃,是中外驰名的山东特产。它以个大味美营养丰富被誉为"群桃之冠",品种多达七八种,以红色居多,早在明朝天启年间即为贡品。《肥城县志》记:"果亦多品,唯桃最著名"。《山东通志》载:"桃产肥城者佳,他境莫能及"。据测定,肥桃含可溶性固形物质 24%、糖 16%、果酸 0.43%,另外还含有多种维生素、矿物质、胡萝卜素、核黄素、尼克酸等多种营养成分,常食可以健脾胃、增食欲、强筋骨,延年益寿。

原料:肥桃 300 克,水发莲子 200 克,红樱桃 5 粒,白糖 100 克,冰糖 50 克,蜂蜜 50 克,熟猪油 30 克。

切配:肥桃去皮、去核,切成梳子背块,泡入水中。

烹调:（1）将桃肉块放入沸水锅一余,捞出放凉水内透凉,整齐地摆入碗内,加入白糖入笼蒸 10 分钟取出,汤汁滗入小碗内待用,将桃子翻扣入大平盘内。

（2）炒勺加水 250 克,放入白糖、冰糖熬溶,加入莲子煨透,待汁收浓时取出,围摆在桃子的周围,并用红樱桃进行点缀。

（3）将小碗内的糖浆原汁倒入勺内,加入蜂蜜、熟猪油略熘,浇在肥桃盘内即成。

操作要领:（1）要选用正宗的肥桃品种为主料。

（2）肥桃改刀后迅速泡入水中,以防变色发黑,影响色泽。

（3）要掌握好肥桃的蒸制火候不可太硬或过于软烂。

（4）莲籽煨熘时间不可太长,否则易发硬。

13. 八宝梨罐

莱阳梨,盛产于胶东半岛的莱阳市,是我国果品名产之一。莱阳梨有茌梨、鸭梨、大香水梨、秋白梨、窝梨、兔子头梨等 20 多个品种,春中茌梨最佳。驰名中外的莱阳梨,就是指莱阳茌梨。

相传,清初年间,邑人张凤彩在茌平县任督学,查学时尝到一种甜梨,皮薄、肉细、味道鲜美、爽口,特别好吃,便移树于家乡莱阳,后来广为栽培。因梨树苗移自茌平,故名"茌梨"。此梨在当地已有 300 多年的栽培历史,主要产地分布在清水河南岸、蚬河东岸和富水河北岸的沙滩地带,芦儿港村产的茌梨质量最佳。《莱阳县志》记载:"梨产蚬河、淘漳河沿岸,以茌梨为最佳","每熟时商贩腐聚,分运青岛、烟台、济南,远至平津、辽沈、沪粤等处"。

茌梨入馔,多以甜菜出现,具有润肺、消痰、止咳、降火、凉心和清神爽口的功用。"梨羹"、"蜜汁茌梨"等都是不可多得的美味。九以"八宝梨罐"最有风格。它是以茌梨为主料,再配上 8 种佳鲜果品制成,融多种名贵水果为一肴,脆嫩爽品,香甜清新,为夏季筵席下酒之佳珍,尤宜老年人食用。需要注意的是,配此菜应根据实际客人数确定个数,有几个人,做几个梨罐,避免客人有分离（梨）之嫌。

原料:茌梨 10 个,白糖 150 克,橘子 50 克,樱桃 50 克,苹果 50 克,香蕉 50 克,山楂糕 50

克,荔枝 50 克,去籽西瓜肉 50 克,菠萝罐头 50 克,湿淀粉 15 克。

切配:(1)将梨去皮,用小刀挖去核(外形不破,底不要挖透),用开水氽一遍捞出。

(2)将橘子、苹果、香蕉、荔枝、樱桃均去掉皮、核,连同去籽西瓜肉、山楂糕、菠萝切成小丁,拌上白糖,装入梨罐内。

烹调:将梨罐摆在盘内上屉蒸半小时取出。盘内的汤滗入勺内烧开,加湿淀粉勾成溜芡,浇在梨罐上即可。

操作要领:梨罐蒸好后,所浇的芡汁不宜太浓,应突出梨清爽的特点。

14. 蛋泊春鱼

此菜以香椿芽为主料,采用松炸的方法烹制而成。成品色泽美观,香鲜味浓,似有食鱼之感。

香椿芽,亦称香椿头。春季食用,以清明前后采摘的为最好。其色红艳,质地肥嫩。民间传说,椿芽上那段红的颜色是杜鹃的泣血所染,因而又有"杜鹃啼血椿芽红"的说法。香椿芽不仅具有一种特殊的浓郁香味,而且营养丰富,含有蛋白质、脂肪、钙、磷、铁等,尤其是维生素的含量特别高。

我国早在东汉时已有食用记载,唐代曾作为贡品入京,明清时人们开始广泛食用,并把春初食椿芽谓之"吃春"。现在不仅是非常讲究的家常小菜,而且作为一道应时菜入宴,更是香美绝伦,回味无穷。

原料:嫩香椿芽 150 克,鸡蛋清 5 个,食盐 2.5 克,花椒盐 3 克,干淀粉 20 克,花生油 750 克。

切配:(1)将香椿芽去掉硬梗,洗净控干水分,加食盐稍揉。

(2)蛋清用筷子抽打成蛋泊,加干淀粉调成糊。

烹调:花生油放入勺内烧到七八成热,将揉好的香椿逐条沾上蛋泊糊,放入油中炸熟呈淡黄色捞出装盘,上桌时带上花椒盐。

操作要领:(1)蛋清应从新鲜的鸡蛋中选取,抽打蛋泊时应先快后慢不停顿,一鼓作气打成。检验的方法是将筷子插在蛋泊上,立住为好。

(2)香椿芽去梗时应根据其老嫩程度灵活掌握,主要是去掉不能食用的部分,如是嫩芽则将叶柄硬梗掐去一点即可。

(3)香椿如果较长,可以用刀切成约 7~8 厘米的段。

(4)挂糊下勺时,应逐条粘匀,不能连在一起,以免影响形状。

15. 油泼黄瓜

油泼的制作方法属炸的范畴,它适于制作脆嫩小型原料,如豆芽、菜心、嫩黄瓜等,也可制作鲜嫩的小雏鸡和鲜虾类,如是质地较老的原料或较大的原料必须经初步熟处理后再进行油泼,如油泼鱼等。油泼黄瓜是选用嫩黄瓜为原料,用油泼的方法制作成熟的。成品油光碧绿,质地脆嫩,咸酸爽口,用樱桃做点缀,万绿丛中一点红,深受中外宾客的欢迎。

原料:嫩黄瓜 500 克,精盐 5 克,味精 2 克,花椒油 25 克,熟猪油 500 克(实耗 40 克),醋 25 克,清汤 50 克,红樱桃 6 粒。

切配:(1)将黄瓜洗净去蒂,一面剞直刀,另一面剞斜刀使之呈蓑衣形,用盐腌渍 10 分钟,轻轻挤去部分水分后抖开刀口,摆成环形。

（2）用味精、精盐、醋、清汤对成汁备用。

烹调：（1）锅内放熟猪油，用旺火烧至七成热时，将摆在盘内的黄瓜原形推入漏勺内，用手勺舀油泼炸四五次，再整齐地码放在盘内。

（2）炒勺放入花椒油，烧六成热倒入用各种调味品对好的清汁，待其爆起后浇淋黄瓜上，再用樱桃点缀一下即可。

操作要领：（1）黄瓜必须选用嫩小无籽、粗细均匀无苦味的黄瓜。切配时要求距离均匀，深浅一致。

（2）菜肴口味以咸酸为主，但也可根据季节和宾客的口味要求增加辣味和甜味。

16. 汆洋粉把

汆洋粉把为天津传统风味菜品中高档汤菜之一，用料简单，制作也不复杂，主要是品尝汤味的鲜醇和洋粉（琼脂）溶解在汤中时，五彩主料魔术般的变化。汆洋粉把所用汤为特制高汤，是用三合汤，再加牛肉滚煮、鸡茸饼蹲制而成。色泽淡黄，味道醇酽，回口甜香，冷后成冻子，可插住象牙筷子。

原料：洋粉 50 克，熟火腿瘦肉（或叉烧肉）50 克，冬笋 50 克，香菇 50 克，嫩黄瓜皮 50 克，金针菇中段 50 克，芫荽梗 20 根，特制高汤 750 克，料酒 20 克，姜汁 20 克，精盐 8 克，味精 3 克。

切配：（1）将 5 种主料分别入味后切成 5 厘米长细丝（金针菇可用手撕）。洋粉用凉水洗干净，切成 5.5 厘米的段；芫荽梗摘去叶，略烫以使其柔软。

（2）将洋粉和五彩丝各分 10 份，然后净洋粉铺开，放入五彩细丝，再用洋粉将其裹住，用芫荽梗捆两道，10 份做好后，整齐地码放盘中。

烹调：干净汤勺将高汤下入，添调料，汤开后，撇去浮抹，倒入大汤盆中（或分盛在几个汤碗中）。上桌食时，顾客用筷子将洋粉把夹入碗中，浇上汤（如分小碗上，则不必再浇汤），洋粉在热汤中慢慢溶化，芫荽梗也散开，五彩主料丝，色彩纷呈。顾客可细品其中之美味。

操作要领：此菜原汤的好坏是做好菜品的关键。

17. 三美豆腐

"泰安有三美：白菜、豆腐、水"，这是流传在山东泰安的一句谚语。泰安的白菜味鲜质嫩，水分大，一菜三色（白、黄、淡绿）；泰安所产的豆腐细嫩洁白，味道甘美，营养丰富，并且具有弹性，有"神豆腐"之美称；泰安的水是取之泰山黑龙潭的泉水，不仅味甘、水清，而且富含多种矿物质。

"三美豆腐"集泰安"三美"于一体，是一款传统名菜。根据《史记·封禅书》载：自秦始皇到泰山封神祭神之后，历代帝王都纷纷效仿，前往泰山举行封禅仪式，他们把泰山看作是万物之始，尊封为五岳之首，由于唐代以后的大多数帝王信仰佛教，所以每逢进行封神祭奠时，都因忌食荤而菇素吃斋，"三美豆腐"便被列为素宴之首。

此菜成品汤汁乳白，主料软滑鲜嫩，味质清淡爽口，不管是文人骚客，还是中外名流，在浏览泰山胜景之余，均以能有幸品尝这一美馔而快。

原料：泰安豆腐 350 克（蒸过的），泰安白菜心 150 克，葱末 4 克，姜末 2 克，精盐 8 克，味精 3 克，奶汤 500 克，鸡油 3 克，熟猪油 25 克。

切配：（1）将白菜心撕成 30 厘米长的劈柴块，洗涤沥干水分，用开水一汆放入盘内待用。

（2）豆腐用刀切成长 3 厘米、宽 2 厘米、厚 0.5 厘米的片放在另一盘内。

烹调:炒锅内放入猪油,烧至五成热时,加入葱姜末炒出香味,放入奶汤、精盐、白菜、豆腐,烧沸后撇去浮沫,加入味精,淋鸡油出锅即成。

操作要领:选料要讲究,一定要选用正宗的泰安白菜、豆腐和泉水为主料,否则达不到菜肴的质量要求。

18. 河北豆腐

豆腐在我国有悠久的历史,人们普遍喜食,尤其是在河北省有"豆腐就是命"之说。明人苏平曾有赞诗曰:"传得淮南术最佳,皮肤退尽见精华,一轮磨上滚琼液,百沸汤中滚雪花,瓦缸浸来蟾有影,金刀割破玉无瑕……"豆腐营养丰富,物美价廉,利用豆腐制做的美馔佳肴举不胜举。河北豆腐就是其中的名菜之一。它味鲜质嫩,口感柔软,半汤半菜,再配以特别的清汤和多种鲜味原料,更是身价备增,深得人们的青睐。

原料:嫩豆腐300克,水发香菇50克,水发海参50克,鲜贝丁50克,熟鸡肉50克,油菜心50克,蒜末10克,料酒3克,盐10克,味精3克,清汤500。

切配:(1)先将豆腐切成4厘米长、3厘米宽、0.5厘米厚的片,再入开水锅稍微氽汤一下捞出。

(2)香菇、海参、鸡肉、火腿均切片。对虾片成抹刀片,与鲜贝丁分别放入碗内加盐入味后,挂上蛋清糊。

烹调:(1)先将对虾片、鲜贝丁用温油滑至嫩熟捞出;香菇、海参、鸡肉、油菜心、火腿氽烫后捞出晾凉备用。

(2)勺内放花生油,烧热后加入料酒、清汤烧开,依次放入豆腐、香菇、海参、鸡肉、火腿用小火炖5分钟后,再放入虾肉、鲜贝丁、油菜心、精盐、味精烧炖片刻,盛入汤盆后再撒上蒜末即成。

操作要领:(1)此菜用汤极为讲究,吊好的汤汁不仅要求汤汁澄清,而且味质浓醇。

(2)豆腐必须提前氽烫,去卤水苦味,但时间不宜太长,否则达不到软嫩的要求。

(3)蒜末用作提味,应现做现切,不可存放时间过久,否则影响菜肴的口味。

19. 沙锅豆腐

豆腐是一种物美价廉且营养成分非常丰富的食品,不仅蛋白质含量高,而且质量好,不含胆固醇,便于人体吸收。除此之外还含有丰富的脂肪、糖和多种矿物质。在美国有人称之为"植物肉"。

相传,豆腐在我国已有2000多年的历史了。明朝李时珍在《本草纲目》中曰:"豆腐之法始于前汉淮南王刘安"。陶谷所著《清异录》记载:"邑人呼豆腐为从宰羊。"宋代诗人苏轼、陆游也曾在诗中对其大加赞美。它作为一种美食历来被人们宠爱。

沙锅豆腐是一道冬季时令菜,选用洁白的嫩豆腐为主料,配以碧绿的油菜心,鲜红的小虾仁,加入浓醇的鸡汤炖制而成,成品洁白、鲜嫩、汤汁香辣、色彩美观大方。

原料:嫩豆腐500克,小虾仁50克,油菜心50克,鲜蘑菇50克,浓鸡汤500克,精盐8克,绍酒3克,食醋5克,味精3克,葱段10克,花椒30克粒,干辣椒7克,植物油30克。

切配:(1)豆腐切成3厘米见方的大方块,用开水先焯一遍捞出控净水。

(2)油菜心根部用刀割上十字口,洗净。鲜蘑菇撕成长条片,干辣椒切成小段。

烹调:(1)勺内放油30克,烧热加入葱段、花椒粒、干辣椒段,炸出香辣味,将油倒入碗内待用。

(2)将鸡汤倒入锅内,放入豆腐、鲜蘑菇、绍酒、精盐用旺火烧开,慢火炖约10分钟,再加入油菜心、虾仁,烧开去浮沫,最后加入精盐、醋、味精和炸好的葱椒油即可。

操作要领:(1)豆腐应选择用卤水制的嫩豆腐。

(2)油菜心和虾仁入锅后加热时间不能太长,既要使其成熟,又要达到鲜嫩的要求。

补充说明:沙锅内还可以配上猪大肠、海蛎子、瘦猪肉、鸡片等原料。

20. 扒冻豆腐

此菜是辽宁传统风味菜之一。俗语讲:"豆腐青菜越吃越爱"。豆腐是我国东北地区的特产。可烹制多种菜肴,如果冬天将其加工成冻豆腐,再进行烹调则更有一种特殊的风味。冻豆腐制作方法简单,数九寒天,把豆腐切成大块摆放在室外,上面盖上一层净布,待豆腐中的水分结冰膨胀,豆腐出现蜂窝状时即成,可随用随取。

"扒冻豆腐"是将已冻好的豆腐先用凉水缓出冰渣,切成厚长方片,再加入调味品烧煨勾芡,成品咸鲜味醇,质地软韧爽口,深受食者喜爱。

原料:冻豆腐400克,熟猪油100克,花椒水40克,料酒20克,葱、姜水各30克,面粉少许,水淀粉适量,鸡油15克,精盐4克,味精2克,汤100克。

切配:(1)冻豆腐先用凉水浸泡,待水缓出后,切成长4厘米、宽1.5厘米、厚0.5厘米的长方片。

(2)勺内加水,烧开后,放入冻豆腐焯一下捞出控净水。

烹调:勺内加熟猪油,温热时,放入面粉炒开,添汤,放入精盐、花椒水、葱姜水、料酒及焯好的冻豆腐片,用小火扒制,汤快尽时,加味精用水淀粉勾芡,芡熟后淋入鸡油略煨,出勺拖入盘中即成。

操作要领:扒制必须用小火,大翻勺不能乱,否则入味差,且形易碎。

21. 海宝八素

海宝塔,乃宁夏著名的旅游景点,其建筑风格古朴典雅,粗犷豪放,具有浓厚的黄土高坡气息,为了展示这一名胜古迹,宁夏的厨师们独具匠心的推出了艳丽多姿的"海宝八素"一菜。此菜以雕刻的海宝塔为中心,选取8种蔬菜原料,经过精心烹制后,成品造型优美、层次分明、营养丰富,可谓色、香、味、形、器俱佳。

原料:白萝卜1个,菜花100克,芹菜100克,竹笋100克,黄瓜100克,莴笋100克,红心萝卜100克,鲜藕100克,蘑菇100克,精盐8克,味精5克,白糖25克,老醋15克,花椒油25克。

切配:(1)将白萝卜雕刻成海宝塔形状。

(2)菜花洗净撕成小块;芹菜洗净切成5厘米长的段;竹笋切成长条片;黄瓜切成长柳叶形状;藕切成片;红心萝卜、莴笋加工成梯形状;蘑菇撕成长条块。

烹调:(1)将菜花、芹菜、竹笋、黄瓜、藕、红心萝卜、莴笋、蘑菇均用开水余一下,然后放凉开水内浸凉。

(2)将以上8种原料控净水,分别加入调料拌匀入味。

(3)取盘子,将雕刻好的"海宝塔"放入盘中间,周围整齐地放上以上8种原料即可。

操作要领:(1)装盘时层次要分明。

(2)要讲究色的搭配。

22. 扒素全菜

扒素全菜也叫素扒全菜,又称罗汉斋,所用十余种原料均为素的,如配真素席,则高汤也应是黄豆芽熬制的鲜汤。其他做法与扒全菜基本相同,橘子虾则用豆腐和豌豆做的"莲蓬"代替。此菜色泽五彩缤纷,造型整齐美观,汁芡洁白,主料清素,口味咸鲜。

原料: 油菜心40克,嫩黄瓜40克,西兰花40克,嫩豆角40克,金针菇40克,玉米笋40克,胡萝卜40克,水发腐竹40克,笋尖40克,龙须菜30克,鲜蘑(罐头)30克,猴头菇30克,香菇40克,水发黑木耳15克,水发银耳15克。南豆腐1块,豌豆7粒,葱花5克,料酒15克,大油(或植物油)100克,姜汁10克,精盐5克,味精3克,奶汤200克,湿淀粉30克。

切配: (1)将油菜心用热油"激"一下,用水冲凉;嫩黄瓜、胡萝卜切成6~8厘米长的厚片;嫩豆角用水焯过,用刀截成6~8厘米长;腐竹从中间破一刀,切成6~8厘米长,用水焯过;西兰花用水焯过;金针菇、龙须菜用水冲洗干净,切成6~8厘米长;玉米笋、鲜蘑、猴头菇用温水洗净,猴头菇大个的用刀一劈两半;香菇去把、大个改一刀,用水焯过;水发黑木耳、银耳择净,大片撕开,分别用水焯过。将以上原料按色泽在盘中整齐拼摆。如油菜心、嫩黄瓜、嫩豆角、西兰花4种绿色原料,可分置在盘子的四边上。

(2)南豆腐用刀旋成圆锥形,如同莲蓬形状,再将豌豆放中间1粒,四边6粒,镶在豆腐上,上屉蒸挺。

烹调: 勺内加底油,葱花炝锅,烹入调料,添白汤,将主料轻推入勺。汤开后,撇净浮沫,略加烧爆调好口味,勾成流芡,淋入大油,晃开勺,大翻勺将菜溜入盘内。再将蒸好的莲蓬放在菜品中间,浇上白汁即可。

操作要领: (1)扒素全菜主料超过8种即可。

(2)此菜翻勺由于菜面单薄和蔬菜表面光滑不易吃芡,所以难度较扒全菜大。芡可勾得略稠些,以免翻勺后主料散乱。

(3)豆腐莲蓬不可蒸得过火,否则出马蜂眼。

23. 雪桥八仙

雪桥八仙是选用8种鲜(谐音为"仙")果,辅以时令新鲜蔬菜,用蛋泡糊模仿河北省赵州桥制作成雪桥而创制的一道甜菜。成品造型逼真,景菜交融,口味清甜,原料多样,若夏季放入冰箱内冻凉后食用更具特色,是夏季筵席中的甜菜大件之一。

赵州桥是一座有名的历史古桥。相传1000多年前由鲁班在赵州所建,桥建成以后,正巧八仙之一张果老骑驴经过此桥,后来柴王爷聚来五岳各山放在独轮推车上,过桥时压得桥身剧烈震动,鲁班见状跳入水中用手托住桥腹,才使桥稳定下来。至今赵州桥上还清晰地留了张果老骑驴踩的蹄印,柴王爷推车轧的沟痕和桥下面鲁班托桥时留下的手印。

原料: 蛋清8个,赵县雪花梨150克,菠萝150克,深州蜜桃150克、橘子、青梅、桂圆肉、葡萄干、水发银耳各15克,黄瓜50克,红樱桃12粒,白糖200克,冰糖50克。

切配: (1)将雪花梨、菠萝、蜜桃去皮、核,切0.5厘米厚的大片。黄瓜切直径1厘米的圆柱体。银耳撕成小朵,其他原料用水泡开。

(2)将蛋清抽打成蛋泡,加淀粉制成蛋泡糊,抹成拱桥形,黄瓜做桥柱,上屉蒸熟取出备用。

烹调：(1)把雪花梨、桃、菠萝分别装碗,撒入少许白糖,蒸软取出,装在大盘内码齐。

(2)汤勺放入清水(500 克)、白糖和冰糖熬化,依次放入橘子、青梅、桂圆肉、葡萄干、水发银耳稍煮,捞出装在大盘内码齐。

(3)将蒸好的雪桥放在盘中间,点缀上红樱桃,再将糖汁浇在桥身的原料上即成。

操作要领：(1)蛋泡要打硬些,蒸时要掌握火候。

(2)如夏季食用糖汁可提前加工好,放入冰箱内冻凉后,再浇入盘内,但要注意卫生。

(3)用作桥柱的黄瓜不能带籽,要略细一点的根部。

(4)浇糖汁时要稳,不可冲坏桥身和冲乱"八仙"原料。

24. 扒素四宝

扒素四宝为天一坊饭庄创新菜之一。近几年,为适应顾客需要,天一坊饭庄增添了小碟面的扒鱼翅,由于 125 克的鱼翅在碟中显得太少,所以就用扒素四宝来垫底。原料选用绿色的油菜心(或嫩黄瓜、绿菜花)、黄色的玉米笋(或金针菇)、白色的玉米片(或猴头菇)、黑色的香菇,采用白扒的烹制方法,将主料整齐地码在盘中,下勺后加奶汤、精盐、味精略煽,用湿淀粉勾芡,加明油,大翻勺后装盘,再将红扒鱼翅蒙在上边上桌。此菜推出大受顾客欢迎,尤其是热底的扒素四宝,色泽鲜艳和谐,造形整齐美观,质地脆嫩,咸鲜清爽正适合了人们追求素食的需要,所以此菜便成为一款创新名菜。

原料：油菜心 125 克,玉米笋 125 克,玉兰片 125 克,香菇 125 克,葱花 5 克,料酒 10 克,姜汁 10 克,奶汤 150 克,盐 4 克,味精 2 克,湿淀粉 30 克,净油 50 克。

切配：油菜心用开水焯过,用凉水冲凉;玉兰片切成大梳子片,用手捻开;玉米笋、水发香菇去把,改刀用温水冲净,4 种主料成对角形整齐地码放在盘内。

烹调：勺内加入底油,放入葱花爆锅,烹入调料,添入奶汤,将主料轻推入勺。汤开后撇去浮沫,略煽入味,淋入奶汤,将主料轻推入勺,出勺装盘。

操作要领：(1)菜品码放不要太厚,注意排列整齐并压紧。

(2)因此菜主料水分较大,所以芡汁较其他扒菜要略多并浓一点,以利于挂匀粘匀,使大翻勺后的菜面整齐美观。

25. 奶油玉米笋

玉米笋是近几年新兴起的一种高档蔬菜,不仅大量上市,而且颇受欢迎,一般体长 5~8 厘米,直径 1~1.5 厘米,外观呈淡黄色,并有光泽,口味清香微甜,质地脆嫩爽口,可作为主料整齐烹制,亦可切成不同的形状用作配料。可与冬笋、芦笋等原料媲美,因其营养丰富,风味别致,所以经常被选用于中高档宴会。

此菜采用扒的烹调方法烹制,成品清鲜脆嫩,芡汁洁白明亮,色形美观大方。

原料：整个玉米笋 400 克,鲜牛奶 70 克,熟猪油 30 克,白糖 4 克,精盐 3 克,面粉少许,味精、湿淀粉、奶油各适量。

切配：每个玉米笋剞成透龙花刀,放入开水锅内焯一下捞出,控净水分。

烹调：勺内加熟猪油烧热,放入面粉炒开后添少许清汤,再加鲜牛奶、精盐、味精及烫好的玉米笋,用小火扒制入味后,待汤快尽时用水淀粉勾芡,芡熟淋入奶油,出勺装盘。

操作要领：(1)选料要精,玉米笋个头大小要均匀。

(2)玉米笋不能过油,水烫时间不能太长,否则会影响玉米笋的口味和鲜嫩度,失去了玉米笋本身的特色。

26. 海米炝芹菜

"鲜鲫银丝脍、香芹碧涧羹",这是唐代诗人杜甫对芹菜羹的赞美之句。芹菜又名蒲芹、药芹、香芹。在我国栽培历史悠久,早在《诗经》中已有"盛沸槛泉,言菜其芹"的记载。《吕氏春秋》中说:菜之美……云梦之芹。现在我国各地均有生产,夏秋时节大量上市,品种有空心和实心两种。空心芹菜为中国原产,又称为本芹,其根大空心,质脆味浓;实心芹菜由西欧引进,也叫"洋芹",其根小棵高,脆嫩味淡。芹菜不仅味美可口,而且营养成分丰富,主要含有蛋白质、脂肪、多种维生素和矿物质,除其有较高的食用价值外,还具有"甘凉清胃、涤热祛风、利口明目、润肺止咳、醒脑提神"等功效。

海米炝芹菜是以脆嫩的空心芹菜为原料,用炝的方法烹制而成。成品脆嫩、咸鲜、清香、爽口,并带有轻微的麻辣味,深受人们喜爱。由于主料芹菜翠绿,海米橘红,色彩明快,美观悦目,所以不仅可作为单菜食用,而且也是冷菜拼盘或什锦冷盘的主要原料之一。

原料:净芹菜500克,海米50克,姜丝3克,葱段15克,花椒粒10克,精盐4克,味精2克,香油50克。

切配:(1)将芹菜切成约2.5厘米长的段。

(2)海米用温水泡透。

烹调:(1)锅内加清水烧开,将芹菜倒入开水锅里略烫,捞出用冷水透凉,控净水分放入大碗内,加海米、姜丝、食盐、味精拌匀。

(2)香油放勺内烧热,加葱段、花椒粒炸出香味,趁热将花椒油浇淋在芹菜上拌匀,再用一个平盘盖紧,5分钟后即可装盘。

操作要领:(1)烫芹菜时要用旺火,并且开水下锅,烫制时间不要过长,既要烫去生芹菜味,又要保持其脆嫩的特点。火力轻了或水不开,易将芹菜烫老。

(2)芹菜炝制时,应将花椒油趁热倒入拌匀,并扣盖略闷,凉的花椒油不易入味。

27. 虾籽独面筋

"独"是津菜中清真菜馆所擅长的技法。面筋是将面粉和好后洗去淀粉的剩余部分,其主要成分是小麦中的蛋白质。独面筋是将面筋在勺内长时间烧熻,使蛋白质部分水解,产生鲜味,并使面筋糯软糊嘴。独面筋可加入肉片、虾仁做成肉片独面筋、虾仁独面筋等菜品。虾籽独面筋是加入虾籽烹制的中低档的传统津菜。

虾籽独面筋为嫩红色,咸口略甜,有浓郁的海鲜味。

原料:虾籽5克,油炸面筋350克,大料2瓣,葱姜米共5克,料酒20克,酱油10克,精盐2克,味精2克,糖5克,嫩糖色5克,高汤200克,熟猪油25克,花椒油30克。

切配:将油炸面筋撕成核桃块,放勺内用宽汤大水焯过,用漏勺捞起,再反复用水冲挤,最后使炸面筋中油分浸出备用。

烹调:勺内另入熟猪油,下大料瓣,炸出香味,再将勺离灶口,放入虾籽,用微火将虾籽由褐色炒至微黄,下入葱姜米爆锅,烹入调料,添高汤,将面筋下入,汤开后将勺放置微火上盖盖烧熻5分钟。勺回旺火,调整汤汁口味,放入嫩糖色,勾流芡,淋花椒油出勺,盛在汤盘中即可。

操作要领:面筋必须焯透,熻足。

28. 炸金枪不玉

鲁西是山东省主要的产棉区。蘑菇的人工栽培,主要是用棉籽壳为主料加上菌种培植而成,其成本低,产量高,且营养丰富。由于棉籽壳原料充足,所以鲁西百姓普遍种植蘑菇。金枪不玉是鲁西百姓对鲜蘑菇腿的俗称。故炸金枪不玉就是炸蘑菇腿。此菜是选用精致的蘑菇腿,挂上蛋清糊经油炸后,色泽金黄,外焦里嫩,再佐以椒盐食用香酥可口,深受广大食用者的喜爱。

原料:鲜蘑菇腿 350 克,面粉 100 克,蛋清 1 个,精盐 3 克,味精 2 克,花椒面 2 克,花椒盐 3 克,湿淀粉 50 克,植物油 1000 克(实耗 100 克)。

切配:(1)将粗细、长短大体一致的鲜蘑菇腿洗净,用开水汆过,捞出控净水。

(2)将汆过的蘑菇腿放入大碗内,加上花椒面、精盐、味精拌匀稍腌。

(3)用蛋清、淀粉、面粉和成糊。

烹调:(1)勺内加油置旺火上,烧至七成热,下入沾匀糊的蘑菇腿,炸至定型后,用手勺及铁筷子打散,待漂起时捞出。

(2)油勺继续烧至八成热,将蘑菇腿入热油中冲,炸成金黄色,捞出控净余油,盛装入盘。上桌时外带花椒盐佐食。

操作要领:(1)选用的蘑菇腿一定要鲜嫩。

(2)糊应稠厚一点,且必须挂匀后再入油锅炸制。

(3)为了达到外焦里嫩,须用热油两次冲炸。

29. 赛肉段

"赛肉段"是辽宁省创新菜之一,既是素菜又是营养佳肴。此菜是以茄子为主料,经改刀、挂糊、油炸、烹汁而成,成品色泽金黄,外焦里嫩,咸鲜味佳,可与肉段媲美,故而得名。

茄子,又名茄瓜、落苏、昆仑紫瓜。品种较多,从颜色上有黑紫、绿、白之分。从形状上有圆、椭圆、长茄之别。茄子果实鲜嫩可口,含有丰富的蛋白质、维生素和矿物质,尤其紫茄子的果皮中含有大量维生素 P,因此常吃茄子,对减少胆固醇,降低血压,防止脑溢血、动脉硬化、咯血、皮肤紫斑病等均有明显的疗效。

原料:紫茄子(带皮)500 克,湿淀粉 150 克,花生油 1000 克,蒜片 3 克,姜末 2 克,葱花 5 克,鲜笋片 5 克,青椒块 5 克,香菜段 5 克,精盐 3 克,酱油 15 克,白糖 3 克,醋 5 克,味精 2 克,料酒、花椒水各 15 克,葱油 25 克,香油 10 克。

切配:(1)将茄子改成长 3 厘米、宽 1.5 厘米、厚 1 厘米的长方段。放入碗内加入湿淀粉、精盐、香油各少许调匀挂匀。

(2)取一小碗,放入酱油、味精、精盐、白糖、醋、料酒、花椒水、湿淀粉、汤调制成咸鲜口味汁芡。

烹调:(1)勺内倒入花生油,烧至六成热时,将挂好糊的茄子逐个入油炸至绷皮时捞出,如有粘连可用手勺慢慢拨开;待油温到七八成热时,入油复炸一下成金黄色,茄子熟时捞出控净油。

(2)勺内加底油,下入蒜片、姜末、葱花、鲜笋片、青椒块煸炒待有香味逸出时,倒入炸好的茄子和事先对好的汁芡,颠翻挂匀,淋入葱油、香油,撒入香菜段,颠几下勺倒入盘内即可。

操作要领:(1)糊必须挂均匀,否则影响形状、色泽和质感。

（2）茄子油炸时,应采用三次油炸的方法,首次定型,二次成熟,三次原料上色并达到质感的准确。

30. 辣白菜

辣白菜是一种凉菜原料,成品质地脆嫩,入口咸鲜、辣甜,色泽红白相间,给人一种淡雅、清爽之感。白菜古代称为"菘",在我国栽培历史悠久。《南齐书》中已有"初春早韭,秋末晚菘"的记载。白菜历来备受人们推崇,如苏东坡的"白菘类羔豚,冒土出熊蹯",范大成的"拨雪桃李塌地菘,味如蜜藕更肥浓"。现在被盛赞为"百蔬之王"、"诸菜中之最良品也"。

大白菜以山东胶州白菜最为有名,它不仅含有蛋白质、脂肪、糖、多种维生素和矿物质等丰富的营养成分,而且还具有解热除烦、通利肠胃、醒酒消食、生津下气等功效,俗语讲"白菜吃半年,医生享清闲"。

原料: 嫩白菜心 500 克,干红辣椒 20 克,姜丝 5 克,精盐 4 克,味精 3 克,花椒粒 8 克,白糖 75 克,醋 25 克,香油适量。

切配:（1）白菜心逐片剥开,用手撕成长条块,放入盆内加精盐,腌约 30 分钟,捞出控净水,放盆内。

（2）干辣椒 10 克切成细丝,10 克切成小段。

烹调:（1）用白糖、醋、精盐、味精对成汁水,加干辣椒丝、姜丝搅匀倒在白菜心上。

（2）勺内加香油烧热,加干辣椒段、花椒粒炸出香辣味,捞出辣椒和花椒,将椒油趁热倒入白菜盆内拌匀。

（3）上桌时可根据需要进行刀工处理。

操作要领:（1）主料必须选择应时的嫩白菜心。

（2）炸花椒粒和辣椒段时应慢火加热,要炸出香辣味。

31 炒面觔

面筋自古就有"素肉"之称,是斋食中的名特食品。《金瓶梅》中"冯妈妈捉嫁韩爱姐,西门庆占王六儿"写道:"刚才做的热饭,炒面觔儿,你吃些……"文中所说的"炒面觔"实际上就是"炒面筋"。在明朝高廉著的《饮馔服食笺》就有记载:"麸鲜:麸切作细条一斤,红曲未染过,杂料物一升,笋干、红萝卜、葱白皆丝。熟芝麻、花椒二钱,砂仁、莳萝、茴香各半钱,盐少许,香油熟者三两,拌与供之,下油锅炒为薤亦可。"薤,本指切碎的瓜菜等,这儿指面筋丝等炒成的细碎的菜肴,即"炒面觔"。

此菜成品质地柔韧有劲,口味咸鲜清香,并有淡淡椒油香味。

原料: 面粉 500 克,笋丝 25 克,青菜丝 15 克,葱姜丝 5 克,料酒 10 克,精盐 3 克,酱油 15 克,花椒油 10 克。

切配:（1）面粉 500 克,放面盆中,加水 250 克,加盐 1~2 克揉成面团,静置 20 分钟。

（2）将面团放在盛有 35~40℃ 温水的盆中反复捏洗 3~4 次,每次都要换清水。

（3）将面团中的淀粉及麸渣洗去,即为湿面筋,然后上笼蒸或煮透。

烹调:（1）将蒸好或煮好的面筋切成细丝。

（2）炒勺放旺火上,加油及葱、姜丝爆锅出香味,投入笋丝及青菜丝略煸,然后加面筋、料酒、酱油、精盐、味精调好口味。快速煸炒至青菜断生,淋花椒油,即可出勺装盘。

操作关键:（1）在洗制面筋前,面团应静置一会,行业中叫"饧",这样可使那些质量较差的蛋白质胶粒缓慢膨胀,彼此粘接,不易被水冲走。

(2)为了提高面筋的产出率,必须使用温水(35℃～40℃)洗制。洗水温度低,面筋的产出率也低。

(3)低浓度的中性盐类有加速蛋白质凝固结合的作用,故在洗制面筋时,适量加点盐,可加速面筋的形成。

(4)刚洗出的面筋又叫湿面筋,是一块淡黄色的胶状物,烹调前应经过蒸制或煮制后再切配。

32. 炸荷花

"四面荷花三面柳,一城山色半城湖"这句古人的赞誉之辞,是泉城济南的生动写照,而泉水、杨柳、荷花也就成了济南的三大景观。古时每当夏季来临,文人墨客云集大明湖畔,饮酒赋诗、赏花餐花,则为幸事。今天,来泉城济南观光,若能一品荷花的淡雅芳香,也不枉来此一游。炸荷花色泽洁白,花香清凉芬芳,是夏季里不可多得的一款美味。

原料:白色荷花瓣12片,豆沙馅100克,白糖100克,鸡蛋清4个,小麦精粉50克,花生油1000克。

切配:(1)将荷花瓣用清水洗净,用洁净纱布揾干水分,平铺在菜墩子上,抹上一层豆沙馅,顺长对折将豆沙馅包里面。

(2)鸡蛋清磕入碗内(蛋黄留作他用),用筷子或打蛋器抽打成泡沫状,加入精粉搅匀成蛋泡糊待用。

烹调:炒勺内倒入花生油,中火烧至三成热时移到小火上,将折好的荷花沾匀蛋泡糊,逐个下入油勺中炸制,并用铁筷子轻轻拨动,炸至呈浅黄或黄白色时捞出,控净油,放盘子里,上桌时,均匀地撒上白糖即可。

操作要领:(1)选荷花瓣时,一定要选白色、刚开放的花瓣。

(2)抽打蛋泡时,要顺时针方向一气打成,至将筷子插在蛋泡中不倒下时为好。

(3)打好的蛋泡要立即顺时针方向加精粉调匀。

(4)炸制时,一定要采用低油温,而待蛋泡稍变色,则捞出控油。

33. 蜜汁寿桃

深州蜜桃是河北深县特产,在我国已有2000多年的栽培历史。它以个大、色艳、皮薄、肉细、糖浓多汁而驰名中外,曾被国际上誉为桃中之魁。桃的营养价值较高,含有丰富的蛋白质、脂肪、糖类、维生素、胡萝卜素及矿物质等营养。蜜汁寿桃是以深州蜜桃为主要原料,首先做成寿桃的坯,再以白山药泥抹面成大桃形状,最后浇上蜜汁配以绿叶精制而成。成品色泽美观明亮,入口细甜如蜜,桃味清香,整体美观大方,常用做祝寿宴席中甜菜大件之一。

原料:深州蜜桃2个(约750克),山药250克,白糖200克,蜂蜜50克,京糕25克,青椒1个。

切配:(1)将桃删去茸毛洗净,每个切4瓣去核,用开水稍烫去皮,再切成2毫米厚的片。

(2)京糕切成末。青椒去蒂去籽,用刀刻成两片桃叶备用。

(3)山药蒸熟后去皮,用刀抹擦成泥状,加入50克白糖拌匀。

烹调:(1)桃片撒上白糖50克上笼蒸透控净水分,码在盘中呈大桃形的坯。

(2)山药泥盖面,薄薄地抹上一层呈半立体桃状。尖部撒京糕,用抹子抹平粘牢,上笼蒸8

分钟取出。

（3）炒勺内加入白糖炒黄,再加清水和桃汁,小火将汁熬浓,加入蜂蜜浇在蒸好的桃上。

（4）桃根部点缀青椒做的桃叶即成。

操作要领:（1）蜜桃蒸制要注意火力和时间,时间过长则出水,短则发脆影响质量。

（2）桃中加糖不可过多,否则失去桃香味。蒸制桃的原汁保留。

（3）蜜汁要均匀,成品周围呈现一圈糖汁为宜。

34.琉璃粉脆

粉脆即干粉皮,是先用淀粉加工成鲜粉皮,再经晾晒或烘烤干制而成,含有丰富的糖类和少量的蛋白质、膳食纤维、灰分等。

此菜选用质地优良的干粉皮,用温水浸泡回软,加工成圆片,放入热油中炸至焦脆,然后挂上炒好的拔丝糖浆,盛入盘内用筷子拨散开,冷却后即成为琉璃粉脆。成品色泽金黄明亮,入口香甜酥脆,是一道深受食客欢迎的甜菜。

原料:干粉皮150克,白糖200克,植物油500克,香精少许。

切配:干粉皮用冷水略泡一下捞出控净水分,平放在案板上。用直径1.5厘米的铁筒逐个地把粉皮套成圆片,放入盘内,晾干。

烹调:（1）勺置旺火上加油烧至七成热,将粉皮下勺炸至酥脆膨松时,离火翻匀炸透,捞出控净油。

（2）勺置旺火上加油少许,放白糖炒化,至拔丝火候,迅速倒入炸好的粉皮,滴上香精离火翻匀,挂匀糖汁,倒入抹油的盘子内,用筷子迅速拨开晾凉,上桌即成。

操作要领:（1）选用的粉皮必须是优质淀粉制作的,且不加添加剂。

（2）炸制过程中应勤翻动,既要炸酥又要炸透。

35.雪丽澄沙

澄沙,是用赤小豆经水煮熟烂后,经过罗去掉皮,再用油和糖炒制成的精细馅制品。其成品色泽红润光亮,质地细腻润滑,味甜而爽口,多用于制作甜点和甜菜类食品。

雪丽澄沙是辽宁省的一款传统名菜之一。选用制好的澄沙馅作主料,再用蛋清制成的蛋清糊包裹为雪丽,经油炸后,撒上白糖既成。成品外酥里嫩,甜香适口,是深受食客喜爱的一道甜菜。

原料:澄沙馅200克,干淀粉75克,鸡蛋清100克,白糖150克,面粉适量,熟猪油1000克（约耗70克）,香精、青红丝各适量。

切配:（1）将澄沙搓成直径1.5厘米的丸子若干个。

（2）鸡蛋清放入盘内,用筷子顺着一个方向抽打,至能立住筷子为宜,加入干淀粉、面粉调制成雪衣糊。

（3）白糖放入小碗内,加入香精、青红丝拌匀。

烹调:勺内倒入熟猪油,烧至三四成热时,将澄沙丸先沾一层面粉,再挂匀雪衣糊,逐个放入油勺内炸,炸至糊熟捞出,控净油,然后摆在盘内,撒上拌好的白糖即成。

操作要领:（1）一定要掌握好油温,不能过高,否则出现阴阳色,影响美观。

（2）雪衣糊在调制时,要注意面粉、淀粉与蛋清的比例,不可过多或过少。

36.炒山药泥

河南怀庆山药全国闻名,它不但是烹饪的好原料,还是一味滋补中药。"炒山药泥"用怀庆山药烹制,其味最佳。据传,后周末年,宋太祖赵匡胤酒后伤人,连夜逃出汴京。渡黄河时,又遭围捕,无奈跳入黄河,泗水逃命。几天的惊吓、劳累已把赵匡胤折磨得精疲力尽,泗渡黄河险些葬身鱼腹,挣扎着爬上彼岸,就昏倒在路边。多亏一位要饭的老汉救了他,因无干粮可食,便捡田里种的山药,煮成糊给他吃,赵匡胤才死里逃生,后来赵匡胤做了皇帝,吃腻了山珍海味,忽然想起救命的糊糊,令人仿制,却嫌没味,御厨们就加上糖,以后又改用油炒,逐渐成了如今的制法。

原料:怀庆山药 750 克,白糖 300 克,熟猪油 150 克,山楂糕 10 克,青红丝少许。

切配:山药洗净,上蒸笼蒸熟,去掉皮后在墩子上抹成泥,用适量水澥开搅匀。

烹调:锅上火,加熟猪油,下入山药泥、白糖炒至不沾锅、不沾勺时,盛入盘内,撒上切成丁状的山楂糕和青红丝即可。

操作要领:(1)澥山药泥时,不可加水过多,也不可过少,以山药泥搅至有弹性为佳。

(2)要掌握好糖和油的比例,一般来讲,糖和油的比例为2∶1。

37. 拔丝苹果

此菜选择久负盛名的烟台苹果为主料,是经改刀、挂糊、过油、沾糖等工序而烹制成的一道甜菜。成品形状圆润,色泽金黄,香甜可口,牵丝不断,深受食者欢迎。

苹果古时称为柰,后改称为频婆、平波、严波等,在我国栽培历史悠久。秦汉时期已有记载,晋代郭义的《广志》中有:"西方列多柰,家家收切,曝干为脯,如藏枣柰。"苹果酸甜爽口,形色美观,营养丰富。它含有蛋白质、脂肪、粗纤维、无机盐和多种维生素,并且有益气润肺、生津止咳、醒酒开胃等功效。因而西方有"日食一苹果,医生远离我"的谚语。现在人们已把它誉为"果中西施"。

原料:苹果 4 个(约 500 克),发酵粉 8 克,面粉 100 克,白糖 150 克,熟猪油 750 克,青红丝、香精、食碱各适量。

切配:(1)将苹果洗净,削去外皮,先切成 4 块,去掉果核,然后切成滚刀块,沾匀面粉。

(2)面粉加温水,经过发酵后掺入适量的食碱和熟猪油搅匀成发酵糊。

烹调:(1)勺内加熟猪油 700 克,烧至六七成热,将苹果逐块沾匀发酵糊下勺炸至金黄色,捞出控净油。

(2)勺内加底油 10 克烧热,放入白糖炒至金黄色呈稀浆状出丝的火候时倒入炸好的苹果,撒上青红丝,滴入香精,翻匀盛在抹油的盘内。

操作要领:(1)苹果品种的选择要根据不同季节来选择。

(2)发酵糊应充分发足,加碱的数量以去掉酸味为准。

(3)操作要敏捷,一般是用两把勺操作,边炸苹果边炒糖,互相配合。

(4)炒糖时底油不能过多。

补充说明:(1)拔丝苹果的糊还可选用以下两种糊:①用鸡蛋和湿淀粉调成的蛋粉糊。②用蛋清打成蛋泡后加入干淀粉调成的蛋清糊。

(2)炒糖的方法有三种:一是油炒糖;二是水炒糖;三是水油混合炒糖。

38. 拔丝雪梨

雪花梨是河北特产之一,主要分布在河北省中南部。早在卑微时就已成为朝廷贡品,至今已有 2000 多年的栽培历史。

雪花梨的特点是:果肉洁白如玉,似雪如霜,故称其为雪花梨。其果肉细脆而嫩,汁多味甜,果汁含糖量丰富,并含有大量的蛋白质、脂肪、果酸、矿物质及多种维生素等营养成分。同时,还有较高的医用价值,明李时珍《本草纲目》记述:"雪花梨性甘寒、微酸",具有"清心润肺、利便、止痛消炎"等功能。据现代医学研究,雪梨能生津止渴、开胃消食、消痰祛风、醒酒、解疮毒等。

此菜选用肉质洁白、香甜味浓的雪花梨为原料,经改刀、挂糊、油炸后,挂上炒至出丝的糖浆中,沾匀成菜的一道甜菜。成品色泽金黄明亮,质地外脆里嫩,口味香甜可口,吃时牵丝不断,常用于各类宴会。

原料:雪花梨 500 克,芝麻仁 25 克,白糖 150 克,面粉 125 克,发酵粉 1 克,花生油 1000 克(实耗 50 克)。

切配:(1)将雪花梨削皮去核,切成滚刀块,拍上干面粉。

(2)剩余的面粉加水和发酵粉调成糊状,静放 10 分钟待用。

烹调:(1)中火大油锅烧至六成热时,将梨逐块挂糊入油锅炸成金黄色捞出。

(2)热勺加底油,放入白糖,将糖炒至微黄色出丝的火候时,放入芝麻仁,待芝麻发出响声时,倒入炸好的梨块,迅速颠翻,裹匀糖浆,盛在抹匀油或撒上白糖的盘子中即可。

操作要领:(1)挂糊厚薄要适宜,既要"薄皮大馅"又不要脱糊。

(2)正确掌握火候,炒糖达到三点要求,一是金黄色,二是起小泡,三是呈稀浆状。

(3)正确掌握主料与糖的比例,成品既要挂满糖浆,又不能使糖浆沉入盘底。

39. 拔丝葡萄

葡萄原产于欧洲、亚洲西部和非洲北部。现在我国各地均有栽培。根据其产地不同分为东方品种群和欧洲品种群,我国栽培历史悠久的"龙眼"、"无核白"、"马奶子"等均属东方品种群,"玫香"、"加里娘"等属欧洲品种群。新疆产的无核白葡萄是驰名中外的优良品种。而作为烹饪原料,则要求是颗粒大、肉脆、无核、口味好。

此菜是辽宁传统名菜之一,选用上等的好葡萄为原料,采用特殊的烹调方法拔丝烹制而成,其特点是色泽金黄、金丝飞扬,质感外脆中松里嫩,甜酸适口。

原料:无核白葡萄 300 克,鸡蛋清 6 个,干淀粉 100 克,白糖 150 克,熟猪油 1000 克(实耗 80 克),青红丝、面粉各少许。

切配:(1)将葡萄先用开水略烫,去皮,滚上一层干面粉放入盘内。

(2)鸡蛋清放入盘内,用筷子顺着一个方向抽起,能立住筷子为宜,加入干淀粉、面粉调制成雪衣糊。

烹调:(1)勺内倒入熟猪油,烧至四成热时,每粒葡萄挂匀雪衣糊,逐个放入油勺内炸至硬皮时捞出,待油温回升至七成热时,再入油冲炸一会捞出,控去油。

(2)勺内加清水 100 克,放入白糖溶化后,炒至呈金黄色,用手勺舀起倒入大勺时成一条直线,落勺内有唰啦微声时,放入炸好的葡萄速翻几下,离开火口,大勺往上颠,手勺随之往上推翻至糖浆挂匀,再滴入香精,撒上青红丝翻匀,出勺装入抹油的盘内。上桌时外带凉开水一碗。

操作要领:(1)要准确掌握火候,否则影响出丝。

(2)掌握好雪衣糊内加入淀粉与面粉的比例。

40.拔丝西瓜

"缕缕花衫沉睡碧,痕痕丹血揩肤红,香浮笑语方生水,凉入衣襟骨有风"。这是元代诗人方夔赞美西瓜的诗句。西瓜原产非洲,相传南北朝时传入我国。德州种植西瓜亦有几百年的历史,《德县志》载有"西瓜田野种之,花黄,雌雄同株,实大者二三十斤,形有长者、圆者、椭圆者之别,瓤有红、黄、白等色之分。味甘,含水分甚富,为夏季解暑之良品"。

拔丝西瓜选择德州产"三结义"西瓜为主要原料。这种西瓜的特征是白皮、红瓤、黑籽。其名取自"三国"时期,白皮——刘备、红瓤——关羽、黑籽——张飞,故称"三结义"。

原料:德州"三结义"西瓜1个(重约3000克),鸡蛋黄1个,白糖120克,青红丝3克,干淀粉25克,湿淀粉100克,花生油750克(约耗100克),香油少许。

切配:(1)将西瓜切开,取瓜心无籽处(500克),改成滚刀块,滚上一层干淀粉。

(2)取蛋黄1个,湿淀粉100克,混合搅匀成糊。

烹调:(1)勺内加花生油750克,旺火烧至九成热时,将滚上干淀粉的西瓜逐块挂匀糊放油内炸,呈金黄色时捞出控净油。

(2)勺内留底油10克,加入白糖,炒至金黄色呈稀浆状时,放入炸好的西瓜、青红丝、香油,颠翻出勺即成。

操作要领:(1)选择西瓜时要注意成熟的程度,不熟者味不甘甜,熟大了则容易起沙,不易改块。

(2)由于西瓜含水分大,所以操作时要旺火速成,以保持菜肴整齐不碎。

(3)装盘时,盘底要擦上一层油,以防糖汁沾盘。

41.拔丝樱桃

"拔丝樱桃"是以烟台大樱桃为主料,经拔丝而成的一味甜菜。烟台是我国大樱桃栽培的发祥地,也是我国当前栽培大樱桃比较集中的地方。19世纪80年代,由华侨引入的欧洲甜樱桃,开始在烟台芝罘区东部栽培,迄今已历百年。经过当地人的辛苦培育,长成了果实大、味美、宜鲜食、适加工的烟台大樱桃。厨师们以此为原料,研制了一款甜菜——拔丝樱桃。此菜色泽黄中透红,味甜香美,一入餐桌就蜚声食坛。

"拔丝"之妙在于熬糖出丝,是一项技术很高的烹调方法,糖丝早在元、明时代,我国民间即有所制,明高濂《遵生八笺》中做过记载。将糖炒至出丝用于制肴,则是源于山东,至清朝年间已极为普遍。清初《聊斋志异》的作者蒲松龄,在其所写的《日用俗字·饮食章》中曾记载:"北地而今兴揾果,无物不可用糖粘"。

原料:樱桃罐头300克,白糖120克,熟花生油500克,香精5克,青红丝4克,干面粉100克。

切配:将樱桃罐头控净汁,用干布揩净水,滚上一层干面粉。再撒上一层水,再滚上一层干面粉,然后滤去面粉渣。

烹调:(1)勺内放油500克,烧至七成热时,将樱桃下勺内炸成金黄色,捞出控净油。

(2)勺内加底油10克,加入白糖,用急火炒至糖呈稀浆状出丝时,倒入炸好的樱桃,撒上青红丝,滴上香精翻勺,盛入涂油的盘内即可。

操作要领:熬糖时,要准确掌握火候及时间。糖炒得老,口味变苦;糖炒得嫩,粘不住原料且不出丝。待糖粒炒化后呈稀浆状并达到金黄色时为好。

42. 拔丝荸荠鼓

津菜中的拔丝菜品品种很多,主料除现成的原材料外,还有不少是经过再加工的。如拔丝沙果,即是用熟山药泥包入什锦果料,然后挂糊,过油炸再行拔丝。拔丝荸荠鼓也属这一类。菜品用熟南荠夹入澄沙馅,挂喇嘛糊,过油炸成金黄色再熬糖拔丝。拔丝荸荠鼓色泽金黄,主料造形美观,外糊酥脆,南荠脆嫩,澄沙馅甜软,可拔出缕缕长丝。

原料:荸荠 500 克,澄沙馅 150 克,面粉 10 克,鸡蛋 40 克(1 个),淀粉 60 克,冰花 25 克,白糖 150 克,油 750 克。

切配:(1)将南荠用水洗净,煮熟削去皮,上下两面用刀片平,中间再片开一刀,将净南荠切成上下两片。将两片靠中间的一面沾匀面粉,再将南荠片大小的澄沙馅夹在两片南荠中间,成为小鼓形状。然后将荸荠鼓一个个做好,摆放在盘中。

(2)将鸡蛋打在碗内,用筷抽渫,下入淀粉调成喇嘛糊。

(3)将冰花撒匀在大盘内。另备一碗盛凉开水。

烹调:(1)勺内加入净油,烧至五成热,将荸荠鼓一个个挂匀喇嘛糊,过油炸成金黄色捞出控净油。

(2)原勺中的油倒出,回灶,下入白糖利用勺边余油将糖融化,转动炒勺,使其均匀受热,待糖汁经过小泡——大泡——小泡的过程,将糖汁炒好,下主料,离灶火,一面颠勺,一边用手勺推出,使糖汁完全裹在主料上,即可出勺,将主料用手勺慢慢拨入撒好冰花的盘中,即可带凉开水碗上桌。

操作要领:(1)普通白糖中吸附有一定的水分,而且每个蔗糖分子还含有几个结晶水分子。拔丝炒糖的过程,就是使白糖完全溶化并失去这些水分的过程,糖汁中泛起的小泡即是水蒸气泡。所以,拔丝菜的炒糖火候最为关键,火小时糖丝发绵粘牙,过火时有部分焦化,使色深味苦。

(2)勺内炒糖时不可留油过多。最好一勺内炸制主料,另一勺内加水熬糖。主料炸好,糖汁也熬好,然后主料入糖勺,颠勺裹汁,可使主料沾汁均匀牢固。

(3)冬天食用此菜时,须事先将盘子烫热,并在盘子下边放一开水碗上桌。

43. 拔丝空心小枣

我国是枣的故乡,栽培历史悠久,《诗书·魏风》中有“园有棘,其之实”之句,说明春秋时期黄河以北的广大地区已经有了枣园。枣的品种很多,但最有名的还是山东乐陵产的金丝小枣。据史书记载,它“始于隋唐,盛于明”是封建时代向皇帝进贡的珍品。清朝乾隆还曾给一株枣树赐挂了“枣王”的御匾。金丝小枣核小、肉厚、皮薄、味甘、肉质细密,含有丰富的钙、糖、蛋白质、脂肪及多种维生素,尤其是维生素 C 的含量居各种果品之首,故有“维生素 C 丸”的美称。小枣不仅营养价值高而且还具有“补虚益气,健脾和胃,润脏养颜,坚志强力,轻身延年”等功效,是理想的滋补佳品。

“拔丝空心小枣”是以金丝小枣为主料,将枣核去掉,在核心填入水晶馅,然后滚匀干淀粉,经油炸后挂匀糖浆。成品小枣外挂金丝绵延不断,色泽曲中透红,食之香甜可口,别具风格。

原料:乐陵金丝小枣 300 克,猪脂油 50 克,白糖 200 克,干面粉 200 克,花生油 750 克。

切配:(1)将脂油剁成细泥加白糖 70 克,拌匀成水晶馅。

(2)将小枣放入沸水中浸泡,然后去掉枣核,将水晶馅抹入空心处,放在干面粉中滚动搅拌,再撒上一层水,再滚上一层干面粉,反复几次,使枣均匀地沾上一层面粉,最后滤去面粉渣。

烹调:(1)炒勺内放油,用中火烧至七成热时,将小枣放入油内,以小火炸至金黄色捞出。

(2)炒勺内留少量底油,加入白糖炒至金黄色能拔出丝时,倒入炸好的小枣,翻勺装盘即可。

操作要领:(1)炸小枣时,火不应太旺,以金黄色炸透为宜。

(2)小枣去核时,要注意外形完整。

(3)炒糖时勺内底油不能太多,否则糖不易挂匀。

六、其他类

1. 嫫对西子

此菜是陕西曲江春酒家的创新菜。根据白居易《杏园中枣树》中"二月曲江头,杂英药绮旎,枣亦在其间,如嫫对西子"的诗意研制的,这里的"嫫"指传说中皇帝的妃子,长的很丑,但有贤德,"西子"指春秋时代越国著名的美女西施。"嫫对西子"一菜紧扣全诗主题,着眼点在红枣胜过鲜美的食物上。正因为如此,选用了鲜美的对虾(寓美丽的西施),菜肴加工时不破坏枣的原形,并在枣内酿以高档鱿鱼、海参、干贝等料,人们在吃过对虾之后,再品尝一下酿枣,确有一味比一味美的感觉。

原料:对虾 10 只,红枣 30 个,江米 50 克,水发干贝 25 克,海参 50 克,水发鱿鱼 50 克,豆瓣葱 10 克,姜末 5 克,湿淀粉 40 克,蛋清 1 个,料酒 10 克,精盐 5 克,味精 2 克,清汤 150 克,熟猪油 1000 克。

切配:(1)对虾去头、壳、沙线,从背部划一刀(不要划透),用精盐、料酒入味后,再用蛋清和湿淀粉上浆。

(2)红枣用水泡涨后,从蒂部去核,不要将枣皮弄破,江米用水泡一段时间,干蒸至熟,海参、鱿鱼、冬笋均切丁,干贝洗净。

烹调:(1)勺内加底油烧热,先投入葱、姜煸出香味后,倒入三丁和干贝,稍加煸炒,加调料和江米及适量清汤。待汤汁浓稠时酿入枣内,上笼蒸透,取出沥出汤汁,扣入盘中,汤水用湿淀粉勾芡浇淋在原料上。

(2)勺内添多量油烧至五成热时,将上浆好的对虾入锅划油。

(3)勺内留底油烧热后加葱、姜爆锅,然后烹入料酒,再倒入事先用盐、味精、清汤、湿淀粉对好的汁水,待汁爆起倒入对虾,颠翻至汁挂匀虾身出锅,围在酿枣的四周即成。

操作要领:(1)对虾个不要太大,以 12 厘米长为宜,红枣应选用个大皮薄的灵宝枣。

(2)对虾划刀要均匀,否则卷曲不能成形,红枣去核时,核上可带些肉,以利多装馅料。

(3)炒三鲜时,要掌握好口味,以便装入枣中和枣起中和作用,其味更浓。

2. 玉蚌怀珠

蚌乃软体动物,有两个椭圆形外壳,可以开闭。在贝壳内有时长出乳白色(或淡黄色)并有光泽的圆形颗粒即为珍珠,"玉蚌怀珠"就是根据这一自然现象而烹制的创新菜。此菜构思新颖,设计巧妙,表现了独特的艺术手法。它用料搭配合理,营养全面,整体色彩明快,鲜咸适口,滋美味醇,是一道色、香、形俱佳的菜肴精品。

原料:鲜鲍鱼300克,虾仁100克,鹌鹑蛋16个,大鲍鱼壳1只,胡萝卜球6个,青笋球6个,柑橘2个,蛋清4个,料酒5克,精盐5克,味精3克,黄瓜15克,香菜叶5克,干淀粉10克,花生油50克。

切配:(1)将虾仁砸成泥状放碗内,加蛋清、精盐、味精搅匀,分别抹在12个羹匙内,点缀鹌鹑蛋和香菜叶后,上笼蒸熟取出备用。

(2)将鲍鱼片成大薄片,用开水略氽捞出控净水待用。柑橘切0.3厘米厚的片。黄瓜切连刀片后掰成佛手花形。

烹调:(1)勺内放花生油烧热后,烹入料酒,注入鲜汤烧开,再加鲜鲍鱼片及胡萝卜球和青笋球,用精盐和味精调好味,加湿淀粉勾薄芡,淋上明油出勺,一部分盛放在盘中心的鲍鱼壳内,少部分放在壳外。

(2)蒸好的虾泥托摆在鲍鱼的周围,点缀上佛手黄瓜和柑橘片。

(3)勺内放清汤,加盐、味精开锅后勾米汤芡,浇淋在虾托上即成。

操作要领:(1)鲜鲍鱼烧时要掌握火候,不宜烧老。胡萝卜和青笋球可提前加工,并用水烫至嫩熟,但要保持鲜脆。

(2)两种菜肴必同时出锅,避免温度不一致。

(3)炒好的菜肴要盛装在壳中一部分壳外一部分,以使其具有静中有动,动中有静,情景交融的效果。

3. 金龙闹海

金龙闹海是山东烟台的一款创新花色菜,在山东省商业系统厨师职称考核中,以立意新颖、构思巧妙、造型形象而深受老一代烹调大师的青睐。

花色菜,即以各种动植物为素材,用食品原料仿制而成。此类菜肴,古已有之。史籍载:"以鱼叶斗成牡丹状,既熟,出盎中,微红如初开牡丹"。这是宋代一款名曰"玲珑牡丹鲊"的著名花色菜。鱼叶,即鱼片;斗,此处作"拼"讲。南宋著名爱国诗人陆游非常欣赏此肴。上世纪50年代前后,花色菜在烟台开始出现,70年代后期和80年代初期达到全兴时期。"金龙闹海"以烟台的3种名特产为原料,采用蒸、炸、烧法制成,将3种海珍和多种技法尽显于一肴之中,形象、生动,颇具艺术魅力,为理想的创新佳作。

原料:水发海参150克,大对虾腰9个(约200克),鲜黄花鱼肉1片(带尾,约重200克),去头大对虾(带尾)1个,鸡泥100克,油菜50克,洋葱14瓣,红樱桃2个,胡萝卜50克,精盐9克,葱油6克,鸡蛋清25克,味精4克,鸡蛋黄100克,湿淀粉30克,清汤600克,白糖10克,葱姜汁15克,葱段10克,姜片8克,酱油15克,精面粉75克,熟猪油1000克,香油6克。

切配:(1)水发海参顺长片成大片,用开水氽透,捞出控净水分。

(2)对虾腰挑去虾腺,从脊背处片入1/3深,用精盐、味精、葱姜汁喂口。

(3)去头大虾剥皮留尾,挑去虾腺,从脊背处片入2/3深(靠近尾部的一节不片),同样加精盐、味精、葱姜汁喂口。

(4)黄花鱼肉片去边刺,修齐鱼尾,从肉面锲上多十字花刀,经调味品调口后叠做成"龙头"状。

(5)油菜洗净切成细丝。

(6)鸡肉泥加清汤、精盐、味精、鸡蛋清、葱姜汁、香油搅匀,均匀地在圆盘中间围一圈。洋葱瓣修成荷花瓣,在鸡泥上覆盖一层,然后放笼屉内蒸 3 分钟至熟取出。

烹调:(1)勺内放油 350 克,烧至六成热时,将油菜丝下勺略炸即捞出,撒入精盐、味精,在圆盘外层撒一圈。

(2)勺内油继续烧至八成热时,将海参下油内一冲即捞出。另起油锅,加葱段、姜片煸炒至出香味时,捞出不用。随即烹入酱油,加清汤、白糖、精盐、味精,放入海参,用慢火煨透,用湿淀粉勾芡成浓芡,淋入葱油,盛盘中间。

(3)勺内放油 750 克,烧至八成热时,将蛋黄、湿淀粉、精面粉和匀的糊,均匀浇一层在龙头上,用漏勺托着龙头放油内用手勺浇炸,呈金黄色已熟时,捞出控净油,按上两个樱桃做龙眼,然后放盘内菜松上。

(4)喂好口的虾腰(包括带尾的那一个)同样用湿淀粉、蛋黄、精面粉挂糊放油内炸熟,呈金黄色时,捞出控净油。在每节虾腰脊背处略顺开一小口。胡萝卜切成 0.3 厘米厚的片,修成龙鳍状,用开水一汆过凉,加精盐、味精、香油喂口,在每节虾腰的开口处插上一片,摆入盘内成龙"身"状即成(带尾的那一节做龙尾)。

操作要领:(1)"龙"头油炸之前,可先入笼屉内蒸一下,定型后再取出浇上糊炸熟。

(2)油菜丝入油炸时,油温不宜太高,过高易使菜松焦黑。

(3)由于此菜操作较为复杂,因此,制作时各环节应同时进行,以保证菜肴质量、热度。

4. 凤丝牡丹

凤丝牡丹的主料为鸡脯肉、海蜇头和芫荽,采用津菜擅长的清炒技法,使菜品的色泽和造型非常美观,因主料质地反差大,质感奇特,口味咸鲜酸辣,入口层次分明,所以是津菜中色香味形质均佳的名菜之一。

凤丝牡丹中鸡丝雪白,柔软滑爽,海蜇头色泽紫红、质地脆嫩;状如盛开的牡丹花瓣;芫荽翠绿、鲜美,菜品清汁无芡,兼有蒜香和芫荽的清香。

原料:鸡脯肉 250 克,海蜇头 250 克,芫荽 25 克,蛋清 30 克,湿淀粉 30 克,红干辣椒 3 克,蒜末 5 克,料酒 20 克,姜汁 20 克,醋 10 克,精盐 4 克,味精 2 克,油 1000 克,花椒油 25 克。

切配:(1)将鸡脯肉切成细丝,加盐(1 克)、料酒、姜汁搅上劲,喂好口,再分两次添水 50 克,然后加入淀粉、蛋清,搅匀上好浆。

(2)海蜇头浸泡漂洗干净,用开水焯一下,放凉水中透凉,然后用刀片成大薄片。芫荽去掉根梢,切成 3 厘米长的段,放小碟内备用。红辣椒切成细丝。

烹调:勺内加入净油,烧至四五成热,将鸡丝下入滑好捞出控净油。原勺留底油,烧热后离火,下红辣椒丝炸出辣味后,再加蒜米。炝锅下入鸡丝,烹入调料,放入海蜇片,边颠勺边撒入芫荽梗,利用菜品和勺的余热,将芫荽梗烫热,淋花椒油,颠匀出勺装盘。

操作要领:做好此菜的关键在于不使海蜇头出汤和不使芫荽梗过火。

5. 鸡茸花配

鸡茸菜即是以鸡脯肉作原料,斩成细茸,过罗添水,加入调料,在搅拌成鸡茸的基础上,根据市场原材料和顾客需要而烹制的一大类菜品,其品数繁多,各有千秋。例如得月楼柴金良在烹饪第二次全国大赛中获金杯的菜品——鸡茸菠菜就是其中之一,鸡茸菜中最有代表性的为鸡茸花配,它似一个个质地洁白、五彩斑斓的绣球,质地软烂,入口即化,咸鲜味醇,造型也很美观。鸡茸花配既富含营养,又易于消化,最适宜老人食用,是高档喜寿宴会上的饭菜。

原料:净鸡脯肉200克,火腿、蟹黄、水发海参、青虾仁各25克,嫩黄瓜皮15克,荸荠35克。熟瘦肉丝、鸡蛋皮、玉兰片、水发香菇、菠菜心各20克,蛋清60克,团粉50克,葱花5克,料酒50克。姜汁50克,盐4克,味精2克,奶汤150克,水团粉30克,熟猪肉75克。

切配:(1)将鸡脯肉放墩上,用刀斩成细茸,下入熟猪油、料酒(30克)、姜汁(30克)搅上劲,添少许水,再加入盐、蛋清、湿淀粉,搅拌成鸡料子。

(2)将火腿肉、水发海参、蟹黄、滑好的青虾、嫩黄瓜皮、南荸切成绿豆大小的粒,均匀搅在鸡料子中。

(3)鸡蛋皮、玉米片、水发香菇、菠菜嫩心用刀切成火梗粗的丝。

烹调:(1)勺内加较多的水,烧开后将勺端下,将鸡料子挤成12个核桃大的丸子,下入勺中用慢火氽熟,捞出控净水,底层7个,中层4个,上边一个,整齐码放盘中。

(2)勺内加熟猪油25克作底油,葱花爆锅,烹入调料,添高汤,下入辅料丝。汤开后撇净浮沫,勾溜芡,淋入熟猪油,将汁浇在菜品上面即可。

操作要领:关键在于做好的鸡茸丸子,鸡茸要比一般的鸡茸菜少添一些水,使其有足够的黏度以把辅料粘好,另外用热水氽鸡茸丸子时,因丸子个大,要用温水较长时间将其氽熟。

6.油爆双脆

油爆双脆是一款历史颇为久远的山东名菜,它是由"油爆肚仁"和"油爆鸡肫"组合而成的一道禽畜菜肴。最初制作这种菜肴选用的不是猪肚头和鸡肫,而是牛羊百叶和肾。牛羊百叶即牛、羊肚;肾,俗称"腰子"。北魏时山东籍科学家贾思勰的《齐民要术·羹臛法》记载:损肾"用牛羊百叶,净治,令白。韭叶切,长四寸;下盐豉中,不令大沸! 大熟则肕法;但令小卷,止。与二寸苏、姜末,和肉。漉取汁,盘满奠。又用肾,切工二寸,广寸,厚五分,作如上。"

这段记载可以看出,牛羊百叶和肾采用同一做法制作的菜肴,此处皆称为"损肾",但没有体现出"油爆"的特征,这只是"油爆双脆"的雏形。到了清代,山东人用油爆之法制作的菜肴已基本成熟。清·袁枚的《随园食单·特牲单》中记载:"将肚洗净,取极厚处,去上下皮,单用中心,切骰子块,滚油爆炒,加作料起锅,以极脆为佳。此北人法也。"依据此法,山东人们将"损肾"进行了改革,形成了现在以脆嫩见长的"油爆双脆"。民国年间,为烟台芝罘街上各大饭店的名菜。

原料:猪肚头250克,鸡肫250克,指段葱10克,蒜片5克,料酒10克,精盐4克,味精3克,高汤100克,湿淀粉15克,熟花生油500克,香油2克,食碱2克。

切配:(1)用刀片去猪肚头里面带黏液的一层皮,用剪刀剪去脂油,去净外皮和筋肌,洗净,在里面锓上多十字花刀(刀深为原料的2/3),切成2厘米见方的块,放入碱水碗里泡涨,10分钟后捞出漂净碱水;鸡肫去净外皮及内筋,剞上多十字花刀(刀深为原料的1/2),改成2厘米见方的块。

(2)用高汤、精盐、味精、湿淀粉对成汁水。

烹调:(1)勺内放清水烧开,将鸡肫、肚仁下勺一氽,捞出控净水分。勺内另放油500克,烧至九成热时,把肚仁、鸡肫下油中一冲,立即倒出控净油分。

(2)勺内放油50克烧热,用指段葱、蒜片爆锅,加料酒一烹,倒入鸡肫、肚仁及对好的汁水快速翻炒成包芡,淋入香油盛盘内即成。

操作要领:(1)肚头初加工时,要用精盐、醋反复揉搓,洗净其黏液,片去带黏液的一层皮,用剪刀剪去油,去净外皮和筋肌。

(2)鸡肫在制作前,应先割去前段食管,将肫剖开,刮去污物,剥去内壁黄皮洗净,方可进行刀工处理。

(3)鸡肫和猪肚头在刀工处理时,要本着刀距均等、深度一致的原则。

(4)由于此菜是采用油爆技法烹制的,因此,烹调过程中,应快速、紧凑、环环紧扣、一气呵成,体现油爆菜肴之特点。

7. 熘鱼焙面

这是一款河南名吃,全称为"糖醋软熘黄河鲤鱼焙面"。河南居黄河中下游,沿河七百余公里,气候温和,物产丰富。当地出品的黄河鲤鱼就与众不同:嘴边有两须,长而飘逸;鱼鳞上的纹理像十字,且排列很有规律,从鱼中线的尾部数到腮下,皆为36个鳞片。鲤鱼便由此得名。宋沈括《梦溪笔谈》云:"鲤鱼当胁一行三十六鳞,鳞有里文如十字,故谓之鲤,文从鱼,里者,三百六十也。"此鱼肥嫩无泥土味,其中又以"巧个"(即一尺长左右的鲤鱼)为最佳,因此有"鲤吃一尺"之说。相传,五代后周年间,赵匡胤的结义兄弟郑恩,家境贫苦,是个推小车敲梆卖油的。因常到汴京卖油,便找了个靠近城边的小车马店住宿。早晚无事,就帮店里扫地担柴,涤盘洗碗。店掌柜见他老实勤快,不时给他些残汤剩饭充饥。一天,掌柜用糖醋软熘黄河鲤鱼的剩汤,给郑恩烩了一碗面条,郑恩感到味道很美。后来,赵匡胤当了皇帝,封郑恩为王爷。他做王爷后的第一件事,就是令厨子如法炮制此面给他吃。这种吃法流传开来,饭馆厨师纷纷仿效,便有了"先吃龙肉,后吃龙须"的佳话。

后来,清代庚子事变时,慈禧太后挟持清朝光绪皇帝,仓惶逃往西安,不久取道开封回北京时,曾在开封品尝了"熘鱼焙面",慈禧和光绪皇帝吃后,十分高兴,赞赏此菜与众不同。据传,光绪皇帝说:"古汴珍馐",慈禧太后说:"膳后忘返。"一位随身太监,便随即写了,"熘鱼何处有,中原古汴州"的字句给开封县以表彰。从此,"熘鱼焙面"就更加出名。直到现在仍然深受广大中外顾客欢迎。

原料:黄河鲤鱼1条(约750克),湿淀粉15克,葱花10克,白糖200克,香醋50克,料酒25克,酱油25克,精盐4克,姜末15克,花生油1500克。

切配:将鱼刮鳞去腮,鱼头朝里,从腹部顺长开刀,取出五脏,洗净,将鱼修整好,两面改上瓦楞形花刀。

烹调:(1)油锅内放油烧至七成热,下入鱼,连续顿火几次,待鱼浸透后,再上火,油温升高后,捞出控净油。

(2)锅放旺火上,把葱花、姜末、醋、盐、绍酒、鱼,一起放入锅里,添入适量清水,用武火边熘边用勺推动,并将汁不断撩在鱼身上。

(3)待鱼两面吃透味,勾入流水芡,汁收浓,加热油将汁沸起即成。

操作要领:(1)改刀时,刀口要深至鱼大骨,且刀口均匀。

(2)过油时,忌开始就用热油,应该用六成左右的油顿一顿,以防皮面焦糊。

(3)熘制时,要不断晃勺和用手勺推动鱼体,切忌粘锅。为使鱼肉两面均匀入味,要不断地将鱼汁撩在鱼身上。

(4)起锅时,淋入的明油一定要热,且必须将芡汁烧至沸起时,再出勺。

附:焙面制法:

吃过鱼之后,将盘子内剩余的芡汁再倒锅中,把焙焦的面条放入汁内,翻一个身,上桌带汁食用,别具风味。后来把刀切面条(帘子根状),改用刀切面"一窝丝",进而又用细如发丝的拉面,被誉为"龙须面"。这便是"先吃龙肉,后食龙须"佳话的由来。

原料:精粉500克,水250克,碱25克,精盐2克(夏季或冬季可根据情况适当增减),花生油1000克。

切配:(1)把面放在盆里,加温水及配料调和成面团,边调和边淋入少量清水,直至达到"三光"(面光、盆光、手光)为止。

(2)待面团饧好后,从盆里控在案板上,反复揉搓,至面发筋,搓成长条,两手抓住两头,两胳膊伸成半弯曲形,相离一尺远左右,两脚自然分开,把面一上一下抖动、伸长,如合绳一样,反复进行,直到面团柔软顺筋,能出条时,放在案板上,撒上面,搓成圆条。

(3)两手捏住两头,伸长,右手的面头交给左手,呈半圆形,撒面,右手中指伸进半圆形面的中间,左右手指稳住使劲,同时迅速向左右伸展,劲使匀,注意掌握条的匀度,反复拉至12环,细如发丝时,用刀截去两头,取中间一段。

烹调:将细面下入五成热的油锅里,炸成柿黄色捞出,盛在盘里。

操作要领:(1)要注意随季节的改变,及时调整面团的碱、盐用量。

(2)出条时,面胚要柔软有劲,特别是筋一定要顺,且必须粗细一致。

(3)炸面丝时,油温一定控制在五成热。

8. 葫芦银饺

葫芦银饺是一款创新菜,也是辽宁名宴——《太河筵》中的佳肴之一。它是以太子河特产鳜肉为主料,将其制成细茸,并配以鲜馅,肠衣等料,采用酿、煮、蒸、扒几种技法精ण而成。

此菜成品造型美观别致,鱼饺洁白似银摆放在盘的中央,葫芦如金饰以四周,色泽黄白相映,食之咸鲜软嫩,可用于各类高档宴会。

原料:净鳜鱼肉300克,三鲜馅60克,板油100克,葱姜水100克,鸡蛋黄、鸡蛋清各4个,鸡汤100克,肠衣约1.5厘米,水发海米12个,红色蛋皮条12根,香菜叶28个,湿淀粉20克,精盐3克,料酒5克,味精2克,鸡油10克。

切配:(1)将鱼肉、板油用刀抹碎,挑出血筋,再用刀背剁成细茸,放入小盆内,加入葱姜水,用筷子顺着一个方向搅,搅匀后再依次加入适量的精盐、味精、蛋清,继续搅至上劲成膏状即好。将制好的鱼料子分成两等份。其中一份加入蛋黄液调匀,灌入肠衣内,用线捆成一头大,一头小的葫芦形,共灌12个。

(2)将另一半鱼料子分成16份,分别做成饺子皮,配以三鲜馅,包成16个鱼饺。

烹调:(1)勺内放入清水烧至八成开时,加入灌扎好的小葫芦用慢火烧煮,待葫芦漂起,分别用竹签扎几个小孔,嫩熟后捞出浸凉,剥去肠衣放入盘内再上屉略蒸,然后取出,并在葫芦的尖部插入一个海米做把,把上挂放一个香菜叶,葫芦的腰部扎一根红蛋皮条。

(2)包好的鱼饺上屉慢火蒸至嫩熟取出。

(3)勺内加鸡汤、精盐、料酒、味精烧开后用湿淀粉勾成薄芡,加鸡油搅匀,分别浇在葫芦和鱼饺上。

(4)取一个大圆盘,先将鱼饺摆在盘中央成圆形,外围14个,中心对放两个,每个饺子上放一个香菜叶,然后将葫芦摆在鱼饺的外围。

操作要领:(1)制作葫芦时,要掌握好大小头的比例,使其形象逼真。

(2)在制作鱼饺时,应将三鲜馅全部包住。要求摊皮时均匀,捏制时要轻,成品不露馅,整齐美观。

（3）蒸制时，火力不要过猛，否则易变形。

9. 石滚花篮

石滚花篮是辽宁的创新菜肴之一，此菜为双拼菜。花篮是以青椒酿以通脊和脂油制成的馅，位于盘的中央。石滚是以地瓜为原料，改刀成圆柱形的段，再用刀刻上花纹呈石滚花纹状，摆放于花篮的周围。此菜肴构思新颖，造型别致，视之美观，食之味醇，一甜一咸，酥烂鲜嫩。

原料：柿子型青椒（直径为 4 厘米）10 个，净地瓜 500 克，通脊肉 150 克，脂油 50 克，鸡蛋清半个，湿淀粉 25 克，白糖 80 克，蜂蜜 10 克，冰糖 100 克，熟猪油 45 克，香油 5 克，精盐 3 克，味精 2 克，料酒及花椒水各 15 克，葱姜水 15 克，香菜叶 40 个，胡萝卜条 10 根，小黄色梅花 10 个，香蕉水少许，蛋泡糊、面粉糊、清汤适量。

切配：（1）将地瓜刮去皮，先整理成直径 3.5 厘米的柱形，再改成长 5 厘米的段，然后将每段的周围刻成一道道的沟（成滚子花的花纹），呈滚子形。

（2）将青椒去蒂柄，放在开水锅内，略烫捞出，透凉并控净余水，摆在盘内，每个里面抹一层面粉糊。

（3）通脊肉与脂油斩成小米粒大小的末，放在碗内加入料酒、花椒水、葱姜水搅匀，再放入蛋清、湿淀粉、精盐、味精、香油搅匀，分成 10 等份，分别酿在 10 个烫好的青椒内，将口打平，蒸熟后上面再抹上一层蛋泡糊成凸形，每个中间放一朵小梅花，梅花周围放 4 个香菜叶，每个插入一根胡萝卜条做花篮梁，为花篮篮胚。

烹调：（1）勺内加水烧开，放入"石滚"地瓜略烫捞出，再放入七成热油中炸成浅黄色捞出，控去余油。

（2）勺内加清水，放入糖炒至黑红色时，注入清水，放入蜂蜜、冰糖溶化后，撇去浮沫，加入炸好的石滚及熟猪油，用小火慢慢焖制，约 20 分钟汤快尽时再用中火收汁，滴入香蕉油待用。

（3）酿好的花篮上屉，将糊蒸熟取下，滗净水。另起勺加底油，油热烹入料酒、葱姜水、清汤、食盐、味精，烧开后用湿淀粉勾成白色的荚汁，淋入香油浇在青椒上即可。

（4）取一个大圆盘，将青椒花篮摆在中央，石滚地瓜摆在花篮的周围即成。

操作要领：（1）选青椒个头大小要匀。

（2）蒸制时要两次蒸，且均用小火。首次是将馅蒸熟，二次是将糊断生。蒸的时间切忌过长，否则影响馅的鲜嫩度及花篮的色泽和形状。

10. 鸡茸雪柳

鸡茸雪柳是一款创新菜。它以吉林省特有的"雪松"奇景为素材，选用吉林特产蕨菜为主料，辅以鸡茸，经过氽、扒等烹调方法精制而成。其成菜形状似冬天雪挂柳枝之状。色泽洁白，质地软嫩，菜景交融，深受港、澳同胞和外国朋友的赞赏。也是"雪松宴"中的一道主要菜肴。

原料：盐渍蕨菜 250 克，鸡脯肉 150 克，鸡蛋清 1 个，精盐 3 克，味精 2 克，料酒 10 克，湿淀粉 25 克，清汤 300 克，面粉 75 克，花椒水、葱、姜各适量。

切配：（1）先将蕨菜用清水浸泡几小时，除去咸味，摘去根部，洗净后控干水分待用。

（2）葱姜切块，用刀拍松，加入清水制成姜葱汁待用。

（3）鸡脯肉剔净筋膜，斩成细茸。加入鸡蛋清、清汤、淀粉、精盐、味精、花椒水搅成糊状。

烹调：（1）勺内加大量清水，烧至 80℃ 时，将沾面后的蕨菜挂匀鸡茸，逐根下入勺内氽至漂起时捞出。

（2）勺内放底油，用葱、姜炝锅，烹入料酒，加精盐、味精、清汤、花椒水烧开后，下入氽好的蕨菜，用中火烧制 2～3 分钟，用水淀粉勾芡，翻勺，淋明油装入盘中即可。

操作要领：（1）咸蕨菜要用清水浸透，除去盐分，以防烧好咸味过重。

（2）鸡茸斩时要细，无颗粒、筋膜，搅拌时稠稀要适度，过稀挂不严，过稠挂不上。

（3）氽制时切忌开水下勺，以防脱茸。氽热后要用清水漂去浮沫。

（4）烧制时火力不易过旺，以小火为好。时间不宜过长，以入味为度。

11. 菊花全蝎

蝎子为节肢动物，属胎生，钳蝎科，头部长着像螃蟹的两只钳子似的螯肢，它的腹部分为前后两部分，前腹 7 节后腹 5 节，尾部具有能向前弯曲的毒刺，内藏有毒腺，常栖息于干燥地带的碎石、树皮或土穴之中。捕捉蝎子以谷雨前后最好。它不仅营养成分丰富，而且还具有祛风、止痛、通络、消炎、解毒等药用功能，但在烹调前，必须要用盐水浸泡煮沸，再经清水漂洗等一系列泡制过程，这是因为蝎体的毒素为"毒性蛋白质"，在盐水处理过程中可使其溶解去毒，并且易于保存。

"菊花全蝎"是在传统风味菜"炸全蝎"的基础上改制而成的。先利用干粉丝以热油炸发呈菊花形，再配以炸全蝎而故名。此菜造型美观，形象逼真，以鲜香、酥脆而著称。

原料：活全蝎 75 克，干龙口粉丝 75 克，精盐 15 克，葱段 12 克，姜片 12 克，花椒 5 克，花生油 1000 克（约耗 50 克）。

切配：（1）将活蝎子放入搪瓷盆内，加入清水 500 克、精盐（10 克）浸泡 1 天，使其吐出腹内脏物。

（2）龙口粉丝截成 8 厘米长，分为 10 把捆起待用。

烹调：（1）炒锅内放清水、葱姜、花椒、精盐加热烧开，然后将全蝎放入，用小火煮至全身挺直时捞出，控净水分待用。

（2）炒锅内放入花生油，中火烧至 6～7 成热时，将捆好的粉丝逐把炸成菊花型摆入盘内，然后将全蝎放入油内炸熟捞出，摆在菊花上即成。

操作要领：（1）活蝎子必须经过用盐水泡和用盐水煮两个操作过程，前者是让其吐出其体内脏物，后者是为去掉其毒素。

（2）炸蝎子时要恰当掌握火候，必须使其达到香、酥、脆的要求。

12. 鱼茸什锦

这是一款具有浓郁地方风味的胶东特色菜肴，是由民国年间芝罘街上久负盛誉的餐馆"大罗天"的著名菜肴"鸡茸八宝"衍生而来的，素以汁清不腻、清爽可口而赢得食者青睐，成为有口皆碑的山东名菜。此菜的关键是制泥，泥稠，质感不佳；泥稀，粘不住原料，故剁泥时需将净牙片鱼肉或鲈鱼肉，用刀反复排斩，成极细的泥后，再加调料顺一个方向搅成鱼料子，然后就可以加什锦原料进行烹制了。该菜将十几种烟台名产共烩一处，为肴馔中之佳品。

原料：牙片鱼肉 200 克，猪肥肉 50 克，什锦丁 200 克（其中有水发海参 20 克，熟鸡肉 20 克，熟肘肉 20 克，熟虾仁 20 克，熟火腿 20 克，冬笋 20 克，水发鱼肚 20 克，水发蹄筋 20 克，水发冬菇 20 克，水发鲍鱼 20 克），葱姜汁 6 克，葱姜米 5 克，青豆 10 克，熟花生油 25 克，鸡蛋清 75 克，精盐 6 克，味精 3 克，料酒 4 克，清汤 500 克，湿淀粉 15 克，香油 5 克。

切配：（1）牙片鱼肉、猪肥肉分别剁成细泥放碗内，加清汤、葱姜汁、精盐、味精、鸡蛋清、香油搅成鱼茸。

（2）将水发海参、熟鸡肉、熟肘肉、熟虾仁、熟火腿、冬笋、水发鱼肚、水发蹄筋、水发冬菇、水发鲍鱼均改成 1 厘米左右的方丁。

烹调：（1）勺内放水烧开，将什锦丁下勺氽透，捞出控净水分，倒入鱼泥内拌匀。

（2）勺内加清水烧开，将什锦丁与鱼泥拌匀，挤成直径约 2.5 厘米的丸子下勺氽熟，捞出控净水分。

（3）炒勺内加花生油 25 克，烧至六成热，加葱姜米爆锅，用料酒一烹，放入清汤、青豆、精盐、味精烧开，倒入什锦丁丸子用慢火煨透，撇净浮沫，用湿淀粉勾成熘芡，加香油盛入盘内即成。

操作要领：（1）牙片鱼肉和猪肥肉应待分别剁好再合放一起。搅打时，要顺一个方向，逐步分次加入清汤，待鱼肉吃浆达到饱和状态时，再放入各种调味品定型。

（2）什锦丁丸子氽制时，水温以八成开为宜。水温过低，茸泥易脱离原料，影响造型。

13.洁妍未脆

此菜是陕西传统名菜。唐代曲江湖内种了大量莲花，陆龟蒙留下了"素莳多蒙别艳斯，此花真合在瑶池"的诗句。"洁妍未脆"正是摄取了出水沐露的白莲花冰清玉洁的风貌，它选用羊耳脆骨作为主料。按中国十二生肖纪年。"羊"为"未"，羊耳骨很脆，故名"未脆"。该菜制作时讲究精细，羊耳朵先放入一定温度的水中略氽，接着慢慢地煺去皮肉，留下完整耳骨。然后与吊制的高级清汤一起烹制。此菜端入席中，像是碧波荡漾的湖中，白莲花亭亭玉立，含笑迎接客人。它汤清味鲜，脆嫩异常，娱人心目。

原料：羊耳朵 20 只，水发海参 50 克，水发鱿鱼 50 克，青菜心 50 克，鱼肉 100 克，蛋清 2 个，青豆 10 克，黄蛋糕 20 克，熟猪油 10 克，精盐 6 克，味精 3 克，料酒 10 克，清汤 500 克，葱 6 克，姜 4 克，香油适量。

切配：（1）将加工干净的羊耳，用开水煮熟，剥去皮肉，留脆骨待用。

（2）水发海参、鱿鱼片成片，青菜心洗净后放入碗内。

（3）鱼肉取皮去刺，砸成茸加清汤、调味品制成料子，取一小碟抹一层猪油，用鱼料子和羊脆骨组成荷花形，中间放 7 粒或 5 粒青豆，黄蛋糕茸做成莲蓬，上笼蒸透取出。

烹调：勺内加入清汤，放入海参、鱿鱼等配料，加精盐、料酒、味精等，锅开后撇净浮沫，定味，滴上香油倒入汤碗，将荷花推入即成。

操作要领：羊耳骨外皮要剥净，脆骨要保持完整。

14.虾茸银耳

一般饭馆中鸡茸菜品较多，而虾茸菜则少见。津菜中的虾茸又称虾泥子，是将虾肉用刀斩茸，过细罗，加调料制成，熟后质地软嫩，入口即化，常用于一些高档及造型菜品中。虾茸银耳在质朴无华的天津传统菜品中是为数不多的造型菜品之一。

虾茸银耳色泽造型美观，鸡茸软嫩滑爽，银耳脆嫩适口；咸鲜口，营养丰富。

原料：净虾肉 250 克，蛋清 50 克，菱尖叶 10 组，红樱桃（罐头）10 枚，水发银耳 100 克，油菜心 100 克，葱花 5 克，料酒 30 克，姜汁 30 克，盐 4 克，味精 5 克，湿淀粉 100 克，高汤 50 克，油 60 克。

切配：（1）将虾肉放在蒙着新鲜肉皮的墩上用刀斩茸，边斩边添水，使虾茸成稠粥状，放小盆内。新鲜蛋清打成蛋泡,也放入小盆内,添入料酒、姜汁、盐、味精、湿淀粉等调料慢慢搅拌均匀备用。

(2)取大个羹匙 12 个分别抹一层油,再将虾茸倒入成圆凸状,上屉蒸熟,然后再抹上一些虾茸,将芫荽叶作花叶,红樱桃剞成各种形状的花,贴在虾茸上做花,上屉略蒸备用。

烹调:(1)勺内加底油,葱花炝勺,添高汤,加入盐、味精,将银耳烧入味,收汁后勾少许淀粉芡,淋花椒油,装入碟心。

(2)将虾茸圆饼放在银耳四周,油菜心入勺煸炒入味后,围摆在虾茸与银耳中间。

(3)另起勺,加高汤、盐、味精,勾薄芡,淋花椒油,做成玻璃汁,浇在菜品上即可。

操作要领:(1)蒸虾茸时,先将羹匙用水烫热,上屉略蒸即可。否则下面蒸熟,上面过火,芫荽叶变色。

(2)勺中汁芡烹制时间要短,以做到晶莹明亮,否则汁芡发乌,影响造型菜的外观。

15. 翡翠渍菜

渍菜可谓是历史悠久,源远流长。北魏贾思勰《齐民要术》中的"菘菹法"就是有关渍菜较早的文字记载。翡翠渍菜是用东北民间的传统菜肴——肉炒渍菜粉放入盘中,四周饰以翠绿色的菠菜组成的一个菜肴。此菜荤素搭配、互补营养,肉炒渍菜粉口味醇正,菠菜鲜美清爽。

原料:净猪肉 100 克,净渍菜 200 克,菠菜心 150 克,水汤粉 75 克,熟猪油 75 克,水发海米 10 个,酱油 20 克,精盐 3 克,花椒油 40 克,葱油 30 克,姜丝 20 克,蒜片 30 克,味精 2 克。

切配:(1)将猪肉切成 0.2 厘米粗的丝。

(2)渍菜帮掰开洗净,去掉边缘菜叶,每个菜帮顺片两刀(厚帮片两刀,薄帮片一刀),然后顶刀切成细丝,洗净,挤净余水。

(3)水粉改成 6 厘米长的段。

烹调:(1)勺内加熟猪油,四成热下蒜片、肉丝煸炒,待肉八成熟时,放酱油煸入味后,再加渍菜、适量的精盐、味精,颠炒几下,添汤加入汤粉,调好口味,用小火煨炒,汤快尽时淋入葱油翻匀,盛入大圆盘的中央。

(2)菠菜心放入开水内略烫捞出,挤净余水,放入小盆内,趁热加入适量精盐、味精、花椒油炝制入味,然后切成长 2.5 厘米的段,分成十组,每组中间横放一个大海米,找好距离摆在炒好的渍菜粉周围即成。

操作要领:(1)肉丝、渍菜丝一定要粗细均匀,整齐划一。

(2)加热时间要准确,要用小火煨约 4 分钟,这样入味透,滋味正。

(3)菠菜以烫至断生为宜,趁热炝制。烫时不能过火,过火色泽不正,影响鲜嫩感。

16. 太原头脑

"头脑"又名八珍汤,是驰名中外的山西传统风味佳肴。据考证,此菜出自山西阳曲县一位名叫傅山的才子。他是明末清初的一位著名学者,自号"朱衣道人",明朝灭亡后,因对当时社会不满,拒绝清廷的笼络,隐居民间,以医术谋生。傅山不仅医道高明,而且还是一位大孝子。他根据汉代医圣张仲景在遗著中的"羊肉汤"一方,为年迈多病的母亲精心地设计配制了一副食疗良药。原料有:羊肉、莲藕、长山药、黄芪、良姜、黄酒、煨面和腌韭菜等 8 种原料,故称"八珍汤"。后来傅先生将此方传给太原市南仓巷一家专门经营羊肉和杂割的小店铺,并为他起店名,亲笔写了"头脑杂割的清和元"的匾额。"清"和"元"都是入主中原的少数民族的统治者,冠以"头脑杂割"的字样,无疑是暗寓对其的仇恨之心。

头脑至今已有300年的历史,经久不衰,深受中外食客的赞赏,成品荤而不腻,清淡甘美,酒香扑鼻,风味独特。每年只在"白露"至"立春"期间应时。喝完后,胃中似有热气徐徐上升,周行全身,感到非常舒服,因此,人们已把它视为一种难得的保健食品。

原料:肥羊肉500克,面粉200克,熟羊油丁30克,藕根100克,长山药100克,良姜、黄芪各2.5克,腌韭菜50克,葱段15克,绍酒50克,黄酒糟滤汁80克。

切配:(1)将选好的羊肉切成块,放入冷水内浸泡洗净。

(2)藕根去皮,切成月牙片,用开水余后,放入冷水中浸泡备用。长山药去皮切成滚刀块上屉蒸熟。

(3)面粉200克上屉蒸透,过筛后,加冷水浸泡。

烹调:(1)将洗净的羊肉放入锅内,加冷水把肉浸没,用旺火煮沸,撇去浮沫,再加入葱段和用纱布包好的良姜、黄芪,用慢火煮至羊肉能用筷子穿透时捞出,切成约20克左右的小块。

(2)原汤撇去浮油,捞出葱、良姜、黄芪,滤净烧开,再加糟汁和绍酒及泡好的煨面糊煮成头脑汤。

(3)盛装时每份头脑要分两碗。正碗内放羊肉3块,羊油丁、长山药和莲藕适量,然后浇上糊汤;副碗内只盛糊汤和少量的羊油丁。食用时不用盐和酱油,桌上放置腌韭菜碟,随意佐食。

操作要领:(1)恰当掌握煮羊肉的火候,达到熟烂而不腻口。

(2)糊汤浓度以挂匀而不糊为宜。

17. 金钱发菜

"金钱发菜"始于唐代,相会当时长安有一个名叫王元宝的商人,嗜吃发菜,几乎每餐都要做一盘发菜佐食,后来成为国中富豪,其他一些商人认为王元宝是因为吃了发菜而招来了好运,所以才发财致富,于是人们纷纷效仿,争相采集食用。从而使其身价倍增,厨师们为了迎合商人的心理需要,还将其精心加工烹制成金钱形状,寓意发财致富,吉祥如意,这样"金钱发菜"就成为一款名菜盛传于世。

此菜是选用优质发菜为主料,配以鸡茸,经过加工调味后,采用酿的方法成形,成品形如金钱,质地嫩软,口味鲜美。

制法(一)

原料:干发菜25克,鸡脯肉100克,水发海米24个,鸡蛋清2个,鸡蛋一个,精盐2克,味精2克,葱姜汁50克,胡椒粉1克,湿淀粉15克,清汤100克,鸡油5克,熟猪油10克。

切配:(1)将鸡脯肉去掉筋膜,剁成细茸,放碗内加葱姜汁30克,清汤、精盐、味精适量,熟猪油10克,蛋清两个搅匀。

(2)发菜洗净后用温水泡软发透,挤去水分。

(3)鸡蛋加适量湿淀粉和精盐,搅匀后吊成蛋皮,再用3厘米的圆口刀扣成12个圆形片。

(4)在每片蛋皮上先抹少许鸡茸,将发菜撕摆成直径为3厘米的圆形片,沾在蛋皮上,再将鸡茸抹在发菜上,把海米四片(弯口向外)嵌镶在鸡茸上呈金儿眼状。

烹调:(1)将成形的金线发菜上屉蒸至嫩熟取出摆放入平盘内。

(2)勺内加清汤、精盐、葱姜汁、味精、胡椒粉烧开,用湿淀粉勾成熘芡淋上鸡油搅匀,浇在蒸好的金钱片上即成。

操作要领:(1)鸡茸应剁细,搅拌时吃足浆。

(2)蒸制时要掌握好火候,嫩熟即可。

制法(二)

原料:干发菜 25 克,鸡脯肉 100 克,鸡蛋清 2 个,鸡蛋两个,冬笋 5 克,青菜 5 克,蛋糕 20 克,精盐 6 克,味精 4 克,湿淀粉 5 克,葱姜汁 30 克,熟猪油 10 克,清汤 500 克,香油适量。

切配:(1)将鸡脯肉去掉筋膜,剁成细茸,放入碗内加葱姜汁、清汤、精盐、味精、熟猪油、鸡蛋清搅匀。

(2)发菜洗净后用温开水泡软发透,挤去水分,冬笋、青菜分别切成小象眼片。

(3)鸡蛋加湿淀粉,精盐搅匀,吊成蛋皮 2 张,蛋糕切成 0.6 厘米粗的条。

(4)将蛋皮的一边切整齐,铺在砧板上,依次抹上一层搅好的鸡料子铺上一层发菜,抹上一层鸡料子,再铺上一层发菜,最后用鸡料子抹平盖匀,中间放上蛋糕条,然后卷成直径约为 3 厘米的圆形卷两根。

烹调:(1)将卷好的发菜放平盘内上屉用旺火蒸 10 分钟左右,取出稍凉后,切成约 1 厘米厚的圆片,整齐地放在碗内。

(2)勺内加清汤、精盐、味精、冬笋、青菜烧开后去掉浮沫,滴上香油,浇入碗内即成。

操作要领:(1)鸡茸要剁细,搅匀吃足浆。

(2)卷发菜卷时,要掌握好铺抹的厚度,避免过粗或太细。

18. 如意发菜

此菜是我国西北地区的一道传统名菜,菜名暗喻人们"财源茂盛",恭贺食者"万事如意"。成品主料黄、白、黑层次分明,口味咸鲜略辣,食之质地软糯嫩美。

发菜是一种珍贵的藻类,是我国西北地区的特产,被称为"龙壁之珍"。因其形不整齐且长短不一形似头发,故称为"发菜",又称"地毛"。我国食用发菜历史悠久,据史载,汉时苏武出使匈奴被拘于北海,备偿艰辛,饮食俱缺,只好"渴饮雪,饥吞旃"。这里的旃就是发菜,又名旃毛菜。到了唐宋时代,发菜不仅风行于民间,而且成为进奉皇室的贡品。清人李笠翁在《闲情偶寄·饮馔部》中记有"菜有色相最奇,而为本草食物志,诸书之所不载者……知为头发菜,浸以滚水,拌以姜醋,其可口倍于藕及鹿角等菜"。

现在发菜不但在国内享有盛名,而且已成为名贵的出口产品,特别是在我国的西北地区东南沿海及港澳地区,每逢喜庆佳节,便把发菜作为一道必食的佳肴,谐其"发财"之音,以图大吉大利。

原料:干发菜 25 克,鸡脯肉 250 克,蛋清 6 个,蛋黄 6 个,莴笋丝 15 克,红辣椒丝 10 克,葱丝 10 克,精盐 4 克,葱姜水 50 克,味精 2 克,胡椒粉 1 克,清汤 350 克,香油 5 克,鸡油 2 克。

切配:(1)将发菜洗净,用温水泡软发透,挤去水分,鸡脯肉剁成茸放入碗内,加入蛋清,葱姜水,精盐搅打成料子备用。

(2)将蛋清加清汤 50 克,精盐适量,放在碗内搅匀待用。

(3)汤盘里抹上一层香油,倒入搅拌好的蛋黄液,把泡软的发菜均匀地摊摆在蛋黄液上面,再把鸡茸推抹在发菜上,上面撒上莴笋丝、红辣椒丝。

烹调:(1)将装好盘的发菜上笼蒸 10 分钟,端下凉后,从盘中取出,用刀切成菱形块,再按原形整齐地摆在汤盘里,上笼稍蒸取出。

(2)炒勺置火上,倒入清汤,加入精盐、味精、葱丝,胡椒粉烧开,用湿淀粉勾成米汤芡,滴上鸡油,浇入盘中即成。

操作要领:(1)鸡茸要剁细,搅时吃足浆。

(2)蒸制时要掌握火候,嫩熟即可。

(3)芡汁要明亮。

19. 古币发菜

公元前 221 年秦王朝的建立,使我国的货币得到了统一,以秦国的方孔圆形币,代替了其他各诸侯国所用的不同形状的货币。古币发菜是内蒙古中国烹调大师王文亮同志,选用当地特产发菜、羊肉和羊尾肉为主料,仿照战国时期韩、赵、魏等国所用的铲形币和圆形币而制作一道象形菜。成品色泽黑白分明,形态美观逼真,口味咸鲜肥香,质地软嫩适口。

原料:羊尾肉 150 克,羊肉 100 克,发菜 15 克,蛋清 2 个,葱姜汁 15 克,精盐 3 克,味精 2 克,料酒 15 克,白胡椒粉 2 克,番茄酱 15 克,湿淀粉 50 克,花生油 25 克,鸡油 15 克。

切配:(1)将羊尾肉,剁成泥加料酒、精盐、味精、蛋清、白胡椒粉、淀粉搅匀。

(2)羊肉剁成细泥,发菜泡开洗净剁碎,与羊肉泥调在一起,加料酒、精盐、味精、白胡椒粉、蛋清淀粉拌匀。

烹调:(1)将调好的羊尾肉泥和羊肉泥分别在盘内摊成 0.5 厘米厚的薄饼,上屉蒸熟取出。分别用模型扣成不同的古币形状,羊尾肉饼在下,有发菜的羊肉饼在上,叠放在一起组合成古币,围摆在圆盘内。

(2)勺内加底油烧热,加番茄酱略炒,再加葱姜汁、精盐、味精、白糖、用湿淀粉勾芡加明油浇淋在盘内的古币上。

操作要领:(1)肉饼抹制时应厚薄均匀,并且底盘要少抹点油,以防沾盘。

(2)蒸好的肉要趁热扣制成形,如果凉了,食用时会有膻味。

20. 什锦火锅

我国的火锅大致可以分为三类:一类是涮锅类,主要以沸水将鲜嫩的主料涮熟,再蘸调好的小料食用,如涮羊肉等。一类是用酒精火锅添高汤,再加入味道鲜醇的主料,煮开后食用。如银鱼紫蟹火锅。另一类即什锦火锅。什锦火锅与其他火锅不同,它是采用码锅的方法,即先用主料将整个火锅内码满,然后添入沸汤,点燃火锅,炖熟底料盛入碗内,连汤带菜一起食用。什锦火锅选料广泛,主料可多达数十种以上。选用高档的原料又称为一品锅,普通原料的有的称为杂烩火锅,各自别有风味。每当寒冬来临,大家围坐聚食,场面炽烈火爆,相互谦让祥和,置身其中似有春意盎然之感。

天津制作什锦火锅历史悠久,所用火锅一般为直径 36~40 厘米的紫铜火锅,并且选料精细,料多量大,非常实惠。

原料:鱼腐丸子 8 个(用黄钻鱼净肉加少量肥膘肉斩成鱼茸,搅入调料,用 80℃热水氽制成),重 120 克;青虾丸子 8 个(鲜洁青虾剥出仁,加少量肥膘肉剁成虾泥,搅入调料,挤入七成熟的油勺中,炸成金黄色),重 120 克;猪肉丸子 8 个(肥瘦猪肉剁成肉馅,搅入调料,氽成丸子),重 120 克;白肉 8 片(肥瘦白肉切成大火镰片),重 100 克;红肉 8 片(猪肋条五花肉走红酱熟,切成 2.5 厘米见方的肉块),重 140 克;鸡脯肉 8 条(白熟的鸡脯肉,切成宽 1 厘米的大长条),重 100 克;滑鱼 8 块(带皮鲤鱼肉,切刀成长骨牌块,挂糊过油炸成老红色),重 120 克。铁雀 8 只(净铁雀剁去嘴、爪,上浆过油炸熟),重 125 克;海参 8 个(或大个水发海参改刀成条),重 100 克;鱼肚 80 克,改刀成核桃块;面筋(炸制好的面筋撕成小块),重 80 克。玉兰片(切成大薄片)50 克,白菜(去掉蒿菜帮切成骨牌块)500 克,水发粉丝 250 克,山药(去皮,切成滚料块,过油炸成金黄色)150 克。豆腐皮 2 张(剪成大菱角片,过油炸过),重 100 克。虾干(用温水浸泡洗净)50 克。大料 5 瓣,葱姜丝各 25 克,料酒 50 克,高汤 1300 克,红卤(烧肉汤)200 克,盐 50 克,味精 20 克,胡椒粉 15 克,醋 100 克,辣椒油 100 克,葱花和香菜末各 50 克,熟猪油 50 克。

切配:将火锅洗净,先把切好的白菜放入锅底摁实,依次放入泡好的粉丝和炸好的山药,最后将豆腐皮铺平,靠近烟筒处略高,再将主料 12 种根据色泽、质地、荤素的不同整齐地码放在底料上面。

烹调:炒勺内加入熟猪油,烧热,将大料瓣炸出香味后捞出不用,然后放入大虾干略煸,加葱姜丝爆锅,烹入调料,下入高汤、红卤。汤开后撇去浮沫,浇入火锅中(九成满为宜,余汤放盆内后添),盖好盖。将火锅中炭火点旺,汤开后略焖一会儿,白菜半熟后塌陷,沸腾的高汤即可将主料爆热入味,此时,掀去锅盖,即可食用。上桌时带辣椒油小碗、精盐、胡椒粉、醋等调料和葱花、香菜末小碟随客人选食。

操作要领:(1)以上材料可供 10～12 人食用,如就餐人数少或火锅小,可依次递减为主料 6 个或 4 个等。

(2)天津的传统什锦火锅主辅料原则上不能少于 15 种,除以上主料外,也可根据季节、经济条件、个人爱好选用大虾、虾仁、蟹肉、鲜贝、蹄筋、银耳、口蘑、香菇及酱肝、酱猪心、火腿肠等熟肉制品,还可以适量加入嫩黄瓜、韭菜、菜花等时鲜蔬菜。

21. 菊花火锅

晚秋初冬时节,菊花以其不畏严寒,傲霜斗雪,深得人们喜爱。您可曾想到:用以形容秋菊佳色的"秀色可餐"不仅仅是个成语,而且是我国医食同源、花卉入馔的优良传统烹调技艺之一。

菊花原产于我国,已有 3000 多年的栽培历史。历代文人雅士,咏菊佳作不可胜数。古人认为菊经过风雪露霜,受天地灵气,有五美非他花所可比:"圆花高悬,准天极也;纯黄不杂,后土色也;早植晚发,君子德也;冒霜吐颖,象贞质也;杯中体轻,神仙食也。"菊花性甘苦凉香,入肺、肝、脾、肾四经,有疏风、清热、明目、解毒之功效,药用菊花以浙江所产杭菊和安徽所产亳菊为佳。据《神农本草经》记载:菊花"久服利血气、轻身、耐老、延年。"古代《粥谱》中也有"菊花粥明目养肝,白(菊粥)清肺、黄(菊粥)理气"之说。故早在战国时期,诗人屈原就曾吟咏过:"朝饮木兰之坠露兮,夕餐秋菊之落英"的语句,《尔雅》释"落"为"始",落英,即初开的鲜花。汉代以来,我国逐渐形成了农历九月九(重阳节)登高,佩插茱萸,饮菊花酒的习俗。现在,在我国各菜系中都有用菊花配制的名菜佳肴,广东传统粤菜"菊花三蛇羹",上海的"菊花蟹筵"及北京、四川、安徽、河南、辽宁等地的菊花锅子,都有着浓厚的地方特色。

津门菊花火锅的历史较为久远。天津著名画家、博物学家陆莘农老人(1888－1974 年)在《食事杂诗辑》中载有清道光诗人周楚良《津门竹枝词》的菊花锅诗:"瑶台名菊味芳酣,佳节重阳酒釜川。"并注:"菊花锅与羊肉火锅小异,底平,有架,点酒上炙。此菜在清道光年间便传到日本,于是日本一时之饮酒作诗者,在东京组会以为美事。1990 年之秋(即八国联军占领天津时),在津日人,于海光寺组'菊花锅'诗酒,来约吾师张公和庵,辞以不能诗酒未去。"可见津门菊花火锅影响之深远。

津菜菊花锅子所用的火锅为酒精锅,锅壁雕着精美的图案(原聚合成饭庄用的锅子为银制)。

原料:盛开的白菊花4朵,初蕾的菊花嫩瓣若干,生鸡脯肉200克,猪里脊肉200克,鲜鲤鱼净肉150克,鲜对虾净肉150克,鲜净鸡肫肉150克,生肚仁150克,生猪腰子150克,鱿鱼150克,火腿50克,水发干贝50克,大虾干50克,粉丝200克,水发海参100克,玉兰片100克,香菇100克,高汤2000克,纯料酒50克,浓姜汁50克,盐40克,味精15克,酱油、虾油、香油、麻酱、腐乳、辣椒油、白胡椒粉、醋、芫荽等各适量。

切配:(1)白菊花及嫩瓣洗净,盛在大汤盘内。

(2)鸡脯、里脊肉、鱼、虾切成大薄片分别摆在4个碟内。

(3)鸡肫切薄片,摆成牡丹花状放盘内。肚仁打十字花,略焯。腰子、鱿鱼打麦穗花刀,用水焯透分别放碟内。

(4)火腿切薄片和大虾干用开水略焯,同发制好的干贝放小汤盘内。

(5)粉丝用温油炸起,捞出控净油。水发海参斜刀切成蝴蝶片用水焯一下。玉兰片切成梳子片。水发香菇去把改刀。以上4种原料放一小盆内。

(6)酱油等调料根据个人爱好放在小碗内调好,芫荽切成碎末,放味碟内。

烹调:勺内加入高汤,放入姜汁、料酒、盐、味精、火腿片、虾干、干贝,汤开后略熬一会儿,撇净浮沫,倒入点燃的酒精锅内,汤开后放入4朵白菊花。顾客可根据自己的口味、爱好,用筷子夹4生片、4生花,在锅内涮过后,放入调料小碗内,连汤带菜盛入,就花卷、米饭食用。

操作要领:(1)火锅用汤应为鲜醇味厚的高汤。

(2)4生片、4生花主料应选用新鲜的原料,刀工要精细。

22. 锦鸡英姿

锦鸡又名鷩雉,属鸟纲鸡形目,雉科动物,可分为红腹锦鸡和白腹锦鸡两种,白腹锦鸡也称"铜鸡",红腹锦鸡又称为"金鸡",因其身周闪耀金色的光泽故名"金鸡"。

锦鸡英姿就是利用烤鸭、熟鸡丝、盐水虾、口蘑等精美的食用原料,模仿锦鸡的姿态,在盘内拼摆而成的花色冷盘,成品美观大方,自然逼真,锦鸡在山石竹草的映衬下色彩艳丽,栩栩如生。

原料:烤鸭150克,盐水虾150克,油浸口蘑100克,玉米笋75克,熟鸡丝100克,白蛋糕50克,黄蛋糕50克,炝胡萝卜片60克,炝萝卜皮60克,羽毛蛋卷50克,菜松25克,青红椒、酥海带等点缀原料各适量。

制作:(1)用熟鸡丝在盘内垫底整理成鸡身形状。

(2)用酥海带修剪成两支鸡尾,摆在尾部,再用青红椒制成小羽毛摆在大尾的两侧。

(3)将炝胡萝卜、黄蛋糕、白蛋糕、青椒、羽毛蛋卷等分别加工成不同的羽毛形,依次组摆成鸡身。

(4)用胡萝卜雕刻成鸡冠安放在头部,用酥海带做成鸡的腿爪,放在腹部,然后点缀上鸡嘴和眼睛。

(5)在盘内鸡的下部分别用烤鸭、油浸口蘑、盐水虾、玉米笋组摆成山石,底部围上菜松。

(6)炝萝卜皮用小刀修成翠竹的竹节和竹叶,小草摆在山石上面即成。

操作要领:(1)要求刀工精细,用于做羽毛的原料,片形厚薄均匀,形状要自然逼真。

(2)正确掌握锦鸡各部分的比例,要求姿态美观,并具有动感。

（3）山、石、翠竹的配衬要和谐。

23. 企鹅冷盘

企鹅是一种水鸟，身体约长一米，嘴很坚硬，头和背部黑色，腹部白色并杂有黑色横纹，皮下脂肪甚厚，两翼成鳍状，羽毛细小呈鳞状，不能飞。但善于潜水游泳，多群居在南极洲等寒冷地带的海岛和海滨，由于其在陆地上直立时像有所企望的样子故名企鹅。

此菜选用蛋糕、蛋卷、香菇、盐水虾等各种食用原料仿照企鹅的姿态，在盘内拼摆成一幅优美的图案，成品制作细腻，造型美观逼真。

原料： 炝鸡丝 150 克，白蛋糕 100 克，椭圆形紫菜蛋卷 50 克，花色松花蛋卷 50 克，羽毛状紫菜蛋卷 50 克，口蘑 60 克，黄瓜 50 克，酱牛肉 40 克，盐水虾 60 克，红油香菇 100 克，紫菜 20 克，胡萝卜 40 克，青萝卜皮 20 克，红樱桃 1 个。

制作：（1）先用炝鸡丝作垫底料，在大圆盘中间摆成企鹅的身形。

（2）白蛋糕切成半圆形薄片，叠摆在企鹅的腹部，用切成椭圆片的酱牛肉摆成尾，上面依次用椭圆形紫菜蛋卷、梳子形黄瓜片、熟肘肉片、羽毛形紫菜蛋卷，摆成企鹅的身子和翅膀。再用红油香菇，切成梳子花刀摆成企鹅的头和颈。

（3）用胡萝卜雕刻成嘴和爪子，分别放在企鹅的头部和尾部，然后摆放上胡萝卜、白蛋糕和鸳鸯豆制成眼睛。

（4）底部用花色松花蛋卷、红油香菇、盐水虾、黄瓜、紫菜和红樱桃等组成岩石花草，用青萝卜皮在盘的右边摆成山水形。

操作要领：（1）炝鸡丝需选用熟鸡丝并配以应时的青菜经炝制入味而成。

（2）盐水虾要选用个头较小的对虾。

（3）各种蛋卷刀工处理时必须认真精细，否则易破碎。

（4）注意整体的造型效果。

24. 六色拼盘

此菜是选用六种已加工入味并且色彩各异的食用原料，经过精湛的刀技加工，在大圆盘内均匀整齐地摆成一个花色图案。成品六色相间，美观大方，既有食用价值又具有较高的欣赏价值。由山东烟台特一级烹调师柳玉胜同志研制。

原料： 无头盐水虾 200 克，酱牛肉、卤制猪通脊肉、黄蛋糕、白蛋糕各 125 克，去皮莴苣 150 克，干红辣椒 1 个，红樱桃 4 个，黄瓜皮 50 克，盐、味精、花椒油各适量。

制作：（1）去皮莴苣先切成 2 厘米见方的长条，再用平口刀刻成一个个花瓣形，放入开水中略烫后用冷水过凉，加入味精、盐、花椒油拌匀；红辣椒用水泡软切成细丝；红樱桃每个均切成两半；黄瓜皮用花刀模型切成波浪形长条，并加入少许盐、味精略喂。

（2）将黄白蛋糕、卤制猪通脊肉、酱牛肉分别修去边角，切成长方形薄片；盐水虾用刀切整齐成半圆形。

（3）将切下的黄白蛋糕、通脊肉、酱牛肉等边角料加工成细丝放圆盘内摊平为垫底原料，然后将切好的各种片依次均匀、对称、整齐地放在盘内环绕围摆成八个小扇面，切好的盐水虾围摆在盘中心为圆形，将花瓣形的莴苣摆放在盐水虾上组成一朵鲜花形状，顶端撒上红辣椒丝，圆盘四周摆上绿色的黄瓜皮，并点缀上红樱桃即成。

操作要领：（1）原料加工时要求选择精细，入味恰当。

（2）刀工处理必须达到片形厚薄均匀、整齐。

（3）整个造型要匀称,色彩和谐悦目。

25. 喜鹊登梅

喜鹊为鸦科鸟类,其形状和乌鸦相似,体长约46厘米,嘴尖尾长,上体羽色黑褐,具有紫色光泽,肩和腹部为白色,栖止时常上下翘动,多将巢筑于村头舍边的高树间,叫声嘈杂,相传听见它叫将有喜事来临,所以又称喜鹊。民俗中常以它作为吉祥之物,如喜鹊登梅、喜鹊迎春、喜鹊报喜等。

此菜由烤鸡、黄瓜、蛋卷、白蛋糕、紫菜等多种食用原料拼摆而成,成品造型美观,栩栩如生。

原料:烤鸡脯75克,紫菜羽毛卷100克,花色蛋卷75克,白蛋糕100克,紫菜100克,海带30克,黄瓜150克,火腿肠50克,熟鸡丝75克,香菇100克,红樱桃2个,香菜梗15克、盐、味精、醋、香油各适量。

制作:（1）用海带刻成喜鹊的嘴和脚爪备用。

（2）将香菇切成细丝。香菜梗切成段,用开水略烫后与鸡丝、香菇丝加调味品拌匀,放在大圆盘内摆成两个喜鹊的轮廓。

（3）将紫菜羽毛卷和花色蛋卷切成片,摆成喜鹊的尾部和翅膀,白蛋糕修成柳叶形,再切成片摆放在胸部,紫菜调味后摆成喜鹊的颈和头,然后安放上嘴、眼和脚爪。

（4）黄瓜打上梳子花刀,经适当调味与烤鸡脯同摆在盘的底部为山石,再用火腿肠、红樱桃点缀树枝和梅花即成。

操作要领:（1）改刀要求精细、片形厚薄均匀。

（2）注意摆放的次序,先摆尾部,再摆背、翅、胸、颈、头,最后安放嘴、眼、爪。

（3）成品的造型要有动感。

26. 雄鹰展翅

雄鹰属鸟纲,鸷鹰目鹰科,体长46～47厘米,头扁短,翅翼长,嘴上大下小,钩曲而尖锐,头及背部黑褐色,腹胸部白色,四趾具钩爪,眼睛锐利,性猛食肉,多栖息于林中。民俗中常因此鸟的雄浑健壮,英勇奋发,而视为吉祥之物。如:“雄鹰展翅”、“搏击长空”等。

此菜选用猴头蘑、火腿肠及各种不同的羽毛蛋卷,在盘内拼成雄鹰形状,再用盐水虾、香菇、叉烧肉等摆成山石配衬,形态自然逼真,由山东特一级烹调师钟士涛创制。

原料:紫菜羽毛卷125克,鲜贝花色蛋卷125克,火腿肠50克,猴头蘑120克,水发海参75克,盐水大虾150克,椒油香菇100克,叉烧肉120克,熟鸡肉75克,黄瓜100克,水发冬粉50克,大个香菇2个,萝卜50克,精盐3克,味精2克,醋15克,香油5克,大蒜泥15克。

制法:（1）用萝卜雕刻成鹰的头部,并用开水略烫,过凉后点缀上眼睛;用香菇刻成鹰爪备用。

（2）将黄瓜、鸡肉、水发海参各75克,分别切成丝,冬粉切成4厘米长的段一起放入碗内,加精盐、味精、蒜泥、醋、香油搅匀,在大圆盘内作为垫底原料摆成雄鹰的轮廓。

（3）将紫菜羽毛卷、鲜贝花色蛋卷、火腿肠等分别切成薄片,猴头蘑片成抹刀片,然后依次用紫菜羽毛卷摆成鹰的尾部和翅尖,用火腿肠片和鲜贝花色蛋卷片摆成鹰的翅膀与背部,用猴头蘑片拼摆成鹰的腹部和两腿根部,再安装上用萝卜刻成的鹰头和用香菇刻成的鹰爪子。

（4）盐水大虾片成两半，椒油香菇切成梳子片，叉烧肉切成厚片，分别摆放在雄鹰的下部呈石峰状。再用黄瓜片适当点缀即成。

操作要领：（1）制作的紫菜羽毛卷和鲜贝花色蛋卷要求色味搭配适宜，形状美观逼真。

（2）改刀时要特别注意刀法的应用，使切出的片形既要厚薄均匀，又不能有破碎现象。

（3）要注意各部位的构成比例和整体造型效果。

27. 全家福

李鸿章盘踞天津26年（中日甲午战争失败后于1895年2月去职，1900年7月官复原职，1901年11月卒于本任），其间"专办洋务，兼督海防"，掌管外交、军事、经济大权，被外国人称为清末中国"第二政府"的"无冕之王"。直隶总督行署地处三岔河口附近，南运河故道北岸，与当时已处在鼎盛时期的津菜荟萃之地——侯家后地区，相距不足百米，仅有一水相隔。李鸿章居津生活日久，饮食逐渐"津化"。传说有一天，李鸿章宴请"洋人"，由于时间急迫，仓促之间，家厨难为"无米之炊"，只得将凉桶内所存各种零碎熟主料，按津菜制法，烧了一个菜。洋人食罢大喜，连问是什么菜。李鸿章也是第一次吃到此菜，只好含糊其辞地称为"杂烩"。从此，"李鸿章杂烩"蜚声海外，至今仍为国外中餐馆的必备之菜。陆辛农先生（1888年–1974年）在《食事杂诗辑》中曾细载此事，考证李鸿杂烩即为海杂拌，并有诗："笑他浅识说荒唐，上国名厨食有方。盛馔竟询传'杂烩'，食单高写李鸿章"以纪其事。

海杂拌主料为鱼翅、鲍鱼、海参、干贝、鱿鱼、鱼肚、鱼骨等发制好的海味，故有其名。后人加入白熟的鸡脯、大肠、肚仁、蹄筋等，菜品采用"烧"的烹调方法，色雅（淡酱油色），汁明荧亮，又名烧海杂拌。民国初年，来店就餐的文人墨客嫌其名字不雅，改为全家福，流传至今。

全家福菜品嫩红色，鱼翅盖面整齐如梳，主料众多质地各异，汁浓味醇咸鲜口酽，回口略带甜味（嫩糖色味）。

原料：鱼翅100克，发制好的鲍鱼、海参、干贝、鱿鱼、鱼肚、鱼骨、鱼唇、虾仁共250克，白熟的鸡脯、大肠、肚仁、水发蹄筋共100克，鲜蘑、笋、腐竹共50克，火腿100克，鸡翅200克，葱花5克，大料2瓣，料酒20克，姜汁20克，酱油30克，嫩糖色2克，盐6克，味精5克，湿淀粉75克，熟猪油75克。

切配：发制好的鱼翅盛汤盘中，加入料酒、姜汁、火腿、鸡脯、鸡翅、高汤等上屉蒸2小时。取出后捡出辅料滗出原汤备用。各种海味切成形状相近的骨牌块（片）、蝴蝶片、条、段或剞好花刀，用宽汤大水焯过。虾仁上浆用温油滑开。

烹调：（1）勺内加熟猪油，炸大料瓣，葱花炝勺，烹入调料，添高汤，将1/4汤汁盛入鱼翅汤盘内，再把主料下入勺中，汤开后撇去浮沫，放置微火上烧煨入味，然后放回旺火勾芡，打明油出勺，盛入大盘内。

（2）另起锅，倒入鱼翅及原汁，烧煨入味后添少许嫩糖色，淋淀粉勾芡，打明油，大翻勺，将整齐美观的鱼翅蒙在菜品上面即可。

操作要领：（1）所用的熟主料和水发海味，必须用开水焯净控干。

（2）烹制时主料要烧煨透，使主料之间口味能互相渗透，达到汁浓味厚的效果。

28. 扒全菜

扒全菜以主料繁多、操作技术难度大、菜品造型美观而著称，是扒菜的代表菜品。勺扒是津菜厨师最为擅长的烹调技术之一，他们大翻勺的技术炉火纯青，可上下翻飞、左右开弓，可海底捞月、鹞子翻身、宛如高难的杂技动作。扒菜要求选料得当,刀工精细,拼配和谐;扒菜经大翻勺后,盛在盘中汁明芡亮,原形不乱,色泽鲜丽,整齐美观。

扒全菜的主料要求在 10 种以上,一般为荤六素四,经刀工切成大致相同的条、段、片,然后按其荤素、色泽、质地不同和谐地按放射形反码盘中。下入勺中后不加带色调料,煸透后,大翻勺装盘,中间放置沾满番茄汁的橘子虾,整个扒全菜汁芡洁白素雅,主料荤素多样,色泽鲜艳和谐,造形整齐美观,口味咸鲜醇香。有时为配备高档筵席,还加入鲍鱼、蟹黄等主料,称为扒鲍鱼全菜、扒蟹黄全菜等。

扒全菜是津菜特级厨师考核中的必考菜,以此菜来考评厨师掌握选料、加工、拼摆、汁芡、火候、口味特别是大翻勺技巧的情况。天一坊饭庄特级厨师张贵生烹制的扒全菜在 1987 年"天津市'群星杯'津菜烹饪大赛"中荣获金杯。

原料:白熟鸡脯肉 50 克,熟火腿肉 50 克,水发海参 50 克,水发鱼肚 40 克,发制好的干贝 40 克,鲜贝 50 克,熟大虾 50 克(1 只),水发猪蹄筋 40 克,香菇 30 克,玉兰片(笋尖)30 克,油菜心 30 克,嫩黄瓜 30 克,龙须菜 30 克,玉米笋 30 克,金针菇 30 克。葱花 10 克,料酒 25 克,姜汁 25 克,盐 6 克,味精 4 克,清汤 200 克,湿淀粉 80 克,熟猪油 100 克,青虾仁 60 克,鸡泥 30 克,番茄酱 25 克,糖 15 克,油 30 克。

切配:(1)白熟鸡脯肉切成大条;火腿切成较厚的大长片;海参切大条用水焯过;鱼肚切长方块用水焯过,放凉,挤净水分,用姜、料酒、高汤蒸过;选粒大而整齐的鲜贝上薄淀粉浆,用水滑过;熟大虾切成大厚片;水发蹄筋切成 5 厘米长的段,用水焯过;香菇去把,大个一改两半,用水焯过;笋尖切成梳子状的大长片,用清水冲一下;油菜心用热油"激"一下,用水冲凉;嫩黄瓜切成较厚的大长片;龙须菜用刀截成 8 ~ 10 厘米长,用水略焯;玉米笋用水略焯;金针菇用水洗净黏液,用刀截成 8 ~ 10 厘米长。以上原料和谐拼摆在大盘中,如黑色荤主料——海参旁边不要放荤的主料,也不要放黑色、白色的素主料,最好放黄、绿色的主料。另外,色泽相同的最好对面放置,如应将香菇放在海参的对面。

(2)青虾仁上浆用油滑过,晾凉后,将鸡泥子粘在中间,做成橘子虾,放碟中上屉蒸好备用。

烹调:(1)勺内加底油,葱花炝勺,烹入调料,添白汤,将主料用手护着轻推入勺。汤开后,撇去浮沫,放小火略煸一会,调整好汤汁的多少,找好口,回旺火,勾粉芡,加入熟猪油,将勺晃开,大翻勺,溜入盘中。

(2)另取勺烧热,下少量油,炒番茄酱,下入白糖,用小火将汁炒黏稠,下入蒸好的橘子虾,轻轻翻勺,使橘子虾沾勺番茄酱离火,用筷子将橘子夹住,放在扒全菜的中央即可上桌。

操作要领:初做此菜,不要切得太长,摆得太大。而弄厚一些,则比较容易挂好芡及大翻勺。

29. 酥全菜

酥全菜是鲁西最普通的一种酒肴,因制作简单,一锅能出很多品种,故深受当地人喜爱。每逢冬日农闲之时,当地百姓便打些酥锅,待客畅饮,取出几样稍加改刀装盘,便可摆满餐桌。此菜香烂味美,特别是鱼类经酥制后,骨酥刺软,入口即化,对老年人和小孩尤为适宜。肉类可为人体提供多种人体必须的氨基酸、维生素 A、维生素 B 及维生素 D 等。酸化的骨刺又给人体提供了丰富的矿物质钙、磷、铁等。因此,酥全菜不但食用方便,美味可口,而且它还含有较丰富的营养,是一款不可多得的佳肴。

原料:雏鸡带骨肉 1000 克,鲫鱼 1000 克,海带 1000 克,猪肥瘦肉 1000 克,白菜心 1000 克,鲜藕 1000 克,大葱 500 克,姜片 250 克,酱油 400 克,醋 500 克,食盐 50 克,料酒 150 克,白芷、芫荽、花椒、丁香、桂皮各 10 克,植物油 1000 克。

切配:(1)雏鸡肉洗净控净水,剁成大块。猪肉洗净控干,切三至四大块。鲫鱼去鳞、鳃及内脏,洗净控净水分。

(2)海带洗去泥沙,卷成卷。鲜藕去皮、节洗净后,切成大块。白菜心洗净,切为两瓣。大葱洗净切为两段。

(3)芫荽、花椒、白芷、丁香、桂皮等用纱布包好。另将酱、食盐、醋、香油、料酒等调拌均匀,加适量的清水调成汁。

烹调:(1)炒勺内放植物油烧至八成热,将鲫鱼投入炸至壳硬捞出,控净油。

(2)大沙锅(或铁锅,不可用铝锅)在底部铺一层猪肋骨,以防煳底。肋骨上面摆上藕、鸡肉块,然后放一层葱姜。葱姜上放猪肉,猪肉上面再排一层酥烂鲫鱼,然后再放一层葱姜,并把香料包放在中间。再在上面放海带,最后将菜心扣上,撒上剩余的葱姜,并将对好的汁均匀地浇在锅内,盖上箅子,用洗净的石头或铁块压紧,盖严锅盖。

(3)将沙锅置旺火上烧沸,然后改用小火焖煨 4 个小时,端离火口,待温度冷后,打开锅盖,拿去石头(或铁块)、箅子,将酥好的全菜由上至下,依次取出,分别放在盘子里。

(4)食用时改刀装盘,可单拼,也可合摆。上桌时可浇点原汁或滴几滴香油。

操作要领:(1)洗净的海带卷卷时,先卷头后卷根。

(2)对汁一般是一次对成,中途不宜加料。

(3)各种荤味原料切配时要块大,不宜改刀成小块。

(4)摆放各种原料入锅,要有秩序。且锅盖顶上一定要用重物压上,以防漏气。烧制时宜用小火,一般不得少于三个半小时。

30.炒合菜

在中国北方,特别是济南地区,吃"合菜"是很讲究的,一是季节性强,只有立春日才可大快朵颐;其次,吃"炒合菜"必须有春饼,只有用筋道、柔软、洁白的春饼卷食,方能品出味道。吃过春饼卷合菜,杨柳吐絮,燕语呢喃,春天就来了。《四宝鉴》曾记载:"立春日,都人(指北京人)做春饼,生菜,号春盘"。并有诗云:"咬春萝卜同梨脆,处处辛盘食韭菜"。将韭黄、肉丝、粉丝、豆芽菜、嫩菠菜炒在一起,便是"合菜"了,上面若再盖上一张摊鸡蛋饼,就是济南名吃"和菜戴帽儿",北京人则称之为"金银满堂"。

原料:瘦猪肉丝 100 克,掐豆芽菜 250 克,嫩菠菜心 150 克,水泡粉丝 100 克,春韭(或韭黄)75 克,鸡蛋 2 个,花生油 50 克,香油 25 克,花椒油 25 克,精盐 6 克,味精 3 克,料酒 15 克,醋 3 克,葱姜末适量。

切配:(1)春韭择好洗净,切 3 厘米长的段。水泡粉丝用刀略斩,不要过长。

(2)鸡蛋打散加食盐适量、葱姜末少许。

(3)将菠菜择好洗净,切 8 厘米长的段。

烹调:(1)水烧沸,将菠菜放入水中焯过。

(2)炒勺烧热,放入花生油,下葱、姜炸出香味,随即放肉丝,炒至粉白色,烹入料酒,淋入清水少许。加盐,放入菠菜、粉丝同炒。

(3)另起一勺,放花椒油少许,放掐菜旺火急炒,随放盐及醋适量,以除其豆生味。将韭菜倒入继续快炒至匀,随即倒入肉丝、粉丝,加味精炒匀,即成合菜,装入盘中。

(4)炒勺烧热,放香油,待热时将打散的鸡蛋汁倒入锅中,摊成蛋饼,两面煎黄,盖在合菜上,即全部完成。

操作要领:(1)嫩菠菜要用开水焯一下,以去其涩味(即草酸)。

(2)炒合菜时宜用两把勺同时操作,使去豆芽生味及煸肉丝的火候恰到好处,然后再倒在一起快炒,方得佳味。

附春饼的制作方法:

(1)将面粉100克放入盆内,倒入50克溶有0.5克食盐的开水,搅拌均匀后,晾凉揉匀,盖上布,饧10分钟左右。

(2)将面团放到案子上,揉一揉,搓成长条,做成8个剂,用手逐个按压成扁圆形,均匀地刷上一层薄薄的花生油。在饼剂刷油的一面撒上点面粉,再用炊帚把面粉扫下,将两个饼剂刷油的一面相对摞上,用面轴擀成15厘米左右的圆饼,共做4对饼坯。

(3)将平锅或鏊子刷净烧热,放上饼坯,用慢火把一面烙成七成浅花时,翻个,再将另一面也烙成七成浅花,用左手拿住上层饼,揭起一角,用笤帚按住下半层,揭开后再合上,翻个烙至饼面呈十成花时取出,从中间折叠成半月形,摆入盘中即成。此饼又叫荷叶饼、合页饼,由两层薄页合成,色白柔软,有韧性。

31. 氽双脆

此菜是陕西传统名菜,西安饭庄的看家菜。相传,"氽双脆"起源于唐,原名叫"擀双丞"是影射武则天当政时专靠告密和严刑逼供而臭名昭著的沿书左丞周兴与御史中丞来俊臣的。随着岁月的流逝,已演变成今天的"氽双脆"。其特点是汤清味鲜,肚胗脆嫩。

原料:猪肚仁150克,鸭胗150克,核桃仁10克,精盐7克,味精3克,口蘑10克,水发玉兰片10克,姜片3克,香菜10克,料酒10克,葱段5克,胡椒粉2克,花椒2克,鸡清汤500克,熟猪油、碱各适量。

切配:(1)将猪肚仁和鸭胗洗净,分别剞兰花刀,再切成块,将肚块用碱水浸泡,漂洗干净,再放入清水中加葱、姜、花椒浸泡一段时间,入味后捞出沥干水分。

(2)将肚仁、鸭胗分别入沸水中氽至刀纹散开,捞入碗中,加料酒拌匀。

(3)将口蘑、核桃仁用开水泡过,片成梅花片。

烹调:锅坐火上,添鸡清汤及泡口蘑的水烧沸,加料酒、精盐、味精,下肚仁、鸭胗、口蘑、核桃仁、汤将沸时,即盛入汤碗中,滴熟猪油即成。上桌时另带胡椒粉、香菜小碟佐食。

操作要领:(1)肚仁要洗净,去掉筋膜。

(2)肚仁、鸭胗的烹调要旺火速成,时间不能过长,否则肚仁、鸭胗不脆。

32. 三皮丝

此菜是陕西传统名菜,起源于唐,原名叫"剥豹皮",是为影射中唐时"三豹"而产生的。相传中唐时,殿中御史王旭,监察御史李嵩、李全交三人作恶多端,京都人称王旭为黑豹,李嵩为赤黧豹,李全交为白额豹,谓之"三豹"。当时长安一家酒店有位姓吕的厨师别出心裁,特意用乌鸡皮、猪皮、海蜇皮为原料做成佐酒小菜,取名"剥豹皮",暗含剥"三豹"皮之意,时间一长,人们心领神会,都争相来这家酒店吃"剥豹皮"。从此这款佳肴传遍京城,随着时间的流逝,逐渐演变为今日的"三皮丝"。特点为韧中有脆,清淡利口,佐酒者无不津津乐道。

原料:熟鸡皮 75 克,熟猪皮 100 克,水发海蜇皮 75 克,酱猪肘花 100 克,葱花 10 克,精盐 3 克,味精 2 克,酱油 10 克,醋 5 克,芝麻酱、香油、花椒油各适量。

切配:(1)猪皮先片成薄片,连同熟鸡皮、海蜇皮分别切成细丝,即成"三丝"。

(2)带皮酱肘花、熟鸡肉分别切成细丝,作为装盘垫底原料。然后将以上各丝分类放入盆中。

烹调:(1)碗内放入葱丝,浇上花椒油,与鸡肉丝、肘花丝、精盐、味精、醋、酱油拌匀,放在平盘中心,摆成三角形,然后将三丝分别堆起覆盖在鸡肉丝、肘花丝上面。

(2)芝麻酱加盐,用香油搅拌融合,浇在三丝上面即成。

操作要领:切的丝要粗细均匀,长短一致。

33. 烧五丝

此菜是烟台传统风味菜,上世纪初,烟台名店"东坡楼"餐馆以制作烧烩菜见长,该店名菜"烧三丝"深受食者欢迎。后来厨师们在此基础上又增加了两种海味原料,制成"烧五丝"。具体的操作方法是将五种主料分别切成细丝烧烩至熟,成品半汤半菜咸鲜适口,最适宜酒宴下饭之用。在选料上可根据宾客嗜好灵活搭配。

原料:水发海参 50 克,水发鱼肚 50 克,猪瘦肉 100 克,鸡肉 100 克,猪腰 50 克,火腿 10 克,玉兰片 10 克,蛋糕 10 克,葱姜 10 克,酱油 15 克,精盐 3 克,绍酒 4 克,味精 3 克,清汤 300 克,湿淀粉 30 克,鸡蛋清 50 克,芝麻 2 克,熟花生油 500 克,香油 5 克。

切配:(1)将水发海参、水发鱼肚、猪瘦肉、鸡肉、猪腰、火腿、玉兰片、蛋糕均切成丝。葱姜切成细丝。

(2)鸡丝、肉丝用鸡蛋清、湿淀粉、精盐抓匀喂好。

烹调:(1)将海参丝、鱼肚丝、蛋糕丝、火腿丝、玉兰片丝用水一氽,捞出控净水分;猪腰丝用水一氽再放七成热油中一冲,控净油。芝麻炒香。

(2)炒锅内加入花生油,中火烧至四成热,将猪肉丝、鸡丝下锅滑至嫩熟。捞出控净油,炒勺内留油 25 克,用葱姜丝爆锅,烹入绍酒,加入海参、鱼肚丝、玉兰片丝、肉丝、鸡丝、腰丝、蛋糕丝、酱油、精盐、清汤,烧开后撇净浮沫,加入味精,用湿淀粉勾流芡,淋上香油,盛入汤碗内,撒上芝麻、火腿丝即成。

操作要领:(1)猪肉、鸡肉刀工处理时,应按着"斜切鸡,顺切肉"的要求进行,使切配好的原料整齐,不碎不烂。

(2)芡汁勾对的不可太稠,以流芡为宜。

34. 炒七巧

七巧是七种不同的珍贵原料,包括天上飞的,地上跑的,海中游的。这 7 种原料经厨师们的精心设计,巧妙搭配溶于一菜,风味独特,妙不可言,又经精工细作,爆炒而成,故名炒七巧。

此菜是泰安的传统名菜。菜肴鲜嫩滑爽,汁明芡亮,味美异常。

原料:泰山山鸡脯、鸭腰、熟白肚、水发蹄筋、水发海参、水发鲍鱼、汶河鳜鱼肉各 75 克,冬菇 30 克,菜心 20 克,鸡蛋清 2 个,湿淀粉 60 克,葱花 10 克,姜末 5 克,蒜片 10 克,精盐 5 克,味精 3 克,料酒 15 克,酱油 15 克,清汤 100 克,花生油 500 克,花椒油 10 克。

切配:(1)将鸡脯肉用清水漂净,用刀片成 0.2 厘米的薄片,鱼肉片成厚 0.3 厘米的长方片,鸡肉、鱼片分别盛入碗内,加精盐、味精、料酒、蛋清、湿淀粉上浆抓匀备用。

(2)海参、鲍鱼、白肚分别用刀片成抹刀片,用开水一氽捞出;鸭腰洗净,凉水下锅稍煮捞出后用刀割破脂皮并剥去,一切两半;蹄筋摘净毛和杂质,切成长条片状,用开水一氽,过凉水捞出轻轻挤净水分;冬菇片成0.3厘米厚的斜刀片,与菜心烫后过凉水捞出。

(3)取碗1个,加入清汤、精盐、味精、料酒、湿淀粉对成芡汁备用。

烹调:(1)勺内加油500克,烧至四五成热时,分别放入鸡片、鱼片滑熟捞出。

(2)勺内留油50克,放葱、姜、蒜炒出香味时,加入海参、鲍鱼、鸡脯肉、熟肚片、蹄筋略炒,烹入料酒、酱油,再加入鸭腰、鱼片、菜心、冬菇快速颠翻,并倒上芡汁,翻炒均匀,淋上花椒油装盘即可。

操作要领:(1)必须选用活山鸡脯或新鲜鸡脯。

(2)鸡脯肉,鲜鳜鱼肉片,上浆浓度要适宜,滑油时用清油,油的温度控制在四成左右,过高易粘连,低了则会脱糊。

(3)碗内对汁时,口味要准确,芡汁浓度要恰当。

35. 炒荤素

炒荤素为常见的普通菜品之一,既可佐酒也可以作为饭菜,尤以拌面条食用最为适宜。炒荤素主料为猪里脊肉和面筋,所以有"荤素"的名称。菜品采用滑炒技法,主料里脊丝,浅粉色,软嫩滑爽,面筋丝老红色酥脆香鲜,咸鲜口略有甜味,汁少芡薄,芝麻油香浓郁。

原料:猪里脊200克,油炸面筋150克,玉兰片30克,嫩黄瓜50克,大片水发木耳10克,鸡蛋20克,干淀粉30克,葱花5克,料酒30克,姜汁30克,酱油10克,精盐4克,糖5克,味精2克,湿淀粉20克,油500克(实耗50克),香油20克。

切配:(1)将猪里脊切成丝,加精盐1克,料酒10克,姜汁10克,搅上劲,再用鸡蛋、湿淀粉上浆。

(2)将面筋用平刀剖开,顶刀切成丝。玉兰片切成细丝,用水焯过。嫩黄瓜剖四开,片去心斜切成"蚂蚱腿",大片木耳切成丝用水略焯。

烹调:(1)勺内加油,烧至四五成热时将里脊下入滑好,捞出控净油。再将油烧至七八成热,下入面筋丝,注意用筷子翻动,将面筋丝炸呈老红色,质地酥脆不回绵时,捞出控净油。

(2)勺内留下少许底油,葱花炝勺,烹入调料,将里脊丝和辅料下入,翻炒均匀,添半手勺高汤,汤开后勾芡,下入炸好的面筋丝,颠勺,使汁芡包匀面筋丝,淋入香油,略颠出勺装入平盘。

操作要领:此菜关键在于将面筋丝炸酥炸透,必要时可将勺端下焖炸一会。还要注意用筷子勤翻动,使面筋受热均匀,不会出现有的过火,有的火候不足或一根面筋有阴阳面的情况,又不能用筷子将面筋弄断,成为碎渣。

36. 赛螃蟹

螃蟹,是季节性非常强的鲜物,在远离海洋江湖的内陆,更是难得的稀罕物。但用黄花鱼和咸鸭蛋制作的"赛螃蟹",色呈蟹黄色,形似豆腐脑,肉质鲜嫩,特别是用醋姜汁调后,则色、香、味、形均似炒螃蟹肉,而且,其味比螃蟹还鲜,还浓,故名。山东名师崔义清师傅做此菜有独到之处。

原料:小黄花鱼500克,带红油的咸鸭蛋黄3个,熟猪油50克,料酒15克,精盐4克,味精

2克,鸡蛋黄1个,湿淀粉40克,醋10克,姜汁5克,清汤、葱末适量。

切配:(1)将黄花鱼去鳞、五脏,洗净放入盘内上蒸笼熟,趁热用筷子打去鱼皮,剔下鱼肉,用手略撕一下。咸鸭蛋黄用手掰成块,作蟹黄用。

(2)将剥好的鱼肉放入碗内,加入咸鸭蛋黄(一半)、鸡蛋黄、精盐、湿淀粉拌匀备用。

烹调:(1)炒勺内放入熟猪油,烧至六成热时,放入葱姜末、鱼肉,翻炒片刻,烹入醋,下入料酒、精盐、清汤、姜汁、味精,颠翻均匀,用湿淀粉勾芡,然后大翻勺装盘。

(2)上桌时,将剩下的另一半咸鸭蛋黄及切好的姜末撒在上面即成。

操作要领:(1)蒸制黄花时,以嫩熟为宜,不要蒸老了。

(2)选咸鸭蛋黄时,一定要带红油,以便代替蟹黄油。

(3)炒制时,不要用手勺乱翻,以大翻勺为好。

37. 朝天锅

"朝天锅"是山东潍坊市的一种传统风味小吃。满清时由潍县农村兴起,因开始多在集市上露天摆摊,锅顶无遮盖,故称"朝天锅"。它以肉肥汤美、经济实惠而闻名。每当进入秋末冬初以后,几个人围锅而坐,盛上一碗热气腾腾的原汤,用薄饼卷上香气扑鼻的猪下货和葱段,佐以潍坊特有的辣葛大咸菜,吃起来津津有味。

朝天锅在潍坊大集上相传数百年,到民国初年,城内陈坛开设了异香园,始将其移入室内,并在煮锅周围增添木制圆桌,用以放碗筷及饮酒器皿,并增添了肉丸子、熟鸡蛋等。现在经过不断的改进,制作更加讲究,深受中外食客的欢迎。

原料:猪下货两套(猪头、心、肝、肠、肚),瘦猪肉2000克,生驴肉3000克,生鸡3000克,熟鸡蛋500克,蛋清100克,水发海米50克,冬笋丁50克,葱姜米各15克,味精8克,精盐200克,湿淀粉50克,辣葛大咸菜100克,青萝卜条150克,葱段100克,香菜末25克,葱花50克,胡椒粉15克,酱油250克,醋100克。

切配:(1)猪头劈成两半,取出口条、猪脑,洗净。肠、肚放盆内加盐、醋反复搓洗,去黏液后与心、肝、肺一起用清水漂洗净。驴肉切成大块。

(2)瘦猪肉2000克切成小方丁,加水发海米、冬笋丁、葱姜米、蛋清、酱油(50克)、味精、湿淀粉、精盐(适量),拌匀待用。

(3)鸡去三尖(嘴尖、翅尖、臀尖)洗净待用。

烹调:(1)先将洗净的猪下货用开水焯一遍,除去猪口条和猪肚上的一层膜皮,用清水洗净。

(2)将其中一套猪下货加水(5000克),精盐(适量),煮熟取出,撇去浮油,原汁待用;生驴肉1500克,加水(4000克)、精盐(适量)煮至熟烂取出,留原汁待用;生鸡1500克,加水(4000克)、精盐(适量)煮熟取出,汤备用。

(3)调好的肉馅做成每个约60克的大丸子,放八成热油中炸成金黄色,捞出放入锅内加水3000克煮沸,捞出丸子撇去浮油,汤备用。

(4)把煮下货用的汤、驴肉汤、鸡汤、丸子汤倒在一起,又称"三合半汤"。把焯水后的另一套猪下货和驴肉(1500克)、生鸡(1500克),放入汤内,煮至熟烂时再加入丸子、熟鸡蛋,用旺火烧开去浮末,加精盐、酱油改用慢火炖。

食用时,客人围坐在直径40厘米的"朝天锅"旁,摆上潍坊特产青萝卜条、辣葛大咸菜、葱段、甜面酱、香菜末、葱花各一小盘,另配胡椒粉、酱油、醋等调味品,将煮好的猪下货,驴肉切好,每人一盘。客人各持汤碗羹匙,随吃随舀,别有风味。

操作要领:煮猪下货时,猪肝的火候以断血为好,煮大了易变老,肚、肺、肠加热时间应长一些。

补充说明:食用时可以另配上炸全蝎、麻汁杂拌菜各一盘,其他配料可根据食用人数适量增减。

38. 扒蟹黄白菜

扒蟹黄白菜的主料是河蟹黄和天津大白菜。天津白菜品质优良、讲究:青麻叶、小薄帮、核桃纹、一根棍(菜体细长如蜡烛)、开锅烂、无菜筋,史书即有"黄芽白菜嫩于春笋"的记载,是天津四大名菜之一。

扒蟹黄白菜荤素搭配、相得益彰。采用津菜擅长的勺扒技法烹制,菜品乳白色,造形美观,汁芡适中。蟹黄鲜香味醇,白菜清淡软嫩,是高档宴席上的饭菜。

原料:熟河蟹黄100克,白菜头400克。葱米1克,浓姜汁25克,料酒25克,盐4克,味精2克,清汤250克,水淀粉40克,熟猪油60克。

切配:(1)将白菜头切成1厘米宽、15厘米长的大条,下勺用白水煮熟,过凉水,挤去水分,放入平盘,整齐摆列成15厘米见方的白菜底。

(2)将河蟹黄用水将表面不凝固物冲洗掉,然后将大块的改一下刀,再放勺中用水焯过。

烹调:勺内加入熟猪油10克,烧热后将葱米炝出香味,烹入调料,添高汤,将蟹黄下入,汤开后,把浮沫撇净,在灶上用小火煮一会儿。然后,将白菜用手护着,轻推入勺,汤开后再撇浮沫,略煸入味,用水淀粉勾芡,淋入熟大油,大翻勺,溜入平盘即可。

操作要领:(1)此菜务求洁净,从选料到烹制都要注意避免汤汁中悬浮物过多。

(2)如用小鱼盘盛放,可将蟹黄放在白菜的一头进行烹制。

39. 扒素鱼翅

扒素鱼翅为天津传统风味素菜之一,主料为黄花菜,经水泡去味,添加调料上屉蒸制,用手撕成细缕,摆好形状放置碗底,然后再放入鸡翅膀、火腿片、高汤和其他调料上屉蒸得入味,然后再行烹制。菜品与扒鱼翅色、香、味、形绝似,因此烹制工艺和技术要求很高,曾是天津市1981年首次考核特级厨师的菜品之一。现采用的主料为金针菇,色泽金黄明亮,质地较黄花菜柔软滑嫩、清淡爽口,为顾客所喜爱。扒素鱼翅菜品金黄色,明汁亮芡,造形美观;咸鲜口,味道醇酽。

原料:金针菇400克,芫荽叶10克,葱花10克,料酒20克,姜汁20克,盐4克,味精2克,高汤150克,水淀粉50克,净油75克。

切配:将罐头内金针菇取出,用清水洗去原汁,放热水中略烫一下,取出后沥去部分水分,然后根据菌头朝一个方向,光面向下在盘子中摆成桃圆形。

烹调:勺内加底油,葱花炝勺,烹入调料,添高汤,撇去浮沫,下入金针菇,烧煸至汤浓主料入味时,勾淀粉芡,加明油,大翻勺,将菜品整齐地溜入盘中。上桌时带芫荽叶小碟,或摆放在"翅根"的碟边上。

操作要领:主料金针菇要选嫩黄色、上无菌伞下无连根者。此种嫩金针菇较短,所以,400克金针菇应码成4个桃圆形,最整齐的一个先码放在大盘内,另3个三角形码在上边。翻过勺后,显得整齐美观。

40.油盖烧茄子

河蟹属甲壳纲,为节肢动物,一生需蜕皮数次才能长成,油盖即是每年六月间最后一次蜕皮的河蟹。河蟹蜕皮后,新皮软如薄纸,使河蟹丧失自卫和觅食能力,为此河蟹提前挖好洞穴,并在身内储存了丰富的养料。新蜕皮的油盖为半透明的淡蟹青色,腑脏洁净无尘,是可遇不可多求的时珍美味。此时,正逢新茄子上市,油盖烧茄子是津门美食家翘首以待的初夏时令佳肴。

油盖烧茄子为咸鲜略甜,口感极佳,油盖外酥里嫩,茄子软烂味酥。

原料:油盖一只(150 克),嫩茄子 500 克,姜米 3 克,葱米 5 克,蒜米 5 克,料酒 40 克,酱油 10 克,精盐 5 克,味精 3 克,醋 10 克,嫩糖色 5 克,高汤 200 克,油 1000 克(实耗 60 克),熟猪油 40 克,花椒油 20 克。

切配:(1)将油盖壳向下放墩上,剁去无肉的小爪,横一刀、竖二刀切进 2/3 深度。

(2)茄子去皮、切成略大于 1 厘米见方的小块。

烹调:(1)勺内加油,烧到七成热,将茄子分两次下入,过油炸成金黄色。

(2)勺内加入少量熟猪油烧热,将油盖壳朝下,煎至酥脆,翻过来,用小火将油盖煎透。用手勺将油盖拨到勺边,先下姜米、后下葱米炝勺,烹入调料,添高汤烧煤入味,然后放置一旁。

(3)另取一炒勺加少许底油,煎蒜米,将烧煤油盖的汤汁倒入 3/4,下入炸好的茄子丁,将茄子烧煤到汁浓将尽时,盛入大汤盘内。

(4)将烹制油盖的勺回灶火上,收浓汤汁,淋花椒油,将油盖整个摆在烧好的茄子上即可。

操作要领:(1)调料中放醋是为了溶解蟹盖中的钙、磷等无机盐,增加菜品营养,但是,菜品不能尝出酸味。

(2)此菜在切配时,也可将刀口切穿,剁成六块,煎好烧煤后,放入茄子丁一起烹制。这样菜品中味更加鲜醇,但形状略差。

41.塞外三宝鲜

在内蒙古的特产中,口蘑、牛蹄筋和牛鞭被称为塞外三宝,可用其烹制多种风味菜肴。

此菜是内蒙古的特级烹调师王文亮的创新菜肴,他将新鲜的 3 种原料(三宝)改刀烹调后,用烧热的特制铁板盛装,上菜时发出吱吱的响声,不仅能使菜肴保持温度而且还能活跃宴会的气氛。因所用原料为塞外新鲜的三宝而故名。成品色泽红润,口味咸鲜微辣,酸甜。

原料:鲜口蘑 150 克,熟鲜牛蹄筋 150 克,熟鲜牛鞭 150 克,花生油 50 克,香油 10 克,红油 25 克,番茄酱 25 克,精盐 5 克,味精 3 克,白糖 25 克,葱丝、姜丝、蒜片各 5 克,鸡汤 300 克,湿淀粉 15 克。

切配:(1)将鲜口蘑加工整理干净。

(2)熟牛蹄筋,切成约 7 厘米长、2.5 厘米宽、0.3 厘米厚的抹刀片。

(3)熟牛鞭切约 6 厘米的段,顺长片切两半,分别锲上梳子花刀。

烹调:(1)将口蘑、蹄筋、牛鞭在鸡汤中慢火煮 10 分钟捞出。

(2)勺中放底油番茄酱炒散,放葱、姜、蒜、料酒、精盐、味精、白糖、鸡汤,倒入口蘑、蹄筋、牛鞭烧开,勾芡后再加上香油和红油翻勺出勺装盘。

(3)将特制铁板在火上烧热,放木托盘上连同烹制三宝菜品一同端上席桌随即将烹制好的三宝菜品倒在热铁板上,发出吱吱的响声即好。

操作要领:托铁板的木托上菜前应在冷水中浸泡,以防止上菜时被烤糊。

42.博山豆腐箱

博山豆腐箱是山东省的一款传统名菜。据传,清朝乾隆皇帝南巡经过山东博山时,曾去看望他老师大学士孙廷铨。在接风的宴会上,厨师们选烹了此菜,乾隆食后称赞不已,自此博山豆腐箱便身价倍增。

此菜制作工艺独特,单个看形如宝箱,摆入盘内似方塔耸立,质地软嫩适口,口味清香鲜美,是博山人款待宾客不可缺少的一味佳肴。

原料:博山豆腐500克,猪肉200克,水发海米50克,水发玉兰片25克,水发木耳50克,青菜心25克,蒜片、姜末、葱末各2克,砂仁面1克,湿淀粉15克,酱油15克,食醋25克,精盐4克,味精2克,香油25克,清汤50克,花生油1000克(约耗50克)。

切配:(1)将豆腐切成长4.5厘米,高宽各2.5厘米的块,将勺置中火上,放入花生油烧至七成热,把豆腐块下入油锅内炸呈金黄色捞出,再用小刀贴豆腐块顶面切出箱盖(不能切断),揭开控出豆腐瓤即呈皮硬内空的小箱状。

(2)猪肉、海米、木耳(30克)均切成粒状。

烹调:(1)炒勺内放入香油,烧至五成热时投入葱姜末、海米、肉末、木耳,煸炒至八成熟加酱油、精盐、味精炒匀盛出,加砂仁面拌匀成馅,将馅分别装入豆腐箱内,盖上盖叠摆于盘内,成四角梯形塔状,入笼蒸约10分钟取出。

(2)灼勺内放花生油25克,中火烧至六成热,投入蒜片爆锅,烹入食醋,放木耳、青菜心、玉兰片、酱油、精盐、味精、清汤烧开,调入湿淀粉勾成流芡,浇在豆腐箱上即成。

操作要领:(1)炸豆腐箱时,捞出待油温升高时可复炸一次,这样外皮较硬,以利挖豆腐瓤,挖时要防止挖破"箱子"。

(2)在往豆腐箱浇芡汁时,要浇匀,且一次浇完。

43.银饺豆腐盒

此菜是一个双拼热菜,以豆腐和肉馅为原料。将一半豆腐夹上调好的肉馅加工成盒,经拍粉拖蛋、煎煸、煨熟呈金黄色;另一半豆腐碾碎成泥,包上馅制成水饺形,蒸熟,围摆在豆腐盒的周围,并浇入白色的芡汁。由于色泽洁白,故称银饺。成品一菜双色,造型美观,质地软嫩,口味咸鲜。

原料:豆腐400克,猪肥瘦肉末150克,鸡蛋2个,精盐4克,味精2克,料酒5克,白胡椒粉1克,葱丝、姜丝、蒜片各4克,湿淀粉10克,面粉50克。

切配:(1)取豆腐切成约4厘米长、3厘米宽、0.2厘米厚的长方体厚片24片。余下的豆腐斩成泥。

(2)猪肉末加葱末、盐、味精、料酒、白胡椒粉搅匀。

(3)每2片豆腐片中间夹猪肉馅,共做成12个豆腐盒。

(4)豆腐泥加蛋清、精盐、味精、料酒搅拌均匀,制作时将饭碗扣在菜墩上,取湿纱布铺入碗底托中,放入豆腐泥按平,再包上馅心成饺子形,撤去纱布,这样依次做完。

烹调:(1)勺内加底油烧热,将豆腐盒经过拍粉拖上蛋液放入勺中煎至两面呈金黄色盛出控净余油。

(2)勺中加底油20克烧热,用葱丝、姜丝、蒜片爆锅,依次放入清汤、豆腐盒、精盐、料酒、味精,用小火加热煨透,用湿淀粉勾芡后滴上香油,大翻勺出勺装盘。

(3)将豆腐饺上笼蒸约8分钟取出围摆在豆腐盒的周围。勺中加清汤、精盐、味精、料酒,烧开用湿淀粉勾芡浇在豆腐饺上即可。

操作要领:(1)豆腐盒煎制时要求勺净、油清、慢火,以保证成品色泽的美观。

(2)蒸银饺的火力不可太急,以免出现蜂窝状。

44.北国鱼米香

此菜以新鲜的鱼肉和蒸熟的大米饭为主料,配以豌豆、玉米笋、火腿、红樱桃等原料经精烹而成,是内蒙古特二级烹调师王文亮的创新菜,作者巧妙地借其"鱼米"的谐音,意在表现经过改革开放的北国内蒙古已胜似江南富饶的"鱼米乡"。

菜肴成品造型美观大方,食之嫩脆咸鲜,备受人们赞赏与喜爱。

原料:精选活鲢鱼肉300克,大米饭200克,豌豆75克,火腿75克,玉米笋20个,精盐6克,鸡蛋清20克,湿淀粉10克,味精3克,白胡椒粉2克,葱姜汁5克,料酒5克,红樱桃20粒,黄瓜皮10克,香油5克,鸡汤200克,熟猪油500克。

切配:(1)取精肉200克切豌豆大小的丁,用精盐、味精、料酒、葱姜汁、白胡椒粉进行了烹调入味,入味后再挂上蛋清糊。

(2)取精鱼肉100克,砸成茸,加精盐、味精、葱姜汁、蛋清拌匀。

(3)玉米笋顺切一刀,使两头相连,在刀口中夹上鱼茸馅,点缀上黄瓜皮,红樱桃。

烹调:(1)将鱼丁在四五成温热中滑熟,捞出控净油。

(2)勺中放底油25克烧热,投入豌豆、火腿丁、精盐、味精、料酒、大米饭炒透,放入鱼丁炒匀,滴上香油出勺,堆放在圆盘中间。

(3)将玉米笋上笼蒸约7分钟取出,围摆在炒鱼米的周围,勺内添汤加精盐、味精、料酒,烧开后勾流芡,加香油,浇在玉米笋上即好。

操作要领:(1)鱼丁滑油时要掌握好油温和火候,以达到嫩熟和洁白。

(2)大米饭要蒸得松散些。

45.什锦栗米羹

什锦栗米羹是高档筵席上菜前的开胃汤羹,是从秋末到初春的时令菜品,尤其适用于北风凛冽的寒冬。按我国饮食习惯,宴会从饮酒食冷拼菜开始,在此之前上一道什锦栗米羹,不仅为客人驱走身上寒冷,也使其在食用生冷油腻之前,先食用半流质的汤羹,保护了人体消化系统的健康。

什锦栗米羹汤味鲜醇,米汤芡上飘有蛋花,什锦料各有特色,淡甜口略咸,有浓郁的鲜玉米和栗子香味。

原料:玉米粒(罐头)100克,栗子(罐头)50克,海参20克,青虾仁20克,熟白肉20克,黄白蛋糕各20克,荸荠20克,嫩黄瓜20克,姜汁10克,高汤500克,糖50克、盐6克、湿淀粉80克。

切配:栗子切成红小豆大小的粒;海参用水焯过,青虾仁上浆过油滑过,和熟白肉、黄白蛋糕,嫩黄瓜一起切成粒;南荠用刀拍酥、切粒,过水略焯;胡萝卜刮去皮,切粒,用水焯透。鸡蛋液加少许水用打蛋器抽漓。

烹调:灶上放净勺,加入高汤,下入调料,汤开后撇净浮沫,将各种主料小粒下入,汤开后再撇净浮沫,调好口,下水淀粉,勾米汤芡,然后将鸡蛋液缓慢淋入勺中,甩成蛋花,即可出勺,分盛在 10 个盖杯中,衬托碟,带小调羹上桌。

操作要领:(1)此菜各种主料除玉米、栗子颗粒较大外,其余主料都切成红豆粒,并最好在烹制前再一起焯一次,以保证突出玉米和栗子的香味。

(2)甩蛋花时,可将盛蛋液的碗抬高,以小股流到勺内汤开处,也可用手勺将蛋液平泼出去,以使蛋花成薄片状。

46. 鸳鸯三鲜汤

鸳鸯是一种水鸟,雄的为鸳,雌的为鸯,成双成对,人们习惯把它们作为一种互相恩爱的象征。以三鲜定名的菜,突出了山东菜典型的风味特色。鸳鸯三鲜汤是通过巧妙的艺术构思,以海参、虾仁、鸡脯肉为主要原料而烹制的一道非常讲究的汤菜。成品汤汁清澈透底,主料鲜嫩味美,配上一对用蛋泊制成的鸳鸯游浮汤面,形象逼真,栩栩如生。特别是喜庆的宴席上,给人以无限的情趣。

原料:水发海参 50 克,虾仁 50 克,鸡脯肉 50 克,清汤 500 克,鸡蛋清 50 克,葱丝、冬笋、水发木耳各 10 克,香菜梗 5 克,食盐 6 克,味精 3 克,酱油 3 克,香油适量(点缀品有花椒粒 4 个,红辣椒、绿菜叶适量)。

切配:(1)海参切顶刀片或抹刀片,鸡脯肉片成小薄片,虾仁洗好控净水。

(2)冬笋切象眼片,木耳去根撕成小片,香菜梗切成 2.5 厘米长的段。

烹调:(1)蛋清搅打成蛋泊在小汤匙内做两个鸳鸯,用花椒粒、红辣椒、绿菜叶点缀上眼、羽毛及翅膀,上屉蒸约 30 秒钟取出。

(3)清汤 500 克放入勺内烧开,将海参、虾仁、鸡片下勺氽至嫩熟,捞出放汤碗内。

(4)原汤依次加食盐、味精、酱油、葱丝、冬笋、木耳、香菜梗,烧开撇去浮沫,滴上香油盛在汤碗内,再加蒸好的鸳鸯放置汤面上即成。

操作要领:(1)此菜选用的清汤,必须是按正宗的方法制作的,并达到汤汁清鲜味浓。

(2)适当掌握主配料的氽制火候,达到嫩熟即可,以保持其鲜嫩的特点。

47. 鲶鱼炖茄子

鲶鱼(又名鲇鱼、年鱼)产于淡水河中、湖中,尤以松花湖所产的鲶鱼质量最好。这种鱼头扁、口大、眼小、无鳞、灰黑色有不规则暗色斑块,皮肤多黏液腺。其肉质肥厚、鲜嫩、细腻,蛋白质、脂肪及其他营养成分均高于其他鱼类。因其营养丰富,脂肪含量高,有滋补功效,所以常用其煮汤给产妇食用,其催乳、增乳作用显著。

"鲶鱼炖茄子"是吉林省传统菜肴之一,其菜品肥美鲜嫩、汤汁乳白醇厚,荤素相配得益,酒饭皆宜,是人们喜食乐见的美味佳肴。有"鲶鱼炖茄子,撑死老爷子"之说。

原料:鲶鱼 1 尾(500 克),嫩茄子 400 克,葱、姜、蒜各 10 克,料酒 15 克,花椒水 15 克,精盐 9 克,味精 3 克,浓白汤 500 克,香油、香菜各适量。

切配:(1)鲶鱼去腮去内脏,冲洗干净后切成鱼段。

(2)茄子去皮撕成长条。葱、姜切丝,蒜切片,香菜切段。

烹调:勺内再放油,用葱、姜爆锅,加入浓白汤,放入鲶鱼烧开后,放入料酒、花椒水、精盐、味精、茄子,然后用大火烧开,撇净浮沫。转上中火保持其滚开,至汤色乳白、鱼熟茄子烂时,放上蒜片、香油,盛入汤盘内,放香菜段即可。

操作要领:(1)要选用上好的浓白汤,鱼要进行焯水处理。

(2)旺火烧开后移至中火保持汤面滚沸,方能使鱼中脂肪与汤混溶,形成乳白色汤汁。

(3)要保持鱼肉完整,不碎不散。

48.清蒸海带盒

海带,是一种大型食用藻类,其所含成分,主要是褐藻胶酸、纤维素、粗蛋白、碳水化合物、甘露醇、钾、碘等。每百克干品尚含有胡萝卜素 0.57 毫克,维生素 B_1 0.09 毫克,维生素 B_2 0.36 毫克,烟酸 1.6 毫克,钙 177 毫克,铁 150 毫克,磷 216 毫克,钴 22 微克,此外还含有微量氟、一定量的维生素 C 及氨酸等。因海带富含碘质,故早在晋代,我国就有关于用海带一类海藻治疗瘿病(即甲状腺肿)的记载。所以,常吃海带对预防甲状腺肿和维持甲状腺的正常功能,大有益处。

烟台海盛产海带,故以海带为肴历史久远。郝懿行云:"(海带)出登州者,纠结如绳索之状,……青者而长,登州人取干之,柔韧可以束物,人亦啖之。昆布旧以充贡,海带今以供馔,二物皆消结核。"登州,即今之蓬莱市,沿海所产的海带在明末、清初已进入人们的食谱。而今嗜食者更是不乏其人。由于现在市场上供应的多是干品,因此,烹制前需将海带生蒸约半小时,而后用清水浸泡一夜就可以了。

原料:水发海带 350 克,瘦猪肉 150 克,葱姜米 10 克,鸡蛋清 50 克,清汤 50 克,精盐 5 克,味精 3 克,香油 3 克。

切配:(1)勺内放清水烧沸,加海带氽透,捞出晾凉,改成长 4.5 厘米、宽 2.5 厘米的片,共 40 片,用精盐、味精喂口。其余的海带均剁成细细的末。

(2)猪瘦肉剁成细泥,加精盐、味精、清汤、葱姜米、鸡蛋清、香油、海带末搅匀,用手挤成 20 个丸子,分放在 20 片海带上,上面再各放一片海带,用手略压,海带盒即做好。

烹调:将海带盒放盘中入笼屉内蒸熟,取出即可。

操作要领:(1)海带制作菜肴前,发制的要柔软、合适。发制不好,影响菜肴的质量。

(2)猪肉泥打浆时,吃水不宜太多,如海带粘不住原料时,可将两片海带的其中两面先蘸上一层精面粉,然后再包住肉泥制成海带盒。

49.花面奶皮子

奶皮子是将鲜牛奶置入锅中,温火加热,待表面凝结成一层腊状物质后,用筷子轻轻挑起,放通风阴凉处干制而成的奶制品。奶皮子不仅含有丰富的脂肪和蛋白质,而且食之奶香浓郁,别具风味,是内蒙古人招待贵宾的珍品。

此菜是一道甜菜,因经过油炸挂上糖浆后奶皮子又粘上一层熟芝麻和枸杞粒,故称花面奶皮子,成品形如圆球,色彩美观,质地外酥里嫩,食之甜香可口。

原料:奶皮子 300 克,鸡蛋 100 克,面粉 100 克,湿淀粉 100 克,熟猪油 750 克,白糖 200 克,熟芝麻 100 克,枸杞 75 克。

切配:(1)奶皮子切成约 2 厘米见方的丁,拍上面粉,挂上鸡蛋、面粉、淀粉、熟猪油调成的全蛋酥糊。

(2)枸杞用冷水浸泡回软。

烹调:(1)将奶皮丁放七八成的热油中,炸至金黄色捞出控净油。

(2)勺中放少许油,加上白糖炒至能拔出丝时倒入炸好的奶皮子,再撒上熟芝麻和枸杞即好。

操作要领:(1)奶皮子要存放于冰箱中以防溶化。

(2)奶皮子要先拍粉再挂糊,糊要挂匀、挂严,否则,过油时奶皮子将溶化于油锅中。

(3)挂糖后沾挂芝麻、枸杞要连续操作以防糖浆冷却沾不上。

50. 麻仁奶皮子

此菜是一道甜菜,具体做法是将改好刀、挂匀糊的奶皮子炸制呈金黄色,然后倒入炒至拔丝火候的糖浆中,并撒入适量的熟芝麻。成品外酥内嫩,形状美观,奶香浓郁,甜香可口,别具一格,深受食者喜爱。

原料:鲜奶皮子 350 克,鸡蛋 1 个,湿淀粉 75 克,精面粉 100 克,熟猪油 500 克,熟芝麻 75 克,白糖 200 克,香精适量。

切配:(1)将奶皮子切成 1.5 厘米见方的丁。

(2)用鸡蛋、湿淀粉、精面粉调制成全蛋糊,然后加入适量的熟猪油搅匀。

烹调:(1)将奶皮子挂上全蛋酥糊,然后放入油中炸成金黄色。

(2)勺内加底油少许,烧热加白糖炒至能拔出丝时,倒入主料,撒上芝麻,滴上香精,翻勺装入盘内即成。

操作要领:(1)奶皮子挂糊时一定要均匀,否则受热后会溶化流出。

(2)炸奶皮时,要适当掌握火候,炸制时间不可太长,以防奶皮子过度溶化而不宜烹制。

(3)粘芝麻时要先挂匀糖,再边翻勺边撒入芝麻,否则沾不均匀。

51. 炸五仁鲜奶

牛奶是一种老少皆宜的饮用补品。它不仅含有丰富的营养成分而且还具有补虚损、益肺胃,生津润肠等功效。五仁是蛋白质和脂肪含量非常丰富的核桃仁、瓜子仁、杏仁、榛子仁、芝麻 5 种原料的统称。

炸五仁鲜奶是内蒙的一道创新品种。此菜以新鲜的牛奶为主料,配以烤熟捣碎的五仁,经炒制冷冻成形,再改刀挂糊油炸。成品色泽金黄,形态涨发饱满,质地外酥内嫩食之奶香浓郁。

原料:鲜牛奶 400 克,核桃仁、瓜子仁、榛子仁、杏仁、芝麻各 25 克,湿淀粉 50 克,白糖 150 克,鸡蛋 2 个,面粉 150 克,熟猪油 750 克。

切配:(1)将五仁放在烤箱中烤熟,其中核桃仁、杏仁、榛仁烤好后砸成豌豆大小的粒。

(2)用鸡蛋、面粉、湿淀粉、油调成全蛋酥糊。

烹调:(1)炒勺刷净,放入牛奶、熟果仁烧开,加湿淀粉,然后慢火炒至糊状,倒入深盘冷却成形。

(2)将冷却好的奶块切成 2 厘米见方的小块,先拍粉再挂糊,放入七八成热的油中炸至酥糊涨发饱满,呈金黄色时,捞出盛入盘内,撒上白糖上桌即好。

操作要领:(1)炒牛奶时要求炒勺洁净,慢火加热,严防开锅溢出,加入湿淀粉后要不停地搅动,以防煳底。

(2)调制糊时,要注意面粉、湿淀粉与油的比例,油少了不涨发,湿淀粉少了会产生塌扁现象。

52. 三鲜镶黄瓜

三鲜镶黄瓜是鲁西厨师们把陆地原料黄瓜、鸡脯与海洋中原料虾仁和海参相互搭配而创新的一款菜肴。既适应了改革开放的形势,又增加了筵席的气氛。它是将黄瓜经特殊刀法改刀后,镶以用鸡脯、虾仁、海参制成的三鲜馅制作而成的。其造型别致,营养丰富,味道咸鲜略酸,色泽红润光亮,是一款荤素搭配的花色艺术菜肴,深受食用者的青睐。

原料:黄瓜 500 克,鸡脯肉 100 克,虾仁 75 克,水发海参 75 克,鸡油 10 克,料酒 10 克,高汤 100 克,精盐 6 克,味精 2 克,湿淀粉 5 克,番茄酱 30 克,葱末、姜末各 3 克,植物油 20 克。

切配:(1)黄瓜洗净,打去毛刺,用旋转刀法,旋成蜗牛壳状的卷,依次做 20 个。

(2)将鸡脯肉剁成茸泥,虾仁切碎,海参切成小方丁,三料合在一起,加精盐、花椒水、葱姜末、味精调拌均匀即成三鲜馅。

烹调:(1)把三鲜馅镶在漏斗形的黄瓜卷里,依次抹完后,放在大盘里,上笼旺火蒸 5 分钟取出,将原汤滗入碗中。

(2)炒勺加油烧热,倒入番茄酱飞炒至起沙,烹入高汤及原料汁,加料酒、精盐、味精调好口,沸起后用湿淀粉勾芡,淋鸡油调匀,浇在镶黄瓜上即成。

操作要领:(1)选用的黄瓜要直且稍粗。

(2)调三鲜馅时,要顺一个方向搅匀上劲。

(3)蒸镶黄瓜时,一定用旺火,且不可过时。

(4)飞炒番茄酱时,可先用油将番茄酱澥开,飞炒起沙时再烹入高汤。

<h3 style="text-align:center">53.空心琉璃丸子</h3>

空心琉璃丸子是鲁西宴筵中的名肴,特别是民间喜庆宴席,往往以此菜来评价乡厨技术的高低。因为制作此菜时,丸子内部不加任何发泡剂,而纯粹是运用淀粉的糊化原理加工而成的。经挂糖冷却的琉璃丸子,尤如一颗颗镶金裹玉的大珍珠,金光灿灿,玲珑剔透,仅就其美丽的造型,就可以给宴席增添无限的情趣。若举箸而食,则酥脆甜香,"咚咚"有声,令人回味无穷。

现在山东聊城地区流传的琉璃丸子品种很多。有空心的,有带馅的,馅心有荤有素。还有皮馅混合的,外挂芝麻仁的等等。据传高士玉老师傅做此菜最佳。

原料:面粉 100 克,白糖 150 克,蛋黄 1 个,香油少许。

烹调:(1)面粉用滚开的水烫透搅匀成厚糊状,凉后掺入蛋黄搅匀。

(2)勺中放油烧至六成热,把厚糊做成直径约 2 厘米的丸子,逐一下勺,炸至挺硬成丸后,捞出;再把勺中的油继续烧至八成热,将丸子复投入油中,炸至丸子内空呈金黄色时捞出控净油

(3)净勺内加入香油少许及白糖,慢火炒至白糖完全溶化成稀浆状、金黄色时,将丸子入勺内粘匀糖汁,滴上少许香油盛出,逐个分开晾凉后摆盘即可。

操作要领:(1)烫面用的沸水一定要达到 100℃ 并边加水边用筷子搅拌,使其均匀。蛋黄一定要等面团凉后再加入,不然丸子外层受热形不成密封层,造成破碎,或外壳不光滑。

(2)炸丸子要分两次进行。初炸油温不宜过高,否则,一次把丸子外壳定型,内部尚未完全糊化,对进一步加工不利。二次复炸温度也不宜过高。否则,由于丸子内部迅速受热,蒸气剧增,压力过大,会造成丸子破碎,出现"放炮"现象。

(3)炒糖时要用手勺不停地向一个方向搅动,使之溶化均匀。丸子入勺后,要迅速离开火眼。翻勺要用力适度,以免将丸子碰碎。

54. 沙锅海米白菜

泰安所产的白菜水分大,质地鲜嫩、味甘甜,它与泰安的豆腐、水合称泰安"三美"。此菜就是选用正宗的泰安黄芽白菜,取出菜心,用砂锅、海米小火炖制而成。菜肴色泽金黄,口味酥烂香醇,汤色浑白如奶,原汁原味清鲜爽口,为泰安的传统风味菜。

原料:黄芽白菜心 500 克,水发海米 50 克,奶汤 500 克,熟猪油 30 克,葱段、姜片 30 克,精盐 8 克,味精 3 克,料酒 5 克,花椒油 10 克。

切配:(1)白菜心洗净,用刀顺剖为两半。

(2)白菜放入沸水锅内煮约 3 分钟取出,用刀削去根,再顺切成 1.5 厘米宽的长条。

烹调:(1)勺内加油 30 克烧热,放入葱段、姜片炸出香味,取出葱姜不用,然后投入白菜略炒,加海米、奶汤烧开。

(2)取净砂锅 1 个,倒入烧开的奶汤、白菜及海米,用小火炖透,汁成浓白色时加入精盐、味精、料酒,淋上花椒油,原锅上桌即成。

操作要领:(1)须选用泰安城南旧镇所产的正宗黄芽白菜为原料。

(2)黄芽白菜质嫩易熟,所以不宜久烫、久煮,应保持其鲜嫩、味美的特色。

(3)此菜为冬季美味,菜肴炖好后将沙锅离火后,应垫盘上桌,趁热食之。

55. 扒元宝鹿角菜

鹿角菜是泰山的著名特产之一,属名贵食用菌类,生长于岱阴(山后)后石坞悬崖峭壁上的石缝中,夏末秋初为采摘旺季。鲜品菜柄呈扁圆形,为灰白色,菌枝为浅褐色,干制后变为深褐色,因其形状酷似鹿角而得名。相传鹿角菜是一只因失职受罚的金鹿所变。一次泰山洪水爆发,而金鹿由于顽皮未及时阻截洪水为受灾的百姓排忧解难,被泰山奶奶碧霞元君罚至后石坞,它不吃不喝,不久便死去,后来便于山崖的石缝中不断地长出一对对的鹿角状的菌菜类。

扒元宝鹿角菜是选用鸡蛋、熟鸡脯、火腿冬笋与泰山特产鹿角菜合烹而成的一款地方风味菜。成品色泽红润明亮,造型整齐美观,口味咸鲜醇美,质地嫩脆,软糯兼有,风味独特,颇负盛名。

原料:泰山鹿角菜 250 克,鸡蛋 6 个,熟鸡脯肉 100 克,火腿、冬笋各 50 克,葱段 15 克,姜片 10 克,酱油 20 克,花椒 10 粒,精盐 4 克,味精 2 克,清汤 200 克,料酒 10 克,湿淀粉 15 克,葱油 5 克,花生油 500 克。

切配:(1)将鹿角菜洗净摘去老根,用开水氽透捞出,再用手撕成不规则的大片。

(2)熟鸡肉、火腿切成长 5 厘米、宽 2.5 厘米、厚 0.5 厘米的片,冬笋切成略小于火腿的片。

烹调:(1)鸡蛋放入冷水锅内用慢火煮熟,剥去外皮后放入碗内加酱油稍腌。

(2)勺内加油烧至八成热,下入鸡蛋炸至金黄,捞出控净油放入碗内,加酱油、清汤、葱姜上屉蒸透。

(3)取蒸碗一个,将鹿角菜、火腿、熟鸡片、笋片间隔整齐地码放碗内,加酱油、清汤、葱姜、精盐上屉蒸透取出,将汤滗入勺内,余料扣入大盘中,鸡蛋同时取出,每个顺切两半,摆在盘的周围。

(4)勺内加汤烧开,加入味精,调好口味,用湿淀粉勾芡,淋上葱油,浇在盘内即成。

操作要领:(1)鹿角菜加工时不用刀,以免遇刀锈而变黑,影响口味和色泽。

(2)菜肴定碗后一般蒸 15 分钟左右,时间不宜过长。

56. 滑炒山鸡松茸蘑

山鸡主要产于吉林省长白山区和黑龙江省大小兴安岭一带。每百克山鸡肉含有水分69. 9克,蛋白质24.4克,脂肪4.8克,此外还含有维生素A、维生素C和钙、磷、铁等。山鸡肉中蛋白质的含量比猪、牛、羊肉都高,而脂肪的含量又低于这些肉类,是一种低脂肪、高蛋白的优质肉类。山鸡肉性味甘、温,具有补中益气之功效。据《饮膳正要》记载:"入五味如常法作羹臛食之,治消渴口干,小便频数。"

松茸蘑产于吉林省长白山和延边一带。每百克的鲜品中含粗蛋白17克,粗脂肪5.8克,可溶性无氮化合物61.5克,粗纤维素8.6克,矿物质7.1克,此外,还含有一定量的维生素B1、维生素B2、维生素C等,鲜吃不仅有一种特殊的香味,而且食后余味无穷。在我国民间素有"海里鲱鱼籽,地上好松茸"的说法。

此菜选用山鸡和松茸蘑为主料制成,成品鲜香、清爽,并具有很高的营养价值和食疗作用,堪称高级筵席中的珍品。

原料:松茸蘑200克,山鸡脯肉200克,蛋清1个,油菜50克,葱丝、姜丝各10克,绍酒10克,精盐4克,味精2克,鸡汤10克,湿淀粉8克,熟猪油500克。

切配:将山鸡脯肉片成薄片。松茸蘑片成4厘米长的长方片,油菜斜片成薄片。

烹调:(1)鸡片加蛋清和湿淀粉上浆,用四成热油划熟,倒入漏勺内控净余油。松茸蘑焯水。

(2)勺内放油25克烧热,用葱、姜丝炝锅,放入松茸蘑、油菜煸炒,加绍酒、精盐、味精、鸡汤烧开后放入划好的鸡片,勾少许芡,淋明油出勺,盛入盘中即成。

操作要领:(1)盐渍松茸蘑一定要用凉水洗净盐分。

(2)鸡片要采用斜刀法,片的薄面均匀,划油时,油温要低,以免破碎。

57. 两吃罗汉豆腐

此菜用豆腐泥、鲜虾茸调馅,用虾尾点缀,做成罗汉豆腐,色泽洁白,清鲜软嫩,余下的豆腐泥制成球形,围上绿色的油菜心,成品色泽相互映衬,质地软嫩酥松,食之香麻醇美,菜肴质、色、味、形俱佳,营养成分丰富,为泰山豆腐宴创新的风味菜。

原料:蒸好的豆腐400克,虾料馅75克,对虾10个,黑芝麻20克,鸡料子75克,鸡蛋2个,面包渣150克,盐8克,味精3克,料酒10克,清汤200克,油菜心10棵,湿淀粉20克,胡椒面5克,海米末20克,香菜末10克,葱姜末10克,花椒盐20克,干淀粉100克,花生油700克,明油10克。

切配:(1)将虾去头,去皮,留尾,从脊背片开,去掉沙腺,打上多十字花刀,用精盐、味精、料酒略腌。

(2)将豆腐去掉边皮,用刀抹成细泥,放在碗内加虾料子、鸡料子、海米末、香菜末、精盐、味精、胡椒粉、香油调匀。

(3)油菜心洗净后将根削去,用小刀割上十字口,放勺内加清汤、精盐、味精氽透入味后,捞出围摆在盘内。

烹调:(1)改好刀的对虾铺在墩上,撒上少许干淀粉,抹上调好味的豆腐馅,再沾匀黑芝麻,然后摆入盘内上屉蒸至嫩熟取出,摆放在油菜心的外围。

(2)勺内加入清汤、料酒、精盐、味精烧开,加湿淀粉勾芡,淋入明油浇在蒸好的虾上。

（3）余下的豆腐馅,挤成直径约 2.5 厘米的丸子,沾匀干淀粉,拖上鸡蛋液,滚匀面包渣,逐个放入六七成热油中炸熟,捞出摆放在盘中心,上桌时外带一小碟花椒盐。

操作要领:（1）调制豆腐馅时,应先将鸡料子和虾料子加清汤搅匀,否则不易调开。

（2）面包豆腐球过油时油温不能太高,火急了容易上色,影响成品美观。

（3）要求操作敏捷,以保持菜肴的温度和火候。

<h3 style="text-align:center">58. 清汤绣球皮丝</h3>

清汤绣球皮丝的主料就是历史悠久的河南固始皮丝。相传,固始皮丝始于明代,曾作为中国名特产参加巴拿马万国商品博览会展出。关于它的发明,民间有这样一个传说:明代固始县有一位姓曾的朝廷命官,告老回乡以后,时常思念为官时吃过的美味。有一次得了重病卧床不起,请医吃药皆不见效。一老中医告诉其家人说,曾老爷现在失去胃口,百药不纳,要想使病情好转,必须先开胃口。于是家人便问曾老爷想吃什么,曾老爷有气无力地说:"清汤绣球官燕足矣!"家人听后很是无奈,穷乡僻野,哪里寻得这么贵重的"燕菜"。其结发之妻想了个主意:以假乱真。便吩咐家人去集市上买回来一些猪、狗肉皮,经过巧加工,细烹调,制成了形如粉丝酷似官燕的皮丝。加鸡肉等做成"绣球燕"以后,送到曾老爷病床前。一股清香飘来,曾老爷精神一振,等看到汤清玉洁的"绣球燕",胃口大开,连吃了五个"绣球燕",将汤喝得精光,出得满身大汗,病情减去一半,又待几日调理,便下床散步了。事后,曾老爷得知"绣球燕"出自结发之妻之手,很是惊讶,以后便让老妻经常制作此菜,以解一时馋相。后来,这种吃法传到民间,人们争相仿制,一时间便成为固始县有名的菜式。固始县固始满堂春饭店老板根据人们的心理,将皮丝引进饭馆,并在做法上做了改进,研制出一系列皮丝菜肴。如"拌皮丝"、"炝皮丝"、"桂花皮丝"、"扒酿皮丝把"等,既有饮酒冷菜,也有各式热菜及汤菜,使"固始皮丝"数百年来一直驰名中外。下面介绍一下清汤绣球皮丝的做法。

原料:干皮丝 50 克,鲜虾仁 100 克,鸡脯肉 100 克,火腿 25 克,冬笋 25 克,水粉芡 15 克,精盐 6 克,味精 3 克,绍酒 10 克,碱面 10 克,猪大油 25 克,花生油 500 克（约耗 100 克）,葱姜水适量,清汤 500 克。

切配:（1）锅入旺火上,添入油,六成热时将皮丝下入,两面炸匀,皮丝起胀,迅速捞入凉水盆里。

（2）锅放旺火上,添入开水,放上碱,将皮丝煮一开后,捞在热水盆内,待水凉后,用水反复挤去异味和碱味,然后连续换二三次水,待皮丝微白,摸着有弹性时,切成 3.3 厘米长的段。

（3）将火腿、竹笋切成长 3.3 厘米左右的细丝,同发好的皮丝的 1/3 拌在一起,即成三丝。

（4）将鸡脯肉洗净,砸成泥。将虾仁洗净,去掉红筋,剁成泥,同鸡肉一起放入盆内,下入蛋清、粉芡、精盐、味精、葱姜水,搅上劲,下入猪大油搅匀。

烹调:（1）将余下的 2/3 皮丝和鸡、虾肉泥拌在一起,挤成核桃形的丸子,在三丝上滚一滚,使其呈绣球形,上笼旺火蒸 5~6 分钟。

（2）锅放在旺火上,添入已经吊制好的清汤,下入精盐、味精、绍酒,再将蒸好的绣球丝皮下锅,汤开即成。

操作要领:（1）干皮丝油炸膨胀后,应迅速放在凉水中,而不是放在热碱水中。

（2）鸡肉、虾肉搅打时,一定要顺时针,并依次加入各种调配料。

（3）清汤一沸即起,千万不要大沸。

59.八仙遥池聚会

"八仙遥池聚会"是泰安传统风味菜。其用料选自当地特产赤鳞鱼、鹿角菜、山鸡、松蘑等,再配以泰山"三美"(白菜、豆腐、水)精烹而成。此菜以选料珍奇,风味独特,汤汁鲜美而著称。

"八仙遥池聚会"以寓意而定名。相传,清末民初,泰安方圆几十里的厨师每年的中秋节前夕约定在吕祖洞亭的"王母池"(唐称遥池)聚会,时间从农历八月十三日开始,为期三天,还聘请有名望的"剧社"唱戏,整个集会由厨房最高的老厨师主持,会后在老君堂支灶、"王母池"西院会餐。有一年,厨师们聚餐时,热闹之中有人提议"今日主桌恰好是八位烹饪名流,借八仙神力聚于此地,时下正值泰山赤鳞鱼、山鸡肥美之时,鹿角菜、松蘑旺盛之季,何不请陈老师傅为大家做上一个拿手好菜以助酒兴"。众人听后拍手叫绝。于是一位德高望重的陈姓师傅以时令山珍为主料,精心烹制了一款美味佳肴。只见"汤漂白云清澈见底,云下珍馐香四溢"。食后不仅鲜嫩柔脆而且回味无穷。大家赞叹不已,因此菜选用8种珍品恰如八仙,并诞生于遥池边,为了留作纪念遂以"八仙遥池聚会"而命名,此后便在鲁中地区广为流传,并常作为高级宴席的大菜。

原料:泰山活山鸡1只,鲜鹿角菜200克,活赤鳞鱼8条,雷震蘑、松蘑各100克,黄芽白菜心100克,豆腐50克,熟鸡块200克,清汤500克,酱油25克,盐12克,味精5克,绍酒10克,鸡蛋清半个,绿豆水500克,湿淀粉25克,葱段、姜片各10克,香菜梗5克。

切配:将山鸡宰杀,取下鸡脯片成薄片,用蛋清、淀粉上浆抓匀。活赤鳞鱼剖腹洗净,松蘑、雷震蘑择好洗净片成抹刀大片,鹿角菜去根洗净撕成大片,白菜洗净用手撕成长方片,豆腐切片备用。

烹调:(1)将上浆的山鸡片用沸水滑熟捞出,赤鳞鱼用沸水汆,白菜心、豆腐分别用沸水汆透捞出控净水备用。

(2)松蘑、雷震蘑、鹿角菜用绿豆水汆透捞出挤净水。

(3)取大汤碗一个,底部铺入鸡块,将鹿角菜、山鸡片、两种蘑片、白菜、豆腐间隔摆在上面,赤鳞鱼放在中间,汤碗内加入清汤(500克)、精盐、味精、葱段、姜片、酱油入笼蒸10分钟取出。去掉葱姜,将汤滗入勺中,加入味精、绍酒烧开,撇去浮沫加香菜段浇在汤碗内即成。

操作要领:(1)此菜为秋季时令菜,必须选用泰山特有的新鲜山珍野味作为主料。

(2)鹿角菜、雷震蘑、松蘑属泰山名贵食用菌类,按传统做法用绿豆水略煮,主要起解毒作用。

(3)恰当掌握蒸制的时间与火力,确保原料的鲜嫩特点。

七、宫廷菜

1.鹤鹿同春

唐德宗二年,朝廷开科大考,杭州书生贺心同、路进春同窗五载,情深意笃。二人得知大考之事,便相约一起赴京赶考。二人同下考场,一块儿金榜有名:路进春得了头名状元,贺心同名列第二。贺、路二人同到金殿面君叩拜谢恩,同乘高头大马,披红挂绿,返乡报喜。

回乡后,二人先到老师家中拜谢教诲之恩。老师喜不自胜,忙设家宴为得意门生接风洗尘,酒过三巡,路进春酒意熏然,醉态可掬,细心的师娘发现路进春不像男儿,便再三盘问。不得已,路进春才道出实情,原来,路进春本是大家闺秀,为发奋学习,方女扮男装。

真相大白,师娘作媒,成全二人百年之好,并亲自下厨做了一道菜,取名"鹤鹿同春",为二人贺喜,从此,这一佳肴便成为当地婚宴中的常菜。

此菜是一道汤菜,选择鹿尾为主料,采用蒸酿等技法精烹而成。再配以碧绿的油菜心和鲜嫩的口蘑,成品主料酥烂软糯,形态美观,配料色彩鲜艳,清爽适口。

原料:鲜鹿尾 2 条,鸡脯肉 200 克,嫩油菜心 12 棵,熟火腿 50 克,口蘑适量,鸡蛋清 100 克,净鱼肉 100 克,青豆 25 克,母鸡 1 只,猪棒骨 4 根,葱段 25 克,姜片 25 克,清竹叶 5 克,姜汁 10 克,鸭架 1 只,胡椒粉 3 克,精盐 10 克,味精 4 克,绍酒 50 克。

切配:(1)先把鹿尾烫煮去净毛放入小盆里,加绍酒、葱段、姜片、火腿、母鸡、鸭骨架、猪棒骨、清汤、上屉蒸烂,取出,剔去鹿尾骨。

(2)鸡脯肉剁成茸,加适量绍酒、姜汁调开,蛋清抽打成泡沫状,倒在鸡茸碗内搅匀成浓糊状。

(3)火腿切成末备用,口蘑切成方丁。

(4)鹿尾切成一节一节的放在菜墩上,将中间的空心部分填入调制好的鸡茸,并将表面抹光滑,使中间略微鼓起,然后在中心点缀上火腿末。

(5)蒸鹿尾的汤连同鸡、鸭架、猪棒骨等一起倒入勺内,慢火炖制至汤味鲜浓时,捞出鸡、鸭、猪棒骨,加青竹叶烧煮一会,去掉杂质,待汤清备用。

烹调:(1)将酿好馅的鹿尾上屉蒸至嫩熟取出备用。

(2)油菜心用开水略烫,捞出用水透凉后挤净水分,沾匀剩余的鸡茸,放开水内氽熟捞出。口蘑丁洗净加汤上屉蒸透。

(3)勺内加入吊好的汤,再放入鹿尾、菜心、口蘑丁、绍酒、精盐、味精、胡椒粉烧开,去掉浮沫,出勺装入汤盘内即成。

操作要领:(1)加工鹿尾时,一定要除净茸毛,蒸制时既要蒸烂,又要保持其形状完整,去尾骨时不要碰破尾皮,以免影响美观。

(2)吊汤要用慢火,使汤达到口味醇正,清澈鲜美。

2. 黄金肉片

"黄金肉片"也称为"油爆肉片",是一款满族乡土名菜,据传是清太祖努尔哈赤亲手创制的。

努尔哈赤少年时在首领家当伙夫,一次,家厨做菜时突然晕倒,最后一道菜上不了桌。努尔哈赤急中生智,利用现有的配料,依照家乡老母亲的做法,烹制了一道新菜送上桌去。

首领品尝后,问及菜名,努尔哈赤回答:"黄金肉片",首领非常高兴,称赞此菜不仅味道鲜美,而且名字吉祥。又见努尔哈赤精神焕发,英姿勃勃,认定其日后必有作为,便下令提升了他。努尔哈赤以此为契机,苦心奋斗,终于发迹登基,做了大清的开国皇帝。此后,凡清廷大典,必上此菜。慈禧太后曾说过:"这是先祖赐予儿孙们的珍馐,切切不得忘怀。"

此菜选用瘦猪肉为主料,采用煎爆之技法,使烹制成熟的菜肴具有色泽金黄、质地软嫩、口味鲜香等特点,体现出浓厚的北国风味。

原料:瘦嫩猪肉 350 克,香菜 15 克,葱姜各 10 克,香油 5 克,料酒 10 克,香醋 25 克,鸡蛋 1个,湿淀粉 30 克,味精 2 克,精盐 3 克,酱油 5 克,熟猪油 500 克,花椒少许。

切配:(1)将肉剔净筋膜,切成柳叶片,再加入少许精盐,并用鸡蛋、湿淀粉上浆拌匀。

（2）香菜切段，葱、姜切丝。

（3）用酱油、精盐、料酒、香醋、味精、香菜在小碗内对成汁。

烹调:（1）勺内添宽油，烧至四成热时，将肉片倒入，并用筷子划开，待温度升至四成热时，将肉片捞出。

（2）另起油勺，添少许底油，将肉片放入，煎煽至两面金黄时，马上将葱、姜丝、香菜段撒在肉片上面，大翻勺后将对好的汁沿勺边转圈倒入，晃勺几下后再来一大翻勺，淋上少许香油出勺即可。

操作要领:（1）肉片要剔净筋膜，切好的原料要整齐均匀；上浆厚薄要适宜，且上浆时应选用色泽深黄的鸡蛋。

（2）恰当掌握好油的温度，以四成热为宜，肉片应划散至四成熟为好。

（3）要有良好的勺功，既要保证菜肴形态的完整，又要使肉片不粘连，这样才能突出焦松散嫩、椒麻清香的特点。

3. 玉凤还朝

话说《辛丑条约》签订以后，慈禧太后率光绪皇帝等从西安返京，为掩盖当年狼狈出逃的状态，便传旨京城，要平民百姓、文武百官倾城出动，大张旗鼓，为其接风洗尘。

慈禧一行昼夜兼程、长途跋涉，终于到达京城，只见十里长亭两旁跪满了欢迎的人群，接风酒宴就设在长亭之中。慈禧坐定，迎驾的官员献上第一道菜肴，只见此菜色泽诱人，香味扑鼻，慈禧却叫不出菜名，一旁的太监看出了她的心理，忙躬身禀道:"这菜是小的们为给老佛爷接驾，特吩咐御膳房为您新做的佳肴，菜名叫做'玉凤还朝'。"慈禧一听，心中大喜，当下令人犒赏太监和众御厨。从此，每次出巡归来，慈禧都要点吃"玉凤还朝"这道菜，以图吉利。

此菜是选用嫩鸭为主料，经长时间煨炖而成的菜肴。成品骨酥肉烂，形而不散，味鲜适口，香气诱人，再浇上炒好的豌豆糊，整个菜肴绿中透白、色彩美观，给人以清新明快之感。

原料:肥嫩鸭1只（约1500克左右），青豌豆250克，葱段15克，姜片15克，绍酒100克，精盐15克，味精5克，熟猪油100克。

切配:（1）将宰杀的鸭子整理好，由背部开膛，洗净后下开水锅内烫一遍，再用清水冲洗干净。

（2）把青豌豆放开水中煮熟，用冷水冲凉，去皮捣烂成细泥。

烹调:（1）把烫好的鸭子放入大沙锅内，加入清汤、绍酒、葱段、姜片，用旺火烧沸后，改用小火慢炖至酥烂时，再加入精盐、味精略炖入味。

（2）炒勺内加熟猪油烧热，加豌豆泥用小火慢炒出香味时，加入盐、味精、炖鸭的原汤和余油，连续煸炒至稀糊状即可。

（3）把鸭子放入大盘中，做好的豌豆糊浇在鸭子上即可上桌。

操作要领:（1）炖鸭时要掌握好火候，先用旺火烧开，再改用小火，以防鸭皮破裂，既要炖至酥烂，又要保持形整美观。

（2）豌豆要去净皮捣细，炒制的稀稠要适度，否则浇不均匀。

4. 皎月香鸡

相传，宋太祖赵匡胤年轻时是个棋迷，他广交棋友以切磋技艺，兴致所至，废寝忘食。一天，他到棋友陈平家对弈，棋逢对手，难解难分，直至黄昏，二人以平局言和。陈平欲命人准备酒菜,赵匡胤却起身就走,并称:若不赢棋,决不喝酒。

回家路上,赵匡胤苦思棋局,不慎落入水中,幸得一叶小舟驶来,将其救起。匡胤经过这一惊吓,反而神思清明,智慧大开,随即返回陈平家中再布战局,摆开阵势酣战起来。几个回合之后,匡胤果然赢了。陈平摆上酒菜,二人开怀畅饮。其中一道菜,匡胤从未见过,吃起来却十分可口,问及菜名,陈平回答说,是家厨创制的新菜,叫虎皮鸡饼。匡胤此时酒意正酣,诗意大发,指着窗外的明月说:"如此佳肴,若无雅称,岂不遗憾?此刻月明鸡香,不如就叫皎月香鸡吧。"

后来,赵匡胤作了皇帝,特将些菜选入宫中,"皎月香鸡"便成为一道宫廷名菜。

此菜选用当年的嫩母鸡和鸡腿为主料,辅之虾仁作配,成品为双拼菜,盘中的百花酥鸡形如一轮皎洁的明月,入口酥松软嫩而带清香,外围鸡腿色泽红中透亮,质地酥烂,口味醇香,二者相互衬映,色、香、味、形俱佳。

原料:嫩母鸡1只(约750克左右),鸡腿10个,鲜虾仁200克,肥猪肉100克,蛋清150克,鸡蛋1个,葱段、姜片各15克,肉桂15克,火腿25克,干淀粉25克,面粉50克,绍酒25克,酱油40克,精盐8克,白糖25克,香油25克,熟猪油1000克。

切配:(1)鸡从背部开膛,取出内脏,剁去头、爪、尾尖,洗净。

(2)虾仁与肥肉分别剁成细泥,加入绍酒、精盐、味精、鸡蛋搅匀,调合在一起成浓糊状。

(3)火腿切成末,香菜叶用清水浸泡备用。

烹调:(1)洗净的鸡先用开水烫透后,捞出控净水分,抹上糖色,放热油锅中炸呈虎皮色。鸡腿洗净用开水烫过后放热油锅中炸呈金黄色,捞出后与整鸡一起放入锅中,加汤、葱、姜、肉桂、酱油、绍酒、白糖、精盐煮酥烂时取出。

(2)煮好的整鸡去掉骨头,将鸡肉撕碎,放入调好的虾茸中拌匀,再放平盘中压成一个大饼形,上屉蒸10分钟取出,撒上一层面粉。后在其上挂上用蛋清加上适量淀粉和面粉调匀成的泡沫糊,再在上面用香菜叶和火腿肉末点缀成花草。

(3)勺内加熟猪油,烧至五六成热时,放入鸡饼慢火炸透,捞出控净油,放置在盘的中间。

(4)炖烂的鸡腿加原汤,上火加热并吸浓汤汁,取出摆放在鸡饼的外围,原汁加香油略炒,浇淋在鸡腿上即可。

操作要领:(1)制作皎月香鸡要求点缀美观,入油炸制时要尽量炸底面,上面可用热油浇淋,以利保持表面色泽洁白。

(2)鸡腿一定要炖烂,收汁后要求留汁紧裹原料,达到芡汁明亮。

5. 金凤卧雪莲

话说八国联军入侵中国之时,慈禧太后为避兵乱,带着光绪皇帝和皇亲国戚们仓皇出逃。

一天傍晚,慈禧一行人马正在匆匆赶路,突然天气骤变,刹时雪花飞舞、狂风呼啸,令人寸步难行。此时前不着村,后不靠店,慈禧只好在一间门窗歪斜、房顶露天的破草房里歇息。鞍马劳顿,慈禧又困又乏。她蜷缩在草屋的破坑上,一会儿就酣然入睡了。第二天清晨,当太监李莲英前去伺候慈禧用膳时,却被屋里的情景惊呆了。狂风吹进屋里,雪花洒满了坑上坑下,也落满慈禧的被子,而她却依然睡得又香又甜,宛如一只金凤凰酣卧于冰天雪地之中。李莲英悄然退下,并命御厨根据慈禧卧雪的情景制作一款菜肴。

中午用膳之时,李莲英亲自将御厨们烹制的"金凤卧雪莲"这道菜端放上桌,并将此菜的来历禀报于慈禧,慈禧听后十分高兴,品尝之后更是赞不绝口。从此,每年下第一场雪时慈禧都要吃"金凤卧雪莲"这道菜。

此菜选用嫩母鸡为主料,用沙锅慢火炖焖后,酥烂味浓,吃时用筷子一夹,骨肉即散,但盛在盘内却形整不乱,在其四周摆着经过烹制入味的虾仁和火腿卷,犹如盛开着的雪莲,碧绿清脆的豌豆苗垫放在鸡的身下,寓有寒冬刚过、春回大地之意。成菜具有光泽、大方、美观等特点。

原料:肥嫩母鸡1只(约600克),新鲜虾仁150克,熟火腿50克,熟鸡蛋黄5个,青豌豆苗20克,猪排骨600克,湿淀粉20克,面粉适量,陈皮15克,花椒粒15克,冬虫5条,葱段25克,姜片20克,香叶5克,黑芝麻5克,精盐8克,味精3克,绍酒50克,熟猪油1000克,鸡油25克。

切配:(1)将母鸡整理干净,从脊背片开,除去内脏,把脊骨砸断,斩断鸡胸脯三叉骨。猪排骨剁成约4~5厘米长的段。

(2)豌豆苗摘去杂质,洗净备用;火腿片成12片卷成卷;熟鸡蛋黄搓成粉状待用。

烹调:(1)勺内放入熟猪油烧至九成热时,将整理好的鸡放入冲炸,至金黄色捞出控净油。

(2)取大沙锅一个,底部垫上猪排骨,把炸好的鸡胸部朝上放在排骨上,加入花椒、陈皮、冬虫、葱段、姜片、精盐、绍酒、清汤等上火烧开后移至小火上,慢火炖一小时左右,拣出锅内配料。

(3)炒勺内加底油烧热,加入少量面粉炒出香味,后再加入搓好的蛋黄粉煸炒一会,倒入盛鸡的沙锅内,并将沙锅放在小火上再炖焖半小时左右,待鸡酥烂时即好。

(4)将蛋清打成蛋泡,加少量面粉和精盐搅匀,再放入油勺内炒熟,堆放在大圆盘内(呈圆圈形堆放)。虾仁加蛋清、淀粉、精盐后挂匀糊,用四五成温油滑熟捞出,点缀在炒好的蛋泡上呈雪莲形。豌豆苗放油勺内加调味品炒好后与火腿卷分别围摆在蛋泡的里圈。

(5)炖好的鸡取出,胸部朝上,摆在大圆盘中间的豌豆苗上。原汤倒入勺内烧开,用湿淀粉勾成溜芡,加鸡油搅匀,浇淋在鸡上即成。

操作要领:(1)鸡要选择当年的嫩鸡,炖制时既要达到酥烂入味,又要使其形状完整。

(2)雪莲做的要形象逼真,围摆点缀要和谐美观。

6. 龙舟鱼

此菜出自清朝康熙年间。据说,有一年康熙皇帝南巡到苏州,正赶上当地一年一度的彩船盛会,于是他换上便装,带着几个心腹太监兴致勃勃地来到苏州河乘舟游玩。

天至正午时,船家差人送来了酒菜,本来,康熙早已饥肠辘辘,但看着那热气腾腾的菜肴却是又惊又喜,不忍下箸:这哪是菜,分明是一件艺术珍品啊!他左看右瞧后,问送菜的伙计:"此菜唤作何名?""回大人的话,这叫龙舟鱼。""何人所作?""船上一个老妈妈做的。"康熙听罢无限感慨,立即命随从的太监把此菜的做法记录下来后带回宫中。"龙舟鱼"一时竟成为宫廷中最受欢迎的佳肴。

此菜选用新鲜的黄花鱼为主料,配以海参、虾仁、火腿、鸡蛋等,经过煎、炸、熘、炒等技法烹制成熟,鱼形似龙舟,入口外松里嫩,虾仁、海参等色泽红亮,鲜嫩滑润,造型栩栩如生,形象逼真。

原料:大黄鱼1条(重约750克),鲜虾仁125克,熟火腿40克,水发海参100克,葱5克,鲜豌豆50克,香菜叶5克,鸡蛋5个,蛋清50克,湿淀粉100克,番茄酱25克,白糖25克,精盐12克,味精4克,绍酒25克,熟猪油750克,鸡汤250克。

切配:(1)黄鱼刮鳞去腮,由背部片开,取出内脏,剔去鱼骨和部分碎刺,在鱼的脐部和胸部分别割一小口,把鱼尾从脐部的刀口处翻过来,把鱼头从胸部的刀口处翻过来,在鱼肉面剞上井字刀口,将加工好的鱼撒上适量的精盐、绍酒、味精略腌。

(2)鸡蛋 1 个打在碗内,加适量淀粉,调成蛋粉糊。

(3)海参和火腿分别切成 0.6 厘米见方的丁,葱切成豆瓣形,另将少许火腿切成末。

(4)虾仁加精盐、蛋清、淀粉上好浆待用。

烹调:(1)鸡蛋 4 个打在碗内,加鸡汤、淀粉(15 克)、精盐、味精适量搅匀,下油勺推炒至蛋液成凝固状时,沿勺边不断加油,并用手勺加劲快搅,待成稠糊状时盛入盘内,点缀上香菜叶和火腿末。

(2)炒勺内加宽油烧至七八成热时,两手分别拿住鱼的头尾沾匀蛋粉糊,拉直并使头尾立起来下油勺,先用煎的方法定型,然后再加入热油炸至金黄色熟透时捞出。

(3)虾仁用温油滑至将熟时,加入海参丁略划后倒入漏勺内。勺内留少许底油烧热,加豆瓣葱、番茄酱略炒,再加清汤、白糖、精盐、味精调好味,加湿淀粉勾薄芡,依次倒入虾仁、海参丁、火腿丁、豌豆翻匀,加明油盛在舟形的鱼身上即成。

操作要领:(1)鱼胸部和脐部割的刀口长短要适度,以能将鱼的头、尾翻转过来为宜。

(2)煎炸时应分别用两手将鱼的头尾拉紧,使其形如龙舟,美观逼真。

(3)恰当掌握炒蛋液的火候,使成品既达到表面光滑滑润,又要浓稠适宜。

7. 红娘自配

清朝同治年间,宫内御膳房有三位姓梁的著名厨师,人称"三梁"。据说,"红娘自配"这一名菜就是"三梁"之一的梁会亭创制的。

清朝宫廷内每年都要引选一批 14 岁左右的民女入宫,宫女们一般在 25 岁之前就可离宫。光绪皇帝刚继位时,慈禧太后为了全面控制皇权,责令他在超龄的宫女中挑选嫔妃。光绪皇帝不从,还传下圣旨,让超龄宫女全部回家。慈禧太后对侍候她的 4 名超龄宫女执意不放,一拖就是 3 年。这 4 名宫女有个叫梁红萍的,是御厨梁会亭的侄女,梁担心侄女再不离宫会影响终身大事,于是根据《西厢记》中的故事情节,做了一个"红娘自配"的菜来奉敬慈禧太后。慈禧是有心人,吃出了这道菜的"滋味",恼怒之余也觉得自己抗旨无理,便赐"红娘自配"一菜为身边的宫女送行,让她们离宫回家,由此,"红娘自配"一菜便在民间流传开来。

此菜选用海之珍品"明虾"和猪里脊肉为主料,经炸、熘方法制成菜品。成品形色俱佳,如同鸳鸯戏彩莲,虾卷松软鲜嫩,面包金黄焦脆,里脊咸鲜略酸。火候掌握好,菜肴上桌后吱吱作响,别具风格。

原料:大虾 8 个(约 400 克),猪里脊肉 350 克,面包 100 克,蛋清 3 个,水发海参、冬笋、水发冬菇各 25 克,葱米、姜米各 5 克,香菜叶适量,绍酒 15 克,番茄酱 5 克,白糖 10 克,精盐 8克,味精 3 克,淀粉 30 克,胡椒粉 5 克,熟猪油 600 克。

切配:(1)大虾去头、皮及背部的沙腺,留下尾梢,洗净后从背部片开并用刀拍平,加少许精盐、绍酒、胡椒粉、味精喂好口味;取适量的里脊肉剁成泥,加调味品搅匀后夹在虾片中间,包裹成半圆形的虾盒。

(2)蛋清打成蛋泡,加干淀粉和少量的面粉调匀成糊备用。

(3)猪里脊肉切成柳叶片,用蛋清、湿淀粉上好浆。海参、冬笋、冬菇均切成片,面包切成菱形丁。

烹调:(1)勺内放油,烧至四成热时,将虾盒先逐个粘匀面粉,再沾一层蛋泡糊,并在上面点缀上香菜叶和火腿末,然后下勺,用慢火炸透后捞出控净油,摆放在盘的四周。

（2）将面包丁下入油勺中炸呈金黄色后捞出,堆放在盘的中间。

（3）取另一炒勺,勺内加油,烧至四成热时下入里脊片滑至嫩熟时捞出。勺内留少许底油加番茄酱略炒,再加配料、调料、清汤,倒入肉片,加少许湿淀粉,勾芡后加明油出勺,浇淋在炸好的面包丁上即可。

操作要领：（1）炸制虾盒要用慢火、清油,以保证其既要炸透,又要色泽美观。

（2）炸面包和烹调三鲜肉片最好用两把炒勺同时操作,以缩短两种原料的装盘时间,这样可使菜品上桌后能听到"吱吱"的响声。

8. 雪夜桃花

"雪夜桃花"是唐代宫廷名菜,首创于唐高宗李治时期。

唐高宗李治于永徽六年立武则天为皇后。这年阴历二月,李治得了一场大病,终日卧床不起,武则天便终日守候在旁。到三月初,正是桃花盛开之季,一日正午刚过,天气突变,大雪纷飞直至傍晚,武则天见雪后月夜景色宜人,便搀扶高宗到窗前观赏良宵美景。高宗见窗外一片晶莹白雪托映着盛开的桃花,犹如仙境图画,顿觉心中大悦,拍手称道："好一个雪夜桃花!"见高宗精神振奋,在场的武则天十分高兴,便吩咐御厨快备好酒好菜为皇帝设宴赏花。御厨连做几道好菜,其中一道菜是用大虾和蛋清制成,高宗品尝时异常高兴。他觉得大虾片片鲜艳如桃花,蛋白簇簇晶莹似白雪,加之滋味鲜美,真是一道少有的好菜,当即便问："此菜何名?"皇后答曰："万岁,此菜是您亲自封的。"高宗不解其意,皇后便告说："您刚才观赏窗外景色时,不是亲口说了一句'好一个雪夜桃花'吗? 臣妾便命御厨做了此菜。"高宗听后,恍然大悟,龙颜极悦："对! 对! 是孤家亲封的。"从此,每逢宫中大宴,必有这道菜。

此菜以鲜嫩鸡脯肉和明虾为主料,配以山珍银耳和苹果等,经过精烹细作,成菜巧夺天工,形色佳美,视之如同雪夜月明,桃花盛开,质地鲜嫩滑润,口味咸鲜、酸甜、清香。

原料：新鲜明虾 12 个,鸡脯肉 250 克,鸡蛋 1 个,蛋清 5 个,蚕豆瓣 50 克,苹果 50 克,水发银耳 25 克,熟瘦火腿 25 克,精盐 8 克,味精 4 克,番茄酱 40 克,料酒 15 克,白糖 30 克,干淀粉 40 克,面粉 10 克,面包渣 100 克,香菜数片,葱椒泥 4 克,植物油 750 克。

切配：（1）大虾去头、皮,留尾,顺着虾背片进 3/4 深,用刀尖轻斩,加入葱椒泥、料酒、精盐、味精腌制一会,沾匀用蛋清和湿淀粉调成的乳汁糊,用刀把虾片中部划一小口,放面包渣上修整成环形备用。

（2）鸡脯肉片开后,在两面分别改上十字花刀再切成蚕豆瓣大小的丁,放入碗内加盐、料酒调匀入味,然后用蛋清和湿淀粉上浆。

（3）苹果去皮、核,切成樱桃大小的丁。蚕豆去皮用沸水滚烫熟,火腿切成细末,香菜叶切成小片,银耳撕成小朵。

（4）鸡蛋一个打在碗内加少许盐和湿淀粉调匀,在炒勺内吊成一张大蛋皮。

（5）蛋清 4 个抽打成蛋泡糊,加入适量干淀粉、面粉调匀,在蛋皮的周围抹成高 3.6 厘米的圈形,再用火腿末和香菜叶点缀好,上屉蒸熟取出,为雪月。

烹调：（1）炒勺内放宽油烧至五六成热时,把蒸好的雪月放入浇淋炸透,捞出控净油后放入大圆盘中间。

（2）将沾好面包渣的虾环下入油内炸至金黄时捞出,摆放在雪月的外围。

（3）炒勺另加油烧至四成热时,加入鸡丁划散,再放入蚕豆、苹果划熟,倒入漏勺内控净油。

（4）勺内留底油烧热,加番茄酱炒散,再依次加入清汤、料酒、精盐、味精、白糖后烧开,用湿淀粉勾成溜芡,倒入划好的鸡丁,淋上明油,堆放在雪月中间即可。

操作要领:(1)鸡丁改刀时要大小均匀,烹调过程中应把握好芡汁的浓度和数量,色泽以桃红色为好。

(2)雪月先蒸制定型,炸时油温不可太高,用手勺慢慢浇淋,并保持色泽洁白。

9.蟠龙黄鱼

此菜始创于后汉时期。

相传,东吴都督周瑜时时琢磨杀掉刘备,吞并西蜀,他绞尽脑汁,想出一条美人计:让孙权假意将其妹孙尚香许配刘备,待刘备到东吴相亲时,再伺机杀害他。

孙权的母亲不知周瑜的诈术,认为刘备是中山靖王之后,实属"龙种",便欣然同意了这门亲事,孙尚香虽然知道底细,但对刘备一见钟情、一往情深。

由于周围布满重兵,刘备一时无法逃出东吴,便终日忧心忡忡,尚香心疼丈夫,凭着自己高超的烹调技艺,亲自下厨,精心做了几个菜安慰刘备。其中一道菜就叫"蟠龙黄鱼",意思是,东吴虽不是久留之地,但为国为妻,从长计议,暂且屈尊,日后再图大业。

此菜选用新鲜黄鱼为主料,以精巧的刀工成形,采用煎、炸、熘三种技法烹制,成熟后菜肴形如金龙蟠卧,色泽红中透亮,入口咸鲜酸甜,别具一格。

原料:大黄鱼 1 尾(约重 750 克),水发海参 25 克,鲜虾仁 25 克,冬笋 15 克,青豆 15 克,熟火腿 15 克,鸡蛋 100 克,湿淀粉 50 克,蛋清 2 个,面粉 40 克,白糖 40 克,酱油 25 克,精盐 6 克,香醋 25 克,绍酒 25 克,味精 3 克,葱、姜、蒜各适量,熟猪油 750 克。

切配:(1)将鱼片去脊骨和胸部碎刺,尾梢分开,头与肉相连,用刀在两扇鱼肉上分别剞上多十字花刀,放盘中加少许盐、味精、绍酒、葱姜汁入味。

(2)海参、虾仁、冬笋均切成小菱形块,火腿、葱姜蒜分别切成末。

(3)鸡蛋打在碗内加淀粉和面粉调成稀糊。

(4)取一小碗,加清汤、白糖、香醋、酱油、味精、湿淀粉调成汁。

烹调:(1)勺内加宽油烧至七成热时,将切配好的鱼抹匀糊,手提鱼尾,先将鱼头下入油中略炸,再把鱼身翻转 180℃,尾部立于中间,不断浇淋热油,采用半煎半炸的方法炸透,捞出放入盘内。

(2)炒勺内加少许油烧热,打入一个鸡蛋煎熟取出放在盘的一端。蛋清 2 个打成蛋泡,加少量面粉调匀上屉蒸熟围在鸡蛋的四周,用火腿末和香菜叶点缀上成花草,用少许热油略烫。把炸好的鱼头朝鸡蛋摆放一个盘内。

(3)勺内加底油烧热,加葱、姜、蒜泥爆锅,再放入配料略炒,倒入对好的汁卤炒热,加明油搅匀,浇淋在鱼身上即可。

操作要领:(1)鱼必须新鲜,改刀时注意刀的深度一致,糊调得不要过浓,这样利于造型。

(2)配料大小要均匀,芡汁浓稠适宜,并注意整体的组合美观大方。

10.嫦娥知情

此菜出自清朝道光年间。

相传,道光皇帝的四子奕䜣生性活泼好动。有一次,奕䜣趁父皇外出巡视之际,带着心腹太监溜出宫门,游玩于京城市井。时至正午,主仆二人口干舌燥,便在一处茶馆落脚歇息。奕䜣用过茶后,觉得腹中饥饿,又要吃饭。此茶馆向来卖茶不卖饭,难坏了开茶馆的老妈妈,老妈妈的女儿嫦娥见此情景,转身回屋,不一会儿,便端出一盘家常饭菜,十分可口,奕䜣大喜连声夸赞姑娘心灵手巧,善解人意,并给盘中之菜取名"嫦娥知情"。

奕䜣就位为帝后,仍念念不忘嫦娥母女,念念不忘"嫦娥知情"这道佳肴。命人寻访嫦娥母女,学做此菜。"嫦娥知情"因此得以流传。

此菜选用虾仁、鸡脯肉、芹菜为主要原料,经滑炒、煎炸精烹而成。成品虾饼白中透红、鲜香味美,鸡脯肉与芹菜白绿相间,清脆嫩滑。

原料:鲜虾仁250克,鸡脯肉200克,嫩芹菜200克,猪肥肉膘100克,熟火腿75克,水发香菇50克,荸荠25克,葱10克,姜5克,鸡蛋清50克,湿淀粉50克,绍酒25克,精盐8克,味精4克,醋15克,熟猪油300克,鸡油15克。

切配:(1)葱切成丝,姜切成米,南荠拍碎剁成末。

(2)虾仁和猪肥肉分别剁成细泥,同放入小盆内,加绍酒、精盐、味精、姜米、蛋清、淀粉、南荠搅匀,挤成24个丸子放平盘内备用。

(3)鸡脯肉切成3.6厘米长、0.6厘米粗的条,用蛋清和少许淀粉上好浆。芹菜去叶,撕去筋皮,切成3.6厘米长的段。火腿、香菇切成丝。

烹调:(1)勺内加底油烧热,逐个把虾球推入勺内,并用手勺将其压扁,边煎边加油,即采用半煎半炸的方法。待其成熟后盛出控净油。

(2)炒勺内加入油,烧至五成热时,下入鸡条略滑,再加芹菜、火腿、香菇与鸡条一起滑至嫩熟时捞出。勺内留少许底油,烧热后加葱丝略炒,再将划好的原料倒入勺中,先用醋烹一下,然后加盐、味精和少许清汤,翻炒入味,用湿淀粉勾芡,加鸡油盛出放盘中心。

操作要领:(1)虾泥剁的不能太细,煎炸虾饼应用慢火。

(2)鸡条改刀要长短一致,粗细均匀;芹菜的筋皮一定要撕净。加热时应旺火速成,使鸡条鲜嫩油润,芹菜清脆爽口。

11. 红棉虾团

"红棉虾团"始于汉代皇宫。

相传汉高祖刘邦登基称帝时,想赐皇后吕雉一件红衣衫,要用红色棉花纺线绣成,但当时没有红色棉花,刘邦便下令各地大小官员寻访,结果找了一年多也没找到。

后来,一位商人行商路过"红花村"时,偶然发现一家小院里开着一朵朵旺盛的桃形红棉,便急忙前去探访。原来,这些红棉是一位尹姓老儒所栽,此人原居棉区,秦始皇"焚书坑儒"时逃到此地,他每年都要种些棉花,以解思乡之苦,高祖即位以后,老儒种的棉花突然全部变成红色,乡邻们议论纷纷,老儒本不知是祸是福,商人遂将刘邦寻找红棉之事告诉老儒,约他一同进京献宝。高祖终于随心所愿高兴万分,除重赏二人外,还封老儒为通儒院博士,并把红花村封为"红棉村"。

有一次,刘邦宴请吕后及众嫔妃时,传旨御膳房以红棉为题烹制一款菜肴,御厨们殚精竭虑,终于研制出一盘形如红棉桃的菜肴,取名"红棉虾团",此举得到刘邦和吕后的高度赞赏,从此,"红棉虾团"就成为一道宫廷名菜沿传下来。

此菜选用太湖珍珠虾为主料,经去皮调味后,挂匀蛋泡糊,再配绿色菜叶和火腿末采用松炸的方法制成。成品色彩鲜艳,涨发饱满,形似红色棉桃,入口松软鲜嫩。

原料:太湖珍珠虾400克,熟火腿50克,益兰松50克,蛋清3个,肉松50克,黑芝麻15克,绿菜叶20片,葱姜汁10克,绍酒10克,花椒盐10克,精盐3克,味精2克,荸荠粉20克,香油适量,熟猪油500克。

切配:(1)先把珍珠虾洗净,剥出虾仁后洗去杂质,控去水,加精盐、绍酒、味精、葱姜汁、香油拌匀入味。火腿切成细末。

(2)绿菜叶每片切成 5 个菱形片,在盘内对成五星形状。

(3)蛋清打成泡沫状,加入荸荠粉搅匀,再把虾仁分成 20 份,每份用羹匙托住包匀蛋泡糊,放在对好的菜叶上,上面撒上火腿末,使之呈现为棉桃形。

(4)选一大平盘,把肉松和益兰松分别围放在平盘四周,再把炒熟的黑芝麻撒在益兰松上。

烹调:勺内加熟猪油烧至六成热,放入摆好的棉桃形的虾团,炸至成熟,捞出摆放在盘中间,花椒盐放小盘内跟随上桌。

操作要领:(1)制作棉桃虾团时要求色泽搭配和谐,形态自然逼真,并注意烹调后的造型。

(2)炸制时必须选用清油且油温不能过度,以免影响色泽。

12.宫门献鱼

此菜出自康熙年间。

公元 1670 年,清圣祖康熙皇帝南下,行至云南宫门岭。此地山势高耸,十分险要,峻岭之下有个天然大洞,洞宽丈余,形似宫门,据传春秋之时,楚武王领兵路过,曾挥笔留名:"宫门岭"。

宫门岭地处交通要道,既热闹又繁华,康熙便着微服到西门外一家小酒店吃酒。下酒的菜是一条烧好的金鱼,举箸之间,康熙感到鱼肉鲜嫩,滋味好吃,便向店家询问菜名,店家告诉他,"这叫腹花鱼,产于当地池塘,专吃鲜花嫩草,腹部有黄色花纹,因其味鲜美而远近闻名。"康熙听罢,便要来笔墨,题写了"宫门献鱼"四字,并署"玄烨"之名,写完字便离开了酒店。后来,朝廷官员路过此地发现了康熙所写的四字,不久,"宫门献鱼"一菜便闻名全国,凡是路经宫门岭的客商与官员都定要前往酒店品尝这道菜,清宫御膳房也特将此菜列为宫廷名菜。

此菜采用烧、熘两种烹调技法,一鱼两吃,双味双色,鱼身酱红明亮,入口香辣略甜,鱼片洁白如玉,入口清鲜软嫩。

原料:活鳜鱼 1 尾(约重 1000 克),牛肉 100 克,熟火腿 75 克,青豌豆 25 克,水发海米 20克,冬笋 20 克,榨菜 15 克,干红辣椒 15 克,蛋清 100 克,酱油 50 克,绍酒 30 克,醋 25 克,精盐6 克,味精 4 克,白糖 10 克,湿淀粉 50 克,葱、姜、蒜各适量,花生油 500 克。

切配:(1)将鱼加工处理干净,切成头、中、尾三段。把头、尾放碗中,加绍酒、酱油、葱段、姜片腌制一会。

(2)把鱼中段去掉骨、刺和皮,用刀把鱼肉修成宫门形,再片成 0.4 厘米厚的片,加少许精盐喂口,然后沾匀用蛋清和湿淀粉调成的糊。

(3)火腿切成小菱形片,青豆去掉皮,牛肉、冬笋、榨菜分别切成豌豆粒大小的丁,干红辣椒切成小方丁,葱、姜、蒜切末。

(4)上好浆的鱼片平铺在盘中,用火腿片、青豆点缀成花朵。

烹调:(1)勺内放宽油,烧至七八成热,将鱼头、尾下入冲炸至皮绷紧时捞出。

(2)炒勺加底油烧热,先加牛肉煸炒出香味,再加海米、榨菜丁、冬笋丁、干红辣椒丁、葱姜蒜末煸炒,然后依次加入酱油、糖醋、绍酒、清汤、鱼,在旺火上烧开后,移至小火上,慢焖 40 分钟,再上旺火收浓汤汁,盛出鱼摆在鱼池的一边,汤汁淋入明油略炒,浇在鱼的头、尾上。

(3)勺内加宽油,烧至五成热时,将点缀好的鱼片下勺滑熟捞出。

(4)炒勺加底油烧热,用葱姜蒜爆锅,加绍酒、清汤、精盐、味精调好味后鱼片要略煨,用湿淀粉勾芡,淋入鸡油出勺,将鱼片摆放在鱼头、尾之间,组成整鱼形。

操作要领:(1)鱼的头、尾要慢火烧透,鱼片必须选用清油滑熟,并且油温不能太高,时间要短,以保证鱼片的鲜嫩。

(2)注意菜肴的整体造型,达到形象美观,自然逼真。

13. 龙抱凤蛋

龙抱凤蛋始于清朝。据传高宗皇帝南巡扬州,听说扬州城外有一处久负盛名的明代古寺——鱼磷寺,于是便带了几个心腹太监前往观看,以饱眼福。

这天,当一行人路过一个名叫"金凤庄"的小村时,高宗传旨休息。在一户人家门前,一只又肥又大的母鸡,见高宗一行来了,便一边抖动着漂亮的羽毛,一边伸脖冲着高宗直叫,好像在欢迎他们。正当高宗仔细端详这只鸡时,只听鸡咯咯叫了两声便下了个大蛋,太监躬身将鸡蛋递给高宗,高宗哈哈大笑:"真乃凤蛋一般。"

"金凤得有真龙抱",随着声音从屋里出来一位白发苍苍的老人,跪下便朝高宗直呼:"臣接驾来迟,罪该万死,罪该万死。"高宗一愣,心问:"你是何人? 又怎么知道孤家今天到此?""臣赵吉曾在圣祖驾前称臣,因得罪奸党被革职为民。昨夜臣又偶得一梦,梦见一条金龙驾云霞飞临,今日果有应验。"高宗听后非常高兴。

进到屋里,家人已将酒菜备齐,高宗吃得非常满意,尤其是对用鱼和鸡蛋做的那道菜,更是赞口不绝,问知菜名为"龙抱凤蛋",自然又是一番欢喜,便令人将菜的做法抄录下来,从此便传入宫廷。

此菜选用鳝鱼为主料,经烹制后寓为龙,鸡蛋煮熟去皮切开取出蛋黄,酿上虾茸,蒸熟后为凤蛋,成品鱼段酥烂鲜美,凤蛋美观大方。

原料:活黄鳝 6 条(重约 700 克),鲜虾仁 200 克,猪肥肉 50 克,猪五花肉 200 克,鸡蛋 6 个,蛋清 3 个,熟火腿 25 克,大蒜 2 瓣,葱 25 克,姜 15 克,香菜 5 克,葱姜汁 10 克,酱油 25 克,精盐 8 克,味精 4 克,绍酒 25 克,白糖 20 克,胡椒粉 5 克,熟猪油 30 克,香油 5 克,干淀粉适量。

切配:(1)把鳝鱼宰杀后剔出刺骨,用水冲洗干净,在其肉面锲上多十字花刀,切成长为 4.5 厘米的段,用开水略烫并用宽水洗净黏液。

(2)猪五花肉切成长方片,葱切段,姜切片,火腿切成小菱形片,香菜切成末。

(3)鸡蛋煮熟,过凉后剥去壳,切成两半,取出蛋黄,将蛋白放碗内,加鸡汤、精盐上屉蒸至入味后,取出控净水。

(4)虾仁与猪肥肉剁成泥,加入葱姜汁、蛋清、精盐、绍酒、味精和少许淀粉调匀,酿在蛋白上呈椭圆形。

(5)蛋清两个抽打成蛋泡状,加适量干淀粉搅匀。

烹调:(1)勺内加底油烧热,下入葱段、姜片爆锅,再放入肉片、鱼段、蒜瓣、绍酒、酱油、白糖、精盐、味精煸炒入味后,加入适量的清汤,待烧煨成熟时用漏勺捞出,拣去葱段、姜片、蒜瓣、肉片,将鱼段放入盘中,勺内的原汤加味精、胡椒粉、盐调口后上大火收浓汤汁,淋加香油后浇在鱼段上,并撒上香菜末。

(2)酿制好的凤蛋上屉蒸至嫩熟后取出,抹上一层蛋泡糊,用火腿片、香菜叶点缀成花草,再上屉略蒸取出,摆放在鱼段的周围,浇上白色的溜芡即成。

操作要领:(1)鳝鱼改刀时要求块形长短相等,锲花刀深浅一致,并适当掌握烧煨的火候,既要达到酥烂入味,又要保证其形态完整不碎。

(2)凤蛋的酿制与点缀要求美观大方,浇淋的芡汁要色泽洁白,浓稠适宜。

14.雪梅伴黄葵

雪梅伴黄葵是一款古典名菜,说起来还有段美丽动人的爱情故事呢。

相传东汉年间,江南一个山清水秀的小村里,住着雪、黄两户人家,他们和睦相处,往来甚密。有一年的正月十五,雪、黄两家各有婴孩降生,雪家女婴唤做雪梅,黄家男丁取名黄葵,为了使两家关系更加密切,便在孩子"满月"那天,给他们定下了终身大事。

黄葵自幼聪颖好学,雪梅出落的如花似玉,然而,天有不测风云,在他们14岁那年,黄葵的父母相继去世,小黄葵虽已为孤儿,但他依旧刻苦学习。三年后正值朝廷大考,为了筹措应试资金,他便去找未来的岳父借钱,未曾料到,雪梅父母嫌贫爱富,不但将他赶出门外,而且还当面撕毁了婚约。雪梅得知此事,非常生气,为了帮助黄葵,她决定女扮男装,陪未婚夫一起进京应试。在星夜兼程的途中,他们相互照顾,结伴而行,一路上情同手足。经过大考揭榜之后,黄葵中得头名状元,雪梅名列第二,后来黄葵从雪梅辞别留下的信中得知,这位手足"兄弟"原来就是自己的未婚妻。头名状元黄葵再次登进雪府大门时,岳父母感到既高兴又惭愧。为了表示祝贺,厨师在他们的喜庆婚宴上精心制作了一道新菜——雪梅伴黄葵。

此菜采用炸、熘、蒸多种技法,成菜形色艳美,蛋饺色泽金黄,入口焦脆酥松,馅心清香鲜嫩,虾球红润明亮,如梅花盛开,且滋味酸甜适口,又有寓意,雪白的蛋泡糊点缀盘中真是尽善尽美,巧夺天工。

原料:鲜大虾10个,鸡蛋3个,蛋清6个,肥瘦猪肉150克,豆瓣葱5克,冬笋、豌豆各10克,咸面包渣75克,干淀粉50克,面粉20克,火腿10克,香菜叶24片,料酒10克,番茄酱40克,白糖20克,盐8克,葱椒泥适量,鸡油5克,香油5克,熟猪油500克。

切配:(1)先用鸡蛋摊薄蛋皮3张,再用小碗扣成24个圆饼。猪肉剁成泥放碗内,加料酒、精盐、味精、葱椒泥、香油调匀。用小蛋皮包肉馅,边沿用蛋液粘住,成24个蛋饺,然后拖上蛋液,沾匀面包渣。

(2)大虾去头、皮,摘去沙线,用清水漂洗净。由虾背部片入3刀,至虾肉厚度的2/3处,放入碗中,加适量盐、味精、料酒、蛋清、淀粉上浆拌匀。

(3)火腿切成末。蛋清打成蛋泡,并加入适量淀粉、面粉拌匀。取大部分在盘中做成圆形的雪圈,上屉蒸透;余下的蛋泡糊抹在蛋饺上并点缀上香菜叶、火腿末。

(4)用清汤、精盐、味精、料酒、湿淀粉在碗内对成汁水。

烹调:(1)勺内加熟猪油烧至五成热时,将虾球下入滑熟捞出,使油温升至六成热时,加蛋饺炸熟,呈金黄色捞出放盘内。

(2)勺内留底油烧热,放入豆瓣葱、冬笋、番茄酱略炒,随即倒入对好的汁水,加入豌豆,倒入虾球翻动,淋上明油盛放在盘中的雪圈内。

(3)炸好的蛋饺,摆放在雪圈的外围即可。

操作要领:(1)馅心要求质地松嫩,制作时也可放一点拍碎的荸荠。

(2)虾的大小应均匀,片入的刀口深度要一致。

(3)蛋饺过油时,油温要适宜,偏低易造成脱糊,过高则能使原料变色。

(4)炒好的虾球逐个用筷子夹入盘内以利于造型。

15. 湛香鱼片

东汉顺帝刘保酷爱骑马打猎。一天,他突然心血来潮,单枪匹马,微服出宫,到山中打猎,不料突遇狂风暴雨,坐骑受惊,刘保也迷了路。天色昏黑之时,他才在山上一户姓胡的父女那儿落脚歇息。胡老汉让女儿湛香备酒菜待客,刘保对湛香姑娘所做的"烤鱼片"的鲜美滋味大加赞赏。

刘保淋雨受寒,当夜竟大病不起,多亏胡老汉天天挖草药为他治疗,湛香姑娘天天为他做"烤鱼片"吃,刘保的病体很快便痊愈了。不久,宫中卫队找到了胡家,胡家父女方知所救之人乃当今皇上。刘保为报答父女二人救驾之恩,当即认胡老汗为义父,封湛香姑娘为御妹,封湛香姑娘所做的烧鱼片为"湛香鱼片"。

此菜选用新鲜鳜鱼肉为主料,采用烩、烧等方法烹制成熟,成菜造型整齐美观,质地外松内嫩,口味咸鲜清香,色彩黄、褐、绿、红相间。

原料:净鳜鱼肉 400 克,水发香菇 25 克,青菜苔 25 克,葱、蒜各 10 克,蜜橘 4 瓣,绍酒 15 克,精盐 4 克,香醋 10 克,味精 2 克,湿淀粉 30 克,鸡油 15 克,熟猪油 400 克。

切配:(1)将鱼肉片成长 4.5 厘米、宽 2.5 厘米、厚 0.3 厘米的长片,放小碗内加少许精盐、绍酒入味,再加蛋清、湿淀粉,挂匀糊浆。

(2)青菜苔撕去筋皮,切成长方片。香菇去根片成片,葱切成葱花,蒜切成片。

烹调:(1)炒勺加底油烧热,将鱼片逐片整齐地摆放在勺内,用慢火煎至底面呈金黄色时,向勺内陆续加油,并炸至成熟,捞出控净油。

(2)勺内加底油烧热,加葱花、蒜片和青菜苔略炒,加汤、精盐、香醋、绍酒、蜜橘瓣、鱼片,慢火煨至入味,然后加香菇、味精烧开,淋入湿淀粉勾芡,加明油翻勺,装盘即可。

操作要领:(1)鱼片改刀要长短、厚薄均匀,下勺只煎一面,达到金黄色时,加油采用半煎半炸的形式使其成熟。

(2)装盘时煎制的一面要朝上,且要摆放得整齐有序。

16. 枯木回春

此菜是清宫御厨们为讨好慈禧太后而专门研制的一款菜肴。

清朝末年,内忧外乱搅得慈禧太后寝食不安,有一天,她撇开诸多事情于宫中闲步,行至御膳门前时,无意发现摆放在那里的几盆花草已经枯萎,心中好生纳闷,不觉间进了膳房。御厨们看见老佛爷驾到,便一齐跪倒请安,慈禧顺便看了看还算满意,当回身走到门口时好象有点清新之感,定神一看,原来已经枯萎的花草突然变得水灵碧绿,她不解地问跟在身后的李总管,李忙答曰:"回禀老佛爷,您是圣母,您一来便百鸟齐鸣、万木回春。"慈禧明白了,这一切都是李莲英为讨欢心而做的精心安排。晚膳时,御厨们根据白天发生的事,专门制作了一道菜,名曰"枯木回春"。一则寓指老佛爷法力无边,可使枯木回春;二则赞当朝上下,国泰民安,万象更新。慈禧食毕,自然万分高兴,当即重赏了做菜的厨师。

此菜以新鲜虾仁为主,配以南瓜花、鸡脯肉、水发银耳,经过复杂的炸、扒、炒等技法,烹制而成。虾饼色泽金黄、酥松鲜嫩,芹菜清新碧绿爽口,鸡片松软、洁白如玉。而南瓜花经扒制,形似阳春花且入口鲜嫩软糯。

原料:鲜虾仁 200 克,芹菜 150 克,水发银耳 50 克,猪肥膘肉 50 克,南瓜花 10 克,鸡脯肉 150 克,荸荠 50 克,火腿 25 克,葱丝、姜末、豌豆苗各少许,蛋清 50 克,鸡油 25 克,味精 3 克,精盐 7 克,湿淀粉 50 克,绍酒 15 克,熟猪油 750 克。

切配:(1)将虾仁、猪肥膘肉剁成细泥,荸荠用刀拍碎,剁成细末,同放一碗中,加入蛋清、食盐、绍酒、味精、姜末、淀粉搅拌均匀成虾茸。

(2)南瓜花下开水中汆一下,放凉水里洗净去花粉;银耳洗净,掐去根和杂质。

(3)将鸡脯肉片成羽毛片,放碗中加少许苏打水抓匀,5～6 分钟后,用清水漂去苏打味,挤去水分,再放碗中,加适量盐、绍酒、味精、蛋清、水淀粉上浆备用。

(4)火腿切成末,芹菜切成 3.6 厘米长的段。

(5)取 2/3 虾茸,挤成 10 个虾饼,放平盘中,把火腿末撒在虾饼外沿一圈,虾饼中部放一片豌豆苗叶。

(6)把剩余的虾茸涂在南瓜花上,上屉略蒸取出。

烹调:(1)炒勺放火上加熟猪油,烧至四成热时,下鸡片滑散,至半熟时下芹菜,成熟后一并倒出。

(2)另起油勺,加底油烧热,用葱丝爆锅,烹入绍酒,依次加入清汤、食盐、味精、鸡片、银耳略煨,再用少许湿淀粉勾芡出勺,放大平盘中间。

(3)勺内添底油,烧至八成热时,将虾饼入锅炸;同时,另取一把炒勺,添一手勺清汤加入盐、味精,把南瓜花推入勺内略煨,淋入少许淀粉、香油,出勺后摆在盘边一圈,虾饼炸至表面呈金黄色后捞出,摆在南瓜花上面即可。

操作要领:(1)虾茸要剁细,制作的虾饼大小要均匀。

(2)南瓜花用沸水烫时不易过老,取出后应洗净花粉。

(3)芹菜要将筋、皮撕净。

(4)注意各种原料的搭配组合,达到整体的匀称、美观。

17. 脯雪黄鱼

相传,此菜是清朝乾隆皇帝所创。

话说乾隆南巡,一天傍晚时分行至一片竹林旁,被林中传出的一阵阵"叮当"之声所惑,循声寻去,发现发出声响的是一块色白如玉、形似龙蟠的巨石,乾隆非常喜欢,便下令运回宫中,又传旨拆"清漪园"院门置放宝石,还新笔撰写了"青芝岫"三个大字。

乾隆皇帝千里运石、拆门置宝、亲赐御书之事,一时成为宫廷美谈。可乾隆之母听说此事后却十分生气,训斥儿子玩心太过,荒疏朝政,乾隆为表孝心,特意备宴为母亲消气。宴会上,他取"卧冰求鲤"之典,亲自设计了"脯雪黄鱼"一菜奉敬太后,以尽母子之情。

此菜选用新鲜的黄花鱼为主料,经过炸、熘等烹调方法烹制后,成菜色泽艳丽,形态美观,头部色黄如龙首,尾部橘红似彩凤,鱼身淡雅洁白,质地松软嫩润,口味咸鲜适口。

原料:新鲜黄花鱼 1 条(重约 750 克),水发海参 15 克,鲜冬笋 15 克,青椒 15 克,熟火腿 15 克,水发银耳 15 克,葱姜蒜各适量,绍酒 15 克,醋 15 克,蛋清 4 个,干淀粉 50 克,面粉 50 克,精盐 8 克,味精 3 克,白胡椒粉 2 克,熟猪油 750 克,鸡油 25 克,番茄酱少许。

切配:(1)将鱼洗净,用刀切下头尾,片下鱼身两侧的肉,撕去鱼皮,然后将鱼肉片成 3.6 厘米长、1.2 厘米宽、0.6 厘米厚的长条片,鱼头从颌骨处片开,鱼尾从下侧片去尾骨,放入盘内分别加盐、绍酒、味精、胡椒粉腌制一会儿。

(2)熟火腿、水发海参、鲜冬笋、姜、蒜分别切成丝。

(3)将蛋清抽打成雪花状的泡沫,加入适量的干淀粉和少许面粉调匀。再用一个蛋黄加适量淀粉调成蛋粉糊待用。

烹调：（1）勺内加熟猪油，烧至四五成热时，将鱼片先沾上一层干面粉，再沾上一层蛋泡糊，放入羹匙内并点缀上香菜叶，下入油锅内，逐个炸好捞出。

（2）将剩余的蛋泡糊加入少许番茄酱调成红色，待油温升至五六成热时，用手拿住鱼尾拖匀糊下勺炸熟呈红色；鱼头沾匀蛋粉糊，用六七成热油炸好。

（3）炸好的头、尾分放在鱼池的两端，鱼片码放在头尾之间，组成一条完整的鱼形。

（4）勺内加底油烧热，加葱、姜、蒜丝爆锅再放入其他配料，略炒后加汤、绍酒、精盐、味精烧开，去掉浮沫，加湿淀粉勾流芡，再加鸡油搅匀，浇淋在鱼的全身即可。

操作要领：（1）鱼片改刀时要长短一致，厚薄均匀。

（2）蛋泡糊调制时，淀粉和面粉不宜加得过多。

（3）鱼片过油时，油温应控制在四五成热左右，过热时易上色。

（4）注意菜肴的整体造型，要求形象逼真，协调美观。

18. 红梅珠香

"红梅珠香"是清代宫廷名肴，它源于雍正皇帝同江南民女冯艳珠的爱情故事。

雍正皇帝胤禛少年时性好交游，一年秋天他同几位好友同下江南游玩，不幸被爆发的山洪冲散，胤禛被以捕鱼为生的冯家父女所救。由于风寒惊吓，胤禛竟然大病，一连数月卧床不起，幸亏冯老汉和女儿艳珠日夜守护，悉心照料，才日渐好转。就在他病愈之时，冯老汉却因为给胤禛补养身体而多次冒严寒下水捕鱼身染重疾病逝，临终前，冯老汉将女儿托付给胤禛，为报答老人救命之恩，胤禛便与艳珠在老人灵前拜了天地。

转眼又是数月，胤禛要返京看望父母，便含泪与已有身孕的妻子告别，胤禛走后不久，艳珠生下一男一女，按丈夫的意愿取名为红梅、珠香。胤禛一去杳无音信，艳珠只好带一双儿女进京城找他。艳珠得知当今皇上便是当年的胤禛，又喜又悲而更苦于无法相见，一位御厨得知此事，决心帮助艳珠全家团圆，便精心创制了"红梅珠香"这款佳肴，又借机向皇上诉说了菜的来历，胤禛恍然大悟，立刻派人将艳珠母子三人接进宫中团聚，从此，"红梅珠香"就作为皇家的自产菜流传至今。

此菜选用新鲜的对虾及鸽蛋为主料，经熘酿蒸等技法制作而成，成品对虾肉色泽桃红明亮，如红梅盛开，酿制的鸽蛋形似珍珠，洁白如玉，整个菜肴红白相间，色彩明快。

原料：对虾12个，鸽蛋12个，肥肉膘30克，蛋清25克，熟火腿25克，水发海米15克，口蘑15克，水发干贝15克，香菜叶24个，葱末5克，精盐7克，味精3克，白糖30克，番茄酱50克，湿淀粉40克，鸡油10克，香油适量。

切配：（1）对虾去头、皮和沙腺，切下两头，中段部分用刀在背部片进两刀，然后加调味品入味，切下的虾肉与肥肉膘一起剁成泥，加精盐、绍酒、味精、蛋清和少量淀粉搅匀成糊状。

（2）鸽蛋煮熟去壳切成两瓣，挖出蛋黄备用。

（3）火腿、海米、口蘑、干贝均切成末，加少许葱末和调味品拌匀，分成24份，分别盛装在鸽蛋里，上面再抹上虾泥，用香菜叶和火腿末点缀后上屉蒸熟取出。

烹调：（1）勺内加猪油烧至四五成热时，放入片好的虾肉，滑至嫩熟捞出。

（2）勺内留少许底油烧热，加番茄酱略炒，再加盐、绍酒、白糖、味精和少许清汤，烧开后用湿淀粉勾芡，倒入虾球，滴上香油，盛在盘中间。

（3）炒勺内加1小勺鸡汤调好味，放入蒸好的鸽蛋，烧开略煨一会，再淋上少许淀粉勾芡，加鸡油出勺,点缀面朝上围摆在盘的四周即可。

操作要领:(1)虾球改刀时,片入的刀深度以虾肉的3/4为宜,刀口深了容易断,浅了形状不美观。

(2)鸽蛋酿制时,一是要饱满,二是要两面抹光滑,三是点缀要和谐匀称。

(3)浇淋鸽蛋的芡汁要求洁白光亮,浓稠适度。

<h3 style="text-align:center">19. 游龙绣金钱</h3>

相传,清朝乾隆皇帝第一次微服私访江南时,来到一个叫温竹岗的地方,见一茅舍前有位老妇正坐在门前的青石板上缝补衣裳。此时,天已黄昏,乾隆便想借宿于此,命太监去寒暄,谁知老妇只顾穿针引线,并不答话,于是太监十分恼怒,乾隆见此便上前替老妇穿引好针线,老妇十分感谢,问明情由后欣然留他们住下。

一会儿,老妇的老伴回家,老妇便用他刚打回的鲜鱼、活虾烹制了四样菜肴款待客人,菜香酒醇,饥饿的乾隆狼吞虎咽地大吃起来。乾隆吃得最多的是一道双色双味,酥脆鲜香的菜,老妇见他吃得可口,十分高兴,当即告诉乾隆,此菜名叫"游龙绣金钱",是自己最拿手的菜。乾隆听罢,连声称赞道:"好菜! 好菜!"。

回宫后,乾隆始终不忘此菜,并专门派人前去老妇那儿学做,于是,"游龙绣金钱"一菜便在宫廷、民间广泛流传开来。

此菜选用鳝鱼为主料,配以鲜虾仁和香菇,采用炸、炒等技法烹制而成,双色双味,形态美观大方,质地酥松软嫩,口味咸鲜香辣。

原料:鳝鱼400克,鲜虾仁200克,猪肥肉100克,熟火腿10克,水发香菇2个,冬瓜100克,鸡蛋2个,绍酒15克,香醋20克,酱油20克,精盐5克,味精3克,白糖10克,姜汁5克,花椒20粒,白胡椒粉5克,湿淀粉30克,葱姜蒜、香菜各适量,熟猪油500克,香油30克。

切配:(1)先把鳝鱼放开水锅里烫熟,捞出后用刀把鳝鱼肉顺着划一下,再用手把划好的鱼肉撕成细条,放水中洗净备用。

(2)虾仁和肥肉膘一起剁成细泥,加绍酒、精盐、味精、淀粉、姜汁、胡椒粉搅匀。

(3)火腿切成小菱形片;香菇切成细条;冬瓜去皮、瓤,切成4厘米长、筷子头粗的条;葱姜蒜切成丝,香菜切段。

(4)取一平盘,抹上一层香油,把调好的虾茸挤成山楂大小的丸子,放入盘内压扁,并用火腿和香菇点缀成金钱形状。

(5)用酱油、香醋、白糖、精盐、绍酒、味精、湿淀粉、少许清汤在小碗内兑成汁。

烹调:(1)勺内放宽油,烧至七成热时,下入鳝鱼条冲炸后捞出。

(2)炒勺内加底油烧热,加葱姜蒜丝略炒,再加冬瓜丝煸炒至断生时加鳝鱼条以及对好的汤汁,翻炒均匀,出勺装入盘子的中间。

(3)炒勺内加香油、花椒烧热,炒出香味后捞出花椒粒,把椒油浇在鳝鱼条上,撒上胡椒粉,放上香菜段。

(4)勺内加宽油,烧至七成热时,将虾米饼加入炸透后捞出,摆放在鳝鱼的周围即可。

操作要领:(1)鳝鱼烫制的火候要适宜,火大了易碎,火轻了则撕不成细条。

(2)炸制鳝鱼时,油温应略高一些,下勺炒时速度要快,此菜最好用两把勺操作,以便于缩小炒鳝鱼和炸虾饼的时间差,这样能保持菜肴的火候,食时有外焦松、里鲜嫩的感觉。

20.鸡米锁双龙

此菜初创于清朝乾隆年间,当时有一位名叫景启的厨师,他天生聪颖,技艺精湛,是专门待奉皇帝的贴身御厨。

相传有一年乾隆南巡回宫后,景启见万岁爷由于劳累而食欲不振,日见消瘦,为此他经过精心构思,以鸡脯肉、海参、黄鳝为主料,为皇帝研制了一道新菜:"鸡米锁双龙"。当此菜上桌后,乾隆食之,不仅感到色、香、味、形俱佳,而且名字新奇,连忙叫来御厨询问为何冠以此名,景启回答说:"万岁爷是当今的真龙天子,且年号为隆(音同龙),今将鳝鱼和海参喻为龙,两种美味合烹为一菜,再配以鸡米,中间贯以"锁"字,意味为双龙相逢,江山永固。"皇帝闻之大喜,当即赐给景启三品顶戴。此后,这道菜便也成为宫廷名菜而广泛流传。

"鸡米锁双龙"是将新鲜的黄鳝鱼肉和优质的水发海参,分别切成段,鲜鸡脯肉切成小方丁,经煸炒后再用鲜汤煨制,成品色泽红白相间,食之咸鲜味美,风味别具一格。

原料:水发海参200克,新鲜鳝鱼肉200克,鸡脯肉150克,葱段20克,姜米10克,蒜泥10克,葱姜汁15克,酱油15克,精盐4克,绍酒25克,白糖10克,味精3克,湿淀粉50克,蛋清15克,浓鸡汤400克,熟猪油500克。

切配:(1)将海参和鳝鱼肉洗净,分别切成6厘米长的段后,放开水锅内略烫,捞出放盘内待用。

(2)鸡脯肉切成玉米粒大小的方丁,放入碗内加蛋清、精盐、湿淀粉上浆。

烹调:(1)炒勺内加底油烧热,加入葱、姜、蒜煸炒出香味,再下入鳝鱼、海参、酱油、精盐、绍酒、白糖略炒,加鸡汤用旺火烧开,撇去浮沫,移至慢火上煨透,收浓汤后加味精,用湿淀粉勾芡,再淋入明油翻匀,装入盘内。

(2)鸡丁用温油滑至嫩熟,取出控净油。勺内留底油烧热,加葱姜汁、鸡汤、绍酒、精盐、味精烧开,勾芡后倒入鸡丁,淋上明油,盛出围装在盘的四周即成。

操作要领:(1)鳝鱼肉必须是选用活的黄鳝,宰后立即烹制。

(2)海参要选用硬软适度的优质刺参。

(3)鸡丁划油时油温不可太高,必须使其达到洁白、滑嫩。

(4)汤要选用鲜味的优质鸡汤。

八、孔府菜

1.御笔猴头

御笔,即古代皇帝批阅公文把用之笔。历史上也把皇帝的墨迹称为御笔。孔府、孔庙、孔林中,就保存着不胜枚举的历代皇帝所赐的笔墨真迹。孔府厨师选用"八珍"之一的名贵原料猴头蘑为主料,配以鸡茸等制成毛笔形状,经清蒸而形成御笔猴头菜品。此菜造型奇特,寓意深刻,是孔府菜品中的名品。

孔府满汉大筵中,最精彩的菜品有上八珍、中八珍、下八珍等三八二十四珍,而御笔猴头就是上八珍中的一珍,至今为老饕们所称道。

原料:野生干猴头2个(约150克),鸡脯肉100克,火腿15克,冬菇(水发的)15克,鸡蛋清一个半,干淀粉适量,精盐3克,味精1克,姜汁10克,葱油5克,料酒5克,清汤50克,鸡油

5克,湿淀粉少许。

切配:(1)将猴头蘑洗净,用八成热的水闷泡,天冷时要用热水,勤换开水保持水温。约闷2小时至猴头发软时,取出挤去水,放清汤中"度"一下取出,用刀片成斜刀片(注意每块要求均带有猴头上的刺针)按刺针朝下的放法,将猴头蘑平摆在平盘中。

(2)将鸡脯肉剁成肉茸(最好是用刀背砸)依次加入清汤(凉的)、鸡蛋清、湿淀粉、精盐、味精顺一个方向搅上劲,调和成鸡料子。

(3)将鸡料子用竹刀摊在猴头蘑的面上抹光(可蘸葱油抹油光)。将火腿、冬菇切成细丝,再切成末,横向摆成红、黑相间的12行笔管状的条。将猴头蘑三边切齐,留一边带着猴头蘑的刺针,作为御笔的"笔毫"。

烹调:(1)将处理好的御笔猴头生胚放蒸笼中蒸约5分钟,取出后稍凉,用刀沿火腿、冬菇末点缀的笔管状快切12份,呈12支毛笔状,并列在盘中。

(2)将炒勺放在火上,加清汤、料酒、精盐、姜汁、葱,烧开后,用湿淀粉勾芡,制成白玉卤,淋上鸡油,浇到猴头蘑上即成。

操作要领:(1)发制干猴头时,最好是先用温水泡透后,再用开水闷泡,等猴头蘑发好后,一般还需要加肥肉膘、鸡翅膀等上笼蒸制,使之入味。

(2)在摆放猴头蘑时,要有意识地选些刺针均匀、完整的猴头蘑片放在一起,准备做御笔的"笔毫"。

2. 带子上朝

带子上朝又名"百子肉",是一道反映衍圣公府特定的门弟的典型菜。清光绪二十七年,七十六代"衍圣公"孔令贻为慈禧太后祝寿后返回曲阜,族长摆接风宴,内厨为讨好"衍圣公"以求得赏钱,遂以五花猪肉、莲子等为原料,制作了此菜,内含颂扬孔氏家族殊荣之意,取名"带子上朝"。实际上,孔子后裔自明代以后世袭衍圣公相当于宰相的一品官职,有携子面君的殊荣。"带子上朝"正喻此意。此菜一上席,就深得孔令贻的赏识。后来,在孔德懋女士出嫁,为新娘举行下马宴时,孔府内厨葛守田亲手制作此菜上席,甚受欢迎。

此菜功于火候,肉香与莲子的清香融为一体,酥软香甜烂而不糜,肥而不腻,入口则化,深为人们所称道。

另外还有一种做法,即用一只鸭子带一只鸽子炸制蒸煮后,浇汁而成的一道菜,也取名为"带子上朝"。

制法(一)

原料:带皮五花猪肉750克(取正方形的肉),水发湘莲100克,白糖50克,冰糖250克,花生油25克。

切配:(1)将五花肉修边使其方正,然后放在明火上烤至皮焦,放温水中浸泡10分钟捞出,刮去焦皮泡,呈白色时用清水洗净,放入开水锅中用旺火煮至六七成熟,捞出晾凉后,用刀截去四个小角,打上斜十字花刀(在无皮的一面),皮朝下放在锅中的篦子上。

(2)将水发湘莲削去两端,去掉莲心,嵌在划好的十字刀口处,呈葵花状。

烹调:炒勺内放入花生油少许,加白糖炒至色呈鸡血红时,烹入清水(开水),加入冰糖化开后,倒入肉锅,用木炭慢火长时间的收汁(上面盖一大平盘,经常转动锅垫,以防煳底),爆至肉酥烂至紫红色时,用大盘托住锅中的篦子,扣入大盘(此时皮朝上),然后将锅内汤汁再爆至浓稠时,浇在肉上即成。

操作要领:(1)在五花方肉打十字花刀时,刀距要宽一些,不然肉中的肥瘦肉便脱离。

(2)爆制时,要勤晃动勺,以免煳底。

制法(二)

原料:鸭子1只(约1500克),鸽子1只(约500克),葱25克,姜15克,花椒、桂皮各5克,料酒50克,酱油75克,精盐10克,味精5克,白糖20克,清汤500克,湿淀粉25克,鸡油10克,花生油1500克。

切配:(1)将鸭子、鸽子煺毛洗净,从脊背片开,挖去内脏,剁去嘴尖,加适量酱油、料酒略腌。

(2)葱切段,姜切片,花椒和大料一起包成香料包。

烹调:(1)锅内加油烧至八成热,分别将鸭子和鸽子放入锅内炸呈枣红色,捞出控净油。

(2)取大沙锅一个,底部放上锅垫,再依次放入鸭子、鸽子、葱段、姜片、酱油、精盐、味精、清汤,用旺火烧开,慢火炖至熟烂后,取出鸭子放盘内,再把鸽子放在鸭子的怀中。

(3)炒勺内加底油烧热,加白糖炒至金黄色,烹入炖鸭的原汤烧开,用湿淀粉勾芡,淋上鸡油,浇在主料上即成。

操作要领:(1)鸭子和鸽子初加工时要注意去净毛,洗净血污。

(2)适当掌握炖制的火候,先旺火后慢火,烧至主料既熟烂,又形状完整。

3. 紫酥肉

此菜色呈酱紫色,吃起来酥松软烂,醇香浓厚。这紫色厚味,恰与孔府"同天并老"、"安富尊荣"的贵族气派相烘托,故名"紫酥肉",并被列为传统佳肴。上筵之时,配以葱段、瓜条、甜酱佐食,则馥郁甘爽,别具风味。

原料:带皮五花肉500克,大葱白100克,甜面酱25克,青萝卜(或黄瓜)25克,精盐3克,味精3克,料酒50克,酱油20克,姜片10克,花椒油少许,花生油1000克。

切配:(1)将大葱白洗净,剥去外皮,片开后切长段;青萝卜洗净,亦切成与葱白同长的条;姜洗净,切片;甜酱、葱段,萝卜条分别盛在2只小吃碟里。

(2)将带皮五花肉切成7厘米长、2.5厘米厚的长条。

烹调:(1)将五花肉放开水锅内煮至八成熟时捞出凉透,放入碗内,加入精盐、味精、料酒、酱油、葱段、姜片、花椒等,上笼蒸至熟烂时取出晾凉。

(2)炒勺内放入花生油,待油温升至七成热时移置微火上,将肉入勺炸制,待呈紫红色时捞出,皮朝下放在菜墩上,将上面一层用平刀片下,改成薄片,原形铲在盘内(肉片朝下)呈马鞍形即可。

(3)上桌时,将双份的甜面酱碟、葱白碟、萝卜条碟对称地放在紫酥肉的周围,以肉蘸甜酱,佐大葱段、萝卜条而食。

操作要领:(1)五花肉入味蒸制时,用中小火蒸至极烂。时间要稍长一点。

(2)炸紫酥肉时,见肉条一变色即刻捞出,炸的时间长,紫酥肉发干发柴,就会失去酥松软烂的特点。

4. 雀舌方丁

雀舌,即古人所讲的清明以前采摘的茶叶尖,一般指名贵的茶叶为"雀舌"。孔府菜中有一款用名贵茶叶——大方茶尖与五花猪肉方丁(实际上是小方块)同烧而成的美馐佳肴,被称之为:"雀舌方丁"。成菜后,五花肉肥美醇香,大方茶尖爽口清香,二者融为一体,醇厚中透出阵阵清香,软烂之中飘着芳香,令人食之回味无穷。

原料:带皮猪五花肉 1000 克,大方茶尖 10 克,葱段 10 克,姜片 10 克,酱油 50 克,料酒 100 克,精盐 6 克,白糖 25 克,花椒少许,花生油 30 克,高汤 100 克。

切配:(1)将五花肉切成 3 厘米见方的小块,用开水稍煮,捞出控净水备用。

(2)取一小碗,将茶叶放入,冲入沸水,加盖闷好。

烹调:(1)炒勺内加入油少许,加白糖炒至鸡血红色时,烹入开水稍煮,倒入碗内,即成糖色。

(2)炒勺内另加油少许,烧热后下肉块煸炒,然后加入酱油、精盐、糖色、茶水、料酒、高汤、葱段、姜片、花椒等,用慢火煨爆至熟烂时,加入泡好的茶叶略煨,盛入汤盘中即可。

操作要领:(1)肉块首先用开水余煮去血污,茶叶需用开水闷透。

(2)糖色要炒制得嫩一点,以不发苦为宜。

(3)一定待肉丁爆至酥烂时,再投入泡好的茶叶,放早了,茶叶的味道不浓厚。

5. 新蒜樱桃肉

此菜为季节性时令菜,配料是修成樱桃形的新大蒜,同肉丁烧制而成。此菜需慢火煨爆,晶莹油红,熠熠生光,恰似樱桃,甜咸适口,伴有蒜香,是孔府宴席饭菜之一。

原料:带皮五花肉 500 克,新大蒜 100 克,白糖 75 克,料酒 25 克,酱油 15 克,精盐 4 克,熟猪油 250(约耗 50 克)。

切配:(1)新蒜头选择个头较大而均匀者剥去外皮,削去两端呈圆形,用竹签穿成 3 串。

(2)将猪带皮五花肉剖上多"十"字花刀,然后改切成 1.5 厘米见方的丁。

烹调:(1)炒勺内放油烧至六成热,下入蒜瓣炸至浅黄色时,捞出控净油。

(2)将油锅继续烧热至七成热,将肉丁炸过。

(3)炒勺放旺火上,加油烧热,放入白糖炒至鸡血红时,依次加入水、料酒、酱油、精盐、肉丁等,沸起后,移至慢火上爆至七八成热时,放入炸好的蒜瓣一同煨爆。待汤汁将尽时,取出蒜瓣,抽出竹签,与肉丁一起,盛入盘中即成。

操作要领:(1)新蒜头以炸至浅黄色为佳,而且一定要在肉丁将烂时放入。

(2)调味时,以咸为底味,用糖来提鲜味、增颜色,料酒与味精尽量少放。

6. 干崩肉丝

此菜以普通原料,独特的技法烹之,荤素相配,色泽红润发亮,脆中带韧,软硬适口,口味鲜咸清爽,酱香味浓,久食不腻,为著名"孔门干肉"菜品之一,也是孔府七十六代"衍圣公"孔令贻及家人特别爱吃的饭菜之一。

原料:猪瘦肉 300 克,五香豆腐干 5 块,葱 10 克,姜 5 克,酱油 15 克,精盐 2 克,料酒 25 克,甜面酱 10 克,白糖 5 克,花生油 250 克。

切配:(1)将五香豆腐干片成薄片,切成 0.2 厘米厚、4.5 厘米长的丝,然后放入清水中洗净,捞出晾干备用。葱、姜切成细丝。

(2)猪瘦肉先片成薄片,然后顺丝切成长约 5 厘米的细丝。

烹调:(1)炒勺内放入植物油,烧至六成热时,把五香豆腐干丝倒入炸干捞出,勺内留油重新上火待升温至七成热时,将肉丝放入,用慢火炸至干硬时倒出沥净油。

(2)炒勺内留油少许,加入葱姜丝、甜面酱煸出香味,加入肉丝、五香豆腐干丝、料酒、白糖、酱油等,熘至紫红色时,出勺装盘即成。

操作要领:(1)在片制五香豆腐干时,刀上要沾点水,否则动刀不爽。

(2)在炸制肉丝时,肉丝应提前用凉油拌匀,以免炸制成为疙瘩。

7. 晾干肉

"晾干肉"在孔府已有久远的历史。原称"孔门干肉",渊源于孔子收受之"束修"。《论语》记述孔子的话说:"自行束修以上,吾未尝无诲焉。"修是干肉,又中脯,每条脯叫一脡,十脡为一束,"束修"就是十条干肉。意思是:拿十条干肉来,我就收他为徒,教授他学问。干肉的烹制方法很多,晾干肉就是其中之一。近代孔府内厨,虽师承旧制,但也有所改革。将干肉换为鲜肉,以糖、酱味熘之,使之紫红油亮、酱香浓郁。食之软韧醇香,咀嚼有味,甜咸适口,成为孔府名菜,流传至今。

原料:瘦猪肉 500 克,甜面酱 50 克,白糖 100 克,料酒 25 克,精盐 3 克,高汤 50 克,花生油 500 克(约耗 50 克),葱段、姜片各适量。

切配:净瘦肉切成杏叶状薄片,摊在竹箅上晾干水分。

烹调:(1)将晾干水分的肉片,放入六成热的油中慢火炸干捞出,控净油。

(2)炒勺内留油少许,投入白糖炒至鸡血红色时,迅速飞入甜酱,并投入葱段、姜片,烹出香味后,加入高汤、精盐、料酒、炸干的肉片,用慢火熘至紫红色时收汁汪油,装盘即成。

操作要领:(1)炸制肉片时,要用慢火慢慢炸出肉片中的水分,不宜用旺火速炸,容易煳边。

(2)炒糖色与"飞"(即炒)面酱,几乎同时进行,特别是当炒糖色火候到了时,必须迅速飞入甜酱。

(3)熘制肉片时,先用旺火,再用慢火,最后用旺火,直至收干汤汁。

8. 烤牌子

此菜是孔府菜中久负盛名的传统菜,素以酥、香、脆、嫩著称。因其外形特似骨牌,故名。此菜选料严格,烤制讲究,吃法复杂,风味独特。筵席上安排此菜,必配以小碟葱段、萝卜条(或黄瓜条)、甜面酱,用蒸饼卷食,吃在口里,荤香四溢,令人回味无穷。

原料:猪硬肋带皮肉 1 块(约 2000 克),大葱 40 克,萝卜条 60 克,甜酱 100 克,蜂蜜 15 克,精盐 10 克,料酒 50 克。

切配:(1)将料酒、精盐放入一碗内,加少许温开水化开;蜂蜜倒入另一碗中,加适量清水调匀备用。将硬肋修去奶泡肉,使之成大方块。

(2)大葱段、萝卜条、甜面酱分别盛在小碟子里,每样两份。

烹调:(1)将硬肋肉叉在烧烤叉上,放入开水锅中加适量盐煮 8 分钟取出,擦净水分,周身均匀地抹上蜂蜜后,放炭火池上慢火烤,先烤筋骨一面,后烤皮面,烤一会刷一次料酒、盐水,连续数次,大约烤 2 小时,待肉皮表面呈金黄色时取下,即成烤"牌子"。

(2)将烤好的牌子肉放在菜墩子上,用刀贴着排骨从中间片成两块,把带骨的一块剁成长 5 厘米、宽 1 厘米的块放入盘内垫底,带皮的一块皮朝下剁成长 5 厘米、宽 2 厘米的块,然后朝上整齐地排入盘内即成。

(3)上桌时外带各味料碟佐食。

操作要领:(1)烤制时,先将方肉抹上蜂蜜,并要抹均匀。烤时要不停地转动,以免烤制的颜色不一致。

(2)剁排骨时,先顺排骨形状割成排骨条,再用砍刀剁成块。否则易坏刀。

9. 七孔灵台

"七孔灵台"是曲阜厨师对猪心的别称。此菜以猪心为主料,经油爆而成,在孔府以动物的心脏入馔,品类多样,名目各异。如因鸡心形似中药材胖大海(又名安南子),经烧制后则称之为"烧安南子",鸭心经炸后则称为"炸石子",在燕菜大席中都有尊位。猪心因主宰其生灵,又如万军操练时的指挥台,故名"灵台",此菜烹制后,主料鲜咸脆嫩,稍带酸口,是孔府如意宴中的必备菜。

原料:猪心2个(约350克),南荠25克,油菜心25克,酱油10克,醋5克,高汤150克,花椒油25克,料酒10克,精盐3克,湿淀粉1克,花生油500克(约耗20克),葱、姜、蒜各适量。

切配:(1)先将猪心用清水洗净,泡去血污,切去根部,顶刀切成0.1厘米厚的大薄片,放入碗内加酱油(2克)、料酒(3克)腌渍入味。

(2)将南荠削去皮,片成0.3厘米厚的片。油菜心洗净,批成四瓣,开水烫过,凉水过凉备用。火腿切成长3厘米、宽1厘米、厚0.2厘米的片。

(3)将高汤、精盐、湿淀粉及余下的酱油、料酒对成芡汁。葱、姜、蒜均切为小片。

烹调:(1)炒勺置火上,加入花生油烧至七成热时,将猪心片倒入炒至嫩熟,随即捞出控净油。

(2)炒勺内留油少许,加入葱、姜、蒜煸炒出香味,烹入食醋,随之倒入猪心片及配料翻炒匀,再倒入对好的芡汁急火快炒,淋入花椒油出勺即可。

操作要领:(1)猪心一定要切去根部的白筋,否则嚼不动,且切成片后,一定要用清水泡去血污。

(2)猪心片过油时,速度要快,以便保持其脆嫩的质地。

10. 白松鸡

白松鸡是孔府菜中的名菜,为孔府内厨所创,鲜美味醇,风味独特。

孔府有两个大厨房,分为内厨和外厨,内厨设在孔府内宅前上房的东侧,专供"衍圣公"及其他内宅家族的日常饮食。一些具有浓郁特色的地方菜,一般都是由这里制作的。内厨的待遇主要是领取少量的实物(清末前也有时领取一定的赏银)。最令内厨们高兴的是主人吃得满意时随时发放赏银。有一次孔令贻之母过生日,厨师做了一个寿桃点心献上,当场赏银十两。因此,孔府内厨都想在自己值班的10天里使主人吃的满意,以便求得奖赏,惟恐主人吃得不顺心时,遭到斥责,甚至被赶出孔府。

白松鸡就是内厨别出心裁设计出来的一款创新菜。第七十六代"衍圣公"的夫人陶氏一向饮食淡泊,不喜油腻。内厨中有一位中厨,这天在陶氏的厨房"小灶"上当值,他根据陶氏的口味嗜好,选用鸡脯肉、鸡料子,再点缀上松子末和火腿末,上笼蒸至嫩熟,放汤碗中。此菜吃鸡不见鸡,味清香而不腻,很合陶氏的口味,乐得陶氏当场赏了厨师10块大洋。因此菜色泽洁白,且有松籽的浓香,于是便命名为"白松鸡"流传至今。

原料:白煮鸡肉250克,生鸡脯肉200克,肥肉膘25克,豌豆苗3根,火腿5克,鸡蛋清3

个,松子 10 克,精盐 5 克,味精 2 克,料酒 20 克,高汤 500 克,葱段、姜汁、花椒、熟猪油各适量。

切配:(1)将松子去掉外壳炒熟,去净肉衣碾碎;鸡脯肉剔去筋膜,与肥肉膘一起砸成细茸,加松子末、蛋清、高汤、料酒、精盐、味精等,顺一个方向搅成料子备用。火腿切成碎末。

(2)取一大盘,抹上熟猪油(即已炼制的猪油),将白煮鸡肉片成杏叶状,摆在盘内,上面抹上鸡料子,把碎火腿末撒在上面,稍按,即成白松鸡生胚。

烹调:(1)将白松鸡生胚入蒸笼中,中火蒸 15 分钟,取出晾凉后改成长 4 厘米、宽 2.5 厘米的块。火腿面朝底,放在碗内,加高汤、料酒、精盐、味精、葱、姜、花椒等,再入笼蒸 7 分钟,拣出拣去葱、姜、花椒,扣入瓷盆内。

(2)原汤滗入勺内,再加入余下的汤、料酒、精盐、味精烧开,把豌豆苗在汤中一烫,搭在白松鸡上面,然后将汤冲入瓷盆内即成。

操作要领:(1)白煮鸡肉一定要烂,鸡料子一定要砸细。

(2)蒸制白松鸡生胚时,不要用旺火,以免起泡,以中火为宜,且掌握好时间。

(3)向白松鸡汤盆内冲汤时,要先把手勺翻扣在白松鸡上,从勺底将汤冲入,使白松鸡保持完整的造型,不易被冲散。

11. 一卵孵双凤

"一卵孵双凤"原是西瓜鸡。是由清代孔府内厨所创,菜肴西瓜和雏鸡加上干贝、海参、冬菇等原料合烹而成,其口味清鲜,质地嫩脆,营养丰富,别具一格,深得孔令贻的赞赏,当问及此菜何名,厨师回答"西瓜鸡",孔令贻认为此名不雅,趁食兴正浓,便为其更名为"一卵孵双凤"。后来此菜作为一道名菜经常用于宴请亲朋好友,成为孔府中夏季的时令大菜。

原料:西瓜 1 个(约 2500 克),净雏鸡 2 只(约重 1000 克),水发干贝 100 克,水发海参 100 克,冬笋、冬菇各 50 克,火腿 30 克,精盐 12 克,味精 3 克,料酒 50 克,清汤 500 克,葱段、姜片各 20 克。

切配:(1)将西瓜削去外皮,从顶端切下直径约 15 厘米为上盖,然后挖出瓜瓤。

(2)将鸡洗净,抽去大骨(腿骨、翅骨),剁去嘴、爪和翅尖,用葱段、姜片、酱油、料酒略腌;笋、冬菇、海参、火腿,片成抹刀片备用。

烹调:(1)将腌渍入味的鸡放入大碗内加适量清汤入笼蒸约 1 小时,熟透时取出;海参、干贝、冬笋、冬菇片均用清汤氽烫一遍。

(2)将蒸好的鸡头朝上放入西瓜内,再放入配料、清汤、精盐、味精、料酒,盖上瓜盖,用竹签别住,放在大瓷盆内,用旺火蒸透取出,抽去竹签后放入银制器皿中,浇入蒸鸡的原汤上桌即成。

操作要领:(1)蒸透的"双凤"放入西瓜内,一般需要再入笼蒸 25 分钟左右,如用竹签刺西瓜中间极易穿透即可。

(2)菜肴加盐要适量,以保持其清爽鲜嫩的特色。

12. 神仙鸭子

"神仙鸭子"原名"生蒸全鸭",是孔府菜中历史悠久的大件菜。相传,孔子第七十四代孙孔繁坡任山西同州知府时,带去一名家厨。一天,其家厨做了一道"生蒸全鸭",成品肉烂、脱骨、汤鲜、味美,肥而不腻。主人在大饱口福之际,一时兴起,当即询问此菜的做法,侍者答曰:"上笼清蒸,插香计时,香尽鸭熟"。孔繁坡听后,深感惊愕,连称"神仙鸭子!"遂得名,流传至今。

原料:雏鸭 1 只(约 1500 克),葱段 15 克,姜片 10 克,花椒 10 克,小茴香 5 克,精盐 15 克,味精 4 克,料酒 50 克,清汤 1000 克。

切配:将宰杀后的鸭子煺净鸭毛,肋开取脏,冲洗干净,剁嘴留舌,去掉爪尖和翅尖,放开水锅内氽透,洗净控水后,腹内填入葱、姜,加入料酒、精盐等,腌渍 5 分钟。

烹调:取蒸盒一个,将鸭子胸脯朝下放入盒内,加入清汤、料酒、精盐、葱、姜、花椒、小茴香(均用纱布包好),入笼蒸一个半小时取出,捡去葱、姜及小茴香袋,捞出鸭子鸭脯朝上放入鸭池,原汤加味精调味后放入鸭池,并加以点缀。

操作要领:(1)主料必须选择质嫩的雏鸭。

(2)蒸制时间要灵活掌握,以主料蒸烂为宜。

13. 阳关三叠

阳关三叠,是一曲调名。唐代大诗人王维有诗云:“渭城朝雨浥轻尘,客舍青青柳色新。劝君更尽一杯酒,西出阳关无故人。”此诗后入乐府,以为送别曲,反复诵唱,谓之阳关三叠。孔府内厨借为菜名,用鸡脯肉泥与白菜叶层层相裹,炸而烹之。吃起来外焦里嫩,鲜香适口,且一层鸡肉泥一层白菜,反复三次之多,层层相叠,正合送别曲一送三别的情调,故名。此菜多用于饯行宴会,以表达主人的送别情意,预祝旅途顺利平安,友谊深挚,情意绵长。

阳关三叠有时也称:“三层鸡塔”或“九层鸡塔”。

原料:鸡脯肉 300 克,肥肉膘 50 克,猪网油半张,嫩白菜心 150 克,葱椒泥 15 克,鸡蛋黄 3 个,鸡蛋清 2 个,淀粉 25 克,精盐 4 克,味精 2 克,料酒 25 克,植物油 250 克(约耗 75 克)。

切配:(1)将鸡脯肉中的白色筋膜去掉,同肥肉膘一起,用刀背砸成细泥,放一清洁碗内,依次加蛋黄、精盐、味精、料酒、葱椒泥调匀备用(即鸡料子)。

(2)猪网油片去大筋,修整边沿;嫩白菜心用沸水烫过,捞出过凉;另取一碗,将淀粉、蛋清调成蛋清糊。

(3)猪网油放在墩子上,撒上适量的干淀粉,放一层鸡料子,放一层白菜叶,再抹上一层鸡料子,共三层约 2 厘米厚,将猪网油四面折起,两头切去,即成“鸡塔”。

(4)取一大平盘,将 1/3 的蛋清倒入盘内,把鸡塔放上,将余下的糊全部倒上,使整个鸡塔粘匀糊。

烹调:(1)炒勺内加入植物油,待四成热时,将鸡塔推入勺内,两面煎制,挺身时加油少许进行半煎半炸,至金黄色时,取出沥净油。

(2)将鸡塔放在菜墩子上,用刀剁成长约 5 厘米宽、2.6 厘米的块,装盘摆成马鞍形上席。

操作要领:(1)猪网油要选完整无漏洞的。

(2)砸鸡料子时,一定要将鸡脯肉中的白筋去掉。

(3)炸制鸡塔时,要先煎后炸,但油不宜多。

14. 糖醋凤胾

胾,古代指切成块的肉。如《吕氏春秋·察今》:“尝一胾肉而知一镬之味,一鼎之调。”胾有时专指禽兽脖子部分的肉,如《晋书·谢混传》:“每得一豘,以为珍膳,项上一胾尤美。”凤胾,即斩成块的鸡肉(一说为鸡脖子肉,待考)。此菜外焦里嫩,色泽红亮,味道酸甜适口,酸、蒜之混合香味浓郁。

原料：净雏鸡肉 500 克，鸡蛋清 1 个，酱油 15 克，醋 25 克，白糖 75 克，料酒 15 克，高汤 100 克，植物油 500 克(约耗 100 克)，葱、姜、蒜末各少许。

切配：(1)将鸡冲洗干净，背开，用刀一拍，剁成长 4 厘米、宽 1 厘米的条，盛入碗内，加料酒、酱油腌渍入味。

(2)另取 2 个小碗，一个放蛋清、湿淀粉，和成蛋清糊；另一个放酱油、高汤、湿淀粉，对成芡汁。

烹调：(1)炒勺置火上，加入植物油，烧至五成热时，将鸡条蘸匀糊下油炸熟捞出。待油温重新升至九成热时，再将鸡块放入，冲炸至金黄色时捞出，沥净油。

(2)勺内留油 35 克，待五成热时，放入葱、姜、蒜末，煸出香味后，烹入醋，并迅速倒入对好的芡汁，放进鸡条，急火爆汁，颠翻均匀出勺装盘即成。

操作要领：(1)炸制鸡条时，一定要冲炸两次，否则难以突出外焦里嫩的特色。

(2)烹调时，煸小料出香味时，先烹醋，后倒入对汁。千万不要将醋和对汁拌在一起，否则糖醋味不浓郁。

15. 七星鸡子

七星鸡子是孔府菜中的家常风味菜，它是由孔府内厨设计制作的。

相传，有一次孔府家族聚餐时，共有 7 个人，内厨中一位厨师在原来煎荷包蛋的基础上，又经过沸水去油腻，加糖醋汁煨烩，做成此菜，上桌后主人及家族他人皆为之一振，齐口称妙。问之菜名，有一雅士附会说，今日我们 7 人聚会犹如群星聚集，就叫："七星鸡子"如何？众人异口同声称妙。以后此菜便进入孔府菜谱，成为孔府中的传统名菜。

原料：鸡蛋 7 个，白糖 75 克，醋 25 克，精盐 1 克，酱油 10 克，清汤 250 克，料酒 5 克，花生油 100 克，湿淀粉少许，香油 5 克，葱、姜各适量。

切配：葱、姜洗净，切成末。

烹调：(1)炒勺刷净放火上，加入花生油烧至六成热时，将鸡蛋逐个磕在小碗内晃圆，倒入勺内，按先后次序都煎至七成熟，大翻勺将鸡蛋翻过再煎另一面，煎好盛盘中。

(2)另用炒锅加水烧沸，将煎过的鸡蛋逐个汆过，以去浮油，并使回软，捞出后摆放在净水盘中，成七星状。

(3)炒勺放火上，加花生油烧至七成热。放入葱、姜末，烹入醋，出香味时，加入清汤、酱油、精盐、料酒、白糖，烧沸至溶开白糖时，用湿淀粉勾芡，淋上香油，浇在七星鸡子上即成。

操作要领：(1)煎鸡蛋时，为使其放置于中央，可先将鸡蛋磕入碗内，晃圆后再煎。

(2)葱姜煸锅时，一定烹入醋，且必须烹出醋香味来，否则此菜味道不厚。

16. 紫姜爆雏鸭片

此菜是孔府初秋筵席上的美馔。相传，七十三代"衍圣公"孔庆镕在西花厅饮酒时，内厨选用鲜嫩的紫姜芽切片与鸭片合烹献上，菜味鲜香滑嫩，略有辣味。孔庆镕食后，胃口大开，顿觉爽快，乘兴赋诗，洋洋洒洒，很是赞赏。于是，紫姜芽片爆雏鸭片便成了孔府菜中风味别致的看家菜，流传至今。

从祖国医学角度来看，鸭乃水禽，属干寒物，具有行水补血的功效，但初秋之时，阴盛阳衰，人体往往小腹发凉，此时食鸭肉易生疾。而姜味辛性温，具有温中健胃，解饥散寒的功效。二物合烹，暖胃补虚，相得益彰。因此在孔府宴中，此菜也常常被当作暖胃开食的药膳而在初秋之时食用。

原料:生雏鸭肉 500 克,紫姜芽 50 克,鲜毛豆粒 15 克,鸡蛋清 1 个,淀粉 15 克,精盐 5 克,味精 3 克,料酒 15 克,高汤 75 克,熟猪油 500 克。

切配:(1)将鸭肉(去骨的)片成 0.2 厘米厚的柳叶片,加入鸡蛋清、淀粉挂匀糊。紫姜芽刮净外皮,切成厚 0.15 厘米的片。鲜毛豆粒沸水汆过,冷水过凉,去掉外皮备用。

(2)将高汤、料酒、精盐、味精对成汁备用。

烹调:(1)炒勺内加入猪油,烧至五成热,下入鸭片划开,至九成熟时捞出,沥净油。

(2)勺内留油少许,烧热后放入姜片,烧至断生时,随时放入划好的鸭片、毛豆,并迅速倒入对好的汁液,颠翻出勺即可。

操作要领:(1)鸭肉一般选鸭脯肉较好,片的稍大一点为宜。

(2)紫芽姜不要炒过火候,以断生为宜。

17. 烧安南子

烧安南子是孔府菜中的名菜,相传在汉代就已盛行,在孔府宴中,常被当做行件,尾随大件而上。所谓"安南子",是指鸡心和鸭心,仅孔府厨师有此称谓,大概因鸡、鸭心形似中药胖大海(胖大海在中药中又称安南子)而落下这奇怪的名子。成菜后,其造型美观,色泽红亮,口味鲜咸,是孔府内宅老年人喜食的家常菜之一。

原料:鸡鸭心各 150 克,水发香菇 15 克,水发冬笋 10 克,豌豆苗 3 根,酱油 10 克,料酒 15 克,精盐 2 克,湿淀粉 10 克,味精 1 克,清汤 100 克,花椒适量,植物油 350 克(约耗 50 克)。

切配:(1)鸡鸭心洗净,切去心根,在顶端打上一个十字花刀。再用清水洗净,摅去水分,放一大碗中,加料酒、精盐腌渍 5 分钟。

(2)香菇片成两半。冬笋切成长 3 厘米、宽 1.5 厘米、厚 0.2 厘米的片,放入开水锅内一汆,捞出控净水。豌豆苗用开水焯过,冷水过凉。

烹调:(1)炒勺内放入植物油,至八成热时,放入鸡鸭心快速炸成心花,捞出控净油。

(2)汤勺内加入清汤、酱油、鸡鸭心、精盐,慢火烧约 10 分钟,捞出,原汁倒入碗内。另取一碗,将香菇、冬笋垫在碗底,将鸡鸭心十字花朝底,整齐地排列在碗内,加入原汁,上笼蒸约 30 分钟,取出滗出汤汁,扣入盘内。

(3)炒勺内加入植物油,待六成热时,投入花椒炸至金黄色捞出,将滗出的汤汁倒入餐内,加味精烧开,用湿淀粉勾芡,浇在鸡心上,搭上豌豆苗上席即可。

操作要领:(1)鸡鸭心尽量选用较均匀的。改刀后,一定洗净里面的血污。

(2)将过油炸成心花的鸡鸭心摆入碗中时,要先摆小型的鸡心,后摆较大的鸭心。

(3)蒸制鸡鸭心一定要蒸透,蒸烂。

18. 翡翠虾环

翡翠是一种透明而又带有鲜绿色的硬玉。此菜是孔府宴中的一款象形菜,以翡翠喻其色,虾环言其形,菜肴选用翠绿的黄瓜和新鲜虾仁为主料,将黄瓜切成圆片,中间挖空成环,虾仁洗净入味后套入环中,经烹制入味成菜。成品脆嫩鲜美,色泽绿中间红,质、色、味、形俱佳。

原料:嫩黄瓜 2 根,鲜虾仁 150 克,葱 10 克,姜 5 克,蛋清 20 克,料酒 5 克,精盐 3 克,味精 1 克,清汤 50 克,花生油 500 克。

切配:(1)虾仁洗净加少许精盐、蛋清抓匀。

（2）将黄瓜去头、蒂，切成 0.3 厘米厚的圆形片，中间挖一小洞成环状，然后将虾仁和瓜环逐个相扣在一起。

烹调：（1）锅内放花生油烧至六七成热时，加入虾环炸至嫩熟捞出，盛在碗内。

（2）勺内加底油烧热，用葱、姜丝爆锅，烹入料酒、清汤、精盐、味精烧热，浇在虾环上装盘即成。

操作要领：（1）虾仁要选择略大一点的，并且个头要均匀；黄瓜应选用直径 3 厘米左右的嫩黄瓜，要求籽少茎直。

（2）虾球过油时以达到嫩熟为宜。

（3）为了使其明亮美观，也可以调汁时加少许湿淀粉。

19. 炸菊花虾

这是一款时令菜，一般在八月十五左右食用。它选用八月的小湖虾，肥圆肉鲜，特别是虾尾，经油一炸，由绿变红，惹人喜爱。孔府厨师将小湖虾去头及皮，留尾（尾部的外壳不剥掉），用牙签串起，挂糊过油，然后虾尾朝上，一圈圈的围起来，形如傲霜的金菊，故名。

原料：小湖虾 500 克，香菜叶 3 克，鸡蛋清 3 个，精盐 5 克，料酒 10 克，干淀粉 25 克，熟猪油 500 克（约耗 75 克），花椒盐适量，葱段、姜片、花椒各适量。

切配：（1）将小湖虾洗净去头，剥去外皮（留尾及尾部两外壳），用竹扦串成串（一般每串 5克），尾部要排列整齐，加葱段、姜片、花椒、料酒、精盐等腌渍 10 分钟左右，取出，拣去葱、姜、花椒不用。

（2）将香菜洗净，铺在盘子内，稍撒点精盐。另将蛋清抽打成蛋泡糊，加干淀粉调匀备用。

烹调：（1）勺内加入熟猪油，烧至七成热时，手提虾尾（成串）蘸匀糊（尾部不挂糊），入油勺内炸熟捞出；待油温升至九成热时，冲炸一次，捞出控净油。

（2）将控净油的虾串，抽去竹扦，虾尾朝上，一圈一圈地围在盘中的香菜上，使之呈菊花状，上桌时，外带花椒盐蘸食。

操作要领：在烹调过程中要掌握好油温。

20. 黄鹂迎春

黄鹂迎春以韭黄、肉丝为原料，用面皮裹卷炸制而成。其特点是酥香鲜嫩，颜色金黄。早春佳节，初得韭黄烹成美味，室外绿枝吐叶，黄鹂飞舞，室内高朋满座，把酒品鲜。内外情景互映，妙趣横生。因主料韭黄的颜色、制品颜色均为金黄色，又适逢黄鹂飞舞之季，故名。其寓意典雅，食味佳美。是春季难得的时令佳肴。

原料：韭黄 75 克，猪肥瘦肉 200 克，精白面粉 150 克，猪皮冻 100 克，鸡蛋清 1 个，淀粉 25克，酱油 8 克，料酒 20 克，精盐 2 克，味精 1 克，明矾 0.5 克，花生油 750 克（约耗 150 克）。

切配：（1）将猪肉切成细丝，韭黄洗净切段，鸡蛋清加淀粉调成糊，猪皮冻改成小方丁备用。

（2）将白面粉加入清水、明矾、精盐适量，和成面团，多次搋和后放入保温（28℃左右）处饧约 10 分钟，再搋面直到面块有劲时为止。

烹调：（1）炒勺内加入花生油，至六成热时，将肉丝投入煸炒至肉丝发白时，加酱油、精盐、料酒，用湿淀粉勾芡出勺，凉后将韭黄段和皮冻拌入至匀。

（2）取特制的厚铁板一块，置微火上，用手拿面团一转提起，随之将皮揭下，制好的面皮用湿布盖上备用。

（3）取面皮一张，将调好的馅放匀卷成直径 2.5 厘米的面卷。封口用蛋清糊粘好，下入七成热的油锅内炸至金黄色捞出控净油，改成 5 厘米长的段，装盘即成。

操作要领：（1）制馅时，一定要待炒制的肉丝等物凉透后再拌入韭黄和皮冻。否则韭黄软塌，皮冻溶化。

（2）在和制面团时，不宜过硬，软一点好。另外必须在中间饧一次，摊饼时，面团一定和出劲来。

（3）做卷时，一定将封口粘好，否则炸制时：一是外面的油易灌进去，二是里面的汤汁溢出来，从而影响制品质量。

21. 花篮鳜鱼

桂鱼，即鳜鱼，山东曲阜、济宁一带又称其为季花鱼，是我国特产的名贵淡水鱼，具有鳞微、骨疏、生长快、肉质鲜嫩等特点。由于鳜鱼谐音"贵余"，寓"富贵有余"之意，因此，孔府历代每逢欢聚宴饮之时，必以鳜鱼作为吉祥之肴，是宴会中不可缺少的佳品。

"花篮鳜鱼"是选用山东微山湖中所产的新鲜鳜鱼为主料，用烤的方法烹制。成品色泽白中泛红，食之质嫩味美，风味别具一格。

原料：鳜鱼 1 尾（约 1000 克），鸡里脊 100 克，肥肉 25 克，水发干贝、水发海参各 20 克，冬菇、冬笋各 15 克，火腿 30 克，五花肉 50 克，鸡蛋清 2 个，猪网油 1 张，面粉 250 克，料酒 40 克，精盐 10 克，味精 3 克，葱段 10 克，姜片 5 克，花椒 10 粒，清汤 300 克，香醋 50 克，姜末 20 克。

切配：（1）将鱼刮鳞、去掉背鳍，再用一双筷子从鱼口中将内脏取出，冲洗干净，用沸水稍烫，放入冷水内刮去黑皮斑；用刀将鱼下颌切开，两面打上宽 2.5 厘米的斜刀，再用盐、料酒、花椒、葱姜腌渍 10 分钟备用。

（2）鸡里脊剔去筋，与肥肉膘一起剁成细泥，加入蛋清、清汤、盐、味精、料酒，搅成料子备用；猪肉、海参、冬菇、冬笋均切成 0.7 厘米见方的丁，与干贝一起用清汤氽过捞出，然后加盐、味精入味；火腿切成长 5 厘米、宽 2 厘米、厚 0.25 厘米的片。

（3）将猪网油洗净，片去厚油和筋，修齐四边；面粉加水和成面团，擀成薄皮，余下的面粉加水调成糊。

烹调：（1）腌好的鱼去掉葱姜、花椒，将冬笋、冬菇、肉、干贝、海参各丁从鱼口装入鱼腹内，用细绳扎好鱼嘴。在鱼面的刀口处，各按一片火腿，再抹上鸡料子，猪网油包好，再用面皮包好捏紧。

（2）将包好的鱼放入预热的烤炉内，小火烤约 15 分钟，翻身再烤另一面（15 分钟）至熟，取出放入盘内，揭去面皮、猪网油不用，扣入鱼盘内，解开捆鱼嘴的绳，随香醋、姜末一起上桌即成。

操作要领：（1）用沸水烫鳜鱼，时间不宜过长，以能刮去黑皮，刮净细鳞、黏液为宜。

（2）烤制时，要将两面翻动烤匀，使其成熟一致。

22. 金钩挂银条

这是一款素菜，又名海米炒豆莛。孔府厨师把海米叫"金钩"，把豆莛叫"银条"寓意明了，富有雅趣。此菜清爽可口，黄白分明，素雅嫩脆，是筵席中极受欢迎的素馔佳肴。

此菜海米采用微山湖湖虾加工的淡水海米，味厚鲜醇，豆莛采用孔府出产的豆芽，粗直脆爽,二者合烹,方得佳味。

原料:绿豆芽300克,海米75克,熟猪油250克,精盐2克,味精1克,料酒10克,醋10克,葱、姜、花椒油各适量,鸡油少许。

切配:绿豆芽掐去芽和根,洗净控干水分。海米用温水泡好,捞出控净水。

烹调:(1)炒勺放旺火上,加熟油烧至七八成热,将豆莛迅速倒入,并随即离火,倒入漏勺中,控净油。

(2)炒勺内放花椒油,烧至六成热,烹入料酒、醋、清汤,加海米、豆莛、精盐、味精颠翻均匀,淋入鸡油即成。

操作要领:(1)海米要用温水焖透,否则不出味。

(2)油泼豆莛时,速度要快。

23.诗礼银杏

银杏树又名白果树、公孙树、鸭脚树,是我国古代的一种树种。"诗礼银杏"是孔府宴会日常用的名菜之一。据《孔府档案》记载:孔子为了教子学诗习礼,曾对儿子孔鲤曰:"不学诗,无以言;不学礼,无以立"。嗣后传为美谈。其后裔自称为"诗礼世家",至五十三代"衍圣公"孔治时建造了"诗礼堂"以作纪念,并在堂前植了两棵银杏树,历经千载风霜,仍然枝叶繁茂,春华秋实,果实累累。孔府的厨师们每年就是取这两棵银杏树上的银杏果,采用蜜汁的方法制成菜肴并用于府内的各类喜庆宴会。此菜成品色如琥珀,香酥甜美,开胃健脾,风味宜人。

原料:水发白果500克,白糖100克,蜂蜜50克,熟猪油50克。

烹调:(1)将水发白果用沸水汆透(无苦味为宜),控净水。冰糖砸成碎末备用。

(2)勺内加清水、冰糖、白糖熬溶化,倒入容器内沉淀滤清,然后倒入勺中加入白果,小火㸆浓,撇去浮沫,搅入蜂蜜、熟猪油略㸆,装盘即可。

操作要领:(1)白果涨发时,要去净外皮和果心,用清水漂净苦味。

(2)白果㸆至汤汁浓稠起小泡时再加入蜂蜜,以使蜂蜜的营养成分少损失。

24.油泼豆莛

豆莛又称为掐菜,是将绿豆芽掐去根和芽,只食用白色的梗部。油发豆莛是孔府的传统菜。据传,有一次清朝乾隆皇帝到孔府用膳,于一旁陪侍的衍圣公见其吃的甚少,便速传话,请厨师做几道好菜,以讨得皇帝的欢心。厨师们商量了一下,认为皇帝一定吃腻了山珍海味,所以就将新鲜的绿豆芽掐去根和芽洗净,用热花生油浇淋后送上餐桌,乾隆食后连声称好,因此这道菜遂成为孔府的一道名菜。

原料:绿豆芽500克,葱15克,香菜梗10克,精盐4克,味精2克,花椒15克,花生300克。

切配:(1)绿豆芽掐去根和芽洗净。

(2)葱和香菜梗分别切成段。

烹调:勺内加花生油烧热,加花椒、葱段炸出香味后,捞出葱和花椒。将豆莛和香菜梗放漏勺内,用手勺盛热花椒油,反复浇淋几次,控净油,放入盘内,加精盐、味精拌匀即可。

操作要领:(1)要选择优质新鲜的绿豆芽。

(2)油泼后要迅速上桌,以免豆莛回软出水。

25.一品寿桃

此菜是孔府"衍圣公"寿诞之日特定的甜菜大件。它是内厨们在一品山药的基础上经过加工改进用蜜汁的方法精烹而成。成品选用蒸烂抹细的山药泥包上煮熟精制的红枣泥,在盘内做成一个鲜肥的大寿桃,再由山楂糕、青梅、红丝等加以点缀,使菜肴造型优美逼真,芡汁红润明亮,食之甘甜味醇,并寓有"万寿无疆"之意。此菜不仅是理想的佳肴,而且还具有补肾、益肺、健脾之功效。

原料:山药1000克,大红枣500克,山楂糕50克,青梅2个,青红丝5克,白糖200克,蜂蜜50克,油80克,干淀粉50克,湿淀粉5克。

切配:(1)将红枣洗净,放入锅内煮烂,剥皮,去核,制成枣泥;炒勺内加猪油(50克),将枣泥用小火炒散,加入白糖炒至无水分时盛出备用。

(2)山药洗净入笼蒸30分钟熟烂,取出晾凉,剥去外皮,削去毛根黑点置于净板上,用刀抹成细泥,掺入干淀粉调和均匀。山楂糕切成长5厘米、宽0.7厘米、厚0.3厘米的条。青梅、红丝均切成细末备用。

烹调:(1)取大盘一个,盘中间放枣泥,把山药盖在枣泥上制成桃形,分别在桃蒂的两边制成桃叶(柳叶形),表面抹光滑,用青红丝做叶子的筋,桃身用山楂条摆成"寿字",桃尖的下部点缀上红丝末、青梅末置于桃叶上,入笼蒸熟取出。

(2)勺内加清水、白糖熬溶,加入蜂蜜,用湿淀粉勾成溜芡,淋上熟猪油,浇在桃子上即可。

操作要领:(1)选择粗白无病的优质山药,并要蒸透、蒸烂,去净皮和根蒂。

(2)枣泥馅用山药泥包均匀,不能外露,蒸的时间不宜过长,防止膨胀变形。

(3)菜肴浇汁时要用手勺挡一挡,以免冲坏字形。

九、仿唐菜

1. 玉桂仙君

出自吴越功德判官毛胜《水族加恩薄》。由于扇贝呈白色,胜似美玉,故称"玉桂",毛胜将生长扇贝的大海比作流碧郡,进而风趣的为扇贝封了帝王名号"仙君"。今仿制的"玉桂仙君"是以扇贝为主料,经酿炸而成。特色是色泽金黄,形似顶冠,质嫩、味鲜。

原料:鲜贝100克,水发海参50克,水发鱿鱼50克,水发蹄筋50克,熟鸡脯肉50克,蛋皮3张,植物油1000克,蛋清1外,湿淀粉5克,精盐3克,味精1克,料酒10克,鸡汤、鱼料子各适量。

切配:(1)鲜贝洗净入味,上好蛋清浆。海参、鱿鱼、蹄筋、熟鸡脯肉切成米粒大小,蛋皮切成边长约3厘米的正五边形。

(2)将海参、鱿鱼、蹄筋、熟鸡脯肉米和鱼料子拌成馅并调味。然后用鸡蛋皮包入馅,再将蛋皮的五个角捏起,捏向中心对拢,每个中心放一鲜贝。

烹调:(1)将包好的蛋饺装盘上笼蒸熟后取出。

(2)将蛋饺投入六七成热的油锅中炸至皮酥即成。

操作要领:炸制时油温不能过高。

2. 升平炙

出自唐代韦巨源《烧尾宴食单》。陶谷注释曰:"治羊、鹿舌拌。"用此两种动物的舌头来烹制菜肴,真可谓别出心裁,独具一格。单一盘就要四五头羊和鹿的舌头才行,何况鹿是国家保护动物,一般难以得到。说明此菜本身相当珍贵。再说羊、鹿是食草性动物,其舌活动量大,肉质特别发达,富含蛋白质、维生素 B 与铁质等,亦是一款高功能的滋补食品。其成品质地脆嫩,风味独特。

原料:生鹿舌、生羊舌各 250 克,植物油 750 克,料酒 15 克,香菜 10 克,精盐 5 克,味精 2 克,蛋清 2 个,湿淀粉 30 克,葱、姜、蒜各 6 克,孜然粉适量。

切配:(1)鹿、羊舌用开水烫一下,用刀刮去皮洗净,斜刀片成大片,加精盐、料酒、湿淀粉上浆待用。

(2)香菜洗净切 3 厘米长的段,葱、姜、蒜均切成末待用。

烹调:(1)用四五成热油将鹿舌和羊舌滑熟捞出。

(2)锅加底油,用葱、姜、蒜炝锅后,倒入鹿羊舌,烹入料酒,加精盐、味精、香菜梗炒匀装盘,孜然粉撒在肉上即成。

操作要领:(1)选料要新鲜。

(2)刀工要精细。

(3)调味要准确。

3. 驼蹄羹

驼蹄羹,顾名思义,是用驼蹄掌制作的。骆驼其他部位肉质较粗,类似牛肉,味又次于牛肉。而驼蹄则肉质发达,丰腴肥美,加上骆驼生活在北方沙漠地带。内地不可多得,就显得更为珍贵。据《异物汇苑》说,驼蹄羹为魏时陈思王创制。"瓯值千金,号为七宝羹"。隋唐沿袭,多为贵族享用。杜甫《自京赴奉先县咏怀五百字》中"劝客驼蹄羹,霜橙压香桔"之句。是写唐玄宗与杨贵妃在华清宫所食珍馐中,就有驼蹄羹。今仿制出的此菜,蹄掌柔软,汤浓味醇,鲜香不膻,为一款难得的珍贵佳肴。

原料:驼蹄 1 只,水发香菇 15 克,香油 5 克,香菜 10 克,葱 42 克,姜 30 克,蒜 10 克,大料 5 克,酱油 20 克,料酒 40 克,精盐 8 克,味精 3 克,清汤 500 克,湿淀粉 30 克。

切配:(1)将驼蹄洗净,投入开水中,加葱、姜、大料、料酒煮焖 10 小时左右。待其能取下驼掌为宜。

(2)将驼掌切丁,香菇切丁,香菜切末。

烹调:(1)锅置火上,加鸡汤、料酒、葱、姜、胡椒烧开,放入驼蹄丁,小火煨至入味软烂时捞出。

(2)另起锅加底油烧热,葱、姜炝锅后捞出,加清汤,放入酱油、精盐、味精、料酒、胡椒,汤开后放入驼掌丁、香菇丁,勾米汤芡,起锅后盛入碗内,淋上香油,撒上香菜末即可。

操作要领:发驼蹄时水要保持恒温并换几次水,以利于发透并去除异味。

4. 同心生结脯

出自唐代《烧尾宴食单》,系唐中宗时左仆射韦巨源献给皇帝的佳肴之一。陶谷注释曰:"先结后风干"。同心结,即用锦带打成连环回文式样的结子。脯,干肉,这就是说,它是将生肉先打结,再风干。其制作技艺已达到较高水平。今仿制的同心生结脯,是选用富含蛋白质的牛肉经打结、卤制而成。特点是色泽褐红,滋味醇厚,干香适口;若佐以葱段、甜面酱而食,更是回味无穷。

原料:鲜牛肉 1000 克,大葱 10 克,姜 8 克,面酱 20 克,精盐 7 克,硝水适量,陈皮 2 克,桂皮 2 克,干辣椒 4 克,料酒 30 克,酱油 30 克,味精 3 克,植物油 1000 克,香油 3 克,清汤 400 克。

切配:将牛肉洗净后淋硝水,拌匀,腌至肉透,切成 6 厘米长、2 厘米宽、0.3 厘米厚的片,逐片用刀尖顺长在中间划一小孔,两片一套成麻花状。

烹调:(1)锅内加植物油烧至七成热,将牛肉下入稍炸取出,再放入开水中氽烫捞出,控干水分。

(2)锅内加少许底油,下入葱、姜、陈皮、桂皮、下辣椒稍煸,加料酒、精盐、味精、酱油和适量清汤,旺火烧开,下入牛肉转小火熥至汤汁浓稠,牛肉成熟时淋香油,盛在花鼓形的葱节周围即成,中心放上炒好的面酱。

操作要领:(1)用硝要适量,牛肉要腌透,汁要收浓,香料的比例要恰当。

(2)甜面酱必须加调味品炒透或蒸透。

(3)花鼓葱段要划得均匀。

补充说明:此菜宜批量制作。

5. 菊道人

出自《清异录·兽名门》,据陶谷所述,尚丘一佛寺的和尚正在朗诵佛经,忽有一紫色兔子来到佛殿,随着和尚起坐行动,听经坐禅,惟食菊花,饮清泉,和尚称其"菊道人"。现仿制的这款菜是以兔肉为主料,配以菊花烧制而成,其成品色泽红亮,质地酥嫩,菊花香尤为突出。

原料:净兔肉 500 克,精盐 3 克,白糖 2 克,酱油 20 克,味精 2 克,鸡汤 200 克,植物油 60 克,湿淀粉 15 克,葱 10 克,姜 5 克,黄、白菊花各适量。

切配:将净兔肉切成厚片,葱、姜切片。菊花洗净待用。

烹调:(1)净锅上火添少许底油烧热,放入兔肉稍煸出锅。

(2)锅加少许底油,放入葱、姜炝出香味后,下入兔肉,加白糖、料酒、酱油、精盐、味精、鸡汤,旺火烧开,小火煨熟,再转为旺火,勾芡,淋明油装盘,然后将菊花撒在兔肉四周即成。

操作要领:兔肉要剔净骨头,要除去草腥味。

6. 学士羹

出自《清异录》。据陶谷说,五代时的窦俨(后晋天福年间中进士,后周显得年间拜翰林学士),曾患眼疾,几乎失明,有一位良医劝他常食羊眼,不久眼疾痊愈。从此窦俨终生食用羊眼,眼疾未再犯,其家人称为"双晕羹"。世人因他官拜翰林学士,故称"学士羹"。据孙思邈《千金食治》中讲,羊眼"主治目赤,可爆干为末点之"。看来,羊眼确有其明目的功能。今仿制的"学士羹"以羊眼为主料,配以香菇,冬笋等炖制而成。特点是汤鲜味浓,羊眼脆嫩,并具有主风眩、补瘦疾等食疗作用。

原料:熟羊眼 8 只,水发香菇 25 克,冬笋 40 克,蘑菇 25 克,酱油 10 克,精盐 7 克,味精 3 克,料酒 10 克,香菜 5 克,鸡汤 750 克,葱、姜、蒜末各 2 克,湿淀粉 25 克。

切配:羊眼洗净煮透,香菇、冬笋、蘑菇切成象眼片,用水氽透,香菜切成末。

烹调:锅内加底油烧热,下葱、姜、蒜末炝锅,加清汤,放入羊眼,加料酒、精盐、味精、酱油等,烧开后撇去浮沫,勾米汤芡,倒入海碗内,淋香油,撒上香菜即成。

操作要领:(1)羊眼要预熟入味。

(2)口味要清淡。

(3)恰当掌握芡汁的浓度。

7. 葱醋鸡

葱醋鸡,顾名思义,它是加葱、醋烹制的全鸡。出自唐书巨源《烧尾宴·食单》。陶谷注释曰"入笼",这就是说,它是采用蒸制方法,今仿制的葱醋鸡并未选用蒸而采用炸的方法,并用葱醋汁浇淋。这样可促进鸡肉中所含的钙、铁的游离和吸收,营养价值更高,加上它色泽红亮,皮脆肉嫩,咸中微酸甜,葱香味道浓郁,可谓较好地保持了唐代葱醋鸡的风味。

原料:仔鸡1只,植物油1000克,葱15克,姜10克,醋20克,酱油25克,精盐5克,料酒20克,香油适量。

切配:(1)将鸡宰杀煺毛,洗净,除去鸡爪、翅尖、嘴尖,放在案板上,从背部剖开去内脏,敲断胸骨、脊骨,用刀尖将腿部划开,以便入味,用酱油、料酒、葱、姜片等将鸡腌半小时。

(2)将酱油、香油、醋、盐、料酒同放一碗中,用净纱布将葱叶茸包好拧出葱汁入碗中,对成调味汁。

烹调:锅中加油烧至七成热时,将鸡放入炸透捞出,待锅内油温回升后,再重将鸡炸至鲜红色捞出,控净油,改刀装盘呈鸡原形,将对好的调味汁淋上即成。

操作要领:应选用肥嫩鸡,并要腌好炸透,对汁适口。

8. 金粟平馄

出自唐代韦巨源《烧尾宴食单》。据陶谷注释,是用鱼子烹制的。金粟,喻鱼子色黄如金,小如粟粒。馄,即唐人对饼的别称。鱼子烹食,在隋唐之前未见记载。《烧尾宴》采用尚尾首创,但未能说明采用何种鱼子,大抵为青鱼、鲤鱼之子。今仿制的"金粟平馄",已不单纯选用鱼子,而搭配了鸡脯肉与猪肥瘦肉等料,经油煎后形为饼状,特点是皮酥里嫩,滋味鲜美,可谓不可多得的佳肴。

原料:嫩鸡脯肉150克,鱼子50克,猪肥瘦肉50克,蛋清1个,马蹄25克,熟猪油30克,料酒10克,精盐3克,味精2克,植物油50克,葱姜汁15克,葱姜末10克。

切配:(1)嫩鸡脯肉砸成泥,加猪肥瘦肉泥、马蹄泥、蛋清、猪油、精盐、葱姜水打成料子。

(2)将鸡料子挤成20个丸子,每个丸子沾上经过去腥提鲜的熟鱼籽。

(3)将葱姜末、料酒、精盐、味精对成汁待用。

烹调:锅置火上加底油,将制成的丸子一个个的放在锅里压成扁圆形,煎至两面呈金黄色时,烹入对好的调味汁,大翻勺出锅装盘。

操作要领:(1)煎制时火候要适宜。

(2)丸子大小要均匀。

(3)大翻勺要干净利落。

9. 酉羹

出自《清异录》,是用鸡肉烹制的。酉,地支第十位,在十二属相中,酉代表鸡,故名。隋唐五代很讲究用鸡肉作羹。陶谷说;五代时陈留郡的郝伦,在住处养了数百只鸡,他的外甥丁权伯劝他说:"畜一鸡日杀小虫无数,况损命莫知纪极,岂不寒心。"郝伦反对道:"你要我破除羹本,虽然你我是甥舅关系,实际上是在疏远我啊!"可见当时人们对鸡作羹是多么重视。今仿制的"酉羹"汤味浓郁,肉嫩鲜香,富含蛋白质,营养价值极高。

原料:鸡脯肉200克,蛋清1个,马蹄25克,小香菇10克,冬笋10克,青豆5克,精盐8克,味精3克,料酒10克,鸡油5克,葱油5克,姜末3克,鸡汤500克,植物油500克,湿淀粉25克。

切配：(1)鸡脯肉切丁,用湿淀粉、精盐、蛋清上浆待用。

(2)冬笋、马蹄、香菇切成小丁。

烹调：(1)用三四成热油将鸡丁滑熟捞出。

(2)锅内加底油烧热,葱姜末炝锅,放入马蹄、香菇、冬笋丁煸炒,加上鸡汤、料酒、精盐、味精,倒入鸡丁、青豆,勾米汤芡盛入汤碗,淋鸡油即成。

操作要领：(1)鸡丁大小均匀。

(2)划油时要掌握好油温。

(3)芡汁浓度要适中。

10. 族味

出自《清异录》,是用鹌鹑烹制的。据陶谷说,古时捕捉鹌鹑,不是以只数计算,而是以网数来计——一网捕一群,雌、雄鹌鹑以及其子女,一同被捕而宰杀和烹制,"世人文其曰族味"。今仿制的族味,选用三种烹调方法制作,吃起来质感、味道,各有千秋,恰好体现祖孙三代的"族味"含义。其特点是一菜三色、三形、三味。

原料：鹌鹑12个,鹌鹑蛋12个,蛋清1个,蛋黄3个,精盐4克,胡椒粉3克,葱10克,姜5克,味精3克,火腿5克,白糖5克,醋8克,辣酱5克,干淀粉5克,湿淀粉25克,料酒10克,酱油10克,植物油75克,青菜、面包渣、椒盐等各适量。

切配：(1)将6个鹌鹑宰杀剔肉切成片,用精盐、蛋清、湿淀粉上浆待用。

(2)将6个鹌鹑剔下脯肉,用精盐、料酒稍腌,然后拍粉拖蛋沾上面包渣备用。

烹调：(1)将12把小勺涮净擦干抹上少许油,将鹌鹑蛋逐个打入,点缀上火腿末,上笼蒸约5分钟取出。

(2)将上浆的鹌鹑片,用三四成热油划熟,用葱姜爆锅,加辣酱、酱油、白糖、料酒、醋、清汤烧开,撇去浮沫,倒入鹌鹑片,勾芡出锅,装在盘中心,外围青菜叶,香菜叶上面放蒸好的鹌鹑蛋。

(3)将鹌鹑脯肉用六七成热油炸至金黄色捞出,放在鹌鹑蛋外围,再撒上椒盐即成。

操作要领：三味要分明清晰,色泽有别炒得要嫩,烧得要浓,炸得要酥。

11. 金齑玉脍

"金齑玉脍"是隋炀帝杨广取的名。据说隋末,荒淫无度的隋炀帝驾幸江都时,所到之处,地方官员无不贡献当地的佳肴,吴地官员曾以"鲈鱼脍"进献,隋炀帝品尝后,大加赞扬曰："金齑玉脍,东南佳味也。"此事原记载在《南郡记》中,后来,《大业拾遗记》等书都有所录,此菜制法,史料记载有两种,大同小异,主料一样,惟配料有别。一说是切得很细的香柔花,一说为金橙,难以确证本来面目,不过都是用黄颜色的原料来搭配的。它不只是滋味鲜美,而且色泽和谐,难怪唐宋沿袭下来。"自摘金橙捣脍齑"就是宋代诗人陆游亲自烹制此馔的真实写照。今仿制的此菜选用鲈鱼肉和橙子烹制,其特点是鱼片鲜嫩,橙瓣清香。

原料：鲈鱼肉300克,鲜橙瓣150克,冬笋10克,料酒10克,精盐4克,味精2克,湿淀粉30克,鸡汤100克,蛋清1个,葱10克,姜5克,植物油700克,明油适量。

切配：(1)将鱼肉切成长6厘米、宽2.5厘米的长片,用精盐、料酒、蛋清、湿淀粉上浆待用。

(2)葱姜切成末,冬笋切成片。

(3)在小汤碗内用精盐、料酒、味精、清汤、湿淀粉对成汁水。

烹调：(1)用三四成热油将上浆的鱼片滑透捞出。

(2)锅中加少许底油烧热,用葱姜末炝锅,放入笋片、橙瓣略炒,随即烹入调味黄汁,汁沸后下入鱼片,翻勺装盘即成。

操作要领:(1)鱼片要切得均匀。

(2)炒制要注意火功,且加热时间不宜过长。

(3)调味要使橙子与鱼味融合。

12. 琅玕脯

出自《山家清供》。据林洪说,这是用莴苣为主料烹制的,杜甫曾因种莴苣不出而叹曰:"君子脱微禄,鞅轲不进,犹芝兰困荆杞,"可知,诗人并非单纯为吃,实是有感于不得志而为。今仿制的琅玕脯,虽然也是去掉叶、皮,但不是用汤来余,而是将笋切成长筒状,酿以鱼泥,经入笼蒸制。成形后古朴典雅,青笋脆嫩,清香爽口。

原料:净鱼肉 100 克,青笋 500 克,熟火腿 25 克,蛋清 2 个,熟猪油 15 克,湿淀粉 20 克,精盐 5 克,味精 2 克,料酒 10 克,鸡汤 100 克,香油 2 克,姜末 2 克,葱姜水、紫菜、蛋松各适量。

切配:(1)鱼肉砸成泥,加葱姜水、蛋清、熟猪油、料酒、精盐、味精打成料子。

(2)青笋去皮洗净,用三角刻刀刻成 3 厘米高的皇冠形 24 个,余后待用。

(3)鱼料子挤成杨梅大的丸子,放入皇冠形的青笋中,撒上火腿末。

烹调:(1)紫菜洗净,加精盐、香油、料酒、姜末拌匀入味,将紫菜与蛋松在盘中摆成太极图形,周围摆一圈酿青笋,连盘上笼蒸 5 分钟取出。

(2)净锅上火,烹白汁浇淋在青笋上即成。

操作要领:(1)雕刻青笋要美观。

(2)蒸时不能过火。

(3)对汁口味要清淡。

13. 凤凰胎

出自《烧尾宴食单》,凤凰胎指鸡肚子里未产的蛋。据陶谷注释说,这款菜要配以鱼白烹制。鱼白,即鲤鱼、鲫鱼的胰脏。用鸡肚子里的卵与鱼肚子里的胰脏来做菜,这在我国烹饪史上还是首次。要烹制此菜需三四只正在下蛋的母鸡和二三十条春季里 1 公斤以上的雄鱼,由此可知此菜取料的奇异和难度。大约因此,韦巨源才将这款菜肴奉献给中宗皇帝享用。今仿制的"凤凰胎"选用雄性鱼白和母鸡肚里尚未成熟的卵为主料烧、扒而成。其成品鱼白软糯,鸡卵柔嫩,口味清鲜,且含有人脑神经发育所需的卵磷脂。

原料:鲤鱼白 250 克,鸡腹蛋 150 克,水发香菇 20 克,青菜心 20 克,鸡油 10 克,熟猪油 20 克,葱末 5 克,姜末 3 克,精盐 4 克,味精 2 克,料酒 15 克,湿淀粉 10 克,鸡汤 300 克。

切配:(1)将鱼白漂洗净,用开水余一下,片成片,整齐排列好。

(2)鸡腹蛋洗净,水发香菇片成大片,菜心用开水略烫。

烹调:锅内加猪油烧热,用葱、姜、料酒炝锅,加入鸡汤、鱼白、菜心、香菇、鸡腹蛋、精盐、味精用小火煨扒熟,改用大火,勾芡,淋上鸡油,托入盘中即成。

操作要领:(1)余鱼白时要掌握火候,防止过老或散烂。

(2)扒制时要掌握好火候,以保证鸡卵和鱼白质地软嫩。

14. 遍地锦装鳖

此菜是韦巨源《烧尾宴食单》中的一款佳肴。据载,它是以甲鱼为主料,配以羊油脂和鸭蛋烹制而成。一般人都知道羊肉膻味大,鱼肉腥味重,将这两种原料合烹是否好吃? 开始试制时就有人提出过疑虑。然而,出乎人们的预料,一次试制就成功了,成菜不但没有腥、膻气味,反而鲜香四溢。凡是品尝过此菜的人,无不为唐代在烹调原料搭配上匠心独运而喷喷称赞,也为古人以"鱼"、"羊"两字组成"鲜"字的贴切含义而拍手叫绝。此菜特点是色泽红亮,汁浓肉烂,香醇味美,富有营养。

原料:活甲鱼1只(750克),羊网油半张,咸鸭蛋4个,大蒜末50克,蛋清150克,鸡茸100克,葱段30克,姜片20克,精盐6克,味精3克,料酒20克,白糖10克,酱油25克,熟猪油20克,花椒5克,香油50克,鸡蛋皮丝适量。

切配:(1)甲鱼宰杀去肠肚,用开水烫后,去净身上及壳上的黑膜,除去内脏,剔出尾尖与小爪尖。

(2)羊网油用花椒、料酒、葱、姜水泡20分钟,洗净用开水略烫一下,沥干水分。

(3)鸡茸先加少量清汤划开,再加入蛋清搅匀,然后倒入盘中。用慢火蒸至嫩熟后,摆上蛋皮丝成田地形。

烹调:(1)锅内加入熟猪油,用葱、姜、蒜煸出香味,放入甲鱼、料酒、清汤、精盐、味精、白糖、酱油,加盖用小火煨至汁浓、甲鱼熟透,拣去葱姜,盛入盘中的芙蓉底上,按鱼形摆好,在鱼背中间放上蒜末。

(2)另取锅加香油烧热,放入鸭蛋炒出黄油盛出,放在甲鱼上面,然后盖上甲壳,用羊网油封盘,上笼蒸5分钟取出上桌,食用时取下网油与甲鱼壳。

操作要领:(1)宰杀甲鱼时血要放净。去壳时不能将裙边弄破,要保持甲鱼形成的完整。

(2)羊网油要预先用葱姜水除去膻味。

15. 摆甲尚书

出自《水族加思簿》,以甲鱼为主料烹制而成。毛胜说甲鱼穿盔戴甲,步履缓慢,不超越规矩,具有性情和蔼,通情达理之荣迹,故封其为"摆甲尚书"。今仿制时用清炖的方法,特点是汤鲜味醇,肉质酥烂,营养特别丰富。

原料:甲鱼1只,鸡腿2个,水发香菇15克,笋尖10克,高汤500克,精盐8克,酱油10克,味精3克,料酒15克,葱段20克,姜片15克。

切配:(1)将宰杀后的甲鱼放开水锅内略烫,捞出放凉水盆内,用刷子刷净身上及壳上的黑皮,去掉小尾尖及爪尖待用。

(2)笋尖切片,水发香菇片成大片。

烹调:取一沙锅,放入甲鱼、鸡腿、葱、姜、香菇、冬笋、鸡汤,用旺火烧开,小火炖至甲鱼软烂,拣去葱、姜,用料酒、精盐、酱油、味精等定味即成。

操作要领:(1)甲鱼初步加工时要清洗干净。

(2)炖制要软烂。

16. 缕金龙凤蟹

这是隋代江都人特制而进献隋炀帝的一款佳肴。人所共知,微量的酒可使人精神兴奋,神志为之清爽,而过量饮酒,则会使人沉醉如泥。缕金龙凤蟹是用酒糟浸其蟹,使其昏迷后,将蟹壳擦净,并以金缕制成龙凤图案装饰在蟹壳上,据说吃了这种醉蟹,可使人神志清醒,唐人有"汝之醉,苏我之醒。以其昏昏,使人昭昭"的名句。吴人献醉蟹,大概也有以其昏昏,促使杨广大脑清醒之意,哪知被酒色迷醉的隋炀帝吃了以后,反而更加沉醉,直至隋被灭。但是,这道菜还是有使人昭昭的"后劲"。故而唐太宗李世民吸取了隋灭亡的教训,出现过"贞观之治"政治修明的局面。也许正是如此,这道菜才被陶谷收到了《清异录》中,今仿制的此菜选用活蟹经糟制而成。其特点为造型美观,蟹肉酒香味较浓。

原料:活蟹1000 克,鸡蛋5 个,花椒15 克,陈皮15 克,料酒100 克,白酒50 克,白糖100 克,精盐50 克,葱段40 克,姜片30 克,醪糟汁适量。

切配:(1)将活蟹洗净,放入篓子里,放通风处凉三四个小时,使蟹吐出肚里的水分。

(2)鸡蛋打入碗中,加精盐搅匀,上笼蒸成蛋糕,稍凉后片成大片,再雕成五条小龙和五个小凤。

(3)净锅上火加清水,将精盐、葱、姜、白糖、陈皮、花椒、料酒、白酒一同下锅烧开晾凉。

(4)把一个大口坛子洗净,晾干水分,让水浸没蟹,等二三个小时后,再将剩下的调料水倒入坛子,加盖封口,3 天即醉好。

烹调:(1)食用时将蟹取出,用清水冲洗一下,头朝里围在盘的一周,将刻好的龙凤逐个摆在蟹壳上,连盘蒸8 分钟即可。

(2)锅内加入醪糟汁烧开后,浇淋在蒸好的蟹子上即成。

操作要领:要用清水透尽蟹体内脏物。

补充说明:

(1)此法可批量制作。

(2)醉好后亦可不加热直接食用。

17.炸乌贼鱼

出自刘洵《岭南录异》。据载,这是唐代岭南人民所嗜食的一味佳肴。乌贼鱼,又名墨鱼,形若革囊,口在腹下,八足聚生于口旁,背上只有一骨,腹中血及胆黑如墨,可以书写,但逾年则墨迹全消。相传,秦始皇东游陀海岛,把随身携带的盛砚墨的算袋扔到海里,谁料这一扔,算袋意化为鱼,形未变,仍呈装状;墨未丢,尚留在腹中。遇大鱼即放墨数尺,以混其身。这当然是一种传说,实际上乌贼鱼比秦始皇不知要早多少万年就生活在海里,过去并未为人所知。今仿制的炸乌贼鱼,是在原来烹调技法的基础上略加改进,即以墨鱼为主料(软)炸制而成。特点是色泽浅黄,形态丰满,口感松软鲜嫩,椒盐味突出。

原料:干墨鱼200 克,蛋清4 个,熟猪油1000 克,干面粉25 克,料酒15 克,精盐3 克,胡椒粉1 克,葱姜水、椒盐各适量。

切配:(1)干墨鱼用碱发好后,用清水漂洗干净。

(2)将发好的墨鱼剞上麦穗花刀,改成长5 厘米、宽3 厘米的块,用葱姜水氽透,除去碱味,然后用精盐、料酒、胡椒粉稍腌。

烹调:(1)蛋清放入盘内,打起泡沫,加干面粉搅打成蛋泡糊。

(2)锅内加熟猪油烧至五六成热,将墨鱼沾上蛋泡糊,下油炸至熟透取出,装盘撒上椒盐即成。

操作要领:(1)墨鱼涨发要适度,碱味要漂净。

(2)墨鱼挂糊要均匀。

(3)要掌握好火候,油温不能过高。

18.醋芹

出自《龙成录》。据载,魏徵常向唐太宗进谏,多次令其在群臣面前感到难堪。太宗遂问侍臣:不知用什么办法才能使这位羊鼻公不板着一副严肃的面孔进谏,给人一种轻松的气氛呢?听说魏征素嗜食醋芹,每次吃此菜,就喜形于色。一日,太宗召魏征进宫,并请魏征与他一起进餐。席间,特赐魏征醋芹三杯,魏征非常高兴,饭未吃完,三杯醋芹已吃得净光,不由得眉飞色舞起来。太宗看到气氛活跃了,便向魏征开玩笑地说:"你说你没有什么嗜好,又怕别人拿住把柄,老是摆着一副严肃面孔进谏,可我看今天你特别爱吃醋芹,这又该如何解释呢?"魏征听后,赶忙拜谢。醋芹一菜的声誉由此不胫而飞,到处流传。今仿制的醋芹以芹菜为主料,经发酵,笼蒸而成。特点是汤味浓郁,酥辣适口,是一款镇静、降压的食疗菜。

原料:芹菜 500 克,冬笋 40 克,熟鸡肉 40 克,水发香菇末 40 克,胡椒粉 3 克,料酒 15 克,植物油 50 克,精盐 5 克,味精 2 克,辣油 5 克,葱、姜各 10 克。

切配:(1)芹菜洗净控干水分,放入热面汤坛中,盖严发酵 3 天后,捞出切 4 厘米长的段。

(2)将冬笋、香菇、熟鸡肉切 4 厘米长的丝与芹菜一同分为 20 份,分别用细芹菜丝扎成彩色把状。

烹调:净锅上火加底油,用葱、姜炝锅,添入发酵芹菜的原汁汤,加入精盐、味精、料酒、胡椒粉烧开,将捆好的芹菜投入汆透后,整齐地码入碗中,并将汤汁倒入,淋辣油即成。

操作要领:(1)芹菜发酵时间不宜过长,应保持其质地嫩脆。

(2)捆扎好的芹菜把要整齐均匀。

(3)定味要鲜香微酸辣。

19. 昆仑紫瓜

昆仑紫瓜出自陶谷《清异录》,是用茄子烹制的。茄子也叫"落苏"。据陈藏器《本草拾遗》说,由于茄子味如酪酥,故名。"昆仑紫瓜"是隋炀帝杨广巧立的名目。当时人们只叫它"昆味"。仿制这款菜所用的原料并不珍贵,只用普通的紫色茄子就成,但经采用烧燴的方法烹制后,茄子软糯,回味无穷。在酒宴上,吃过了山珍海味之后,来上一盘"昆味",就显得它特别珍贵了。

原料:嫩紫茄子 500 克,精肉 50 克,精盐 5 克,味精 2 克,香菜 10 克,植物油 750 克,白糖 10 克,湿淀粉 30 克,指段葱 10 克,姜片 5 克,蒜片 5 克,清汤适量。

切配:将茄子去皮,改成灌签式的小块。葱、姜、蒜切片,精肉切片,香菜切成末。

烹调:(1)将锅置火上,加植物油烧至八成热后,将茄子炸至金黄色捞出。

(2)锅内加底油,放入葱、姜、蒜炝出香味,放肉片略炒,加炸过的茄子、鸡汤、精盐、味精、白糖,用小火烧熟,勾芡装盘,周围撒一圈香菜末。

操作要领:(1)炸茄子时要用旺火热油。

(2)调味要准确。

20. 百岁羹

出自《清异录·蔬菜门》,据陶谷说:"俗呼荠为百岁羹。言至贫亦可具,虽百岁,可长享也。荠,即春日生长的野蔬,它岁岁年年都有,为隋唐五代时期人们春日嗜食的野蔬之一。甚至有人将它采集后拿到京城长安和东都洛阳市上出售,太监高力士"两京作斤卖,五溪无人采,夷夏虽有殊,气味终不改"的诗句,讲的就是长安和洛阳城里有卖荠菜的。今仿制的:"百岁羹",汤清味鲜,细嫩爽口,别有一番乡土气息。

原料:嫩荠菜 200 克,鸡茸 200 克,鸡汤 500 克,料酒 10 克,精盐 6 克,味精 2 克,鸡油 4 克。

切配: (1)将荠菜摘去杂质、老根,洗净控干水分后切碎。

(2)鸡茸加鸡汤、精盐搅打成鸡料子,挤成杨梅大小的丸子,均匀地滚上一层碎荠菜。

烹调: (1)锅内加清水上火,烧至八成开时将荠菜丸子逐个挤入锅内,待水慢慢地烧沸,丸子漂起,并达到嫩熟时,捞出放入汤碗内。

(2)另起锅,加鸡汤烧开,调好口味后倒入汤碗中,淋上鸡油,点缀上用蛋黄糕刻的"百岁"即成。

操作要领: (1)鸡料子调制时应加足鸡汤,以放在冷水中能漂起来为好。

(2)汆制时应八成开水下锅,以免丸子破碎。

附录：

营养素功用简明表及食物营养成分表

一、营养素功用简明表

营养素	特性	主要功能	主要缺乏症状	备注
蛋白质	由多种氨基酸分子组成的高分子化合物。 酸、咸、酶的作用下，发生水解。 受热凝固。	构成机体组织。 调节生理机能。 供给热能。	影响生长发育。 记忆力减退。 肌体免疫力下降。	
脂肪	由一分子甘油和三分子脂肪酸组成。	供给与储备热能。 构成组织细胞。 促进脂溶性维生素的吸收。 供给必须脂肪酸，调节生理机能。	影响其他营养素的吸收和发生皮肤干燥病。	
糖	由碳、氢、氧三种元素组成的高分子化合物。	供给热能维持体温。 构成机体组织。 辅助脂肪的氧化。 帮助肝脏解毒。 促进胃肠的蠕动刺激消化腺的分泌。	影响其它营养素在体内的功能，身体消瘦。	
钙		构成肌体骨骼和牙齿的主要成分。 维持细胞正常生理状态。 参与血液凝固过程，对某些酶有激活作用。	影响骨骼的发育和结构。 婴幼儿表现为佝偻病，成年人表现为骨质软化症和骨质疏松症。	钙吸收受酸、脂肪和膳食纤维的影响较大。 V_D 可促进钙的吸收。
磷		构成骨骼组织，动物细胞、体液及各组织均以磷为必要成分。 保持体内酸碱平衡并参与供热营养素的代谢过程。		根据我国人民膳食习惯，一般不会缺磷。
铁	Fe^{2+} 与 Fe^{3+} 易吸收。V_c 等食物性还原物质能促进铁的吸收。	是人体血红蛋白的重要成分之一，也是呼吸酶的成分。	缺铁性贫血。	

营养素	特性	主要功能	主要缺乏症状	备注
胡萝卜素 V_A		是促进生长必需的物质,它能刺激新细胞的形成和维持表皮细胞的健康,并参与视网膜内视紫质的形成,增强对传染病的抵抗力。	影响生长发育,甚至皮肤干燥,有鳞状的裂纹等。夜盲症、干眼病等。 严重缺乏时,呼吸道易染上传染病。	
硫胺素 V_{B1}	在水中易被氧化剂所破坏,对热稳定,碱性环境易被破坏。	促进糖的代谢。 增进食欲帮助消化。 预防心脏肿大症。	多发性神经炎和脚气病以及便秘等。	
核黄素 V_{B2}	易溶于水,对热稳定,碱性环境下易被热和日光破坏。	是构成酶的主要成份。参与肌体组织细胞的氧化还原过程,可维持正常的物质代谢过程,促进生长发育。	影响物质氧化,导致物质代谢紊乱,表现为口角溃疡、唇炎、舌炎、角膜炎等。	
尼克酸 V_{PP}	易溶于水和乙醇,耐热性强,在空气中也很稳定。	在体内可转变酶辅酶,与其他酶合作可促进体内的新陈代谢。	会发生癞皮病,主要病症是神经衰弱,腹泻,对称性皮炎。	
抗坏血酸 V_C	具有酸性,酸性环境比较稳定,遇热和咸均能被破坏,与某些金属特别是与铜接触破坏更快。	参与体氧化还原反应过程。 参与细胞间质的生成,维持机体正常功能和促进伤口愈合。 能增加肌体抗体的形成,提高白细胞的吞噬作用,增强对疾病的抵抗力。 具有解毒作用。	典型症状是坏血病,主要病变是出血和骨骼变化,还可引起骨骼脆弱、坏死,常易发生骨折。	

二、食物营养成分表

1. 谷类及其制品

食物名称	别名	地区	质量/g	水分/g	蛋白质/g	脂肪/g	糖类/g	热能/kcal	膳食纤维/g	灰分/g	钙/mg	磷/mg	铁/mg	硫胺素/mg	胡萝卜素/mg	核黄素/mg	尼克酸/mg	抗坏血酸/mg	备注
稻米(粳)	大米	北京	100	14.0	7.1	2.4	74.5	348	0.2	0.5	13	252		0.35	0	0.08	1.0	0	特一级上白粳
糯米		北京	100	14.6	6.7	1.4	76.3	345	0.7	0.4	19	155	6.7	0.19	0	0.03	1.4	0	特一级
小麦粉		北京	100	13.0	7.2	1.3	77.8	352	0.2	0.5	20	104	2.7	0.06	0	0.07	1.1	0	精白粉
小米		山东	100	11.1	9.7	3.5	72.8	362	0.8	1.9	29	240	4.7	0.57	0.19	0.12	1.6	0	
玉米		山东	100	12.0	8.5	4.3	72.2	362	1.4	1.4	22	210	1.6	0.34	0.10	0.07	1.9	0	黄、干
玉米面		山东	100	13.4	8.4	4.3	70.2	353	1.5	1.5	34			0.31	0.13	0.09	1.6	0	黄
芝麻		北京	100	2.5	21.9	61.7	4.3	660	6.5	3.4	564	368	50.0	/	/	/	/	0	
黄豆	大豆	山东	100	10.2	36.3	18.4	25.3	412	4.8	5.0	367	571	11.0	0.79	0.40	0.25	2.1	0	
青豆		北京	100	7.2	41.2	17.9	24.2	424	4.7	4.6	200	546	6.7	0.66	/	0.32	1.9	0	
小豆	红小豆	北京	100	9.0	21.7	0.8	60.7	337	4.6	3.2	76	386	4.5	0.43	/	0.16	2.1	0	
绿豆		山东	100	9.5	23.8	0.5	58.8	335	4.2	3.2	80	360	6.8	0.53	0.22	0.12	1.8	0	
豌豆		山东	100	10.0	24.6	1.0	57.0	335	4.9	2.0	84	400	5.3	/	0.04	0.13	3.2	0	黄
豆腐		北京	100	85.0	7.4	3.5	2.7	72	0.1	1.3	277	57	2.1	0.03	/	0.03	0.2	0	北方
豆腐皮	油皮	北京	100	16.1	44.8	21.8	12.7	426	0.2	4.4	223	620	31.2	0.30	/	0.17	1.5	0	北方
腐竹		北京	100	7.1	50.5	23.7	15.3	477	0.3	3.1	280	506	15.1	0.21	/	0.12	0.7	0	
豆豉		四川	100	25.8	19.5	6.9	24.9	240	2.9	13.3	130	183	5.5	0.13	/	0.25	3.2	/	
臭豆腐乳	臭豆腐	北京	100	56.6	14.4	11.2	4.8	178	0.7	12.4	72	150	4.2	0.02	/	0.14	0.3	0	
红腐乳		山东	100	55.5	14.6	5.7	5.8	133	0.3	10.2	167	200	12.3	0.01	/	0.11	0.5	0	
白腐乳		山东	100	66.0	11.9	3.1	2.8	87	0.6	15.6	128	174	7.1	0.01	0	0.01	0.3	0	
粉丝		山东	100	15.0	0.3	0	84.4	339	0	0.3	27	24	0.8	/	/	/	/	0	干
粉条		山东	100	0.1	3.1	0.2	96	398	0.3	0.3	/	/	/	/	0	/	/	0	干

2. 鲜豆类及其制品

食物名称	别名	地区	质量/g	水分/g	蛋白质/g	脂肪/g	糖类/g	热量/kcal	膳食纤维/g	灰分/g	钙/mg	磷/mg	铁/mg	硫胺素/mg	胡萝卜素/mg	核黄素/mg	尼克酸/mg	抗坏血酸/mg	备注
黄豆芽		北京	100	77.0	11.5	2.0	7.1	92	1.0	1.4	68	102	1.8	0.17	0.03	0.11	0.8	4	
绿豆芽	豆芽菜	北京	100	91.9	3.2	0.1	3.7	29	0.7	0.4	23	51	0.9	0.07	0.04	0.06	0.7	6	
菜豆		北京	100	92.2	1.5	0.2	4.7	27	0.8	0.6	44	39	1.1	0.08	0.24	0.12	0.6	9	
芸豆	四季豆	山东	100	92.0	1.7	0.5	3.8	27	1.6	0.4	61	43	2.6	/	0.26	0.10	0.5	6	
豌豆		山东	100	78.3	7.2	0.3	12.0	80	1.4	1.1	13	90	0.8	0.54	0.15	0.06	/	14	
豌豆苗		山东	100	90.0	4.9	0.3	2.6	33	1.3	1.4	/	/	/	/	1.59	/	/	53	

※含量高低随条件变化较大。

3. 根茎类

食物名称	别名	地区	质量/g	水分/g	蛋白质/g	脂肪/g	糖类/g	热能/kcal	膳食纤维/g	灰分/g	钙/mg	磷/mg	铁/mg	硫胺素/mg	胡萝卜素/mg	核黄素/mg	尼克酸/mg	抗坏血酸/mg	备注
甘薯	红薯	山东	100	67.1	1.8	0.2	29.5	127	1.4	0.6	18	20	0.4	0.12	1.31*			30	
马铃薯	土豆	山东	100	79.9	2.3	0.1	16.6	77	1.1	1.2	11	64	1.2	0.03	微量	0.03	0.04	1.0	
山药		北京	100	82.6	1.5	0.0	14.4	64	0.9	0.6	14	42	0.3	0.08	0.02	0.02	0.3	4	
芋头	芋艿	北京	100	78.2	2.2	0.1	17.5	80	0.6	0.8	19	51	0.6	0.06	0.02	/	/	/	
胡萝卜	金笋	北京	100	89.6	0.6	0.3	7.6	35	1.2	0.9	32	30	0.6	/	3.62	0.02	0.7	20	黄
白萝卜		北京	100	91.7	0.7	0.0	5.7	25	0.8	0.9	38	34	0.5	0.07	0.02	0.02	0.2	11	
青萝卜		北京	100	91.0	1.1	0.1	0.6	32	0.8	0.8	58	27	0.4	/	0.32	0.03	0.5	31	
水萝卜		北京	100	91.5	1.5	0	5.2	27	0.9	0.9	83	34	0.5	/	/	/	/	/	
蔓菁		北京	100	90.5	1.4	0.1	6.3	32	0.9	0.8	41	31	0.5	0.07	/	0.04	0.3	35	
春笋		北京	40	92.0	2.0	0.1	4.4	27	0.7	0.7	11	57	0.5	/	/	0.04	0.4	/	
姜		北京	100	87.0	1.4	0.7	8.5	46	1.0	1.4	20	45	7.0	0.01	0.18	0.04	0.4	4	
藕	莲根	北京	100	77.9	1.0	0.1	19.8	84	0.6	0.9	19	51	0.5	0.07	0.02	0.11	25	55	
荸荠	马蹄	北京	100	74.5	1.5	0.1	21.8	94	0.5	0.9	5	68	0.5	0.04	0.01	0.02	0.4	3	

续表

食物名称	别名	地区	食部/%	水分/g	蛋白质/g	脂肪/g	糖/g	热量/kcal	膳食纤维/g	灰分/g	钙/mg	磷/mg	铁/mg	硫胺素/mg	胡萝卜素/mg	核黄素/mg	尼克酸/mg	抗坏血酸/mg	备注
慈菇		北京	100	66.0	5.6	0.2	25.7	127	0.9	1.6	8	260	1.4	/	/	/	/	/	
百合		北京	100	65.1	4.0	0.1	28.7	132	1.0	1.1	9	91	0.9	/	/	/	/	/	

4. 嫩茎、叶、苔、花类

食物名称	别名	地区	质量/g	水分/g	蛋白质/g	脂肪/g	糖类/g	热能/kcal	膳食纤维/g	灰分/g	钙/mg	磷/mg	铁/mg	硫胺素/mg	胡萝卜素/mg	核黄素/mg	尼克酸/mg	抗坏血酸/mg	备注
大白菜		北京	100	95.6	1.1	0.2	2.1	15	0.4	0.6	61	37	0.5	0.02	0.01	0.04	0.3	20	
小白菜		山东	100	91.0	2.4	0.2	3.2	24	1.0	2.2	392	47	0.6	/	0.88	0.08	/	18	
油菜		山东	100	93.5	2.6	0.4	2.0	22	0.5	1.0	140	30	1.4	0.08	3.15	0.11	0.9	51	
卷心菜		北京	100	94.5	1.4	0.2	2.3	17	0.9	0.7	62	28	0.7	0.03	0.33	0.02	0.3	60	
圆白菜	甘蓝	北京	100	94.4	1.1	0.2	3.4	20	0.5	0.4	32	24	0.3	0.04	0.02	0.04	0.3	38	
雪里蕻		北京	100	91.0	2.8	0.6	2.9	28	1.0	1.7	235	64	3.4	0.07	1.46	0.14	0.8	83	
荠菜		北京	100	92.5	1.9	0.1	3.4	22	0.9	1.2	69	39	1.3	0.04	1.69	0.09	0.5	56	
菠菜	赤根菜	北京	100	91.8	2.4	0.5	3.1	27	0.7	1.5	72	53	1.8	0.04	3.87	0.13	0.6	39	钙不能被吸收
空心菜	蕹菜	山东	100	90.1	2.3	0.3	4.5	30	1.0	1.8	100	37	1.4	0.06	2.14	0.16	0.7	28	
生菜		山东	100	94.0	1.4	0.3	3.2	21	0.5	0.6	35	41	1.2	/	0.02	0.01	0.2	5	
莴苣		山东	100	96.4	0.6	0.1	1.9	11	0.3	0.6	7	31	2.0	0.03	0.28	0.03	0.2	2	用茎
莴笋		北京	100	95.8	0.8	0	1.9	11	0.6	0.9	33	18	0.8	0.01	/	/	1.0	/	茎
茼蒿		山东	100	87.8	3.6	0.7	5.8	44	0.1	2.0	114	54	2.1	0.14	3.77	0.15	0.3	41	嫩菜
香菜	芫荽	山东	100	88.3	2.0	0.3	6.9	38	1.0	1.5	170	49	5.6	0.03	0.11	0.04	/	6	
芹菜	旱芹	北京	100	94.0	2.2	0.3	1.9	19	0.6	1.0	160	61	8.5	/	/	/	/	/	
西芹	水芹菜	北京	100	93.9	2.2	0.3	2.0	20	0.6	1.0	160	61	8.5	0.03	/	0.09	/	/	(茎)
韭菜		北京	100	92.0	2.1	0.6	3.2	27	1.1	1.0	48	46	1.7	0.03	3.21	0.09	0.9	39	

续表

食物名称	别名	地区	质量/g	水分/g	蛋白质/g	脂肪/g	糖类/g	热能/kcal	膳食纤维/g	灰分/g	钙/mg	磷/mg	铁/mg	硫胺素/mg	胡萝卜素/mg	核黄素/mg	尼克酸/mg	抗坏血酸/mg	备注
韭菜花		山东	100	90.6	2.3	0.2	6.0	35	0.2	0.7	35	45	0.6	/	1.39	0.06	/	26	
青蒜		北京	100	89.4	3.2	0.3	4.9	35	1.3	0.9	30	41	0.6	0.11	0.96	0.10	0.8	77	
蒜黄		北京	100	92.9	3.1	0.2	2.0	22	1.0	0.8	37	75	1.6	0.12	0.03	0.07	0.4	16	
大蒜瓣	蒜瓣	山东	100	69.8	4.4	0.2	/	/	0.7	1.3	5	44	0.4	0.02	1.20	0.07	0.4	67	
大葱		山东	100	91.6	1.0	0.3	6.3	32	0.5	0.3	12	46	0.6	0.08	微量	0.05	0.5	14	钙不能被吸收
葱头	洋葱	北京	100	88.3	1.8	0	8.0	39	1.1	0.8	40	50	1.8	0.03	微量	0.02	0.2	8	钙不能被吸收
茭白		北京	45	92.1	1.5	0.1	4.6	25	1.1	0.6	4	43	0.3	0.04	微量	0.05	0.6	3	
荠菜		山东	100	85.1	5.3	0.4	6.0	49	1.4	1.8	420	73	6.3	0.14	3.20	0.19	0.7	55	
香椿		山东	100	83.3	5.7	0.4	7.2	55	1.5	1.4	110	120	3.4	0.21	0.93	0.13	0.7	56	
菜花	花椰菜	北京	100	92.6	2.4	0.4	3.0	25	1.1	0.8	18	53	0.7	0.09	0.08	/	0.7	85	
金针菜	黄花菜	北京	100	82.3	2.9	0.5	11.6	63	1.5	1.2	73	69	1.4	0.19	1.17	0.13	1.1	33	鲜

5. 瓜类

食物名称	别名	地区	质量/g	水分/g	蛋白质/g	脂肪/g	糖类/g	热能/kcal	膳食纤维/g	灰分/g	钙/mg	磷/mg	铁/mg	硫胺素/mg	胡萝卜素/mg	核黄素/mg	尼克酸/mg	抗坏血酸/mg	备注
南瓜		山东	100	92.0	0.6	0.1	5.7	28	0.6	0.5	18	29	0.9	0.02	0.20	0.23	0.4	4	
黄瓜		北京	100	96.0	0.7	0.2	2.0	13	0.7	0.4		31	1.1	0.04	0.12	0.04	0.2	11	
丝瓜		北京	100	92.9	1.5	0.1	4.5	25	0.5	0.5	28	45	0.8	0.02	0.32	0.06	0.5	8	
苦瓜		北京	100	94.0	0.9	0.1	3.2	18	0.8	0.5	23	27	0.5	微量	0.04	0.04	0.4	56	
佛手瓜		山东	100	94.0	0.5	0.1	4.9	23	0.3	0.2	50	32	4.0	0.02	/	0.01	/	13	
西瓜		北京	100	94.1	1.2	0	4.2	22	0.3	0.2	6	10	0.2	0.02	0.17	0.02	0.2	3	
甜瓜	香瓜	北京	100	92.4	0.4	0.1	6.2	27	0.4	0.5	29	10	0.2	0.02	0.03	0.02	0.3	13	

6. 茄果类

食物名称	别名	地区	质量/g	水分/g	蛋白质/g	脂肪/g	糖类/g	热能/kcal	膳食纤维/g	灰分/g	钙/mg	磷/mg	铁/mg	硫胺素/mg	胡萝卜素/mg	核黄素/mg	尼克酸/mg	抗坏血酸/mg	备注
茄子		山东	100	93.2	2.3	0.1	3.1	23	0.9	0.6	22	31	0.4	0.03	0.03	0.03	0.4	/	紫皮专形
番茄	西红柿	北京	100	95.9	0.8	0.3	2.2	15	0.4	0.4	8	24	0.8	0.37	0.02	0.03	0.6	8	
尖椒		山东	100	93.0	1.4	0.2	3.0	19	1.9	0.5	17	37	2.1	0.05	0.52	0.06	0.7	75	
柿子椒		山东	100	73.9	0.9	0.2	3.8	21	0.9	1.0	11	27	0.7	0.06	1.39	0.03	/	198	
辣椒		北京	100	7.8	15.0	8.2	61.0	378	0.2	7.8	85	380	1.7	0.61	16.89	0.90	8.1	28	干
枸杞籽		宁夏	100	72.2	4.0	0.8	19.3	100	2.7	1.0	55	86	1.4	0.52	8.60	0.13	1.9	34	

7. 菌藻类

食物名称	别名	地区	质量/g	水分/g	蛋白质/g	脂肪/g	糖类/g	热能/kcal	膳食纤维/g	灰分/g	钙/mg	磷/mg	铁/mg	硫胺素/mg	胡萝卜素/mg	核黄素/mg	尼克酸/mg	抗坏血酸/mg	备注
蘑菇		北京	100	93.3	2.9	0.2	2.4	23	0.6	0.6	8	66	1.3	0.11	/	0.16	3.3	4	鲜
口蘑		北京	100	16.8	35.6	1.4	23.1	247	6.9	16.2	100	1620	32.0	0.02	/	2.53	55.1	/	
香菇		江苏	100	18.5	13.8	1.8	54.0	284	8.5	5.4	/	/	/	0.07	/	/	23.4	/	
冬菇		北京	100	10.8	16.2	1.8	60.2	322	7.2	3.6	76	280	8.9	0.16	/	1.59	23.4	/	
银耳	白木耳	北京	100	10.4	5.0	0.6	78.3	339	2.6	3.1	380	201	185.0	0.002	/	0.14	1.5	/	
木耳	黑木耳	北京	100	10.9	10.6	0.2	65.5	306	7.0	5.8	357		200.0	0.15	0.03	0.55	2.7	/	
发菜		宁夏	100	13.8	20.3	0	56.4	307	3.9	5.6	2560			/	/		/	/	
葛仙米		北京	100	8.4	18.5	0.1	58.3	308	1.0	13.7	1177	216		/	/		/	/	
海带		山东	100	12.8	8.2	0.1	56.2	258	9.8	12.9	343	216	150.0	0.9	0.57	0.36	1.6	/	
紫菜		山东	100	10.3	28.2	0.2	48.5	309	4.8	8.0	474	457	33.2	0.44	1.23	2.07	5.1	1	淡干(谈)
冬粉		山东	100	22.4	1.0	0	73.4	298	0	3.2		0	7.7	/	/		/	/	

8. 鲜、干果类

食物名称	别名	地区	质量/g	水分/g	蛋白质/g	脂肪/g	糖类/g	热能/kcal	膳食纤维/g	灰分/g	钙/mg	磷/mg	铁/mg	硫胺素/mg	胡萝卜素/mg	核黄素/mg	尼克酸/mg	抗坏血酸/mg	备注
葡萄		北京	100	87.9	0.4	0.6	8.2	40	2.6	0.3	4	7	0.8	0.05	0.04	0.01	0.2	微量	
柑橘		北京	100	85.4	0.9	0.1	12.8	56	0.4	0.4	56	15	0.2	0.08	0.55	0.03	0.3	34	
苹果		山东	100	84.6	0.4	0.5	13.0	58	1.2	0.3	11	9	0.3	0.01	0.08	0.01	0.1	微量	
桃		北京	100	87.5	0.8	0.1	10.7	47	0.4	0.5	8	20	1.2	0.01	0.06	0.02	0.7	6	
杏		北京	100	85.0	1.2	0	11.1	49	1.9	0.8	26	24	0.8	0.02	1.79	0.03	0.6	7	
枣		北京	100	73.4	1.2	0.2	23.2	99	1.6	0.4	14	23	0.5	0.06	0.01	0.04	0.6	540	鲜
红果	山楂	北京	100	74.1	0.7	0.2	22.1	99	1.8	0.9	85	26	2.1	0.02	0.83	0.07	0.4	89	
香蕉		北京	100	77.1	1.2	0.6	19.5	88	0.4	1.2	9	31	0.7	0.03	0.10	0.05	0.8	1	
菠萝		北京	100	89.3	0.4	0.3	9.3	42	0.4	0.3	17	12	0.9	0.09	0.09	0.03	0.4	7	

9. 硬果类

食物名称	别名	地区	质量/g	水分/g	蛋白质/g	脂肪/g	糖类/g	热能/kcal	膳食纤维/g	灰分/g	钙/mg	磷/mg	铁/mg	硫胺素/mg	胡萝卜素/mg	核黄素/mg	尼克酸/mg	抗坏血酸/mg	备注
花生仁		北京	100	8.0	26.2	39.2	22.1	546	2.5	2.0	67	378	1.9	1.07	0.04	0.11	9.5	0	生
核桃仁		山东	100	4.0	16.0	63.9	8.1	672	6.6	1.4	93	386	2.9	/	/	0.14	1.5	/	
松子		山东	100	3.6	15.3	63.3	12.4	681	2.8	2.6	77	234	6.6	/	/	/	/	/	
白果		北京	100	9.1	13.4	3.0	71.2	365	0.5	2.8	19.6	427	2.9	0.44	0.22	0.10	2.6	/	干
莲子		山东	100	13.5	16.6	2.0	61.8	332	2.2	3.9	89	285	6.4	/	/	/	/	/	干

10. 兽肉类及其制品

食物名称	别名	地区	质量/g	水分/g	蛋白质/g	脂肪/g	糖类/g	热能/kcal	膳食纤维/g	灰分/g	钙/mg	磷/mg	铁/mg	硫胺素/mg	胡萝卜素/mg	核黄素/mg	尼克酸/mg	抗坏血酸/mg	备注
猪肉		山东	100	52.6	16.7	28.8	1.0	330	0	0.9	11	177	2.4	/	/	/	/	/	瘦
猪肉		山东	100	6.0	2.2	90.8	0.9	830	0	0.1	1	26	0.4	/	/	/	/	/	肥

食物名称	别名	地区	质量/g	水分/g	蛋白质/g	脂肪/g	糖类/g	热能/kcal	膳食纤维/g	灰分/g	钙/mg	磷/mg	铁/mg	硫胺素/mg	胡萝卜素/mg	核黄素/mg	尼克酸/mg	抗坏血酸/mg	备注
火腿		江苏	100	23.3	16.4	51.4	0	528	0	8.9	88	146	3.0	/	/	/	/	/	
猪蹄筋		北京	100	19.5	75.1	1.8	2.0	325	0	1.6	/	/	/	/	/	/	/	/	
猪舌	口条	北京	100	68.0	16.5	12.7	1.8	188	0	1.0	/	/	/	0.14	0	0.19	2.8	1	
猪心		北京	100	75.1	19.1	6.3	0.7	135	0	0.9	/	/	/	0.34	/	0.52	/	/	
猪肝		北京	100	71.4	21.3	4.5	1.4	131	0	1.4	11	270	25.0	0.40	8700	2.11	16.2	18	
猪肺		北京	100	83.3	11.9	4.0	0	84	0	0.9	12	230	3.4	0.02	/	0.14	0.6	0	
猪胃	猪腰子	北京	100	77.8	15.5	4.8	0.7	108	0	1.2	/	/	/	0.38	微量	1.12	4.5	5	
猪肚		北京	100	80.3	14.6	2.9	1.4	90	0	0.7	/	/	/	0.05	/	0.18	/	/	
猪大肠		北京	100	76.8	6.9	15.6	0.1	168	0	0.6	/	/	/	/	/	/	/	/	
猪小肠		北京	100	91.2	7.2	1.1	0.3	40	0	0.2	3	13	0.1	/	/	/	/	/	
猪皮		北京	100	46.3	26.4	22.7	4.0	326	0	0.6	/	/	/	/	/	/	/	/	
猪血		北京	100	79.1	18.9	0.4	0.6	82	0	1.0	/	/	/	/	/	/	/	/	
牛肉		山东	100	68.6	20.1	10.2	0.0	172	0	1.1	6	233	3.2	/	/	/	/	/	瘦
羊肉		山东	100	58.7	11.1	28.8	0.8	307	0	1.0	15	168	3.0	/	/	/	/	/	瘦
驴肉		山东	100	77.4	18.6	0.7	/	61	0	/	10	144	13.6	/	/	/	/	/	
马肉		北京	100	75.8	19.6	0.8	/	8.6	0	/	8	202	7.6	/	/	/	/	/	
兔肉		北京	100	77.2	21.2	0.4	0.2	89	0	1.0	16	175	2.0	/	/	/	/	/	

11. 禽肉类

食物名称	别名	地区	质量/g	水分/g	蛋白质/g	脂肪/g	糖类/g	热能/kcal	膳食纤维/g	灰分/g	钙/mg	磷/mg	铁/mg	硫胺素/mg	胡萝卜素/mg	核黄素/mg	尼克酸/mg	抗坏血酸/mg	备注
鸡肉		山东	100	73.0	24.4	2.8	0.7	123	0	1.1	22	194	4.7	/	/	0.17	3.6	/	
鸡肫		北京	100	75.2	22.2	1.3	0	101	0	1.3	48	150	6.6	0.04	/	0.20	4.8	/	
鸡肝		北京	100	75.1	18.2	3.4	1.9	111	0	1.4	21	260	8.2	0.38	50900	1.63	10.4	7	
鸡心		北京	100	72.2	20.7	5.5	0.2	133	0	1.4	20	170	5.0	0.24	/	0.77	5.7	/	

食物名称	别名	地区	质量/g	水分/g	蛋白质/g	脂肪/g	糖类/g	热能/kcal	膳食纤维/g	灰分/g	钙/mg	磷/mg	铁/mg	硫胺素/mg	胡萝卜素/mg	核黄素/mg	尼克酸/mg	抗坏血酸/mg	备注
山鸡	野鸡	北京	100	69.9	24.4	4.8	/	141	0	1.1	14	263	0.4	/	/	/	/	/	指肉、皮
鸭		北京	100	74.6	16.5	7.5	0.5	136	0	0.9	/	/	3.7	0.07	/	0.15	4.7	/	
鹅		北京	100	77.1	10.8	11.2	0	144	0	0.9	13	23	3.7	/	/	/	/	/	
燕窝	燕菜	北京	100	13.4	49.9	0	30.6	322	/	6.2	429	30	4.9	/	/	/	/	/	

12. 蛋及蛋制品

食物名称	别名	地区	质量/g	水分/g	蛋白质/g	脂肪/g	糖类/g	热能/kcal	膳食纤维/g	灰分/g	钙/mg	磷/mg	铁/mg	硫胺素/mg	胡萝卜素/mg	核黄素/mg	尼克酸/mg	抗坏血酸/mg	备注
鸡蛋		北京	100	70.0	15.3	11.9	1.6	175	0	1.2	64	86	2.3	0.16	1440	0.31	0.1	/	
鸭蛋		山东	100	70.0	8.7	9.8	10.3	164	0	1.2	71	210	3.2	0.15	1380	0.37	0.1	/	
松花蛋	皮蛋	北京	100	71.7	13.1	10.7	2.2	158	0	2.3	58	200	0.9	0.02	940	0.21	0.1	/	
鹅蛋		山东	100	69.0	12.3	14.0	3.7	190	0	1.0	75	243	3.2	/	/	0.35	0.1	0	
鸽蛋		北京	100	81.7	9.5	6.4	1.7	102	0	0.7	108	117	3.9	/	/	/	/	/	
鹌鹑蛋		北京	89	72.9	12.3	12.3	1.5	166	0	1.0	72	238	2.9	0.11	1000	0.86	0.3	/	

13. 鱼及其他水生动物类

食物名称	别名	地区	质量/g	水分/g	蛋白质/g	脂肪/g	糖类/g	热能/kcal	膳食纤维/g	灰分/g	钙/mg	磷/mg	铁/mg	硫胺素/mg	胡萝卜素/mg	核黄素/mg	尼克酸/mg	抗坏血酸/mg	备注
鲨鱼		山东	100	70.6	22.5	1.4	3.7	117	0	1.8	250	548	1.6	/	/	0.05	2.9	/	
鲨鱼皮		山东	100	17.0	60.7	0.6	4.1	265	0	17.6	153	58	10.6	/	/	/	/	/	干
鲥鱼	三黎鱼	北京	100	64.7	16.9	17.0	0.4	222	0	1.0	33	216	2.1	/	/	0.14	40	/	
鳗鱼	白鳝	山东	100	74.4	19.0	7.8	/	146	0	1.0	46	70	0.7	0.06	78	0.12	2.4	/	
海鳗	狼牙鳝	山东	100	78.3	17.2	2.7	0.1	94	0	1.7	110	235	1.2	/	/	/	/	/	
鳕鱼		北京	100	82.6	16.5	0.4	/	70	0	1.2	/	/	/	/	/	/	/	/	

食物名称	别名	地区	质量/g	水分/g	蛋白质/g	脂肪/g	糖/g	热量/kcal	膳食纤维/g	灰分/g	钙/mg	磷/mg	铁/mg	硫胺素/mg	胡萝卜素/mg	核黄素/mg	尼克酸/mg	抗坏血酸/mg	备注
鲈鱼		北京	100	78.1	17.5	3.1	0.3	99	0	1.0	56	131	1.2	微量	/	0.23	1.7	/	
大黄鱼	大黄花鱼	北京	100	81.1	17.6	0.8	/	78	0	0.9	33	135	1.0	0.01	/	0.10	0.8	/	红
小黄鱼	小黄花鱼	北京	100	79.2	16.7	3.6	/	99	0	0.9	43	127	1.2	0.01	/	0.14	0.7	/	
黄姑鱼		北京	100	77.1	19.3	3.2	/	106	0	1.1	67	167	1.7	微量	/	0.13	2.1	/	
黄鲷	加吉鱼	北京	100	74.9	19.3	4.1	0.5	116	0	1.2	64	175	1.0	0.02	微量	0.14	3.4	/	
带鱼	刀鱼	北京	100	74.1	18.1	7.4	/	139	0	1.1	24	160	1.1	0.01	/	0.09	1.9	/	
鲌鱼	鲌巴鱼	北京	100	70.4	21.4	7.4	/	152	0	1.1	20	226	2.0	0.03	/	0.29	9.7	/	
鲅鱼	蓝点鲅	北京	100	77.0	19.1	2.5	0.2	100	0	1.2	22	209	1.0	0.02	/	0.20	4.0	/	
鲳鱼	镜鱼	北京	100	76.0	15.6	6.6	0.2	123	0	1.6	19	240	0.3	/	/	/	/	/	
牙鲆	比目鱼	北京	100	77.2	19.1	1.7	0.1	92	0	1.0	23	165	0.9	微量	/	0.09	2.8	/	
乌面鲀	剥皮鱼	北京	100	79.0	19.2	0.5	0	81	0	1.7	9	174	3.6	/	/	/	/	/	
东方鲀	河豚	山东	100	79.3	17.7	6.0	0	76	0	1.5	190	200	17.8	0.11	104	0.08	2.5	/	
银鱼	面条鱼	北京	100	89.0	8.2	0.3	1.5	42	0	1.0	258	102	0.5	0.01	/	0.05	0.2	/	
青鱼		北京	100	74.5	19.5	5.2	0	125	0	1.0	25	171	0.8	0.13	/	0.12	1.7	/	
草鱼		北京	100	77.3	17.9	4.3	0	110	0	1.0	36	173	0.7	0.03	/	0.17	2.2	/	
白鲢		山东	100	80.9	17.0	6.1	0	123	0	1.0	22	86	1.5	0.03	215	0.03	1.4	/	
鲤鱼	鲤拐子	北京	100	77.4	17.3	5.1	0	115	0	1.0	25	175	1.6	微量	/	0.10	3.1	/	
鲫鱼		北京	100	85.0	13.0	1.1	0.1	62	0	0.8	54	203	2.5	0.06	/	0.07	2.4	/	
鳜鱼	桂鱼	北京	100	77.1	18.5	3.5	0	106	0	1.1	79	143	0.7	0.01	/	0.10	1.9	/	
黄鳝	鳝鱼	北京	100	79.7	18.8	0.9	0	83	0	1.0	38	150	1.6	0.02	/	0.95	3.1	/	
鱼翅		北京	100	14.0	83.5	0.3	0	337	0	2.2	146	194	15.2	/	/	/	/	/	
鱼肚		北京	100	14.6	84.4	0.2	5.0	339	0	0.8	50	29	2.6	/	/	/	/	/	
鱼唇		北京	100	14.9	61.8	0.2	5.0	269	0	18.1	/	/	/	/	/	/	/	/	
鲍鱼		北京	100	74.9	19.0	3.4	1.5	113	0	1.2	/	/	/	/	/	/	/	/	干

食物名称	别名	地区	质量/g	水分/g	蛋白质/g	脂肪/g	糖类/g	热能/kcal	膳食纤维/g	灰分/g	钙/mg	磷/mg	铁/mg	硫胺素/mg	胡萝卜素/mg	核黄素/mg	尼克酸/mg	抗坏血酸/mg	备注
牡蛎		北京	100	80.5	11.3	2.3	4.3	83	0	1.6	118	178	3.5	0.11	133	0.19	1.6	/	
扇贝		北京	100	80.3	14.8	0.1	3.4	74	0	1.4	/	/	16.7	/	500	0.90	/	/	
蛤		山东	100	79.0	11.8	0.6	6.2	77	0	2.4	124	50	22.7	/	/	/	/	/	
蛏子		山东	100	88.0	7.1	1.1	2.5	48	0	1.3	133	114	/	0.08	230	0.09	2.4	/	
鱿鱼		山东	100	80.0	15.1	0.8	2.4	77	0	1.7	/	/	0.6	0.01	/	0.06	1.0	/	
墨鱼	乌鱼	山东	100	84.0	13.0	0.7	1.4	64	0	0.9	14	150	1.9	0.01	/	/	/	/	
海蜇		北京	100	71.1	4.7	0	10.2	60	0	14.0	37	28	0.5	/	/	/	/	/	
海参		北京	100	5.0	76.5	1.1	13.2	369	0	4.2	475	455	0.1	/	/	0.37	2.5	/	干
海胆黄		山东	100	57.6	12.5	7.2	14.9	1.74	0	7.8	35	150	0.1	0.01	360	0.11	1.7	/	
对虾	明虾	北京	100	77.0	20.6	0.7	0.2	90	0	1.5	/	23	6.7	0.02	/	/	/	/	
龙虾		北京	100	79.2	16.4	1.8	0.4	83	0	2.2	221	695	5.5	/	/	0.08	1.9	/	
河虾		山东	100	80.5	17.5	0.6	0	76	0	0.7	882	1005	/	0.03	/	0.07	2.5	/	
虾米		北京	100	30.0	47.6	0.5	0	195	0	21.9	2000	801	/	0.03	/	0.07	2.5	/	
虾皮		山东	100	20.0	39.3	3.0	8.6	219	0	29.1	244	/	/	/	/	/	/	/	
虾籽		北京	100	17.0	44.9	2.0	24.2	294	0	11.9	/	/	69.8	/	/	/	/	/	干

14. 两栖动物及爬虫类

食物名称	别名	地区	质量/g	水分/g	蛋白质/g	脂肪/g	糖类/g	热能/kcal	膳食纤维/g	灰分/g	钙/mg	磷/mg	铁/mg	硫胺素/mg	胡萝卜素/mg	核黄素/mg	尼克酸/mg	抗坏血酸/mg	备注
梭子蟹		山东	100	80.0	14.0	2.6	0.7	82	0	2.7	141	191	0.8	0.01	230	0.51	2.1	/	
河螃蟹	毛蟹	山东	100	79.0	15.7	2.1	0.8	85	0	2.4	293	113	13.5	0.62	/	0.37	3.7	/	
甲鱼	圆鱼	北京	100	79.3	17.3	4.0	0	105	0	0.7	15	94	2.5	/	/	0.37	2.1	/	
田鸡	青蛙	北京	100	87.0	11.9	0.3	0.2	51	0	0.6	22	159	1.3	0.04	0	0.22	/	/	
哈士蟆中国林蛙		北京	100	15.2	43.2	1.4	63.4	331	0	3.8	/	/	/	/	/	/	/	/	干

15. 部分调味品及其他类

食物名称	别名	地区	质量/g	水分/g	蛋白质/g	脂肪/g	糖类/g	热能/kcal	膳食纤维/g	灰分/g	钙/mg	磷/mg	铁/mg	硫胺素/mg	胡萝卜素/mg	核黄素/mg	尼克酸/mg	抗坏血酸/mg	备注
猪油	大油	北京	100	1.0	0	99.0	0	891	0	0	0	0	0	0		0.01	0.1	0	
花生油		北京	100	0	0	100	0	900	0	0	0	0	0	0	0.03	0.04	0	/	
黄酱	大酱	北京	100	63.1	10.4	3.0	9.3	106	1.3	12.9	67	131	5.5	0.03	/	0.19	1.7	0	
甜面酱		北京	100	50.8	7.3	2.1	27.3	157	2.5	10.0	51	127	4.5	0.08	/	0.17	3.4	0	
豆瓣酱		北京	100	52.8	10.7	9.0	12.9	175	1.6	13.0	99	165	7.9	0.06	/	0.24	1.5	0	
芝麻酱		北京	100	0	20.0	52.9	15.0	616	6.9	5.2	870	530	58.0	0.24	0.03	0.20	6.7	0	
酱油		北京	100	59.4	3.8	0	20.4	97	1.1	15.3	69	100	4.9	0.01	0	0.13	1.5	0	平均值
醋		北京	100	94.8	/	/	0.9	4	/	1.8	65	135	1.1	0.03	0	0.05	0.7	0	
味精		北京	100	3.4	/	0.9	16.95	/	0	40.3	73	206	1.5	/	/	/	/	/	
辣椒粉		北京	100	12.8	13.4	15.3	25.5	293	25.8	7.2	/	/	/	/	15.80	/	/	/	
花椒		山东	100	12.5	25.7	7.1	35.1	307	8.0	11.6	536	292	4.3	0.44	0.63	0.31	7.3	/	
芥末		北京	100	5.1	26.4	36.3	22.9	524	5.2	4.1	410	613	20.9	0.03	0.76	0.40	2.3	/	
咖喱粉		北京	100	10.4	9.5	8.0	40.9	274	9.7	21.5	906	421	136					/	
白糖		北京	100	2.0	0.2	0	96.8	388	0.1	1.0	39	1	1.3					/	福糖
红糖		北京	100	6.0	0.5	0.3	90.0	365	0	3.1	38	60	7.7			0.04		/	福建糖
麦芽糖		北京	100	12.8	0.2	0.2	82.0	331	0	4.8	5	16	0.9	0.10	0	0.17	2.1	/	
蜂蜜		北京	100	20.0	0.3	0	79.6	319	0	0.2	5			微量	0	0.04	0.2	4	
香糟		北京	100	53.0	16.2	2.4	24.0	182	2.7	1.7	25	13	5.7					/	
红糟		北京	100	80.0	7.7	3.4	4.8	81	2.0	2.1	48	12	1.9					/	
粉团	淀粉	北京	100	13.0	0	0	86.6	346	0	0.4								/	
茶叶		北京	100	7.4	25.9	3.0	52.5	341	5.4	5.8	311	360	39.5	0.07	5.46	1.22	4.7	27	
海盐		北京	100	/	/	/	/	/	/	/	260	9	41					/	一般
食盐		北京	100	/	/	/	/	/	/	/	260	9	41					/	碘400mg
二锅头酒		北京	100	63	/	/	/	395	/	/									碘40ug

读者反馈意见

亲爱的读者：

感谢您对《中国北方菜》的学习和热爱！为了今后能给您提供更优质的服务，请您抽出宝贵时间填写下面意见反馈表，以便我们更好地对本教材做进一步的改进。同时如果您在使用本教材的过程中遇到了什么问题，或者有什么好的建议，也请您来信、来电告诉我们。

地址：北京市丰台区科学城南极星大厦 108 室

电话：010 - 83794403/ 83795649

电子邮箱：caikai6223@263. net

网址：WWW. KFHWH. CN　　QQ:649319527　　QQ:1694299827

教材名称：《中国北方菜》

个人资料：

姓名：_____ 年龄：_____ 所在院校/专业_____

文化程度：_____ 通讯地址：_____

联系电话：_____ 电子信箱：_____

您使用本书是作为：□指定教材、□选用教材、□辅导教材

您对封面设计的满意度：

□很满意、□满意、□一般、□不满意　改进建议_____

您对本书印刷质量的满意度：

□很满意、□满意、□一般、□不满意　改进建议_____

您对本书的总体满意度：

从语言质量角度看：□很满意、□满意、□一般、□不满意

从科技含量角度看：□很满意、□满意、□一般、□不满意

本书最令您满意的是：

□指导明确、□内容充实、□讲解详尽、□实例丰富

您认为本书在哪些地方应进行修改？（可附页）

_____

_____

您希望本书在哪些方面需进行改进？（可附页）

_____

_____